城市水资源与水环境国家重点实验室优秀成果
“十四五”时期国家重点出版物出版专项规划项目
现代土木工程精品系列图书

混合菌群合成聚羟基烷酸酯技术

MIXED MICROBIAL CULTURE POLYHYDROXYALKANOATES PRODUCTION TECHNOLOGY

陈志强 温沁雪 著

哈爾濱工業大學出版社
HARBIN INSTITUTE OF TECHNOLOGY PRESS

内 容 简 介

混合菌群合成聚羟基烷酸酯(Polyhydroxyalkanoate，PHA)技术可实现废弃碳源的高值化资源回收，是目前国内外研究的热点。本书结合作者多年的研究，系统介绍了混合菌群合成聚羟基烷酸酯技术。本书共分8章，包括绪论、混合菌群合成PHA工艺的基本组成、混合菌群合成PHA工艺运行参数优化、产PHA菌富集机制、提高混合菌群合成PHA工艺稳定性的关键技术、提高产率的关键技术、以剩余污泥为底物的PHA合成、以餐厨垃圾为底物的PHA合成等内容。

本书可供从事环境工程和给排水科学与工程的技术人员参考，也可作为大专院校相关专业师生的参考用书。

图书在版编目(CIP)数据

混合菌群合成聚羟基烷酸酯技术/陈志强，温沁雪著.—哈尔滨：哈尔滨工业大学出版社，2022.8

ISBN 978－7－5603－4385－3

Ⅰ.①混…　Ⅱ.①陈…②温…　Ⅲ.①脂肪酸－生产工艺　Ⅳ.①TQ225.1

中国版本图书馆CIP数据核字(2021)第158497号

策划编辑　王桂芝　贾学斌

责任编辑　杨　硕

出版发行　哈尔滨工业大学出版社

社　　址　哈尔滨市南岗区复华四道街10号　邮编150006

传　　真　0451－86414749

网　　址　http://hitpress.hit.edu.cn

印　　刷　哈尔滨市颉升高印刷有限公司

开　　本　787 mm×1 092 mm　1/16　印张17.5　字数437千字

版　　次　2022年8月第1版　2022年8月第1次印刷

书　　号　ISBN 978－7－5603－4385－3

定　　价　68.00元

序

20世纪初人类首次发明了酚醛塑料，从此塑料作为一种高分子化合物，被广泛应用于生产和生活。由于塑料具有质轻、稳定、绝缘、防腐的特点，百年间以惊人的速度遍及全球各地，在给生产和生活带来种种方便的同时，也产生了对生态环境的影响。传统以石油为原料的塑料制品在自然环境下难以被生物降解，各种废弃的塑料制品在生态环境中逐渐累积，塑料污染问题愈加严重。全球每年要向海洋输入上千万吨的塑料垃圾，这些塑料制品在自然力的作用下破碎成尺度为毫米级的颗粒，被称为微塑料。近年来，微塑料对生态环境的危害备受关注。已有研究证实，摄入微塑料会影响鱼类幼体的神经系统，导致幼体行动迟缓。更严重的是微塑料能够进入生态圈的食物链并沿食物链逐级传递。此外，由于微塑料的比表面积大，疏水性强，能够吸附海洋水体中的有机污染物，特别是疏水性的持久性有机污染物(POP)。因此，微塑料会强化POP在食物链中的传播以及在食物链顶层的积累。

生物塑料作为传统石油基塑料的替代品，具有生物可降解性，也能够由可再生材料制成，如基于淀粉基、纤维素基、聚己内酯类(PCL)、聚乳酸(PLA)、聚羟基烷酸酯(PHA)和石油基可降解塑料(PBAT)。其中，PHA是唯一一种完全由微生物合成的天然高分子材料。人类在生产和生活中废弃了大量低品位的有机碳源，这些碳源如能转化为生物塑料将可部分替代石油基塑料。因此，利用污水中的碳源合成PHA被认为是未来污水处理中最具发展前景的生物质产品。

多年来，陈志强教授和温沁雪教授的科研团队开展了混合菌群合成PHA工艺的研究，针对混合菌群合成PHA技术面向实际生产中存在的瓶颈问题，先后研发了基于物理选择压的产PHA菌群筛选富集新模式，基于底物高效利用的低负荷连续补料工艺，基于总产率提高的混合菌群扩大培养技术以及面向PHA产品可控调节的剩余污泥定向产酸策略，发表了多篇高水平论文，获得多项授权发明专利。

两位教授在混合菌群合成PHA方向培养了多名硕士和博士研究生，该书也是其对团队多年来在该方向研究成果的归纳和总结。全书从PHA的微生物合成代谢开始，系统地评述了国内外混合菌群合成PHA工艺的研究进展，并对面向实际应用的混合菌群合成PHA工艺及该过程中的微生物群落演替生态学机制给出了独到的见解。书中还探讨了混合菌群合成 PHA 的化学计量学和动力学参数；尝试拓展了可用于合成 PHA 的底物类型，介绍了剩余污泥、餐厨垃圾、粗甘油等转化碳源的优化利用。全书体现了混合菌群合成PHA 研究领域的学术性和先进性，所提出的工艺技术具有创新性，是一本可供环境工程、环境微生物、材料化工领域研究人员和工程技术人员参阅的有价值的学术著作。

2021 年 7 月 15 日

前　言

聚羟基烷酸酯(PHA)是一种由细菌合成的胞内聚酯,具有类似于石油基合成塑料的物化特性,并具备石油基合成塑料不具备的生物可降解性。目前市场上可见的 PHA 产品主要来自于纯菌株发酵技术,受高昂的生产成本的限制,其主要应用于生物医药材料领域。近 20 年来,基于环境生物技术的混合菌群合成 PHA 工艺受到较多关注,因其相比纯菌发酵而言,不需要灭菌且可以废弃碳源为底物,有望大大降低 PHA 的生产成本。混合菌群(MMC)合成 PHA 技术的工业化应用,不但能够促进有机废物碳资源的回收,也将扩大 PHA 面向日常生产生活的应用,促进社会可持续发展。

虽然对混合菌群合成 PHA 工艺的研究已有 20 余年,但是在全球范围内到目前为止仍未有实际工业化的应用,主要原因有以下几点:首先,由于对合成 PHA 菌群的筛选及富集需要在碳源丰沛和匮乏不断交替的环境中进行,因此该过程运行稳定性较差,污泥膨胀时有发生,难以为规模化生产提供稳定的菌源;其次,在优化的运行条件下,混合菌群 PHA 含量虽然已经接近纯菌发酵生产的水平,但菌种密度过低,造成工艺总体 PHA 产率过低;此外,废弃碳源组成的时空多变性,导致混合菌群 PHA 产品组成的不稳定,为理化性质稳定的产品输出带来困难。针对上述问题,作者及其团队以面向混合菌群合成 PHA 技术应用为目标,开展了长达 10 余年的研究并将研究成果汇总,希望有更多的研究者加入到混合菌群合成 PHA 技术的研究中来,推动该技术尽快实现工业化应用。

全书分为 8 章。第 1 章简要介绍 PHA 材料的理化性质、微生物 PHA 代谢途径以及混合菌群合成 PHA 的研究进展;第 2 章介绍混合菌群合成 PHA 工艺的基本组成及其相关研究现状,给出了工艺相关动力学参数的计算方法并探讨了混合菌群合成 PHA 工艺的瓶颈问题;第 3、4 章分别从工艺优化和机制解析两方面建立问题解决的理论基础;第 5、6 章针对第 2 章提出的问题分别从提升工艺稳定性和产率的角度介绍相关工艺改进和技术研究;第 7、8 章分别以剩余污泥和餐厨垃圾两种典型资源型废弃物为例,介绍多底物类型条件下的相关工艺路线及研究成果。

多年来,本团队 10 余位博士和硕士研究生先后参与相关的科研工作,为本书的出版做出了重要的贡献,诸如陈玮、郭子瑞、黄龙、张运海、李云蓓、邓毅、熊丹丹、赵丽智、郝亚茹、刘莹、季业、刘宝震、刘少蛟等，在此对他们表示感谢。本书的研究得到国家自然科学基金(50708025、51121062、51578183)、国家重点研发计划(2016YFC0401102－3)及城市水资源与水环境重点实验室探索基金(2019TS03)的资助，作者谨表示诚挚的感谢。

限于作者水平，书中难免出现疏漏之处，希望读者多提宝贵意见。

作　者

2022 年 6 月

目　　录

第1章　绪　论

1.1　微生物合成聚羟基烷酸酯概述

1.1.1　PHA的单体组成和分类

聚羟基烷酸酯(Polyhydroxyalkanoate,PHA)是一种由羟基脂肪酸单体首尾相接的线性聚酯。PHA的结构通式如图1.1所示,R_1、R_2为侧链基团,x、y为线性聚酯主链上亚甲基的数量,n、m为聚合物中单体的分子数。如果组成PHA的单体只有一种,即$R_1=R_2$且$x=y$,则此类PHA为均聚物;如果组成PHA的单体有两种以上,则此类PHA为共聚物。常见的PHA均聚物和共聚物的具体结构信息见表1.1,在均聚物中,聚羟基丁酸酯(Polyhydroxybutyrate,P(3HB),简称PHB)是最为常见的PHA种类,均聚物聚羟基戊酸酯(Polyhydroxyvalerate,P(3HV),简称PHV)和P(3HHx)也被报道,但是研究和应用得相对较少。P(3－HB－co－3－HV)(简称PHBV)是被关注较多的共聚物种类,单体有三种或以上的PHA共聚物也出现在文献中,比如P(3HB－co－3HV－co－4HB)。

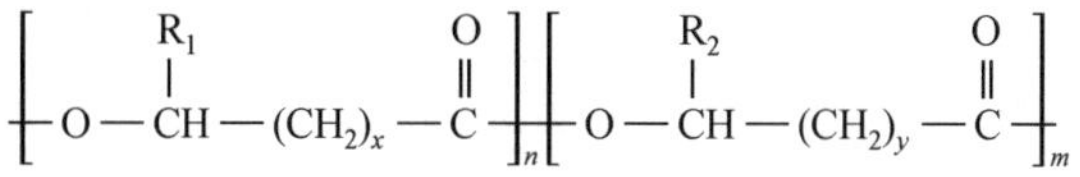

$$\left[-O-\overset{\overset{\displaystyle R_1}{|}}{CH}-(CH_2)_x-\overset{\overset{\displaystyle O}{\|}}{C}- \right]_n \left[-O-\overset{\overset{\displaystyle R_2}{|}}{CH}-(CH_2)_y-\overset{\overset{\displaystyle O}{\|}}{C}- \right]_m$$

图1.1　PHA聚合物(均聚物和共聚物)的结构通式

基于PHA单体中碳原子的数量可以将PHA聚合物分三种:①短链PHA(SCL－PHA),单体碳原子数为3～5个,如表1.1中的均聚物PHB、PHV及P(4HB)和共聚物PHBV;②中长链PHA(MCL－PHA),单体碳原子数为6～14个,如表1.1中的P(HHx);③短－中长链PHA(SCL－MCL－PHA),如表中的P(HB－co－HHx)。PHA聚合物单体的数量(图1.1中n、m)可以在100～30 000之间变化。大多数微生物只能合成其中一类PHA。一般认为,PHA单体的碳原子数不同是由PHA聚合酶的底物特异性决定的。近几十年,短链和中长链单体组成的PHA聚合物引起了学术界和产业界更多的关注,如3HB和3HHx单体的共聚物——聚羟基丁酸羟基己酸酯(poly(3－hydroxybutyrate－co－3－hydroxyhexanoate),PHBHHx)以及3HB和其他超过6个碳原子的3－羟基脂肪酸(3－hydroxyhexanoate,3HA)组成的共聚物等。

表1.1　常见的 PHA 聚合物种类及其信息

条件	R	x、y	名称	结构式
$R_1=R_2$ 且 $x=y$（均聚物）	CH_3（甲基）	1	PHB	
	CH_2CH_3（乙烷基）	1	PHV	
	$(CH_2)_2CH_3$（丙烷基）	1	P(HHx)	
	H（氢）	2	P(4HB)	
$R_1\neq R_2$，$x\neq y$ 至少满足其一（共聚物）	$R_1=CH_3$ $R_2=CH_2CH_3$	$x=1$ $y=1$	PHBV	
	$R_1=CH_3$ $R_2=(CH_2)_2CH_3$	$x=1$ $y=1$	P(HB－co－HHx)	

1.1.2　PHA 的材料学性质

PHA 是由具有光学活性的 R3HA 单体组成的线性高分子化合物，PHA 的单体组成决定了其材料学性质。由于 PHA 的单体种类众多，单体之间链长差别很大，因此造成不同的 PHA 具备差异较大的材料学性质，从坚硬质脆的硬塑料到柔软的弹性体。表 1.2 中列出了几种 PHA 和传统塑料的物理性能比较。PHA 在某些性能上类似于传统的热塑性塑料，但是它具备更多独特的性质，如生物可降解性、生物相容性、疏水性、光学异构性等。

均聚物 PHB 在研究和商业化应用上都比较常见。野生型 PHB 合成菌合成的 PHB 的分子量为 $1\times10^4\sim3\times10^6$，纯化后的 PHB 在某些性能上相似于热塑性塑料，力学性质与聚丙烯(Polypropylene，PP)相似。PHB 较高的结晶度(55%～80%)决定了该材料具有足够的强度，硬而脆。PHB 的热特性(熔点 180 ℃；玻璃转化温度 4 ℃)带来了另外一个问题：由于其熔化温度接近裂解温度，当处于 170 ℃的温度条件下时，PHB 的分子量会明显下降，而当温度高于 200 ℃时，PHB 的单体结构也会发生变化，这也说明 PHB 的热稳定性存在缺陷。这种鲜明的物理性质限制了均聚物 PHB 的商业化应用。从表 1.2 中可以看出，当羟基戊酸酯(HV)单体掺入后，PHBV 的结晶结构明显改变，熔点也随之下降，但是分解温度却没有下降，共聚物的力学性能得到较大改善，具有更高的断裂伸长率。此外，PHBV 被证明具有比 PHB 更好的生物降解性能。但是，由于羟基丁酸酯(HB)和 HV 单体结构相似性较高，因此掺入 HV 的 PHBV 在结晶过程中会出现同二晶现象，导致增加共聚物中 3HV 的含量时，其结晶度始终保持在 50%以上，并伴随严重的后结晶现象，即 PHBV 的结晶速率远小于 PHB 的结晶速率，PHBV 的可加工性更差。中长链 PHA 是热塑性的弹性体，其熔融温度在 39～60 ℃之间，聚合物在 40 ℃左右会发生软化，此外中长链的结晶速率很低，结晶时间长达几天到十几天不等，这些特点制约了中长链 PHA 作为热塑性弹性体的应用前景。

短链－中长链共聚物(如表 1.2 中的 P(HB－co－HHx))在聚合物平衡结晶度上和力学性能上具有优秀的表现，在熔点和玻璃化温度下降不多的同时，其韧性和弹性有很大的提高。此外 P(HB－co－HHx)的结晶速率与 PHB 相比差异不大。如表 1.2 所示，P(HB－co－HHx)的物理性能随着 3HHx 含量的变化而有很大的改变，当 3HHx 含量增加到 17％时，其拉伸强度由 40 MPa 降低到 20 MPa，相应的断裂伸长率由 5％增加到 850％。这说明 P(HB－co－HHx)的柔性和韧性比 PHB 都有很大的提高，应用前景将会更广泛。

表1.2　几种典型 PHA 聚合物与传统塑料的物理性能对比

PHA 聚合物与传统塑料	熔点/℃	玻璃转化温度/℃	拉伸强度/MPa	断裂伸长率/％
PHB	180	4	40	5
P(HB－co－20％①HV)	145	－1	20	50
P(HB－co－34％HV)	148	－2.1	14.8	57.6
P(HB－co－55％HV)	77	－10	16	＞1 200
P(HB－co－10％HHx)	127	－1	21	400
P(HB－co－17％HHx)	120	－2	20	850
聚丙烯	176	－10	38	400

注：①摩尔分数。

1.1.3　PHA 的应用

PHA 的发现和研究已经有近百年的历史，但是其利用价值直到 20 世纪六七十年代才被关注。世界性的石油危机，使得人们开始寻找和研究石油基塑料的替代产品，PHA 由于具有与传统石化塑料相似的材料性能获得学术界越来越多的关注。此外，近年来传统石油基塑料对生态环境的危害以一种新的形式浮现出来，这便是微塑料污染。微塑料会进入生态圈的食物链中，因此塑料的微粒化也极有可能强化持久性污染物(POP)在食物链中的传播以及在食物链顶端的积累，对环境和整个生态系统造成严重的威胁。PHA 由于其具有完全生物可降解和利用可再生资源合成的特点，逐渐成为关注和研究的热点，是一种环境友好的“生物可降解塑料”。随着对 PHA 研究的逐渐深入，有关 PHA 的更多应用也被开发出来。PHA 除可以作为“生物可降解塑料”用于环境友好包装目的之外，还可以将其用于制作热敏胶、压敏胶，以及拉成纤维；利用 PHA 的生物相容性和可降解性，还可以将其用作医用植入材料、可控药物的缓释载体；PHA 的手性单体可作为药物或手性合成的中间体；PHA 膜蛋白可用于某些微量蛋白的分离；PHA 合成基因还可用于调节微生物的新陈代谢，基于 PHA 合成基因对微生物在逆境中的生存能力有很大影响，可将其用于改造工业微生物菌株，提高微生物发酵效率等。

1.环境友好的包装材料

PHA 作为“生物可降解塑料”的研究最早可追溯到 1974 年。Zeneca 生物制品公司将 PHA 实现商品化，生产了一种名为“Biopol”的塑料制品，用于制造洗发水瓶等。美国宝洁工艺与清华大学、韩国 KAIST 大学一起，利用 PHBHHx 制造出了饭盒、热水杯和塑料瓶子等多种塑料产品。PHA 还在某些领域被用于制造环保化工产品，比如水溶胶等，还可以被用作原材料纺出高强度的纤维，比如用于静电纺丝制作纳滤膜。

2.医用植入材料

除了作为“生物可降解塑料”引起广泛关注外，PHA 在医学领域也有很大的应用潜力。PHA 具备生物相容性的特点，被用作细胞生长的支架和体内的植入材料，如心脏阀门、心血管修补材料和移植材料等。PHA 膜被进行适当的表面处理后，或与其他的多聚物混合改造后，能够提高其生物相容性，拓展在组织工程领域中的应用范围。

3.可控药物缓释载体

PHA 的生物可降解性和相容性的特点使得其可作为靶向药物的良好载体。20 世纪 90 年代，PHB 微粒已经被用作利福平的包埋介质，通过药物包埋控制颗粒大小调整药物的释放速率。相比于短链 PHA 微粒包裹的药物的高释放速率，低结晶度的中长链 PHA 成为药物载体的研究热点。除了作为药物释放载体外，PHA 在土壤中的良好降解性，使其可以被用作长效除草剂、杀虫剂和肥料的载体，提高利用率。

4.手性单体作为药物或合成中间体

PHA 的另一个重要领域是其手性单体作为药物中间体的应用。药物研究越来越多地集中在生产手性药物方面，对患者来说手性药物更安全、更有效、使用剂量更小。生产手性药物需要手性中间体，而 PHA 的手性单体 R_3HA 可以作为手性药物合成的结构原件，例如抗生素、维生素、芳香素等。传统合成手性单体的方法或者分离光学异构体困难，或者成本太高难以实现规模化生产。最近发展起来一些新的合成 PHA 手性单体 HB 的方法。化学法和酶法降解 PHA 的方法能够以很高的产率生产 R_3HB，使其能以大规模生产。更直接的方法是从转基因微生物系统直接生产这种手性单体，比如通过在大肠杆菌中异源表达有关基因直接生产 HB。

5.PHA 基因用于调节微生物的新陈代谢和提高微生物在逆境下的生存能力

PHA 在某些细菌细胞内的积累必然会消耗胞内的代谢资源，PHA 合成菌的代谢网络流向也会产生很大的变化，从而使微生物的整个碳源和能源的分布发生较大的变化，微生物的合成途径可以改变胞内的整体代谢调节，对微生物的新陈代谢产生影响。清华大学陈国强教授团队用合成 PHA 的基因作为外源基因在工业微生物菌株中的表达来从整体上影响微生物的代谢调控，从而提高含 PHA 基因重组菌的产品产率。

6.营养物质被转化成 PHA 作为能源

PHA 作为一种由微生物合成并形成于微生物细胞内的生物聚酯，是多种微生物，如细菌、古细菌等，在能量和碳源过剩时储备能量和碳源的物质。PHA 具有距离中心代谢近、产物为亲油性胞内固体颗粒而易于提取等特点。PHA 合成代谢短、研究完善，便于基因工程操作和精确调控，是一种更为理想的代谢储备物。PHA 本身具有可燃性，经过甲酯化处理的 PHA 即为 3－羟基脂肪酸甲酯，可以直接作为生物燃料。

7.污水深度处理的缓释碳源

PHA 作为一种人工合成的高分子聚合物，其良好的生物可降解性明显优于天然释碳材料，且满足污水深度处理脱氮过程中对碳源机械强度的要求。PHA 作为外部投加碳源，对水体无害，不会造成二次污染，且释碳速率稳定，可以很好地促进微生物的反硝化作用，是外加固体缓释碳源的理想材料。

1.2 PHA合成代谢途径

1.2.1 PHA的生物合成途径

不同于其他生物可降解材料（如聚乳酸PLA），PHA合成过程全部在生物细胞内部进行，随着基因工程技术的飞速发展，原本不具有PHA合成能力的原核生物（如大肠杆菌）和真核生物（如植物）也被赋予了PHA合成能力。从经济角度和环保角度等方面考虑，合成PHA最为理想的碳源是可以循环利用的农业来源碳水化合物和脂肪族化合物等。不同细菌合成PHA的种类、性质不同，其所使用的PHA合成途径也不同；此外，同一种细菌在使用不同碳源时所利用的PHA合成途径也会有所差异。混合菌群合成PHA工艺中具备PHA合成能力的微生物主要为自然界中天然具有PHA合成能力的微生物，本书主要介绍其PHA生物合成途径，这些代谢途径又与微生物细胞内的中心代谢途径（如糖发酵、β－脂肪酸氧化以及三羧酸循环）偶联，形成了复杂的代谢网络。

1. 合成PHB

由乙酰辅酶A(CoA)直接合成途径。这一途径通过具备PHA合成能力的细菌中的*phaA*基因可编码β－酮基硫解酶(PhaA)，PhaA是目前发现的唯一一个在PHB合成、降解中均起作用的酶，因此也成为PHA合成、降解调控的中心。在该酶的作用下两分子乙酰辅酶A能够形成一分子乙酰乙酰辅酶A。另一个PHB合成中的关键基因*phaB*编码NADPH依赖的乙酰乙酰辅酶A还原酶(NADPH－depend－entacetoacetyl－CoA reductase，PhaB)，使乙酰乙酰辅酶A被还原为R－3－羟基丁酰辅酶A(3HB－CoA)。最后在PHA聚合酶(PhaC)的作用下聚合成PHB。这个过程会伴随着CoA的释放。很多利用脂肪酸作为碳源来合成PHB的细菌也是通过该途径，首先将脂肪酸进行彻底的β－氧化，产生乙酰辅酶A，再通过上述途径合成PHB。

2. 合成PHBV

以丙酸作为额外的碳源时，具备PHA合成能力的细菌可以合成PHBV。PHBV中的一种前体R－3－羟基丁酰辅酶A(3HB－CoA)来自PHB合成途径；另一种前体R－3－羟基戊酰辅酶A(3HV－CoA)则来自经由一分子乙酰辅酶A和一分子丙酰辅酶A缩合而成的β－酮戊酰辅酶A。研究表明，催化这一步反应的酶是由*bktB*基因编码的β－酮基硫解酶B，其对β－酮戊酰辅酶A具有一定的底物特异性。最后，β－酮戊酰辅酶A可在PhaB的催化下生成3HV－CoA，进而被利用于合成PHBV。

3. 合成中长链(MCL)PHA或者短链－中长链(SCL－MCL)PHA

利用脂肪酸的β－氧化途径。细菌以脂肪酸为碳源时利用β－氧化途径降解脂肪酸，其中间产物在*phaJ*基因编码下催化形成PHA的前体(R)－3－羟基脂酰辅酶A，再由PHA聚合酶(PhaC)聚合成PHA。

尽管合成PHA的代谢途径众多，通路复杂，终产物结构多样，并且还因微生物种类的差异呈现出更多元的结构，但是这些代谢通路基本上都包含着 PHA 合成的核心途径。以 PHB、P(3HV)及 PHBV 的合成为例(图 1.2)，PHA 聚合物合成的核心途径主要分为三步：①两分子乙酰辅酶 A 在 PhaA 的催化下合成一分子乙酰乙酰辅酶 A；②在 PhaB 的作用下接受 $NADPH_2$ 提供的氢生成 PHB 的前体物3－羟基丁酰辅酶 A；③前体物在 PHA 聚合酶(PhaC)的作用下生成均聚物 PHB。

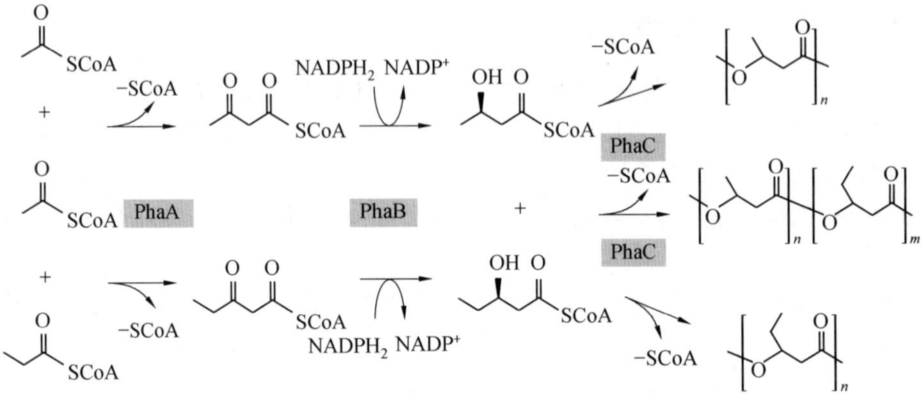

图 1.2　细菌细胞内合成 PHB、P(3HV)及 PHBV 的核心途径

1.2.2　PHA 生物合成关键酶和相关基因

虽然微生物合成 PHA 的途径有多种，但是最终都需要羟基酯酰辅酶 A 的聚合反应。催化此反应的 PHA 聚合酶(PhaC)是 PHA 生物合成过程中的关键酶，决定了终产物的类型(短链、中长链和短－中长链 PHA)和聚合度。PHA 聚合酶能够以羟基酯酰辅酶 A(HA－CoA)为底物，催化 HA－CoA 脱去辅酶 A 聚合成为 PHA。基于酶的亚基成分、催化底物特异性以及酶的一级结构，PhaC 主要可以分为四类(表 1.3)。

Ⅰ类 PhaC 和Ⅱ类 PhaC 都只含有一种亚基(蛋白质亚单位)，亚基的分子质量为 61～73 ku，但是Ⅰ、Ⅱ型 PhaC 的亚基对底物的特异性差别明显，前者倾向于催化短链的羟烷基辅酶 A，而后者倾向于催化碳链长度不小于 6 的羟烷基辅酶 A。Ⅲ类 PhaC(PhaC/PhaE)和Ⅳ类 PhaC(PhaC/PhaR)均是双亚基酶类，两者的底物特异性较为相似，倾向于利用碳链长度位于 3～5 之间的短链羟基辅酶 A。Ⅲ类 PHA 聚合酶的 PhaC 亚基的氨基酸序列与Ⅰ型和Ⅱ型 PHA 聚合酶有 21%～28%的相似性；PhaE 亚基与 PHA 聚合酶没有序列相似性。Ⅳ类 PHA 聚合酶中 PhaR 亚基代替了 PhaE 亚基。另外，Ⅰ型 PhaC 合成的终产物分子量要高于Ⅱ型 PhaC 的终产物分子量，前者聚合物的分子量为 5×10^5～5×10^6，后者聚合物的分子量通常只有 5×10^4～5×10^5。Ⅲ类 PHA 聚合酶合成的 PHA 分子量介于上述两者之间。

最近，有学者对来自极端嗜盐古菌的 PHB 聚合酶进行了鉴定和性质测定，它可能被分类为一种新的 PHA 聚合酶。该酶在 60 ℃仍具有稳定的酶活性，大约为 40 ℃最大酶活性的 90%。可溶性古菌 PHB 聚合酶只有在高浓度盐溶液中才具有活性，而颗粒结合性 PHB 聚合酶的活性基本上不受盐浓度的影响。

表1.3 PHA聚合酶的分类

PHA聚合酶类别	亚基	代表性菌株	催化底物
Ⅰ	PhaC	*Cupriavidusnecator*（钩虫贪铜菌）	SCL－3HA－CoA（C_3～C_5）；SCL－4HA－CoA；SCL－5HA－CoA
Ⅱ	PhaC	*Pseudomonas aeruginosa*（铜绿色假单胞菌）	MCL－3HA－CoA（≥C_6）
Ⅲ	PhaC，PhaE	*Thiocapsapfennigii*（普氏荚硫菌）	SCL－3HA－CoA；（MCL－3HA－CoA（C_6～C_8）；SCL－4HA－CoA；SCL－5HA－CoA）
Ⅳ	PhaC，PhaR	*Bacillus megaterium*（巨大芽孢杆菌）	SCL－3HA－CoA

注：SCL－3HA－CoA（C_3～C_5）表示短链3－羟烷基辅酶A（单体主链含3～5个碳原子）；MCL－3HA－CoA（≥C_6）表示中长链3－羟烷基辅酶A（单体主链至少含6个碳原子）。其他底物简写以此类推。

编码PHA聚合酶的基因称为*phaC*，在1999年的一篇综述中报道，已经发现的*phaC*便有42种，其中30种被完整地测序，虽然之后并没有出现类似的综述进行针对性的统计，但相信随着宏基因组测序等更先进技术手段的运用，*phaC*家族的信息会更加丰富和准确。在PHA合成途径研究较为清晰的罗氏真养菌（*Ralstoniaeutropha*）细胞内，*phaC*与PHA合成核心途径中编码phaA的基因、编码phaB的基因在基因组中串联成簇，形成phaCAB操纵子，而在巨大芽孢杆菌和豚鼠单胞菌等产PHA菌的功能序列中，*phaC*与*phaA*、*phaB*并非总在同一个操纵子中，这说明在微生物基因中*phaC*与其他PHA合成相关基因的位置关系是不确定的。

不同种类微生物*phaC*的序列具有差异性，但是这些*phaC*序列也存在着保守区。Sheu等利用多重序列比对法从13株产PHA菌的*phaC*序列信息中获得了*phaC*的保守序列，并依此序列信息设计了相应的通用简并引物，实现了微生物产PHA功能基因的扩增克隆。在同一年Solaiman等也发表了使用相似手段获得的通用引物，这一引物能够扩增编码Ⅱ类PhaC（催化长链羟烷基辅酶A）的*phaC*操纵子序列。虽然这些通用的PHA功能基因简并引物并不能扩增编码所有种类*phaC*的保守序列，但是对于后续关于微生物PHA合成的相关研究有着积极的意义。利用这些简并引物，研究者可以实现对环境中产PHA菌的快速判别，更可以甄别筛选能够合成特殊PHA聚合物（如MCL－PHA或SCL－MCL－PHA）的高价值PHA合成菌。

1.3 混合菌群合成PHA技术的研究进展

1.3.1 混合菌群合成PHA的概述

利用活性污泥方法处理污水已经经历了100多年的发展，现已广泛用于生活以及工业污水的处理中。活性污泥中包含多种混合的微生物群落,蕴藏了大量 PHA 合成菌资源,这些产 PHA 细菌会将胞外的碳源转化为胞内聚合物储藏起来,在条件不适宜时,会将这些 PHA 聚合物分解用作细胞增殖和正常代谢所需的碳源和能源。相较于细胞的增殖,碳源转化为 PHA 的路径更短,所需的 ATP 更少。以上这两方面说明活性污泥当中的 PHA 合成菌相对于非 PHA 合成菌具有天然的生理优势。基于活性污泥中丰富的产 PHA 菌资源以及产 PHA 菌的生理优势所形成的完全开放的工艺体系通常被称为活性污泥合成 PHA 工艺,活性污泥中产 PHA 菌群种类众多,在工艺运行中发挥 PHA 合成作用的不再是单一的菌株。相对于纯菌发酵,该工艺也被称为基于混合菌群技术(Mixed Culture Biotechnology, MCB)的合成 PHA 工艺,或简称为混合菌群合成 PHA 工艺(本书将采用这一工艺名称,并简称为混合菌群工艺),对应的发酵主体则称为产 PHA 混合菌群。

1.3.2 混合菌群合成 PHA 的工艺

在 20 世纪 80 年代,人们已经认识到 PHB 是活性污泥高效生物除磷(Enhanced Biological Phosphorus Removal,EBPR)过程中的一个很重要的代谢物。聚磷菌(PAO)在需氧的情况下积累聚磷酸,然后在厌氧的情况下吸收有机物合成 PHB。后续的研究发现,存在外加碳源时,活性污泥中的 PHA 合成菌并不需要溶解氧交替的环境,在完全好氧的条件下就可以实现 PHA 的积累。从产物的类型看,完全好氧条件下的 PHA 合成菌合成的产物较 PAO 单一,但是完全好氧菌的最大 PHA 合成能力均高于 PAO,其中代尔夫特理工大学相关研究组从活性污泥中富集得到的 *Plasticicumulans* 在实验室条件下曾获得了超过 80% 细胞干重的 PHA 比例,这一结果足以媲美现有的用于工业化生产的纯菌株,因此关于活性污泥中产 PHA 菌的研究热点逐渐集中在完全好氧菌上。在这些研究的基础上,逐渐形成了现有的混合菌群合成 PHA 工艺。

混合菌群合成 PHA 工艺与纯菌发酵工艺差别较大,产 PHA 混合菌群的富集与 PHA 合成最大化是混合菌群工艺的核心技术路线,混合菌群工艺中通常使用两套不同的反应体系来分别实现上述两个目的。近些年来,利用废弃碳源合成 PHA 实现废物资源化已经逐渐成为混合菌群合成 PHA 工艺的标签。另外,相比纯菌发酵,混合菌群在开放体系内能够用来合成 PHA 的碳源类型相对单一,通常是小分子的挥发性脂肪酸(Volatile Fatty Acids, VFA),因此需要合适的工艺模式获得适宜混合菌群合成 PHA 的底物。混合菌群合成 PHA 工艺逐渐形成较为成熟的三段式工艺模式。

三段式工艺按流程主要分为三个阶段:①底物准备阶段,在此阶段,废弃碳源中的大分子有机物(蛋白质、多糖、油脂等)被生物转化为小分子的 VFA,在此基础上进一步进行底物的成分调配(主要针对碳源和营养元素的比例);②产 PHA 菌富集阶段,在此阶段使用特殊的工艺运行模式富集混合菌群(通常来自于活性污泥),从而富集出具有较高 PHA 合成能力的产 PHA 菌群;③PHA 积累合成阶段,在此阶段,第 2 阶段富集得到的产 PHA 菌在较高底物负荷下于细胞内过量积累 PHA。最后,达到 PHA 最大合成量的菌群被收集起来进入下游的提纯工艺。第 1 阶段分别向产 PHA 菌富集段和 PHA 积累合成段提供底物。

1.3.3 混合菌群合成 PHA 的底物

混合菌群合成 PHA 工艺作为由传统污染物生物处理技术演变而来的工艺体系,其本身在产出 PHA 之外还具备重要的环境意义,比如将该工艺整合到污水处理厂中可以实现污水的污染物去除和碳源回收。混合菌群合成 PHA 工艺中产 PHA 菌的 PHA 贮存需要碳源的补充,其细胞增殖需要碳源以及营养元素(主要是氮、磷元素)的同时补充,而城市生活污水处理厂中的污染物(有机物、氮素、磷素)则可以作为产 PHA 菌底物的潜在来源。基于此,不少研究者开发了集污染物处理和资源回收为一体的混合菌群工艺模式。

此外,如前文所述,通过三段式工艺的底物准备阶段,可以将废弃碳源中的大分子有机物转化为小分子的 VFA,作为混合菌群合成 PHA 工艺的碳源。国内外的研究团队利用剩余污泥、橄榄油制造废水、造纸废水、糖蜜废水、牛皮纸浆废水、乳清废水和粗甘油等,经过不同的发酵处理,再经过碳、氮和磷的营养元素微调后,为混合菌群合成 PHA 提供底物(表1.4)。

表1.4 混合菌群利用废弃碳源合成 PHA 的研究

废弃物	底物转化模式	底物组分比 (SCOD①/N/P)	PHA 最大合成量 (g PHA/g VSS②)
剩余污泥	碱性发酵	100/4.69/2.08 (质量比)	0.73
橄榄油制造废水	酸性发酵	—	0.80
造纸废水	酸性发酵	100/(0.03～4.7)/(0～1.9) (质量比)	0.43～0.48
糖蜜废水	酸性发酵	100/(0.03～0.5)/— (摩尔比)	0.33～0.61
牛皮纸浆废水	酸性发酵	100/1/0.2 (质量比)	0.26～0.30
乳清废水	酸性发酵	100/(0～7)/(0～0.8) (质量比)	0.56～0.63
粗甘油	不发酵	—	0.47

注:①SCOD 为溶解性化学需氧量;②VSS 为挥发性悬浮固体量。

本书作者所在研究团队研究了利用剩余污泥、餐厨垃圾和糖蜜废水等废弃碳源发酵后的 VFA 作为底物的混合菌群 PHA 工艺,获得良好的 PHA 产量,并针对 PHA 产品质量调控进行了定向产酸(比例可控的奇数碳 VFA,如丙酸)的研究;为了简化三段式工艺的底物准备阶段的步骤,降低 PHA 合成成本,进行了直接以粗甘油为碳源的混合菌群合成 PHA 工艺研究,这些内容将在后面的章节进行详细介绍。

由此可以看出,混合菌群合成 PHA 工艺能够实现污水处理的资源化利用,将“传统污水处理厂”转变为“资源生物精炼厂”,通过有效的底物转化方式,将富含有机质和营养元素的废弃生物转变为合成 PHA 的良好底物,实现碳资源的高品质回收再利用,有效减轻了废弃生物固体对环境造成的压力,更符合我国“碳中和”的发展理念。

1.3.4 混合菌群合成 PHA 的工艺稳定性

混合菌群合成 PHA 工艺中富集阶段的成功运行是整个混合菌群工艺低成本生产 PHA 的关键步骤。混合菌群合成 PHA 工艺富集阶段的稳定性受到底物类型、驯化环境因素和系统中微生物群落组成等条件的影响。富集阶段能否长期稳定运行，能否有效积累稳健的、高生物量的PHA合成菌，关系到能否为第3阶段提供充足的具备PHA合成能力的细菌。混合菌群在运行过程中具备良好的沉降性能，实现富集阶段静沉时快速的污泥和上清液的分离，是维持富集阶段系统中足够的生物量的重要指标。本书作者所在的研究团队发现，混合菌群合成PHA工艺富集阶段在运行初期会出现胞外聚合物（EPS）过量分泌造成的黏性膨胀，在运行后期还会出现严重的丝状菌膨胀，导致污泥沉降性能恶化和系统中菌体的大量流失。

通过混合菌群合成PHA工艺的运行模式改良，本书作者所在研究团队提出好氧动态间歇排水一瞬时补料（简称好氧动态排水，Aerobic Dynamic Discharge，ADD）工艺，30 d即实现快速稳定富集，避免了黏性膨胀对运行稳定的影响。此外，颗粒污泥良好的沉降性能，使其成为用于混合菌群合成PHA的一种改良方式。除了工艺方面，采用外源物质条件用于失稳的混合菌群合成PHA工艺的快速恢复也是一项研究热点。向失稳的混合菌群合成PHA系统中投加10 g/L的NaCl，能抑制具备PHA合成能力的丝状菌*Meganema*的生长，污泥沉降性得到显著改善。更多针对混合菌群合成PHA工艺的失稳研究将在后面的章节进行详细介绍。

1.3.5 混合菌群合成PHA的模型研究

在对混合菌群合成PHA工艺研究的初期，虽然很难研究清楚混合菌群中的微生物及其生化特性，但对整个微生物群落的代谢研究建立了许多解释有机底物如何在无氧条件下转化生成PHA的模型。Smolders模型描述了微生物的各种底物消耗和PHA形成的动力学，包括乙酸、磷化合物、氨、氧气的消耗和生物量的形成等。这个模型很好地描述了各种活性污泥成分在需氧和厌氧过程中的动力学关系，能够较好地预测PHA的合成与废水中各种组分的关系。针对混合菌群合成PHA的模型研究主要集中在基于活性污泥模型的动力学模式和基于过程代谢的代谢模型。活性污泥模型是以IWA的ASM3为基础，引入贮存与生长模型等。基于贮存一生长模型对混合菌群合成PHA工艺运行模拟的研究也有报道。曾善文等基于该模型采用在线氧吸收速率（OUR）及在线质子比摄取速率（HPR），在乙酸单基质情况下成功预测了充盈期的PHA合成量。刘东等成功预测了混合酸基质情况下的充盈期PHA合成量。

混合菌群合成PHA的代谢模型是从纯菌合成PHA的模型中发展而来的，由最初的单一基质条件下的混合菌群合成PHA代谢模型，到混合基质条件下的混合菌群合成PHA代谢模型，后续又添加了PHA抑制项并将模型延伸到匮乏期，构建了更加完整的PHA合成代谢模型。Pardelha等的通量平衡分析（FBA）模型机理是基于代谢模型，以PHA合成最大化为目标函数，调查了偶数个C基质和奇数个C基质混合的复杂基质条件下的PHA合成。而后，Pardelha等仍以PHA合成最大化为目标（即，最小化TCA作用）引入了VFA吸收调整因子。Tamis等对典型的PHA合成过程进行了回顾并提出了几点改进：模拟混合基质吸收、充盈过程的生长、充盈期与匮乏期的置换、PHA的降解及模拟累积相。

随着更多混合菌群工艺模式的出现，针对混合菌群合成PHA工艺的模型会进一步地被发展和完善。

1.3.6 混合菌群合成 PHA 工艺的中试研究

近几年,随着混合菌群合成 PHA 工艺的实验室研究的深入和技术的成熟,逐渐展开了有关生产性探索的中试规模的试验研究。Chakravarty 等于 2010 年在中试规模的连续补料反应器中,以牛奶、冰激凌加工废水为原料,进行混合菌群 PHA 合成试验,获得污泥干重 43%的 PHA 含量(全书均指 PHA 的质量分数)。Morgan-Sagastume 等将混合菌群合成 PHA 工艺与污水处理过程、剩余污泥处理过程结合,分别考察了合成 PHA 富集菌和生产 PHA 的废水处理过程,分析污泥厌氧发酵产 VFA 过程,并以 VFA 为底物合成 PHA,在污水处理过程中采用充盈-匮乏模式富集得到富含产 PHA 菌的污泥,其最大 PHA 累积能力为污泥干重的 34%。Tamis 等在 2018 年开展了以造纸厂废水为底物的混合菌群合成 PHA 中试研究,采用三段式工艺模式,PHA 的总产率为 34%,并认为制约 PHA 产量的因素是厌氧酸化过程中 VFA 的比例略低。Bengtsson 等在 2020 年报道了在马铃薯淀粉工厂的废水处理过程中引入中试规模的混合菌群合成 PHA 工艺,并进行了 10 个月的研究,发现能在污水处理过程中通过充盈-匮乏模式实现污染物的达标去除和 PHA 合成菌的筛选,该工艺中的 PHA 积累潜力为 0.40~0.70 g PHA/g VSS。混合菌群合成 PHA 工艺从实验室研究到商业化运行仍有很长的距离,中试研究是不可缺少的阶段。未来关于中试的研究会更多,除了不同底物外,还应针对运行过程中的相关工艺参数进行放大研究。

1.3.7 生命周期评价

生命周期评价(Life Cycle Assessment,LCA)是一种广泛用于评价产品或服务的环境绩效方法,是一项重要的为决策提供监测和评估环境影响的工具。通过对不同方案的评估可以帮助考察替代方案以改善环境过程和最终产品的影响,进而可以改善管理流程,管理运营并实施更绿色的方法。LCA 是根据迭代过程执行的,首先要明确目标的研究范围和生命周期清单,在该生命周期清单中映射了流入和流出评估系统中的流量。然后执行生命周期评估,将清单中的数据转换为不同影响类别的影响。采用 LCA 可以对混合菌群合成 PHA 工艺进行整体的技术性评估,并量化使用 PHA 对环境产生的影响,对比混合菌群工艺和纯菌工艺之间的真实效应,从经济性角度指导 PHA 的生产工艺改良。Gurieff 等在 2007 年首次采用 LCA 对混合菌群合成 PHA 工艺进行了评估,并采用了从污水处理到聚合物合成的边界条件。随后,Heimersson 等在对 LCA 评价 PHA 合成的文献检索基础上,采用两套不同的模型对以污水为碳源的纯菌合成 PHA 工艺进行 LCA 分析,并对评估过程进行了探讨。结果表明对于能源系统中的电力,所使用的数据类型对结果很重要,结果具有很强的区域依赖性;并强调了评估中水的重要性,不同方式核算用水量对评估结果影响较大。Vogli 等对热水解污泥产酸液合成 PHA 工艺进行"从摇篮到坟墓"的生命周期评价,发现废弃物作为碳源的混合菌群合成 PHA 工艺能够通过资源再利用和生产过程中造成的环境影响产生动态平衡,降低温室气体排放造成的环境影响,进一步改进工艺和技术能够使混合菌群合成 PHA 工艺成为生产 PHA 的最有前景的方式。Nitkiewicz 等以 LCA 评价了以菜籽油衍生物为底物合成 PHA 的工艺,并发现 PHA 合成的效率在很大程度上取决于所使用的碳源和采用的生物选择策略,并认为目前的 LCA 局限于实验室规模,未来需要扩展到替代生产情境的经济和环境敏感性分析方面。

1.4 本书主要内容

PHA是一种可替代传统石化塑料的可生物降解材料，由微生物在特殊的生存环境和工艺条件下内源合成。因此，它可为从源头解决石化塑料污染提供一条新的解决思路。目前，商业化应用的PHA产品主要来源于纯菌培养，但纯菌培养底物和反应器灭菌成本高，因而PHA产品价格高，难以大规模推广。混合菌群合成PHA工艺是环境工作者在废弃物和污水处理过程中开发的一种经济可行的工艺。其具备环境效益高、底物成本低、改造运行费用低等优势。因此，近年来受到了大量研究人员的关注。

本书基于国内外在混合菌群PHA合成方向的相关研究，系统地介绍了该工艺的开发、发展与展望。针对目前该工艺的发展情况，本书立足于工艺稳定性难以保障和产率较低的问题，提出了相应的解决途径或可研究思路并期望建立一套面向于工业应用的混合菌群合成PHA工艺。因此，本书主要囊括了基本工艺组成、参数优化、机制解析、关键技术发展以及实际废水生产案例5部分，共8章。第1章简要介绍PHA材料的理化性质、微生物PHA代谢途径以及混合菌群合成PHA的研究进展；第2章介绍混合菌群合成PHA工艺的基本工艺组成及其相关研究现状，给出了工艺相关动力学参数的计算方法并探讨了混合菌群合成PHA工艺的瓶颈问题；第3、4章分别从工艺优化和机制解析两方面建立问题解决的理论基础；第5、6章针对第2章提出的问题分别从提升工艺稳定性和产率的角度介绍相关工艺改进和技术研究；第7、8章分别以剩余污泥和餐厨垃圾两种典型资源型废弃物为例，介绍多底物类型条件下的相关工艺路线及研究成果。

参考文献

[1] CHEN G. A microbial polyhydroxyalkanoates(PHA) based bio- and materials industry [J]. Chemical Society Reviews, 2009, 38(8): 2434-2446.

[2] SHEU D S, WANG Y T, LEE C Y. Rapid detection of polyhydroxyalkanoate-accumulating bacteria isolated from the environment by colony PCR[J]. Microbiology, 2000, 146(8): 2019-2025.

[3] SOLAIMAN D K, ASHBY R D, FOGLIA T A. Rapid and specific identification of medium-chain-length polyhydroxyalkanoate synthase gene by polymerase chain reaction [J]. Applied Microbiology and Biotechnology, 2000, 53(6): 690-694.

[4] JOHNSON K, JIANG Y, KLEEREBEZEM R, et al. Enrichment of a mixed bacterial culture with a high polyhydroxyalkanoate storage capacity[J]. Biomacromolecules, 2009, 10(4): 670-676.

[5] JIANG Y, CHEN Y, ZHENG X. Efficient polyhydroxyalkanoates production from a waste-activated sludge alkaline fermentation liquid by activated sludge submitted to the aerobic feeding and discharge process[J]. Environmental Science & Technology, 2009, 43(20): 7734-7741.

[6] BECCARI M, BERTIN L, DIONISI D, et al. Exploiting olive oil mill effluents as a re-

newable resource for production of biodegradable polymers through a combined anaerobic-aerobic process[J]. Journal of Chemical Technology & Biotechnology, 2009, 84 (6): 901-908.

[7] BENGTSSON S, WERKER A, CHRISTENSSON M, et al. Production of polyhydroxyalkanoates by activated sludge treating a paper mill wastewater[J]. Bioresource Technology, 2008, 99(3): 509-516.

[8] ALBUQUERQUE M G E, TORRES C A V, REIS M A M. Polyhydroxyalkanoate (PHA) production by a mixed microbial culture using sugar molasses: Effect of the influent substrate concentration on culture selection[J]. Water Research, 2010, 44 (11): 3419-3433.

[9] POZO G, VILLAMAR A C, MARTINEZ M, et al. Polyhydroxyalkanoates(PHA) biosynthesis from kraft mill wastewaters: Biomass origin and C : N relationship influence [J]. Water Science & Technology, 2011, 63(3): 449-455.

[10] VALENTINO F, KARABEGOVIC L, MAJONE M, et al. Polyhydroxyalkanoate (PHA) storage within a mixed-culture biomass with simultaneous growth as a function of accumulation substrate nitrogen and phosphorus levels[J]. Water Research, 2015, 77: 49-63.

[11] MOITA R, FRECHES A, LEMOS P C. Crude glycerol as feedstock for polyhydroxyalkanoates production by mixed microbial cultures[J]. Water Research, 2014, 58: 9-20.

[12] WEN Q, CHEN Z, WANG C, et al. Bulking sludge for PHA production: Energy saving and comparative storage capacity with well-settled sludge[J]. Journal of Environmental Sciences, 2012, 24(10): 1744-1752.

[13] CHEN Z, GUO Z, WEN Q, et al. A new method for polyhydroxyalkanoate(PHA) accumulating bacteria selection under physical selective pressure[J]. International Journal of Biological Macromolecules, 2015, 72: 1329-1334.

[14] CHAKRAVARTY P, MHAISALKAR V, CHAKRABARTI T. Study on polyhydroxyalkanoate (PHA) production in pilot scale continuous mode wastewater treatment system[J]. Biorcsource Technology, 2010, 101(8): 2896-2899.

[15] MORGAN-SAGASTUME F, BENGTSSON S, GRAZIA G D, et al. Mixed-culture polyhydroxyalkanoate(PHA) production integrated into a food-industry effluent biological treatment: A pilot-scale evaluation[J]. Journal of Environmental Chemical Engineering, 2020, 8(6): 104469.

[16] TAMIS J, MULDERS M, DIJKMAN H, et al. Pilot-scale polyhydroxyalkanoate production from paper mill wastewater: Process characteristics and identification of bottlenecks for full-scale implementation[J]. Journal of Environmental Engineering, 2018, 144(10): 1-9.

[17] HEIMERSSON S, MORGAN-SAGASTUME F, PETERS G M, et al. Methodological issues in life cycle assessment of mixed-culture polyhydroxyalkanoate production

utilising waste as feedstock[J]. New Biotechnology,2014,31(4):383-393

[18] GURIEFF N,LANT P. Comparative life cycle assessment and financial analysis of mixed culture polyhydroxyalkanoate production[J]. Bioresource Technology,2007,98(17):3393-3403.

[19] VOGLI L,MACRELLI S,MARAZZA D,et al. Life cycle assessment and energy balance of a novel polyhydroxyalkanoates production process with mixed microbial cultures fed on pyrolytic products of wastewater treatment sludge[J]. Energies,2020,13(2706):1-27.

[20] NITKIEWICZ T,WOJNAROWSKA M,SOTYSIK M,et al. How sustainable are biopolymers? Findings from a life cycle assessment of polyhydroxyalkanoate production from rapeseed-oil derivatives[J]. Science of The Total Environment,2020,749:141279.

第2章　混合菌群合成PHA工艺的基本组成

2.1　工艺基本组成

混合菌群合成PHA工艺的3个基本要素为底物、菌群（污泥）和PHA。微生物仅能利用小分子物质进行PHA合成且对VFA具有偏好。若以底物类型作为分类依据，当底物为乙酸等小分子VFA或甘油等可直接参与微生物PHA代谢过程的小分子物质，无须对底物做进一步处理时，一般采用两段式工艺，即仅有产PHA群富集阶段和PHA合成积累阶段；当底物为较复杂的有机物（如糖蜜废水、剩余污泥、餐厨垃圾等）时，需在两段式工艺前增加底物准备阶段，即提前对底物进行酸化预处理，将复杂底物转化为富含VFA的废液，因此可称为三段式工艺。由于成分单一的小分子有机废水来源较少，现阶段以三段式合成工艺应用最为普遍，其工艺基本结构如图2.1所示。其中，底物准备阶段将为富集阶段（第2阶段）和合成阶段（第3阶段）提供底物；富集阶段将为合成阶段提供产PHA性能良好的混合菌群，根据工艺发展可分为“厌氧－好氧工艺”“好氧瞬时补料工艺”和“好氧动态排水工艺”等；合成阶段根据进水方式的不同可分为间歇补料工艺和连续补料工艺，将在后续章节做详细介绍。

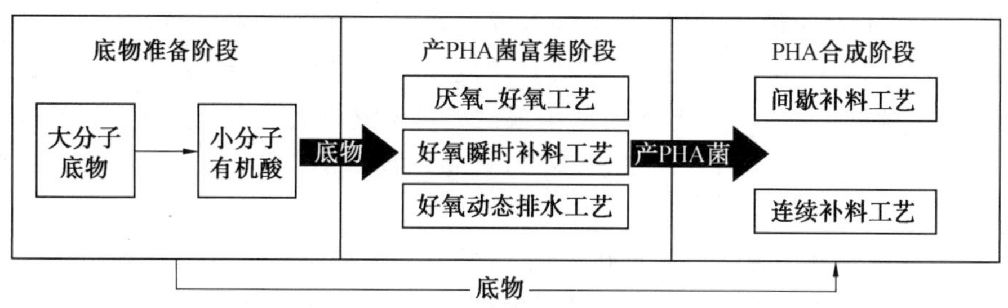

图2.1　PHA合成三段式工艺流程

2.2　富集阶段工艺发展历史

富集阶段是混合菌群合成PHA工艺最为关键的阶段，富集产PHA菌的成功与否直接决定了整体工艺的生产效率。因此，研究者们对富集阶段的关注远远超过其他两个阶段。为开发稳定且富集效率高的富集工艺，研究逐步从厌氧－好氧混合工艺向全程好氧工艺过渡，形成了“厌氧－好氧工艺”向“好氧瞬时补料工艺”及其工艺改进的转变。本节将对混合菌群合成PHA工艺富集阶段工艺发展历史做简要介绍。

2.2.1 厌氧一好氧工艺

以活性污泥为富集阶段接种菌泥的厌氧一好氧工艺，最早始于 20 世纪 70 年代的 EBPR 环节，在此环境中，主要存在聚磷 PAO 和聚糖菌（GAO）两种菌群。厌氧条件下，PAO 释放细胞内聚积的磷获得能量来吸收环境中的 VFA，再以 PHA 的形式贮存为碳源，而 GAO 分解胞内糖原，摄取环境中的 VFA 合成 PHA，此阶段系统表现为 PHA 积累；好氧条件下，PAO 细胞内的 PHA 被氧化产生能量，从而使得微生物摄磷、增殖活动得以进行，GAO 通过分解 PHA 重新合成糖原，此阶段表现为 PHA 消耗。

李伟等比较了厌氧一好氧与完全好氧两种工艺长期驯化的活性污泥以乙酸为碳源合成 PHA 的情况，结果发现，反应时间为 120 min 时，前者在厌氧条件下 PHA 的合成量为细胞干重的 14.35%，而后者 PHA 的合成量为细胞干重的 20.97%。Chua 等通过改进污水处理的厌氧一好氧工艺与合成 PHA 相结合，使厌氧阶段的 PHA 含量达到 31%左右。Randall 等研究发现，厌氧代谢过程中，进水的 VFA 种类不同直接影响 PAO 细胞合成 PHA 的数量和性质。Liu 等以乙酸为碳源驯化 GAO，研究对不同基质的代谢和 PHA 合成情况，结果显示较大差异，且厌氧环境中 PHA 的合成量随着有机酸碳链的增长而减少。Satoh 等发现，在厌氧一好氧交替环境中，以乙酸为基质，混合菌群合成的 PHA 单体以 HB 和 HV 为主，以丙酸为碳源时，PHA 单体则以 3HV 和 3H2MV 为主。Dai 等在以乙酸为底物时，发现 GAO 比 PAO 更易合成较高含量的 PHA，在厌氧一好氧驯化反应器中富集到含 75% GAO 的菌群，得到 14%～41%的 PHA 合成量，且 PHA 产物含有稳定的 HB 与 HV 比例（物质的量比为 7∶3）。Pisco 以发酵糖蜜废水（包含乙酸、丙酸、丁酸和戊酸）为底物驯化得到产 PHA 能力较强的 GAO 菌群，PHA 最大产量为 37%，产物组成包括 PHB、PHV、PHHx 及少量 PH2MB 和 PH2MV。陈玮等通过厌氧一好氧工艺启动 SBR（序批式反应器），控制 COD∶N∶P（化学需氧量∶氮质量浓度∶磷质量浓度）＝100∶10∶2，此时系统中合成 PHA 的菌群主要是 PAO，之后逐步限制磷源驯化活性污泥，发现好氧阶段的菌群合成 PHA 能力更强，最大产 PHA 量达 37%，远超之前 PAO 在厌氧阶段的 PHA 合成能力。

从以上研究中不难发现，厌氧一好氧工艺相关文献较为陈旧，且普遍存在富集菌群 PHA 合成能力较弱、工艺条件复杂的问题。因此，该工艺已鲜有研究。

2.2.2 好氧瞬时补料工艺

好氧瞬时补料（Aerobic Dynamic Feeding，ADF）工艺，也称好氧动态补料工艺、“饱食一饥饿”模式，或“充盈一匮乏”模式，是目前主流的混合菌群合成 PHA 的富集工艺。该工艺是由 Majone 等于 1996 年提出的，通过底物充盈（feast）和匮乏（famine）交替出现制造出生态压力，使得混合菌群系统中只有在充盈阶段具有 PHA 合成能力的菌种才能在匮乏阶段存活，从而逐渐淘汰混合菌群中不具 PHA 合成能力的菌种。

张琦等在 ADF 驯化阶段增加过渡驯化期，以提高产 PHA 菌群的富集效率，结果得到 PHA 单位乙酸合成率为 0.24 g/g，进水 30 min 后 PHA 最大含量为 8.5%，研究还发现在 ADF 驯化过程中，充足的氮源供给可以提高菌群增殖、底物吸收以及 PHA 合成能力，证明含氮磷废水可直接用于产 PHA 菌群的驯化培养。

刘一平等以乙酸钠为碳源，探究COD、pH和运行周期对ADF工艺合成PHA的影响，选择COD分别为3 000、6 000、12 000 mg/L，对应运行周期为48、24、12 h，结果表明，低底物浓度（指底物的物质的量浓度或质量浓度）和长周期易导致污泥因营养匮乏而流失、活性降低，高底物浓度和短周期易引发污泥膨胀，黏性增大，在6 000 mg/L下，运行24 h，使用驯化3周的产PHA菌群得到最大PHA含量（29.4%），pH中性的条件不利于菌群驯化，提高pH至8.5，PHA最大合成量提高至31.1%。

目前已有文献中最大的PHA产量由Serafim等获得，采用ADF工艺，乙酸底物浓度为180 Cmmol/L，碳氮比C/N=250，得到PHB产量为78%，接近于纯菌的合成量。除了使用单一碳源，近几年学者们逐渐扩大了混合菌群产PHA的底物范围，包括发酵糖蜜废水、棕榈油厂废水、造纸厂发酵废水、剩余污泥发酵液及餐厨垃圾发酵产酸液等。研究者通过优化驯化过程、探究复杂底物成分对于混合菌群产PHA的影响作用，提高最终PHA合成量，以此达到废物资源化的目的。

Emmanouela等开发了一套三段式反应器系统，将城市固体垃圾渗滤液用于PHA的合成，三段式反应器包括收集渗滤液和生物气体的发酵产气装置、用ADF工艺富集产PHA微生物菌群的反应器以及用以积累PHA的批式和连续补料反应器。结果表明，直接用渗滤液驯化的活性污泥PHA合成量只有29%，用模拟渗滤液成分的VFA和少量渗滤液为底物驯化的活性污泥表现出较强的PHA合成能力，最高达到78%。此研究也开拓了一条利用高浓度有机废水合成PHA的新路径。对现实中指导有机废物资源化提供了极为有益的帮助。

Pisco和Gikla都选择使用发酵糖蜜废水为驯化活性污泥的底物。Pisco分析产PHA主要菌群以PAO为主，PHA含量达37%；Gikla在不同有机负荷下得到的系统主要微生物不同，120 mmol/(L·d)时以陶厄氏菌(*Thauera*)为主，此时PHA单体中HV受影响较大，90 mmol/(L·d)时微生物以固氮弧菌(*Azoarcus*)为主，底物比摄取速率也达最大，研究表明当系统中存在大量固氮弧菌(*Azoarcus*)和少量陶厄氏菌(*Thauera*)时，合成PHA效率最高，得到的聚合物也具有最佳机械性能。

Reddy等对比了完全好氧和微氧环境中，混合菌群以食品废物和产酸产氢工艺废液为底物产PHA的能力。结果证明，缺氧微环境可以导致更高的PHA合成效率，有氧环境更利于底物的降解，相较于食品废物，产酸产氢废液积累出更高的PHA含量，达39.6%。根据微生物群落分析，系统中产PHA菌群包括好氧和兼性微生物，运行过程显示了通过消耗产出的VFA液生产PHA与生物产氢共同实施的可行性。

综上，ADF工艺可以以乙酸等单一碳源或复杂有机物的产酸液为底物筛选富集出较为高效的产PHA菌群，现阶段研究者较多关注扩展底物应用范围和驯化阶段的高效性，但因底物性质的不同，PHA合成效率存在较大差异。

2.2.3　好氧动态排水工艺

传统的ADF工艺是基于生态压力选择产PHA合成菌群，虽然依靠这种生态选择压力的过程在PHA合成菌种的筛选和富集的实践中被证明是有效的，但富集工艺对有机负荷、充盈—匮乏阶段持续时间之比等参数的变化非常敏感，污泥膨胀现象时有发生，从而使得富集过程漫长。如Dionisi等运行反应器80 d实现PHA产量为38%；Serafim等和Albuquerque 等研究中分别富集 18 个月和 10 个月，实现 PHA 产量为 67.2%和 68%；Johnson 等和 Albuquerque 等分别富集了至少 2 年的时间，PHA 的产量达到 89%和 75%。

本书作者所在团队在前期的研究中提出了 ADD 工艺，此工艺考虑到 PHA 合成菌体内聚合物含量（全书均指聚合物质量分数）高，其自身相对密度要高于其他菌体，故利用菌体胞内含量与沉降性相关的特性，在富集体系中 PHA 合成菌群相对密度较大时，引入短时快速沉降一排水环节，使 PHA 合成菌体快速沉降，这样就能依靠物理和生态双重选择压力快速筛选出 PHA 合成菌，研究已初步证实了这个工艺的高效性，可在 30 d 的富集时间实现 74%的 PHA 合成量，在缩短活性污泥菌群驯化时间方面具有探索意义。

2.3 可用底物的转化技术

2.3.1 有机废物水解产酸技术

有机废物水解产酸技术源自于厌氧消化产甲烷技术。尽管厌氧消化产甲烷技术已发展多年且较为成熟，但随着有机废弃物的大量产生，厌氧消化技术仍存在运行不稳定、有机负荷波动大和资源化途径单一等问题。而这些问题的产生与有机废物的性质息息相关。以餐厨垃圾为例，除产量巨大外，其还存在含水率高（80%～90%）、有机质含量高（可达 97%）、含盐量高和易腐烂变质等特点。现阶段多选择的厌氧消化技术处理，是指在无氧条件下通过兼性微生物和厌氧微生物的代谢作用，将餐厨垃圾中的脂肪、蛋白质、糖类等复杂大分子物质水解为小分子有机物及无机物，再经过产氢、产酸和产甲烷阶段最终被分解成二氧化碳和甲烷的过程。相较于传统的焚烧、填埋、堆肥等处置方式，厌氧消化具有可生产清洁能源、工艺简单、占地较小等优点，因此逐渐发展成一种主流处理工艺。然而，单相厌氧因餐厨垃圾有机质含量高易酸化，造成体系中 pH 降低以及氢分压的升高而抑制甲烷的产生，从而导致反应停止或失败。因此，已经建设的餐厨垃圾沼气回收项目多以两相厌氧消化为主，该工艺在高浓度工业废水及污泥处理方面获得了理想效果。但餐厨垃圾与污水、污泥的厌氧处理存在显著的不同：①餐厨垃圾是极易酸化的生物质垃圾，在进行单相厌氧消化时，较高有机负荷会使产酸菌在短时间内产生较多的有机酸，系统对酸的缓冲能力降低也会影响产甲烷菌的活性，从而影响产物的性质，即系统对酸的缓冲能力降低会增加较大分子质量的有机酸产生，从热力学角度，相比其他的中间产物（如丁酸、乙酸等），丙酸向甲烷的转化速率是最慢的，会限制整个系统的产甲烷速率；②餐厨垃圾酸化产物含有高浓度的盐分和氨氮（NH_3-N），也会对产甲烷过程产生抑制。以上问题的存在，限制了餐厨垃圾厌氧消化过程的实施。

因此，餐厨垃圾厌氧水解产酸技术可通过控制消化条件和程度抑制甲烷产生，使反应停留在产酸阶段，在此阶段，经过水解后的物质会被进一步分解为各种 VFA 和醇类，如乙酸、丙酸、丁酸、戊酸及乙醇等。这些小分子有机酸可在发酵体系中大量积累，形成的产酸液可以替代乙醇和乙酸被用作生物脱氮除磷过程的外加碳源，还可以用于 PHA 的合成，是一种极具潜力的化工原料。相较于产甲烷技术，餐厨垃圾厌氧产酸反应周期更短，为 3～5 d，是产甲烷周期的 10%左右，因此餐厨垃圾厌氧水解产酸技术受到人们的关注和研究。餐厨垃圾发酵产物的组分差异主要受反应条件不同（如温度、pH、污泥停留时间（SRT）、有机负荷等)而变化，一般来说，产酸液的 VFA 占 SCOD 的 60%～75%，非 VFA(如可溶性蛋白、糖类等)占比 25%～40%，VFA 转化率在 20～40 g/L 之间，C/N 在 5～12 之间。目前，利用餐厨垃圾产酸液生产 PHA 的相关研究较少。

2.3.2 粗甘油的产生与利用

甘油可直接作为 PHA 合成的底物。目前，废弃甘油的主要来源是生物柴油生产过程中产生的粗甘油。生物柴油的生产是建立在脂肪酸酯化的基础上，是通过在适当的催化剂存在的情况下，用烷基醇(通常是甲醇)与甘油三酯(通常来自动物脂肪、植物油、餐厨废弃油脂)发生酯交换产生的，这种反应会产生两相产物，上相中就是主要产品生物柴油，而底部则是粗甘油，粗甘油包括甘油(30%～80%)、水、甲醇、皂、游离脂肪酸(FFA)、甲酯、剩余催化剂，还有极少的肽、蛋白质和磷脂等杂质，不同原料生产及不同催化条件使粗甘油中成分略有差异。大约每产生 10 kg 生物柴油就会产生 1 kg 的粗甘油，每年产生的大量粗甘油冲击着甘油市场，导致精制甘油和粗甘油的价格较低。粗甘油是生物柴油工业在经济和环境上的一个不利因素，因此有必要将粗甘油转化为高附加值产品以提高生物柴油产业的经济可持续性和降低粗甘油废物处理的环境影响。

传统对粗甘油的利用是将其经过精制处理(即提纯)产生纯甘油，经济有效的纯化方法是非常重要的。人们应用过不同的甘油精炼技术，诸如过滤、微滤、超滤、吸附或离子交换，这些技术的结合会产生纯度很高的成品。纯甘油是工业应用上的一种优质原材料，在食品、药品、个人护理产品、烟草、反冷冻剂等领域都有涉及。全球超过 67%的纯甘油是由粗甘油提炼而来的。可是，纯化过程使得处理成本极高，对于中小型生物柴油生产厂商在经济上也许是不可行的，只有当很多生物柴油厂商在同一区域，将产生的粗甘油统一送到炼油厂才比较经济，所以另一种途径是直接将粗甘油通过生物或化学反应过程形成高附加值产品。近年来，在这方面的研究成果不断出现，产生的附加值产品有 1,3-丙二醇、丙烯醛、丁醇、2,3-丁二醇、柠檬酸、马来酸甘油酯、聚羟基脂肪酸盐、聚甘油、溶胶、多元醇等，这些化学物质和聚合物广泛应用于生物燃料、燃料添加剂、聚合物材料、洗涤剂和其他用途，有许多文献做了阐述。现在非常流行的趋势是将粗甘油用于聚体合成技术，作为纯甘油的替代物，用于生物塑料的生产。粗甘油被认为是一种很有吸引力的碳源替代物，Naranjo 等证明了从甘油中提取的 PHB 价格比葡萄糖降低 10%～20%，Cavalheiro 等指出，粗甘油占总生产成本的 40%，以葡萄糖生产的情况下，该值上升到 70%～80%。如果与生产生物柴油的生物制品厂相结合，就很容易在经济上实现可行。

直接用粗甘油转化为附加值产品有很大的潜力，虽然在工业应用方面仍然面临技术挑战，如产率低、产量低、杂质对某些产品产生影响等，但这些障碍可以通过一些策略得到克服，比如菌株的基因工程，过程优化，高效催化剂的设计，加工前进行简单的预处理以及开发有效利用粗甘油杂质的新技术。PHA 合成无疑是一项极具发展潜力的选择。甘油作为一种无须发酵的基质可以直接或经简单预处理后用于 PHA 合成。以甘油为碳源缩短了 PHA 的生产工艺流程。在合成 PHA 技术中需关注以下几点，即甘油纯度对过程的影响、以甘油为底物的 PHA 合成菌群的筛选、进料模式的选择等。

2.4 ADF 模式及生态选择压力

2.4.1 好氧瞬时补料工艺

碳源在好氧阶段加入反应器中,好氧条件下,底物充盈微生物在反应器中生长并贮存PHA。在好氧阶段结束后,也就是饥饿阶段,微生物已再无碳源摄取,此时微生物利用之前贮存的 PHA 作为碳源可以继续生长存活,而在充盈阶段没有贮存碳源的微生物则无法生存,即被淘汰。经过不断反复以上工艺,每个充盈一匮乏周期结束后均有不适应此模式的微生物被淘汰,而具有 PHA 贮存能力的微生物因其在整个系统中存在竞争优势存活下来,即具有 PHA 合成能力的菌群可以在底物充盈时快速摄取碳源将之存于细胞内并在碳源缺乏时释放以保持生长或维持自需。在充盈一匮乏运行模式下,有 PHA 合成能力的菌群快速消耗碳源并以 PHA 形式贮存,它们获得了大部分碳源以备后续产生最大的生物量。因此,在此种选择压力模式下,对于 PHA 合成菌筛选成功与否通常基于碳源比摄取速率的快慢而非生物增长率。

ADF 工艺具有细胞代谢路径明确,SBR 参数容易控制,可以根据不同的碳源、补料方式、运行周期、环境温度等做出一系列调整的特点,近年来取得快速发展,是混合菌群合成PHA 领域最热门的研究工艺之一。目前的大量文献研究成果表明,在 ADF 工艺中,底物浓度、碳氮比、底物充盈与匮乏阶段持续时间的比(F/F)、污泥停留时间(SRT)、环境温度、反应器内 pH、溶解氧质量浓度(DO)等均可以成为活性污泥产 PHA 菌群富集优化的控制参数。Serafim 等对 ADF 进行改进,使得 PHA 含量增加到78.5%。蔡萌萌等使用中温厌氧产酸的出水作为碳源,进行剩余污泥的 PHA 合成试验,通过 ADF 工艺,实现了 56.5%的PHA 积累,PHA 产率达到 310 mg/(g・h)。Dionisi 等对采用瞬时补料过程的活性污泥微生物群落进行了变性梯度凝胶电泳(DGGE)分析,发现在混合菌群中的优势菌种为甲基杆菌科(Methyl bacteriaceae)、黄杆菌(*Flavobacterium* sp.)、假丝酵母菌(*Meganemaperider-oedes*)、陶厄氏菌(*Thauera* sp. Dionisi);此外还对不同周期条件下反应器富集 PHA 效果进行研究,结果表明,相对较长的周期对 PHA 的富集更有利,但不宜超过 12 h。清华大学王慧教授课题组提出,采用人工模拟污泥发酵液作为碳源,无须对活性污泥进行限氮、限磷,而只需用控制底物浓度的方法实现反应器内底物充盈和匮乏的交替,认为当底物浓度为初始投加底物浓度的 25%时,为进入底物匮乏阶段的标准,且保持在每个周期通过人工对底物浓度的监测,保证底物匮乏阶段的时长是底物充盈阶段的 3 倍。在每个周期末排水后,用离心机进一步完成泥水分离,做到将本周期内的剩余底物完全排净后,再重新注入底物。如此反复,直至连续 3 个周期的底物充盈阶段时间长度、污泥浓度(指污泥的质量浓度)和剩余底物浓度保持稳定,反应器达到稳定状态,活性污泥则可以用于 PHA 的合成。在这种工艺中,周期不再是具体时间,而用底物浓度变化状态的相对倍数表示,使得污泥会经历长达200 h 的底物匮乏阶段,实现对微生物的"过度饥饿",并最终实现了 62.43%的 PHA 最大含量。目前活性污泥混合菌群合成 PHA 可实现的最高 PHA 含量为 89%,几乎达到纯菌发酵工艺的水平。但相关研究大多处于实验室研究阶段,中试以上规模的研究成果较少有报道。Tamis 等利用工业废水为碳源,运行工作容积达 200 L 的 SBR,进行活性污泥的产

PHA菌群富集，在PHA合成阶段，又将混合菌群投入到200 L的合成反应器中进行PHA含量最大化的试验，最终产量为(0.70±0.050)g/g。虽然低于实验室试验的PHA含量，但对于实现利用混合菌群合成PHA的产业化非常重要。

2.4.2　生态选择压力

目前绝大多数利用活性污泥混合菌群驯化合成PHA的研究，都采用底物充盈一匮乏机制，这是基于细胞自身的机制：产PHA菌在底物充盈的环境中，快速吸收碳源，一部分用于细胞分裂与生长，另一部分则转变为细胞内贮存作为储备碳源。当碳源耗尽，即在底物缺乏的环境下，产PHA菌就会利用体内的储备碳源，维持自身活性，同时，还要继续进行细胞分裂增殖。而在混合菌群中，还存在大量不具备产PHA能力(即在反应器运行条件下细胞贮存PHA机制不被激活的微生物，也视为不具备产PHA能力)的菌群，对于这些菌种而言，由于在底物充盈阶段没有进行储备碳源的细胞内贮存，所以在底物匮乏阶段就会因缺乏碳源供给而不具有生存优势，从而在重复多次的底物充盈一匮乏循环过程中被淘汰出系统。混合菌群在反应器的微环境内，经过长期的底物充盈一匮乏交替循环驯化，最终使活性污泥混合菌群中产PHA菌的比例得以提高，不具备产PHA能力的菌种逐渐消亡，以达到在混合菌群中提高产PHA菌相对密度的目的。本书将上述这种利用底物充盈一匮乏机制以及细胞自身的代谢特性实现对混合菌群的筛选，称为生态选择压力，简称生态选择压。实现生态选择压力的手段，往往是通过调整底物浓度、周期长短等手段实现。

在生态选择压力作用于活性污泥混合菌群的过程中，F/F是影响这一过程的关键因素。在活性污泥合成PHA的系统中，F/F是一个间接指标，在活性污泥系统中，受有机负荷、污泥停留时间(又称污泥龄)、温度等参数影响。崔有为等对嗜盐污泥以乙酸钠为碳源时，F/F对PHB合成能力的影响进行了300 d的试验研究，认为在底物充盈一匮乏的选择压力机制作用下通过有机负荷调控F/F可知：F/F较小(F/F≤0.33)条件下，微生物吸收碳源主要用于在细胞内合成并积累PHA；而在F/F较大(F/F≥1)条件下，微生物吸收碳源主要用于细胞生长增殖。因此，在活性污泥合成PHA反应器系统稳定运行的条件下，F/F数值减小，反映了微生物对碳源的竞争，有PHA合成能力的微生物倾向于快速吸收碳源并合成PHA，从而在数倍于底物充盈的匮乏时间内维持生长与增殖。对于非产PHA菌群，较小的F/F意味着“过度饥饿”的恶劣环境，不利于其生存，从而更趋向于被淘汰。黄龙等认为相较于细菌细胞生物质的合成，微生物的PHA合成过程具有相对更快的比合成速率，因此在这种理想状态下充盈阶段的持续时长会达到极小值。在实际的富集过程中，上述理想状态是难以达到的，但是F/F仍会沿着富集时间趋于一个较低且相对稳定的水平。也就是说，作用于混合菌群的选择压力会随着富集时间逐渐增强并在某一时期达到最大水平并保持相对稳定的状态。生态选择压力驱动具备碳源贮存能力的菌群成为系统当中的产PHA优势菌，并且保证了菌群中产PHA功能基因在成熟期的相对稳定状态，促使菌群结构的稳定性与功能稳定性的分离。生态选择压力的主导作用也是ADF工艺下菌群功能稳定性的来源。

2.5 PHA 累积段的工艺模式

合成 PHA 工艺段的核心是通过合适的工艺模式使产 PHA 混合菌群过量地合成超出其生理需要的胞内聚合物。截至目前的试验成果表明，影响 PHA 合成过程的关键因素是补料模式。研究者最初发现，若借鉴纯菌发酵工艺的补料策略即一次补入浓缩（高浓度）底物，会明显抑制产 PHA 菌群的代谢活性，进而影响最终的 PHA 产量，因此批次补料（Fed—Batch）模式被后续的研究广泛采用。目前已经报道的合成 PHA 工艺模式也多是基于这一模式的衍生工艺。

2.5.1 间歇补料模式

目前，利用间歇补料模式进行活性污泥的 PHA 合成是使得微生物细胞内 PHA 含量最大化的常用方法。与 PHA 富集阶段的工艺不同，在间歇补料模式中，需对反应器投加只有碳源而不含氮、磷的底物，这是由于 PHA 菌群的特性是，营养物质受限会促使细胞吸收碳源合成 PHA。

间歇补料模式通过不断为微生物提供高底物浓度的碳源，保证微生物始终处在碳源充足的环境中，以令细胞内达到 PHA 含量的极限。Katircioglu 等通过关注氮源和溶解氧指标，在微生物生长阶段不限制底物营养成分，在 PHA 合成阶段限氮，得到最大生物增长速率为 0.265 h^{-1}。Johnson 从已经稳定运行长达 4 年的 SBR 中取泥，在比富集阶段反应器中底物浓度高 5.5 倍的环境下，持续进行 12 h 的间歇补料试验，得到 PHA 最大含量为 89%，表明活性污泥混合菌群合成 PHA 已接近纯菌发酵生产 PHA 的水平。

2.5.2 连续补料模式

Albuquerque 等认为，间歇补料模式在反应器运行过程中，在 DO 发生突跃（即 DO 在短时间内突然升高并稳定在一个较高水平的现象）后，需要中断反应，沉淀再补料，这会导致微生物在细胞内富集 PHA 的过程发生间歇中断并发生已富集 PHA 的消耗，于是尝试在 PHA 积累阶段进行连续补料模式。进行对比试验后发现，PHA 富集阶段，由于在连续补料模式下，微生物始终处于碳源丰富环境，碳源比摄取速率以及 PHA 比合成速率均比间歇补料模式条件下要高。经过 6 h 试验后，同等条件下，采用连续补料模式的反应器内污泥 PHA 含量可达 70%，而采用间歇补料模式的反应器内污泥 PHA 含量仅为 65%。然而，Serafim 等对连续补料模式有不同的结论，Serafim 将浓度为 180 mmol/L 的乙酸作为碳源，分别用于连续补料模式和间歇补料模式两种合成 PHA 工艺中。采用间歇补料模式时，将乙酸按 60 mmol/L 浓度分 3 次加入，控制点由 DO 指标进行指示，在碳源被耗尽时，对活性污泥中微生物的 PHA 含量进行监测，结果表明，连续补料模式的 PHA 含量为 56.2%，而间歇补料模式的 PHA 含量为 78.5%。因此，Serafim 认为通过合理的溶解氧控制、碳源分批次的加入方法，可在一定程度上消除高底物浓度对 PHA 合成的抑制作用，显著提高 PHA 含量。

在涉及间歇补料模式的研究时，PHA 合成反应过程中 pH 的升高是一个普遍的现象。陈志强等认为在连续补料模式下通过调整底物负荷，可以在直接补加酸性底物（pH 接近 5）

的条件下获得pH自平衡状态，并且可以通过调控负荷使该平衡状态下的pH处于混合菌群PHA合成的最适范围。连续补料模式在低负荷条件下营造出的供小于求的食物/微生物状态正是其获得pH自平衡和高效利用底物的关键原因。连续补料模式在投加pH为7和10的底物时，PHA最大合成量和系统PHA转化率均与生物量负荷呈负相关的线性关系，试验所获得的连续补料模式下最优的生物量负荷范围为3.5～5.5 CmolVFA/(Cmol X·d)。

2.6　合成工艺计量学和动力学参数

2.6.1　常规参数计算

1.最大胞内积累PHA含量

反映PHA合成能力的最大胞内积累PHA含量(%VSS)的公式为

$$PHA_m=\frac{(m_{HB}+m_{HV})}{m_{VSS}} \tag{2.1}$$

式中　m_{HB}——批次补料或连续补料试验末端样品中HB的绝对质量(g)；

m_{HV}——批次补料或连续补料试验末端样品中HV的绝对质量(g)；

m_{VSS}——样品中挥发性固体(生物固体)的质量(g)。

2.基于活性生物量的PHA摩尔分数

在研究PHA比合成速率和胞内PHA含量之间的关系时，使用了基于活性生物量(不包括PHA的VSS)的PHA摩尔分数(f_{PHA})这一参数(单位：Cmol PHA/Cmol X)，其计算公式为

$$f_{PHA}=\frac{w_{HB}}{100-w_{PHA}}\cdot\frac{MW_X}{MW_{HB}}+\frac{w_{HV}}{100-w_{PHA}}\cdot\frac{MW_X}{MW_{HV}} \tag{2.2}$$

式中　w_{HB}——微生物细胞中HB的质量分数(%)；

w_{HV}——微生物细胞中HV的质量分数(%)；

w_{PHA}——微生物细胞中PHA的质量分数(%)；

MW_X——活性生物量(不包括灰分)的碳摩尔分子质量，24.6 g/Cmol；

MW_{HB}——PHA聚合物单体HB的碳摩尔分子质量，21.5 g/Cmol；

MW_{HV}——PHA聚合物单体HV的碳摩尔分子质量，20 g/Cmol。

3.充盈与匮乏阶段持续时间比

$$F/F=\frac{t_{充盈}}{t_{匮乏}} \tag{2.3}$$

式中　$t_{充盈}$——充盈阶段持续时长，由底物补加至混合液DO突跃所用时间(h)；

$t_{匮乏}$——DO突跃至曝气阶段结束所用时间(h)。

4.底物比摄取速率

混合菌群对碳源(实际碳源/总VFA/单一VFA)的比摄取速率(g COD/(g X·h))公式为

$$-q_S=\frac{(S_e-S_0)}{X_a\cdot t} \tag{2.4}$$

式中 S_e——取样时间段末端的碳源质量浓度(g COD/L);

S_0——取样时间段初始点的碳源质量浓度(g COD/L);

X_a——活性生物量,即除去 PHA 含量的生物固体质量浓度(mg/L);

t——时间段长度(h)。

5. PHA 比合成速率

混合菌群胞内 PHA 的比合成速率(g COD/(g X·h))公式为

$$q_{PHA}=\frac{(PHA_e-PHA_0)}{X_a\cdot t} \tag{2.5}$$

式中 PHA_e——取样时间段末端的菌群胞内 PHA 的质量浓度(g COD/L);

PHA_0——取样时间段初始点的菌群胞内 PHA 的质量浓度(g COD/L);

t——时间段长度(h)。

本研究 PHA 聚合物中 HB 和 HV 单体对 COD 的转化系数分别为 1.67 g COD/g HB 以及 1.92 g COD/g HV。

6. PHA 转化率

混合菌群摄取底物转化 PHA 的效率可以用 PHA 转化率(g COD/g COD)表示,其公式为

$$Y_{P/S}=\frac{(PHA_e-PHA_0)}{(S_e-S_0)} \tag{2.6}$$

式中 PHA_e——取样时间段末端的菌群胞内 PHA 的质量浓度(g COD/L);

PHA_0——取样时间段初始点的菌群胞内 PHA 的质量浓度(g COD/L);

S_e——取样时间段末端的碳源的质量浓度(g COD/L);

S_0——取样时间段初始点的碳源的质量浓度(g COD/L)。

7. 系统 PHA 产物转化率

衡量产 PHA 段工艺体系的系统 PHA 合成效率(%)的计算公式为

$$Y_{P/S}=\frac{PHA_{net}}{S_{tot}}\times 100\% \tag{2.7}$$

式中 PHA_{net}——合成 PHA 工艺中混合菌群的 PHA 净合成量(g COD PHA);

S_{tot}——输入反应体系的总底物量(g COD)。

8. 生物量负荷

针对连续补料工艺的运行模式提出了生物量负荷(Biomass Loading Rate,BLR)的概念(单位:Cmol VFA/(Cmol X·d)),其计算公式为

$$BLR=\frac{C_{sub}\cdot V_{feed}}{X_{ini}\cdot V_R} \tag{2.8}$$

式中 C_{sub}——进水底物浓度(Cmol/L);

X_{ini}——接种接种菌泥的初始细胞浓度(Cmol/L);

V_{feed}——合成 PHA 工艺每天用到的底物总体积(L/d);

V_R——合成 PHA 工艺反应区的有效容积(L)。

9. 取样误差校正系数

在连续补料 PHA 合成试验中，沿程取样会对 PHA 的总产量、底物的总消耗量等指标的计算带来误差，为此试验中引入误差校正系数以还原真实的反应情况，试验参数的真实值为由测试值获得的参数乘以 $f_G(t_i)$ 得来，即

$$f_G(t_i)=\frac{1}{\prod_{j=0}^{i=1}\left(1-\frac{V_s(t_j)}{V_R}\right)} \tag{2.9}$$

式中　V_s——取样体积(L)；

t_j——取样次数。

10. 酸化率

在废弃碳源酸转化过程中，发酵液中总 VFA 占溶解性底物的含量用酸化率(%)表示，其公式为

$$R_{acid}=\frac{\sum_i \mathrm{VFA}_i}{S} \tag{2.10}$$

式中　VFA_i——乙酸、丙酸、丁酸、戊酸等 VFA 单体的质量浓度(g COD/L)，各种有机酸的 COD 折算系数见表 2.1；

S——总溶解性底物(g COD/L)。

表 2.1　VFA 分子的 COD 折算系数

VFA 名称	化学式	COD 折算系数(g COD/g VFA)
乙酸	$C_2H_4O_2$	1.07
丙酸	$C_3H_6O_2$	1.51
丁酸/异丁酸	$C_4H_8O_2$	1.82
戊酸/异戊酸	$C_5H_{10}O_2$	2.04

2.6.2　微生物生态学统计分析

使用通过高通量测序获得的操作分类单元(OTU)丰度表进行一系列统计学分析。利用 α 多样性指数(Shannon 指数)和 β 多样性指数(UniFrac 距离矩阵)。

α 多样性指数中的均一度指数 E 的计算公式为

$$E=\frac{H}{\ln N_s}$$

式中　H——Shannon 指数；

N_s——OTU 总数。

使用非参数检验相似度分析(Anosim)来对比组间(两组或以上)的差异和组内差异，该检验在 R(v2.15.0)vegan 软件上进行，Anosim 分析产生的 R 值若大于 0，说明组间差异大于组内差异，$P<0.05$ 表示统计具有差异性；R 值若小于 0，则说明组间差异小于组内差异。使用微生物生态学统计软件 Canoco 5.0 进行基于样品点 UniFrac 距离矩阵的主坐标分析(Principal Coordinates Analysis，PCoA)以及保证 OTU 与混合菌群功能指标关系的冗余分析(RDA)。

本研究在产 PHA 菌富集过程中，使用 R(v2.15.0)vegan 软件(加载 Hmisc 软件包)分析不同 OTU 之间的皮尔森相关系数，并利用 Gephi(v0.9.2)将关系矩阵中显著($P<0.05$)的关系进行可视化处理。使用 Excel(v2013)绘制特定 OTU 的丰度矩阵。

使用独立样本 t 检验进行试验中涉及的成对数据对比(如特定菌种在两个不同时期的种群丰度分布差异)，利用单因素方差分析(One－Way ANOVA)进行三组或三组以上数据之间的对比，以上的检验分析均借助于 IBM SPSS(v20)统计平台完成。

使用代谢通量分析(MFA)研究混合菌群在不同典型底物富集下细胞内的代谢状态，MFA 的一般步骤：

(1)建立产 PHA 混合菌群在无营养物质(主要是氮、磷)存在条件下摄取底物的代谢网络，列出代谢网络涉及的 n 个反应(基于 Cmol)；

(2)假设微生物胞内 m 个中间代谢产物处于拟稳态，这样便可以得到由 m 个关于反应速率(通量)的方程，其公式为

$$\boldsymbol{A}_{m\times n}\cdot\boldsymbol{V}_n=0$$

式中 $\boldsymbol{A}_{m\times n}$——上述稳态方程的系数矩阵；

$\boldsymbol{V}_n$——n 个通量组成的向量。

(3)确定代谢网络中的 a 个可测反应通量、b 个待求通量($b=n-a$)，则有以下等式成立：

$$\boldsymbol{A}_{m\times a}\cdot\boldsymbol{V}_a+\boldsymbol{A}_{m\times b}\cdot\boldsymbol{V}_b=0$$

式中 $\boldsymbol{A}_{m\times a}$——包含 a 个可测反应通量的代数式对应的系数矩阵；

$\boldsymbol{A}_{m\times b}$——包含 b 个待测反应通量的代数式对应的系数矩阵；

$\boldsymbol{V}_a$——包含 a 个可测通量的向量；

$\boldsymbol{V}_b$——包含 b 个待测通量的向量。

(4)待测通量组成的向量 $\boldsymbol{V}_b$ 可按以下矩阵运算求出：

$$\boldsymbol{V}_b=-\boldsymbol{A}_{m\times b}^{-1}\cdot\boldsymbol{A}_{m\times a}\cdot\boldsymbol{V}_a$$

式中 $\boldsymbol{A}_{m\times b}^{-1}$——$\boldsymbol{A}_{m\times b}$的逆矩阵。若 $m>b$，则矩阵超正定，此时 $\boldsymbol{A}_{m\times b}^{-1}$表示 $\boldsymbol{A}_{m\times b}$的 Moore－Penrose 伪逆矩阵。

2.7 混合菌群合成 PHA 工艺瓶颈问题

混合菌群合成 PHA 工艺在环境领域，尤其是有机废物处理处置领域极具发展前景，但未在工业上大规模应用的原因是其仍存在关键的瓶颈问题。

1.富集阶段的稳定运行问题

如何实现定向酸化从而高效利用这种高品质产酸废液实现稳定的 PHA 合成是研究的关键。相比于纯菌发酵的单底物系统，混合菌群复杂底物发酵系统具有更多的不可控性和不稳定性，这也是造成混合菌群合成 PHA 工艺至今难以商业化推广的主要原因。传统的生态学理论认为菌群结构决定菌群的功能，然而本书作者所在课题组“Water Research”发布的成果证实功能基因的稳定保持是 PHA 合成菌富集系统稳定运行的关键，优势菌演替及菌群结构的变化并未影响混合菌群的产 PHA 能力，从理论上证明了 ADF 工艺具有内在

稳定性。因此，保障 PHA 合成菌富集系统中微生物群落的良性演替成为 PHA 合成菌富集系统稳定运行的关键，只有 PHA 合成菌富集系统稳定提供高效 PHA 合成菌，第 3 阶段才能有稳定的 PHA 产品输出。

ADF 工艺使得微生物在底物充盈与匮乏交替发生的环境下，逐渐富集出具有较高 PHA 合成能力的混合菌群。此后，这种通过底物充盈和匮乏交替出现制造出生态选择压力的筛选模式一直沿用至今，并在实践中被证明是有效的。然而就目前的研究进展来看，PHA 合成菌富集系统仍然存在以下技术难题：①启动成功的 PHA 合成菌富集系统受扰动后的快速恢复及调控机制不明；②存在 PHA 合成菌之间以及 PHA 合成菌与非合成菌的种群竞争，保障功能优势的关键技术参数仍不清晰，外在因素扰动下菌群演替方向和机理不明；③针对 PHA 产品性能的研究缺失。

混合菌群 PHA 合成系统的稳定性主要指富集系统菌群絮体物理性状、PHA 合成能力以及 PHA 产品性能几个方面的稳定性。ADF 工艺的富集系统对有机负荷、充盈－匮乏阶段持续时间比等参数的变化非常敏感，污泥膨胀现象时有发生，从而使得富集过程十分漫长。目前的研究资料，多规避富集系统的启动时间与过程的波动。本书作者所在课题组于 2015 年在 PHA 合成菌筛选中加入物理选择压力（简称物理选择压），提出沉淀淘洗/动态负荷双选择的 ADD 模式，解决了 PHA 合成菌的定向富集问题，实现了混合菌群合成 PHA 系统的快速启动，经 30 d 富集产生的菌群可以实现 74％的 PHA 含量。

解决 PHA 富集反应器的快速启动问题之后，混合菌群合成 PHA 的产业化关键问题在于保证 PHA 富集系统的持续稳定及受扰动后的快速恢复。一旦菌群的物理沉降性发生波动，便会影响混合菌群合成 PHA 工艺中菌水分离和下游工艺中菌群脱水的正常运行，从而增加工艺运行成本甚至严重干扰产 PHA 混合菌群的富集过程。在稳定的 ADF 运行条件下，基于混合菌群的 PHA 合成动力学和计量学参数变化结果，将 PHA 合成菌富集系统的运行分为菌群剧烈演替期和稳恒强化期。在剧烈演替期中，菌群絮体的亲疏水性出现了明显的波动，在随后的研究中，发现这一波动并非偶然，而是由一种具备 PHA 合成能力同时具有胞外聚合物分泌倾向的陶厄氏菌的增殖所引发的。在持续的选择压力作用下，这一菌种会被 PHA 合成能力更强的菌种竞争性排除。在富集体系的功能稳定期，尽管优势菌群发生剧烈更迭，但是 ADF 系统营造的选择压力可以确保系统内 PHA 合成功能基因比例的稳定。也就是说，在外在运行条件可控且平稳的前提下，ADF 模式下的 PHA 合成菌富集系统具备内在的稳定性。然而在面临规模化应用时，开放的混合菌群系统在使用复杂碳源时必然会经受负荷波动。和废水处理系统相比，PHA 合成系统的营养水平相对简单，且底物碳源又是可被大多数异养菌利用的小分子 VFA，这种情况下就必须要考虑以下几个问题：①已经实现功能稳定的混合菌群体系在扰动条件下是否会出现非 PHA 合成优势菌（如陶厄氏菌）的再度增殖甚至占据数量优势，从而导致混合菌群 PHA 合成能力和物理性状的退化；②基于选择压力的富集体系是否依然具备外源扰动后自我修复的机能，修复过程是否漫长；③富集系统产出的菌群一旦出现 PHA 合成能力的退化甚至丧失，也就意味着工业化生产的低效或失败，是否有系统失稳预警指标以及强化修复手段。

为回答上述问题，本书仅在目前的研究基础上提出几点设想：第一，应深入了解混合菌群富集体系在外源扰动条件下的响应，需要量化 ADF 筛选条件下 PHA 合成优势菌与非 PHA 合成优势菌的种群竞争关系，建立较为准确的菌群竞争模型，从而在微生物生态学层面实现混合菌群的良性演替，这对于混合菌群合成 PHA 工艺的规模化应用具有极其重要的意义。第二，本书作者所在课题组经过长期的研究甄别出 ADF 系统中可以对系统功能造成干扰的非 PHA 合成优势菌主要有两种：具有 PHA 胞外多糖分泌倾向的陶厄氏菌和具备 PHA 合成能力的丝状细菌。应在解析 ADF 模式下菌群演替和内在驱动机制的过程中初步掌握产 PHA 优势菌和非 PHA 优势菌种群变化信息和竞争内因，以及产 PHA 的丝状细菌在体系中的存在形式和对应的运行条件，从而可以为混合菌群体系菌群竞争和良性演替模型的建立提供基础。第三，提出了较为快速的失稳恢复技术，将在后文中进行讨论。

2. 工艺产率问题

合成 PHA 工艺的总产率取决于微生物细胞内的 PHA 含量和生物量。目前报道的混合菌群合成 PHA 工艺通常可获得不小于细胞干重 60% 的 PHA 含量，但与纯菌发酵相比，混合菌群工艺有机负荷过低，导致产 PHA 混合菌群生物量输出过低，工艺总体 PHA 产量（特别是以容积产率衡量时）完全不具备竞争优势。由于产 PHA 菌群富集阶段为了保持富集过程稳定性必须在较低的有机负荷下运行，因此该阶段的混合菌群生物量输出水平不高，进而限制了混合菌群工艺总体的 PHA 产率。解决产 PHA 菌富集阶段稳定性保持与生物量输出提升的矛盾是进一步改善工艺整体 PHA 产率的关键。为解决上述问题，本书作者所在课题组在获得高效 PHA 积累合成工艺平台的基础上针对上游工艺段（产 PHA 菌富集段）生物量输出低致使工艺整体 PHA 产量低的问题，开发了碳源氮源分段补加的产 PHA 菌群扩大培养（简称扩培）模式，优化工艺运行模式并从菌群结构层面分析扩大培养机理。在此基础上，提出嵌入产 PHA 菌扩大培养段从而有效提升三段式工艺 PHA 容积产率的工艺策略，将在后续章节中详细介绍和讨论。

参 考 文 献

[1] 李伟，陈银广. 活性污泥微生物以乙酸为碳源合成聚羟基烷酸酯的研究[J]. 环境科学，2009，30(8)：2366-2370.

[2] CHUA H，YU P H F，HO L Y. Coupling of waste water treatment with storage polymer production[J]. Applied Biochemistry and Biotechnology，1997，63(5)：627-635.

[3] RANDALL A A，BENEFIELD L D，HILL W E. Induction of phosphorus removal in an enhanced biological phosphorus removal bacterial population[J]. Water Research，1997，31(11)：2869-2877.

[4] LIU W T，MINO T，NAKAMURA K，et al. Glycogen accumulating population and its anaerobic substrate uptake in anaerobic-aerobic activated sludge without biological phosphorus removal[J]. Water Research，1996，30(1)：75-82.

[5] SATOH H，IWAMOTO Y，MINO T，et al. Activated sludge as a possible source of biodegradable plastic[J]. Water Science & Technology，1998，38(2)：103-109.

[6] DAI Y，YUAN Z，JACK K，et al. Production of targeted poly(3-hydroxyalkanoates) copolymers by glycogen accumulating organisms using acetate as sole carbon source [J]. Journal of Biotechnology，2007，129(3)：489-497.

[7] 陈玮，陈志强，温沁雪，等. SBR 启动方式对活性污泥合成 PHA 的影响[J]. 中国给水排

水,2012,28(15):85-88.

[8] 刘一平,郭亮,冉依禾,等. COD、pH 和运行周期对好氧瞬时补料工艺合成聚羟基脂肪酸酯的影响[J]. 环境工程学报,2017,11(2):695-701.

[9] REDDY M V,MOHAN S V. Influence of aerobic and anoxic microenvironments on polyhydroxyalkanoates(PHA) production from food waste and acidogenic effluents using aerobic consortia[J]. Bioresource Technology,2012,103(1):313-321.

[10] DIONISI D,MAJONE M,PAPA V,et al. Biodegradable polymers from organic acids by using activated sludge enriched by aerobic periodic feeding[J]. Biotechnology & Bioengineering,2004,85(6):569-579.

[11] SERAFIM L S,LEMOS P C,RUI O,et al. Optimization of polyhydroxybutyrate production by mixed cultures submitted to aerobic dynamic feeding conditions[J]. Biotechnology & Bioengineering,2004,87(2):145-160.

[12] ALBUQUERQUE M G, MARTINO V, POLLET E, et al. Mixed culture polyhydroxyalkanoate(PHA) production from volatile fatty acid(VFA)-rich streams: effect of substrate composition and feeding regime on PHA productivity,composition and properties[J]. Journal of Biotechnology,2011,151(1):66-76.

[13] JOHNSON K,JIANG Y,KLEEREBEZEM R,et al. Enrichment of a mixed bacterial culture with a high polyhydroxyalkanoate storage capacity[J]. Biomacromolecules, 2009,10(4):670-676.

[14] NARANJO J M,POSADA J A,HIGUITA J C,et al. Valorization of glycerol through the production of biopolymers:The PHB case using Bacillus megaterium [J]. Bioresource Technology,2013,133:38-44.

[15] MAJONE M,MASSANISSO P,CARUCCI A,et al. Influence of storage on kinetic selection to control aerobic filamentous bulking[J]. Water Science & Technology, 1996,34(5-6):223-232.

[16] HUANG L,CHEN Z,WEN Q,et al. Insights into feast-famine polyhydroxyalkanoate (PHA)-producer selection:Microbial community succession,relationships with system function and underlying driving forces[J]. Water Research,2018,131:167-176.

[17] WEN Q,CHEN Z,WANG C,et al. Bulking sludge for PHA production:Energy saving and comparative storage capacity with well-settled sludge[J]. Journal of Environmental Sciences,2012,24:1744-1752.

[18] CHEN Z,GUO Z,WEN Q,et al. A new method for polyhydroxyalkanoate(PHA) accumulating bacteria selection under physical selective pressure[J]. International Journal of Biological Macromolecules,2015,72:1329-1334.

[19] CHEN Z,HUANG L,WEN Q,et al. Effects of sludge retention time,carbon and initial biomass concentrations on selection process: From activated sludge to polyhydroxyalkanoate accumulating cultures[J]. Journal of Environmental Sciences, 2017,52:76-84.

[20] CHEN Z, HUANG L, WEN Q, et al. Efficient polyhydroxyalkanoate (PHA) accumulation by a new continuous feeding mode in three-stage mixed microbial culture (MMC) PHA production process[J]. Journal of Biotechnology, 2015, 209(1): 68-75.

第 3 章　混合菌群合成 PHA 工艺运行参数优化

3.1　概　述

以三段式工艺为平台，以发酵蔗糖废水为底物考察污泥停留时间(SRT)、初始接种菌泥投加量对产 PHA 菌群富集驯化阶段的影响，从工艺运行稳定性、产 PHA 菌富集效果、PHA 合成效果等方面予以评估，并利用 T－RFLP 技术对富集反应器中的混合菌群结构进行初步解析。结合试验结果，对两种运行参数的影响机理进行讨论，并给出相应的优化策略。

本部分研究将利用富集反应器产出的接种菌泥以及蔗糖发酵废水进行 PHA 批次合成试验(Batch 试验)的优化改进，重点针对 Batch 试验的补料方式、反应器形式进行优化和评估，并讨论了补料方式对 PHA 合成的影响。考察了富集反应器的产 PHA 混合菌群对 VFA 组分的利用情况，结合相关试验结果对混合菌群的摄取模式进行了讨论，并给出相应的优化策略。

3.2　污泥停留时间的优化

3.2.1　SRT 对富集体系表现的影响

1. 试验流程及工艺控制

试验使用两个有效容积为 4 L 的 SBR。试验中没有对反应体系温度和 pH 进行控制，在本试验进行时期反应器温度维持在 15～20 ℃之间，pH 保持在 7～9 之间。两反应器的运行参数设置见表 3.1。

表 3.1　富集反应器运行参数信息

反应器	1＃SBR	2＃SBR
进水底物浓度/(mg·L^{-1})	1 200	2 520
水力停留时间/d	1	1
污泥停留时间/d	10	5
运行周期时间/h	12	12
初始投泥质量浓度/(mg·L^{-1})	3 693	3 654

接种菌泥来自于哈尔滨市文昌污水处理厂曝气池，接种菌泥浓度(指接种菌泥的质量浓度)约为 6 000 mg/L，经过自来水洗涤和稀释后分别加入到两个反应器当中，表中的污泥浓度为投泥后实测质量浓度。产酸废水经过膜滤和 pH 调节之后作为两个 SBR 的进水底物。通过调整产酸废水与营养液的进水比例来调节碳源稀释比例，从而获得不同的进水底物浓

度，同时，为了满足 COD/N/P=100：6：1 的要求，1＃SBR 和 2＃SBR 对应的营养液需要单独配置。其中，1＃SBR 的营养液(10 L)中含有 3.44 g NH_4Cl，0.66 g KH_2PO_4，1.25 g $MgSO_4$，1.25 g $CaCl_2$，1.25 g EDTA，0.4 g 硫脲，以及 5 mL 微量元素溶液；2＃SBR 的营养液(10 L)中含有 9.63 g NH_4Cl，1.84 g KH_2PO_4，1.67 g $MgSO_4$，1.67 g $CaCl_2$，1.67 g EDTA，0.4 g 硫脲，以及 5 mL 微量元素溶液。硫脲的加入是为了抑制富集体系当中可能存在的硝化作用(由硝化细菌引起)，微量元素的具体成分及其质量浓度见表 3.2。

表 3.2　微量元素组分及其质量浓度

组分	质量浓度/(mg·L^{-1})	组分	质量浓度/(mg·L^{-1})
$Na_2MoO_4 \cdot 2H_2O$	60	$FeCl_3 \cdot 6H_2O$	1 500
$ZnSO_4 \cdot 7H_2O$	120	H_3BO_3	150
$MnCl_4 \cdot H_2O$	120	KI	1 180
$CuSO_4 \cdot 5H_2O$	30		

需要说明的是，1＃SBR 和 2＃SBR 的进水底物浓度并没有保持一致，这样设置源于两方面考虑：①由于 2＃SBR 的 SRT 较短，若与 1＃SBR 保持一致的进水底物浓度，在其他条件一致的情况下，2＃SBR 的平衡污泥浓度将会处于一个很低的范围，甚至发生污泥“洗出”并最终导致富集体系崩溃的现象。基于此考虑，2＃SBR 的进水底物浓度要高于 1＃SBR；②由于 SRT 对富集体系施加的影响可能会通过两方面(即 F/F 和基于世代时间的淘汰作用)来实现，为了使这两个因素在富集阶段的初期(也是整个富集阶段最重要的时期)得以明显的区分，需要将 2＃SBR 的进水底物浓度做较大幅度的提升。综合两方面考虑，将 2＃SBR 的进水底物浓度设置为 2 520 mg/L(约为 1＃SBR 进水底物浓度的两倍)。

在试验运行的过程中定期对两个富集反应器进行周期沿程取样以获得富集体系在富集周期内各个参数的变化信息，同时取反应器排出的剩余污泥定期进行 Batch 试验以评估反应器中所富集混合菌群的最大 PHA 合成能力。

2.反应器运行稳定性的评价

对于富集反应器运行稳定性的考察主要从两方面来进行：①富集体系活性污泥浓度与沉降性能的监测；②富集体系活性污泥物理性状监测(包括胞外聚合物的分泌以及丝状菌的生长情况)。两方面的监测内容均关系到富集体系是否能够稳定输出接种菌泥，而后者也可能影响混合菌群的 PHA 合成能力。

(1)富集体系活性污泥浓度与沉降性能的监测。

SBR 富集反应器作为整个三段式合成 PHA 工艺的核心装置，对其运行稳定性的要求是最基本也是最重要的，富集反应器的运行稳定性主要通过其中活性污泥的物理性状来表现。选取混合液的污泥浓度(MLSS)和污泥容积指数(Sludge Volume Index，SVI)两个指标以及对反应器当中混合菌群的沿程显微镜检来综合评价富集体系的运行稳定性，1＃SBR 和 2＃SBR 的 MLSS 和 SVI 的监测信息如图 3.1 所示。

由图 3.1 可以看出，两组 SBR 在启动之后反应器内污泥浓度都有一个先下降后上升的过程，第 19 天为 1＃SBR 和 2＃SBR 污泥浓度的一个转折点，在此之后两个反应器的污泥浓度均明显回升。污泥浓度下降的原因可能来自两方面：一方面取自市政污水厂的接种菌泥在遇到主要以 VFA 类为主的底物之后会有一段适应期，但这段适应期不会太长；另一方面，富集反应器以好氧动态工艺运行，其独特的运行条件以及污泥停留时间会对接种菌泥当中的混合菌群起到一个筛选作用，来自市政污水厂的混合菌群当中非 PHA 合成菌为优势菌群，因此会逐渐被淘汰，表现为 SBR 当中的污泥浓度会持续较长时间的下降趋势。污泥浓度的上升可能表明具有 PHA 合成能力的混合菌群已占据优势，并且以其较强的底物摄取能力使种群密度开始上升。2＃SBR 在前 20 d 的污泥浓度下降趋势要比 1＃SBR 剧烈，这是由于 2＃SBR 较低的 SRT(5 d)造成的，一方面 2＃SBR 在每个周期要排出更多的剩余污泥，另一方面大部分世代时间高于 5 d 的菌群会被淘汰出富集体系，因此 2＃SBR 表现出了更剧烈的变化趋势。1＃SBR 的污泥浓度最终趋于 3 200 mg/L 附近，2＃SBR 的污泥浓度趋于 3 500 mg/L，二者的平衡浓度相差并不大。

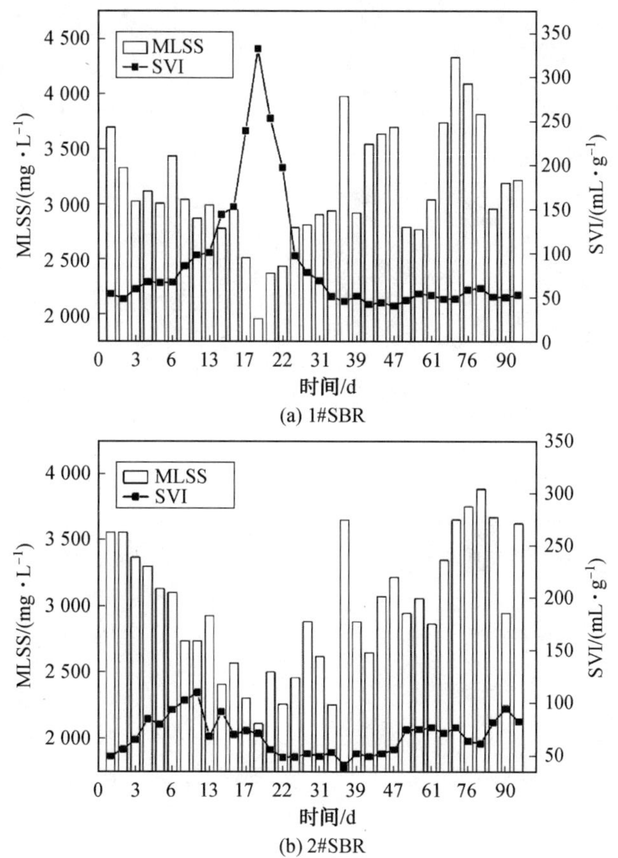

(a) 1#SBR

(b) 2#SBR

图 3.1　富集反应器污泥性状监测信息

两组 SBR 的 SVI 值变化趋势相差较大，1＃SBR 在运行至第 14 天左右时 SVI 值出现明显的上升趋势，污泥沉降性能变差，SVI 值在第 20 天时达到最大，在随后的时间又快速下降，沉降性能得到改善，在第 90 天左右 SVI 值维持在 50 mL/g 左右。2＃SBR 仅在运行初期 SVI 值有一个缓慢的升高过程，在第 12 天左右便逐渐下降，污泥性状在之后的运行时间内一直保持着较好的状态。1＃SBR 在第 18 天左右 SVI 值达到峰值，显微镜检并未观测到丝状菌的增殖，初步确定为非丝状菌膨胀，其沉降性能不好可能是由于胞外聚合物质量浓度的提升，而引起此种现象的可能原因将在 3.3 节具体讨论。

(2)富集体系活性污泥物理性状监测。

在对富集反应器中活性污泥浓度和沉降性能进行监测的同时，也定期从富集体系中取样进行显微镜检，以期从另外一个角度反映接种菌泥的性状和健康程度。由于 SVI 值作为反应体系污泥性状的监测指标时具有一定的滞后性，对富集反应器当中的接种菌泥进行定期显微镜检可以为 ADF 工艺容易出现的丝状菌增殖和生理活动异常等情况提供有效的预警。图 3.2 所示为 1＃SBR 和 2＃SBR 周期显微镜检结果。

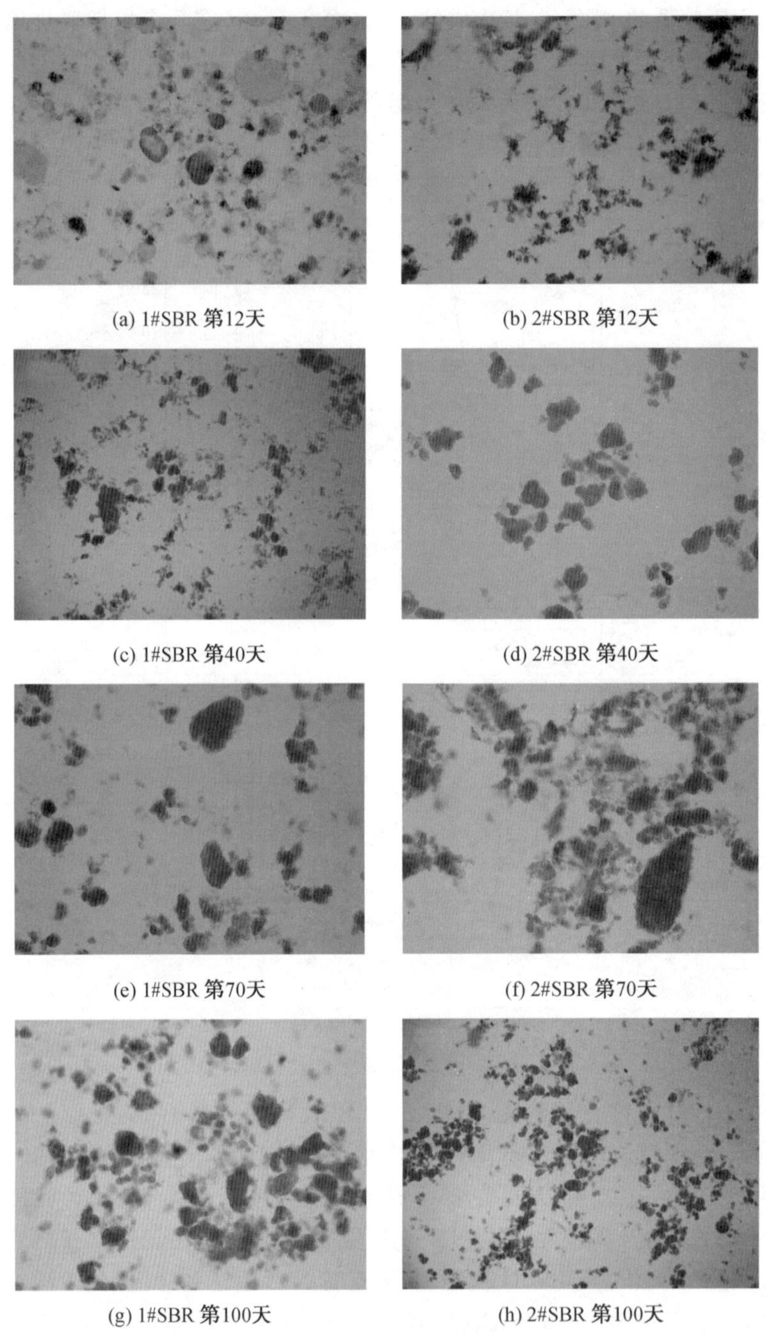

(a) 1#SBR 第12天　(b) 2#SBR 第12天

(c) 1#SBR 第40天　(d) 2#SBR 第40天

(e) 1#SBR 第70天　(f) 2#SBR 第70天

(g) 1#SBR 第100天　(h) 2#SBR 第100天

图 3.2　富集反应器周期显微镜检结果(10×)

由显微镜检结果可以看出，来自于市政污水处理厂的接种菌泥在进入以 ADF 模式运行的富集系统之后，其菌胶团的结构并没有发生较为明显的变化，但由于底物从生活污水转变为富含碳源的蔗糖发酵废水之后，其外观（主要是菌胶团的颜色）发生了明显改变。与此同时，由于底物和营养元素供应方式的改变，在较强的选择压力(selective pressure)存在的条件下，活性污泥种群多样性受到抑制，富集初期生物质体积浓度也出现较大幅度的下降，因此在此阶段的显微镜检中(40×)并未发现较大规模的菌胶团。

1＃SBR和2＃SBR在长达100 d的富集驯化期内，均未出现丝状菌增殖的情况，1＃SBR在第18天左右出现的SVI值跃升现象由于未得到丝状菌滋生的有效证据从而被初步推断为胞外聚合物(EPS)的异常代谢。SRT设为5 d的2＃SBR的显微镜检结果结合此前的SVI值表明，其体系内部的混合菌群一直处于一种健康的生理状态，而这种状态正是富集反应器实现稳定、持续驯化产PHA混合菌群的必要条件。SRT设为10 d的1＃SBR内的混合菌群在出现一次较大幅度的代谢异常之后，便趋于正常的生理状态。若以接种菌泥性状稳定性和健康程度作为具体评价指标，SRT为5 d的2＃SBR更加具有优势。

从另一角度来看，对富集系统混合菌群EPS的直接监测虽然更具准确性和直观性，但是用其作为表征污泥性状的常规指标也有诸多局限，如预处理复杂、聚合物中多糖的监测较为敏感以及冻融的样品在预处理过程中干扰项较多等。富集反应器中接种菌泥保持性状稳定面临的最大挑战便是活性污泥膨胀。按照目前关于活性污泥工艺相关研究已经积累的结论，活性污泥膨胀主要分为丝状菌大量增殖导致的丝状菌膨胀和聚合物代谢异常导致的非丝状菌膨胀两大类，假如富集体系出现沉降性能恶化(SVI值过高)的情况，通过显微镜检排除丝状菌滋生的情况，便可以确定为非丝状菌膨胀。因此，显微镜检结合SVI指标检测在富集体系的沿程监测过程中是一种快速、简洁、有效的手段。

3.富集反应器PHA合成能力的评价

对于富集体系而言，其核心的评价标准仍是基于PHA合成的参数，诸如PHA比合成速率、PHA转化率以及底物比摄取速率等。在两个富集反应器启动之后，便定期进行SBR周期内取样和批次PHA合成试验，主要考察富集反应器的定向驯化效果和PHA最大合成能力。

(1)SBR周期内PHA合成能力监测。

图3.3提供了一个典型的SBR周期(富集运行13 d)内PHA合成及底物利用情况。由图中可以看出，两组SBR的氨氮质量浓度$\rho(NH_3—N)$在周期结束均有盈余，这与设计试验时的初衷一致，因为富集反应器的作用是向其内部的微生物菌群施加一种选择压力，之前对于富集反应器参数的调控优化从实质上说就是为了尽可能地加强这种选择压力。SBR运行周期内始终保持氨氮的存在是为了使PHA合成菌群利用自身碳源贮存的生理优势，在底物匮乏阶段仍能利用合成的PHA作为碳源，以周围介质中存在的氨氮为氮源完成其菌群密度的提升，从而对非PHA合成菌群展现出竞争优势，因此这也是一种强化选择压力的方式。

1＃SBR在运行17 min之后便发生DO突跃，PHA含量达到一个峰值(约为9.5%)，2＃SBR在运行63 min之后发生DO突跃，PHA含量达到20%，优势明显。由于2＃SBR的进水底物浓度(2 520 mg/L)大于1＃SBR(1 200 mg/L)，但是实测MLSS显示1＃SBR和2＃SBR的污泥浓度相当，因此即便2＃SBR中的微生物有相对较高的底物摄取速率，但其将底物消耗尽的时间仍会滞后于1＃SBR。然而，从2＃SBR在DO突跃点相对较高的PHA含量可以初步推断：在前13 d的富集过程中，基于世代时间的淘汰作用相对于F/F在

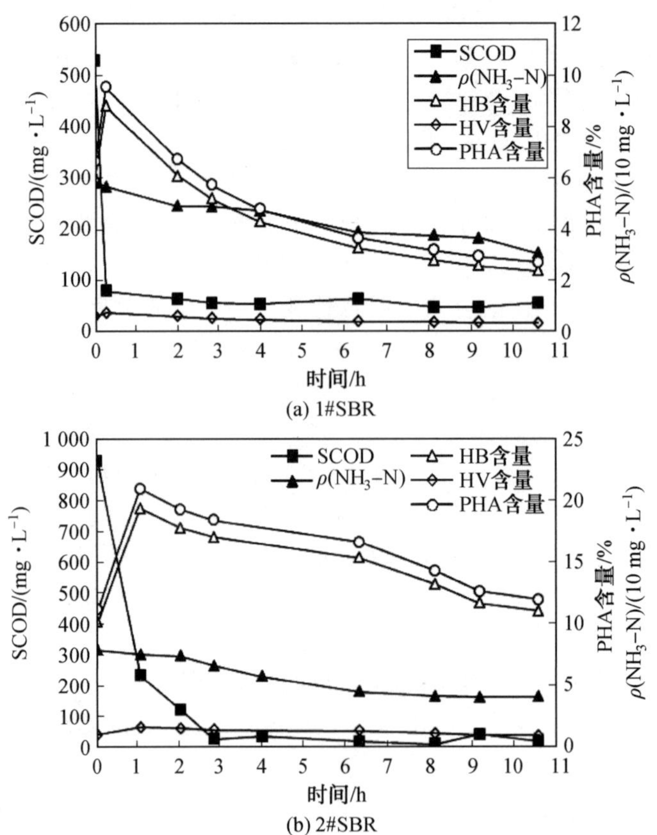

图 3.3 SBR 典型周期内 PHA 合成及底物利用情况

（HB、HV 含量全书均指 HB、HV 质量分数）

产 PHA 混合菌群富集过程初期起到了更为重要的作用。

另外，在运行周期当中可以看到，HV 单体质量分数的变化微乎其微，这主要是因为底物中主要用来被微生物合成 HV 单体的丙酸和戊酸（分子含奇数碳）浓度较低。

1＃SBR、2＃SBR 在周期试验中的动力学和化学计量学参数汇总如图 3.4 所示，可以看到 2＃SBR 在底物充盈阶段的 PHA 转化率可以达到 0.68，高于 1＃SBR 的 PHA 转化率（0.49），其中的混合菌群在非限氮条件下表现出了较高的 PHA 合成能力，这可能从侧面说明，2＃SBR 的富集体系中 PHA 合成菌更占优势。由于 2＃SBR 的充盈阶段持续时间较长，导致其 PHA 比合成速率（0.31 mg COD/(mg X·h)）和底物比摄取速率（0.45 mg COD/(mg X·h)）均低于 1＃SBR，2＃SBR 在这两项参数上并未体现出优势。另外，在本周期内 2＃SBR 的生物质转化率略高于 1＃SBR。

(2)PHA 批次合成试验。

在第 13 天沿程取样的同时进行了 Batch 试验，采用间歇补料方法。同样，本节就一个典型的 Batch 试验展开叙述，该试验的 PHA 质量浓度变化如图 3.5 所示，底物成分（主要为 VFA）的消耗情况如图 3.6 所示。两组 Batch 试验均补料 5 次，用于 1＃Batch 的接种菌泥为对应的 1＃SBR 在周期末端排出的剩余污泥，2＃Batch 也是如此。1＃Batch 试验共持续 7.3 h（已扣除沉淀排水时间），其 PHA 最大合成量达到 52.5％；2＃Batch 试验持续 6.9 h，其接种菌泥的 PHA 最大合成量达到47.3％。在富集反应器运行 13 d 之后，2＃SBR 的剩

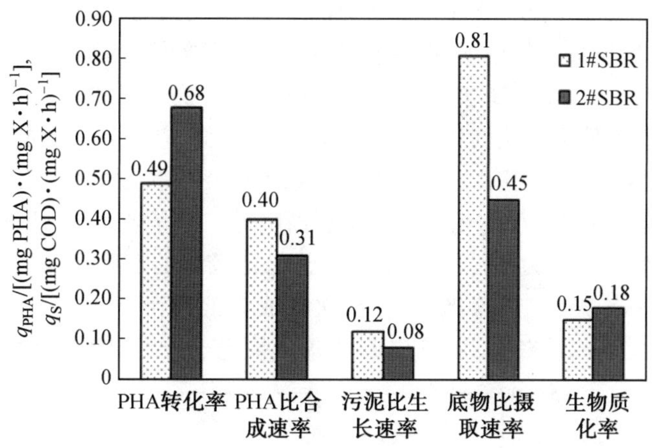

图 3.4　SBR 周期试验动力学和化学计量学参数

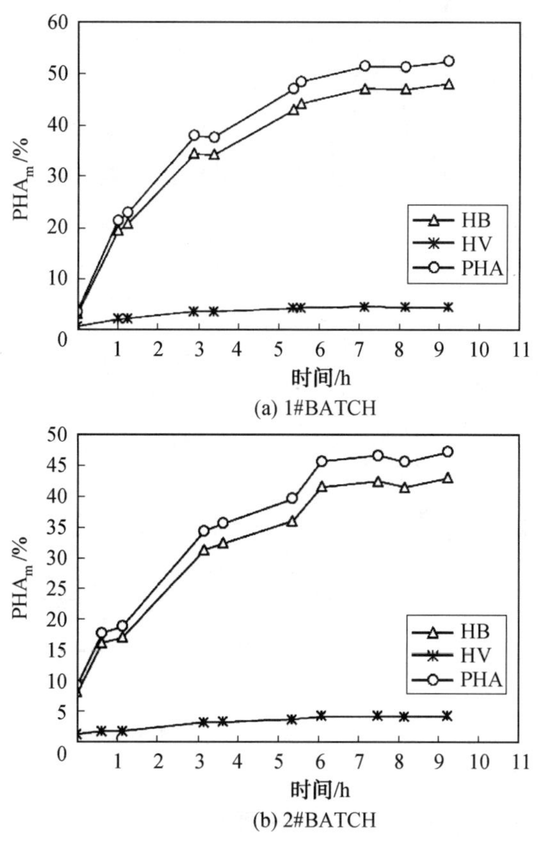

图 3.5　Batch 试验 PHA 质量浓度变化情况

余污泥在周期内的 PHA 转化率高于 1＃SBR，若以 Batch 试验 PHA 最大合成量为评价指标，SRT 为 5 d 的 2＃SBR 并未展现出其优势。但是，在合成同样质量浓度的 PHA 的前提下，1＃SBR 的剩余污泥需要消耗更多的底物，即在限氮条件下 PHA 转化率低于 2＃SBR，从这一点来看，2＃SBR 仍有其优势。由于 Batch 试验中 HV 的合成量很少（与底物有关），所以 PHA 的变化趋势与 HB 单体的变化趋势基本一致。

Batch 试验的底物主要为 VFA 和少量糖类，VFA 主要包括乙酸、丙酸、丁酸、戊酸四类，经色谱分析，初始投加底物中实测各种 VFA 的质量浓度分别为：乙酸 483.2 mg/L，丙酸 55.5 mg/L，丁酸 1220 mg/L 以及戊酸 159.0 mg/L。底物投加之前将 PH 调至 7。整体来看，微生物在限氮条件下无法利用氮源完成菌体的增殖，摄取的底物主要被用来合成储能物质(PHA)以及通过呼吸作用氧化产能来维持细胞的正常代谢，因此在 Batch 试验中随着时间的推移，混合菌群对 VFA 的比摄取速率逐渐降低。但是，2＃Batch 的底物比摄取速率降低幅度较小，说明在第 5 次补料时 2＃Batch 仍保持较高的底物摄取速率和 PHA 比合成速率，进而说明在本次 Batch 试验当中，补料次数成为混合菌群合成 PHA 的限制因素，因此单独以 PHA 最大合成量来说明 1＃SBR 富集效果优于 2＃SBR 是缺少说服力的。

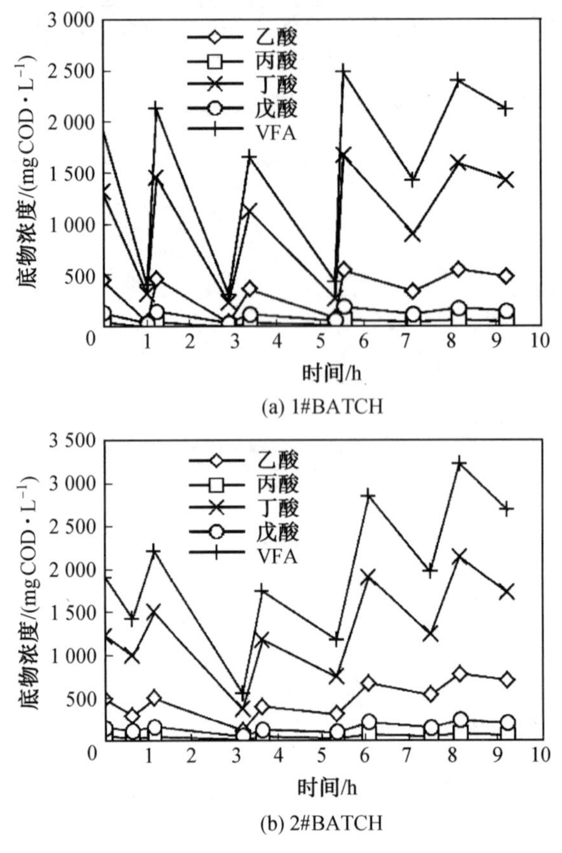

图 3.6 Batch 试验 VFA 消耗情况

从图 3.6 中还可以看到，微生物对不同种类 VFA 的比摄取速率也不相同，由折线的斜率可以得到本次试验中混合菌群对各类底物的摄取速率：丁酸＞乙酸＞戊酸＞丙酸。这可能与所投加底物当中各类 VFA 的浓度大小一致(丁酸＞乙酸＞戊酸＞丙酸)，说明在各类 VFA 浓度不一致的情况下 Batch 试验中混合菌群对底物的利用规律是符合酶促反应动力学(米一门方程)的。但是，在各类 VFA 以同等浓度出现的环境中，SBR 中富集的混合菌群更倾向于摄取何种 VFA 在本节试验中无从获知，将在 3.4 节进行试验探究。

(3)富集反应器 PHA 合成能力沿程监测。

在启动反应器之后的第 13 天、第 33 天、第 54 天以及第 92 天分别对反应器进行了周期内沿程取样以及Batch试验，期望通过比较两组SBR在试验中获得的动力学参数来对不同SRT条件下产PHA混合菌群定向富集效果进行整体的评价，将试验的结果整理在表3.3中。总体来看，随着富集时间的推移，两组SBR(SRT分别设置为10 d和5 d)的富集效果都在不断提升，具体表现在运行周期内PHA转化率和PHA比合成速率的不断提高。这说明在富集体系当中，产PHA混合菌群相对于非PHA合成菌群的竞争优势在不断加强。

表3.3　周期试验和Batch试验的动力学和计量学参数汇总

参数	F/F	PHA_m /%	$Y_{P/S}$ /(mg COD·mg COD^{-1})	$Y_{X/S}$ /(mg COD·mg COD^{-1})	q_{PHA} /[(mg COD PHA·mg X·h)$^{-1}$]	$-q_S$ /[(mg COD)·(mg X·h)$^{-1}$]	PHA_{Batch} /%	$X_{average}$/(mg·L^{-1})
1#SBR								
第13天	0.03	9.55	0.49	0.15	0.40	0.81	52.50	2 858
第33天	0.04	15.10	0.50	0.14	0.31	0.62	54.75	2 714
第54天	0.03	16.45	0.63	0.14	0.35	0.56	54.93	3 123
第92天	0.03	18.90	0.71	0.11	0.42	0.60	60.46	3 623
平均值	0.03	15.00	0.58	0.14	0.37	0.65	55.66	3 080
2#SBR								
第13天	0.11	20.94	0.68	0.18	0.31	0.45	47.30	2 527
第33天	0.06	29.03	0.76	0.15	0.51	0.67	55.76	2 468
第54天	0.04	28.20	0.75	0.12	0.53	0.70	54.10	2 878
第92天	0.04	30.75	0.80	0.08	0.48	0.73	61.26	3 375
平均值	0.06	27.23	0.75	0.13	0.48	0.64	54.61	2 825

注：F/F为富集反应器周期内充盈阶段与匮乏阶段持续时间比；PHA_m为富集反应器内混合菌群在运行周期内最大胞内积累PHA含量；$Y_{P/S}$为混合菌群在充盈阶段的PHA转化率；$Y_{X/S}$为混合菌群在充盈阶段的生物质转化率；q_{PHA}为混合菌群在充盈阶段的PHA比合成速率；$-q_S$为混合菌群在充盈阶段的底物比摄取速率；PHA_{Batch}为混合菌群在Batch试验中的PHA最大合成量；$X_{average}$为富集反应器内活性污泥在充盈阶段初始和DO突跃点的平均生物量。

在4次取样监测过程中，2#SBR的PHA周期转化率($Y_{P/S}$)均高于1#SBR，并且2#SBR的生物质转化率随时间呈现逐渐下降的过程，较为合理的解释是：SRT为5 d的富集体系中具有合成PHA能力的菌群逐渐占据优势，当菌群处于充盈阶段，产PHA菌群在内在生长抑制条件(internal growth limitation)下将底物大量贮存而将一小部分用于细胞增殖，同时即便非PHA合成菌有较高的生物质比增长速率，但其种群基数较低，因此总的生物质转化率仍呈现下降趋势。

2#SBR的F/F值(0.11)在富集初期高于1#SBR(0.03)，但随着富集时间的推移，2#SBR的F/F值快速下降并趋于较低的范围。另外，2#SBR的周期内PHA最大合成量(即DO突跃时的PHA含量)在各个取样周期均明显高于1#SBR，并且2#SBR在第92天的Batch试验最大PHA含量(61.26%)略高于1#SBR的60.46%。综合各种动力学参数随富集时间的变化情况，SRT设为5 d的2#SBR表现要优于1#SBR。

3.2.2 SRT 对富集体系影响机理探讨

本部分试验获得结果，即 SRT 设为 5 d 的 2＃SBR 无论在富集稳定性还是 PHA 合成能力上均优于 SRT 设为 10 d 的 1＃SBR。这个结果与 Chua 以及 Johnson 等的试验结论一致，然而与 Pagni、Beun、Third 以及 Albuquerque 等的结论不一致，因此有必要重新讨论有关 SRT 对产 PHA 混合菌群富集驯化过程的影响机理。SRT 对富集过程的影响可能通过两个因素来实现：①F/F；②基于微生物世代时间的淘汰作用。这两个因素在富集过程中一直存在，相互影响。在不同的 SRT 条件或者不同的富集阶段表现出协同或者拮抗的效应。

1. F/F

在以 ADF 模式运行的富集系统中，充盈阶段的长度是由进水底物浓度以及比摄取速率决定的。关于混合菌群合成 PHA 的大部分研究认为，富集系统中筛选力的大小是与F/F成反比的，即 F/F 越小，匮乏阶段就越长，对非 PHA 合成菌群施加的选择压力就越大，同时产生的内在生长抑制效应越显著，这样富集体系表现的 PHA 合成能力就越强。本部分试验为了区分 F/F 和基于世代时间的淘汰作用，将 2＃SBR 的底物浓度调高，从而其在富集初期的 F/F 值要比 1＃SBR 高。

2. 基于微生物世代时间的淘汰作用

以某一特定 SRT 运行的富集反应器还会对混合菌群施加另一种作用：基于微生物世代时间的淘汰作用。世代时间高于某一特定 SRT 的微生物菌群会在富集的过程中被淘汰，低于这一特定值的菌群则会留存下来。这样 SRT 较低的富集反应器中的混合菌群更新换代更快，更具活力，而 SRT 较长的富集反应器则会带来以下不利条件：

(1)SRT 较长的富集系统中更容易积累惰性生物质，其多为一些处于内源呼吸期或衰亡期的菌群，这类菌群的存在将会使充盈阶段混合菌群的底物比摄取速率下降，并且具有 PHA 合成能力的惰性生物质会在充盈阶段更多地将贮存物质用于内源呼吸而非细胞增殖。SRT 设为 10 d 的 1＃SBR 在富集初期表现出较高的底物比摄取速率，而随着富集时间的推移，1＃SBR 的底物比摄取速率呈现明显的下降趋势(与 2＃SBR 相反)，这可能说明 1＃SBR 中已经积累了较多的惰性生物质，而这种情况对 PHA 的合成是不利的。

(2)一些生长缓慢、会对富集系统产生消极影响的菌群会在反应器中出现，硝化菌就是这一类菌。系统中的硝化菌会释放某些代谢产物，而这些代谢产物如果出现在匮乏阶段，则会成为非 PHA 合成菌的底物，进而被利用，削弱富集系统的选择压力。幸运的是，在本部分试验中，监测到了 1＃SBR 中异常的硝态氮质量浓度。在 C/N 一致的情况下，1＃SBR 运行周期的末端(12 h)的质量浓度(14.6 mg/L)高于 2＃SBR 的(10.9 mg/L)。

3. 两种因素的共同作用

为了更好地解释 SRT 对富集过程的影响，本试验提出了一个新的假设，对于驯化反应器而言，整个富集周期可以分为两个阶段：①混合菌群竞争时期，不适应富集系统的菌群被淘汰，产 PHA 菌逐渐占据优势，本阶段产 PHA 菌的比例是混合菌群 PHA 合成能力的制约因素；②产 PHA 菌主导时期，产 PHA 菌群已经成为优势菌群，本阶段 PHA 富集菌的 PHA 产力主导整个混合菌群的 PHA 合成表现。

在富集体系启动的初期，具有产 PHA 能力的菌群凭借其在充盈阶段较高的底物摄取速率以及在匮乏阶段继续生长的能力逐步占据主导地位，本阶段基于世代时间的淘汰作用比F/F值对混合菌群的影响更大，在每一周期反应器排出一定量的剩余污泥之后，产PHA混合菌群便会利用碳源竞争的优势快速扩大其种群优势，SRT越小，给予产PHA菌群的优势便越明显。较小的SRT值虽然会导致匮乏长度相对缩短，但这对混合菌群的影响并不显著。另外，富集初期的PHA比合成速率并不能反映富集体系中产PHA菌的优势地位，因为处于竞争阶段的PHA合成菌并没有底物贮存响应作为主导的代谢途径。从表3.3中可以验证这一点，SRT设为10 d的1＃SBR在运行第13天的比PHA产率(0.40 mg COD/(mg X·h))高于2＃SBR的(0.31 mg COD/(mg X·h))，但是之后2＃SBR的比PHA产率便一直上升，明显优于1＃SBR。

在产PHA混合菌群占据优势地位、混合菌群结构已经基本定型的阶段，F/F值成为影响富集系统PHA合成的主导因素，其对混合菌群的影响主要是通过内在生长抑制作用实现的，具体过程已有阐述。在本阶段SRT较小的2＃SBR的F/F值也逐渐稳定在一个较低的水平，Albuquerque等认为富集体系中存在一个F/F阈值，超过这一值，施加在混合菌群上的选择压力就会发生显著的变化，本试验中的2＃SBR以及Chua等的污泥停留时间设为3 d的反应器在此阶段的F/F值极有可能均低于这个阈值，因此后期F/F值对SRT较低的反应器起到的消极影响并不显著，2＃SBR的表现仍然优于1＃SBR。

3.2.3　基于SRT影响的富集体系优化策略

本部分试验主要考察了SRT对三段式混合菌群合成PHA工艺的影响(包括产PHA混合菌群的富集以及批次PHA合成)，总结试验获得的结果，一定程度上可以对工艺的优化运行提供策略。

产PHA混合菌群的富集阶段是整个三段式工艺的核心阶段，本阶段的富集效率和富集稳定性控制了整个三段式工艺的运行效率和稳定性。以工艺稳定性作为考量标准，SRT设置相对较高(10 d)的富集反应器在富集第17天左右出现接种菌泥沉降性能不佳的情况，较差的沉降性能会导致批次合成阶段的间歇期变长，PHA合成效率降低。SRT设置较低(5 d)的富集反应器富集周期内污泥性状一致保持较好状态，其排出的接种菌泥性状稳定、沉降性能好，能够使批次合成阶段以较高的效率运行。

混合菌群合成PHA工艺要实现规模化运用，需要具备至少两个方面的优势：①较高的PHA合成能力；②足够的接种菌泥输出量。以这两方面作为考量标准，SRT为10 d的反应器在富集周期第92天可以产出PHA最大合成潜力为60.46％的接种菌泥，SRT为5 d的反应器在第92天则可以产出PHA占细胞干重约61.26％的接种菌泥，两组反应器的接种菌泥在富集周期末端表现出的PHA合成潜力差别不大。从接种菌泥输出量的角度来看，进水底物浓度设为1 200 mg/L，SRT为10 d的富集体系在富集末端的污泥浓度约为3 623 mg/L，进水底物浓度设为2 520 mg/L，SRT设为5 d的富集体系在富集末端的污泥浓度约为3 375 mg/L，前者在运行周期(12 h)内的排泥量为200 mL，后者的排泥量为400 mL。由此看来，在保持较高的PHA产力的基础上，SRT较低的富集体系具有更大的接种菌泥输出量。

在先前关于混合菌群三段式合成PHA工艺的研究中，为了获取更高的PHA产力，研究者尝试增大进水有机负荷，但是在负荷增大的过程中出现了富集系统稳定性恶化的问题。

研究者也尝试了单纯降低 SRT 来考察富集系统的 PHA 合成能力，但是在运行的过程中会出现污泥浓度难以维持，最后导致污泥“洗出”的问题。

本部分试验得出的最优运行条件为：进水底物浓度为 2 520 mg/L，SRT 为 5 d，周期运行时间为 12 h，水力停留时间（HRT）为 1 d。同时结合之前的讨论内容，提出三段式合成 PHA 工艺的优化策略：在混合菌群三段式合成 PHA 工艺实践中，可以通过同步增大进水有机负荷和降低 SRT 来大量输出具有较高 PHA 产力的接种菌泥。

3.3 初始接种菌泥浓度的优化

3.3.1 初始接种菌泥浓度对 PHA 合成表现的影响

1. 试验工艺流程控制

本试验仍然采用两个有效容积为 4 L 的 SBR，富集反应器的基本构造前已述及。试验中没有对反应器温度和 pH 进行控制，在本试验进行阶段反应器温度保持在 15～20 ℃之间，反应初期 pH 维持在 7～9 之间。

两反应器的运行参数设置见表 3.4。使用经过厌氧发酵的蔗糖废水作为 SBR 的进水底物，通过 NaOH 溶液将其 pH 调节为 7。调节 pH 后的底物不需要稀释，底物供给系统通过调整酸化废水与营养液的进水比例来获得相应的底物浓度，为了同时满足 COD/N/P＝100∶6∶1 的要求，1＃SBR 和 2＃SBR 的营养液需要单独配置，两组 SBR 的营养液（按 10 L计）中含有 9.63 g NH_4Cl，1.84 g KH_2PO_4，1.67 g $MgSO_4$，1.67 g $CaCl_2$，1.67 g EDTA，0.4 g 硫脲。其中，硫脲的作用是抑制反应器当中的硝化行为。新鲜的污泥在接种前要在底物缺乏的情况下进行充分的曝气，以耗尽污水中多余的氨氮和其他物质。通过不同比例的浓缩获得不同的接种菌泥浓度，两组 SBR 当中均投加 2 L 接种菌泥，随后泵入 2 L 底物（其中混有营养元素），最终得到的初始污泥浓度以实测 MLSS 为准。

表 3.4 富集反应器运行参数设置

富集反应器	1＃SBR	2＃SBR
进水底物浓度/(mg·L^{-1})	2 520	2 520
水力停留时间/d	1	1
污泥停留时间/d	5	5
周期运行时间/h	12	12
初始投泥质量浓度/(mg·L^{-1})	3 654	5 911

接种菌泥是 PHA 合成三段式工艺第二阶段的驯化对象，在同样的运行参数下（HRT、SRT、进水底物浓度）投加不同接种菌泥量的两组 SBR，虽然在系统稳定之后，两者的污泥浓度会逐渐趋于一致，但是在较为关键的启动期（15～20 d），反应器内的污泥浓度绝对值以及变化趋势是不一致的，在同样的进水底物浓度的前提下，SBR 每个周期之内初始的污泥负荷（F/M）也是不一致的，这就有可能造成富集效果的差异。另外，初始投泥量设置不当，非常容易发生“跑泥”现象，最终导致富集系统崩溃。

在试验运行的过程中定期对两组 SBR 进行周期沿程取样以监控富集反应器的运行情况，同时取反应器排出的剩余污泥进行 Batch 试验以评估反应器中所富集混合菌群的最大 PHA 合成能力，在富集系统运行超过 100 d 之后，分别在反应器中取样进行分子生物学试验(T－RFLP)以考察反应器中的菌群结构。

2. 富集反应器运行稳定性评价

富集反应器的稳定运行是三段式富集工艺的基础，本章试验从三个角度，即富集反应器污泥浓度、污泥沉降性能及显微镜检结果对富集反应器运行的稳定性进行监测。

(1)富集反应器污泥浓度及沉降性能监测。

本部分将从 MLSS 和 SVI 值两个指标来综合评价富集反应器的运行稳定性(图 3.7)，两指标的取样频率相对较大。

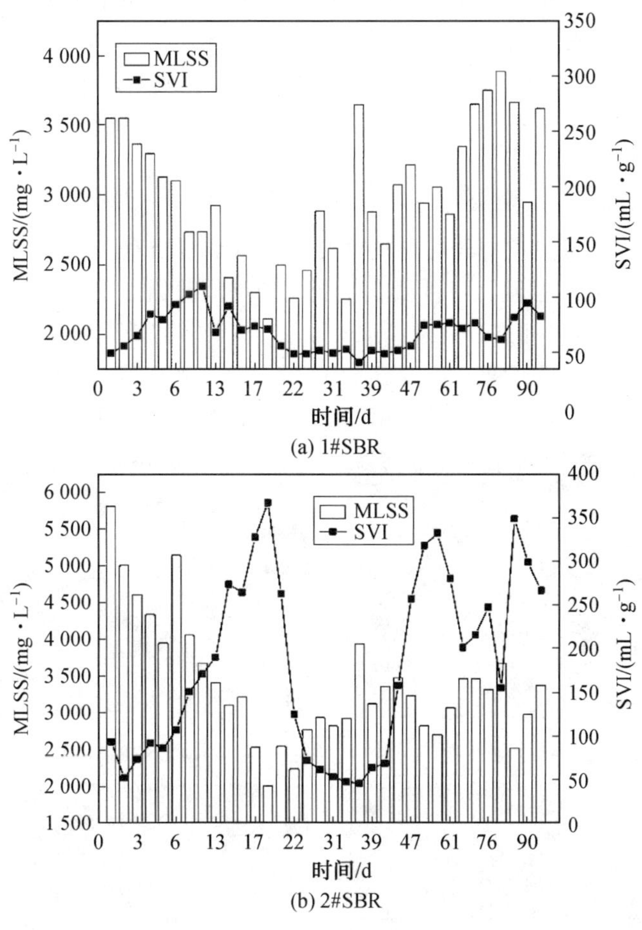

图 3.7　SBR 污泥性状监控信息

两组 SBR 的污泥浓度均有一个先降后升的过程，第 19 天是 1＃SBR 污泥浓度变化的转折点，2＃SBR 对应的转折点约在第 13 天。在运行了 92 d 之后，1＃SBR 的污泥浓度最终维持在 3 500 mg/L 附近，2＃SBR 的污泥浓度维持在 3 200 mg/L 左右。在同样的污泥停留时间和进水负荷条件下，两组 SBR 的平衡污泥浓度应趋于一致，但是 2＃SBR 在运行后期(大约第 55 天)污泥沉降性能恶化，出现了污泥膨胀现象，致使排水过程中会有一少部分的污泥随出水流失，这导致了 2＃SBR 的平衡污泥浓度在第 92 天左右略低于 1＃SBR。两组 SBR 污泥浓度在富集初期的下降可能来自于两方面原因：①来自于市政污水厂的接种菌泥在更换了底物之后，会进入一定时间的适应阶段，微生物细胞的生长速率会处于一个较低的范围，因此会导致反应体系内部生物量的流失；②两组 SBR 在 ADF 工艺运行模式下会营造一种不平衡的生长环境，不具有碳源储备能力的微生物会逐渐遭到淘汰，而这类微生物又恰恰是常规污水处理工艺中的优势菌群，优势菌群失去原有的主导地位，必然会导致体系内生物量的下降。

两组 SBR 在整个富集周期内的 SVI 值变化趋势相差较大，1＃SBR 仅在运行初期 SVI 值有一个缓慢的升高过程，在第 12 天左右便逐渐下降，接种菌泥的沉降性能在整个富集周期内一直保持着良好的状态。2＃SBR 在启动开始后第 4 天，SVI 值便大幅度上升，在运行第 13 天 SVI 值达到 350 mL/g，沉降性能非常差，之后其 SVI 值出现回落，但是良好的污泥沉降性仅保持了 7 d 左右，在第 22 天 SVI 值又出现大幅度的回升，在启动运行 92 d 之后 2＃SBR的 SVI 值位于 300 mL/g 左右。经比较可知，投泥质量浓度较大的 2＃SBR 在富集阶段的运行稳定性差于 1＃SBR，其两次污泥性状恶化的原因将在下一部分结合污泥显微镜检结果进行推断。

(2)富集反应器活性污泥性状显微镜检结果。

本部分主要给出了两组反应器在比较重要的四个取样点处的污泥显微镜检信息，其目的是为了结合 SVI 值初步推测污泥性状发生变化的可能原因。

对富集反应器取样的时间点分别是：第 12 天、第 40 天、第 70 天以及第 100 天，如图 3.8 所示。从 1＃SBR 在四个取样点的显微镜检结果中并未发现有丝状菌的存在，结合其良好的沉降性能(SVI 值)说明 1＃SBR 富集体系中的活性污泥菌群在整个驯化周期内表现足够稳定。

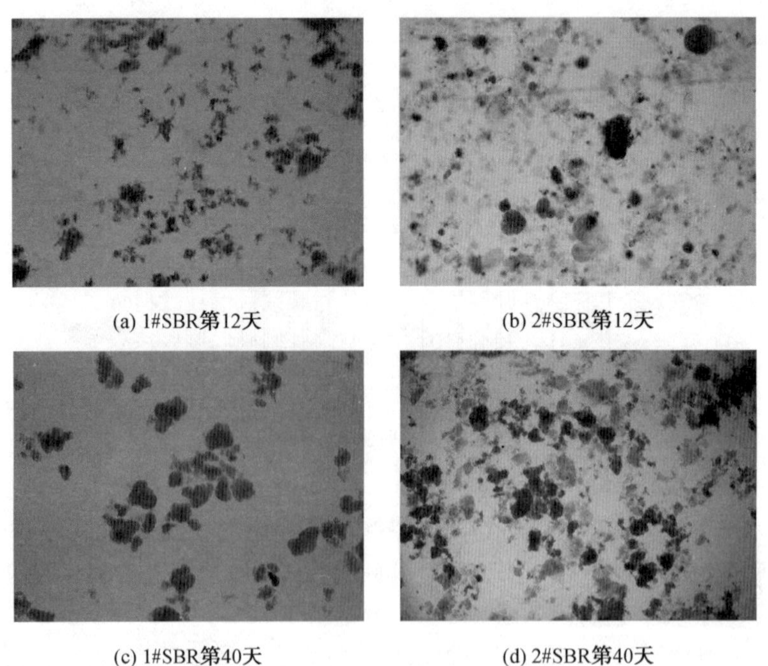

(a) 1#SBR第12天　　(b) 2#SBR第12天

(c) 1#SBR第40天　　(d) 2#SBR第40天

图 3.8　富集反应器活性污泥显微镜检结果(40×)

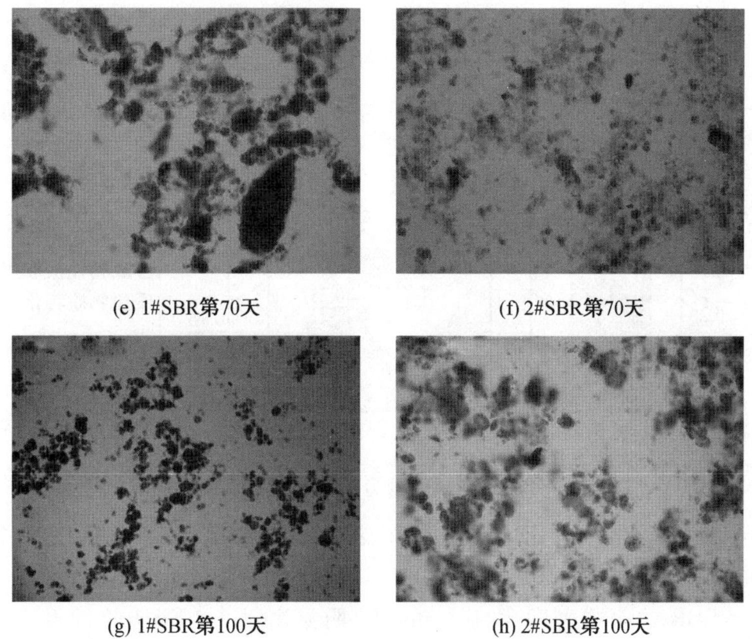

(e) 1#SBR第70天　(f) 2#SBR第70天

(g) 1#SBR第100天　(h) 2#SBR第100天

续图 3.8

2＃SBR 的显微镜检结果中也未发现丝状菌滋生的情况，但是其在第 40 天以及第 70 天之后均出现了污泥沉降性能恶化的现象，一方面可以说明显微镜检手段失去了污泥性状恶化的预警作用，另一方面可以初步推断 2＃SBR 富集系统中发生的是由微生物细胞生理代谢异常（主要指胞外聚合物的异常分泌）所致的非丝状菌膨胀。

3.富集反应器 PHA 合成能力评价

在驯化工艺启动之后，对富集反应器进行了四次周期试验并用 SBR 周期末端排出的剩余污泥进行了 Batch 试验，分别考察了非限氮条件下产 PHA 混合菌群的富集情况以及限氮条件下富集接种菌泥的 PHA 合成潜力。

(1)SBR 周期试验 PHA 合成能力监测。

两组不同初始接种菌泥投加量富集反应器的产 PHA 菌富集效果，主要通过周期沿程取样获得的可以表征混合菌群 PHA 合成、微生物细胞增殖以及底物摄取情况的动力学和化学计量参数来评价。

反应器运行至第 13 天对 1＃SBR 和 2＃SBR 进行了周期沿程取样，周期试验的结果见表 3.5，相关参数汇总如图 3.9 所示。

表 3.5　富集反应器周期试验结果

富集反应器	充盈时间/h	F/F 值	周期内最大 PHA 含量/%	平均生物量/(mg·L^{-1})
1＃SBR	1.05	0.11	20.94	2 577
2＃SBR	0.62	0.06	16.72	4 464

周期试验中充盈阶段和匮乏阶段是通过 DO 的变化情况进行界定的。本次试验中 1＃SBR 在运行开始之后 1.05 h 发生 DO 突跃，在该点细胞 PHA 合成量也即周期内最大 PHA 含量达到峰值，约为 20.94%。2＃SBR 在反应启动之后 0.62 h 发生 DO 突跃，其 PHA 最大

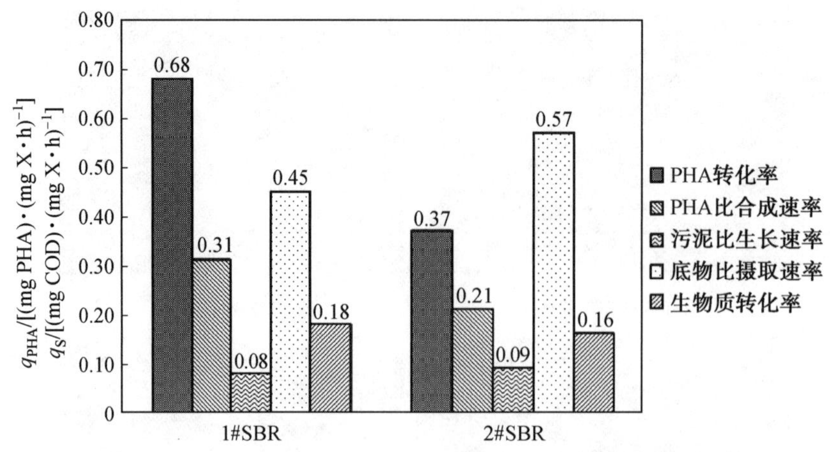

图 3.9　SBR 周期试验动力学和化学计量参数汇总

合成量约为 16.72%。由于 1＃SBR 较长的充盈持续时间，其 F/F 值要明显高于 2＃SBR。两组 SBR 的进水底物浓度与 SRT 均保持一致，即使 1＃SBR 的比底物比摄取速率大于 2＃SBR，但由于 2＃SBR 的菌群密度（4 464 mg/L）明显高于 1＃SBR 的（2 577 mg/L），因此 1＃SBR的底物比摄取速率并不占优势，将底物耗尽的时间相对长一些。

从图 3.9 可以看出，1＃SBR 在第 13 天获得的 PHA 转化率为 0.68，明显高于 2＃SBR 的 0.37，1＃SBR 具有较高的 PHA 比合成速率和较低的生物质转化率，而 2＃SBR 则具有较高的生物质转化率和较低的 PHA 比合成速率。在 PHA 富集过程中筛选富集系统能使混合菌群在充盈阶段尽可能地将底物转化为 PHA 而不是生物质（biomass）为好，因此 2＃SBR 在运行第 13 天的表现是差于 1＃SBR 的。两组 SBR 的 SRT、进水负荷、HRT 均一致，唯一不同的是初始投加接种菌泥浓度。可以推测在前 13 天的富集过程中，SBR 运行周期初始的 F/M 对混合菌群的 PHA 合成能力起到了较为重要的作用。

（2）PHA 批次合成试验。

在进行 SBR 周期试验的同时取两组 SBR 的剩余污泥进行 Batch 试验。Batch 试验的 PHA 合成情况如图 3.10 所示，相应的动力学和化学计量参数见表 3.6。

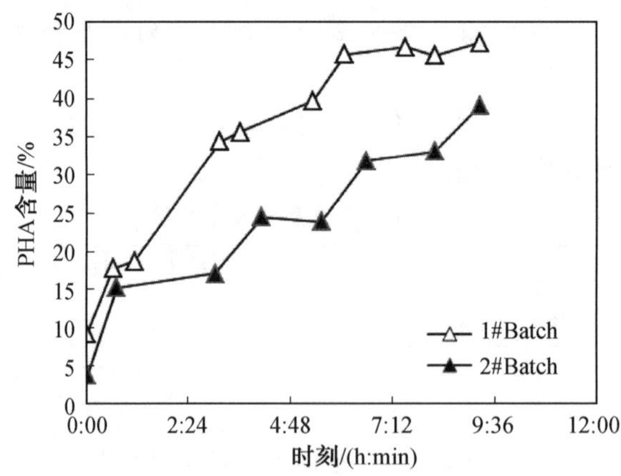

图 3.10　Batch 试验 PHA 合成情况

表 3.6　Batch 试验动力学和化学计量参数汇总

动力学和化学计量参数	PHA 转化率/[(mg COD)·(mg COD)$^{-1}$]	PHA 比合成速率/[(mg COD)·(mg X·h)$^{-1}$]	底物比摄取速率/[(mg COD)·(mg X·h)$^{-1}$]
1＃Batch	0.54	0.24	0.45
2＃Batch	0.49	0.27	0.54

两组 Batch 试验采用瞬时补料法，由于 2＃SBR 在运行第 13 天出现了沉降性能变差的情况，因此 2＃Batch 试验在当天只进行了 4 次补料，反应净时间（扣除沉淀排水所用时间）为 3.93 h，1＃Batch 共进行了 5 次补料，反应净时间为 6.87 h。两组 Batch 试验的 PHA 合成情况如图 3.10 所示，1＃BatchPHA 最大合成量为 47.3%，2＃BatchPHA 最大合成量为 39.1%。从 2＃Batch 的 PHA 比合成速率（图中斜率）来看，本次试验 2＃SBRPHA 最大合成量低于 1＃SBR 的很大一部分原因是 2＃SBR 的沉降性能差，导致其净反应时间过短。本次 Batch 试验的补料次数成为混合菌群 PHA 合成的限制因素，仅用 PHA 最大合成量这一指标无法评价两组 SBR 污泥的 PHA 合成能力。于是，尝试通过 Batch 试验整理出的动力学参数来实现对混合菌群 PHA 合成能力的评价。两组 Batch 试验的动力学参数见表 3.6。从表中可以看到 2＃Batch 试验获得的底物比摄取速率高于 1＃Batch 试验，其 PHA 比合成速率与 1＃Batch 相近，其 PHA 转化率略低于 1＃Batch。在相近的 PHA 比合成速率下，PHA 转化率高的混合菌群 PHA 合成效果更好，从这一点来看，1＃SBR 所富集的污泥具有更佳的 PHA 合成能力。

（3）富集反应器 PHA 合成情况沿程监测。

在反应器启动之后的第 33 天、第 54 天、第 88 天、第 92 天分别进行了 SBR 的周期取样试验以及 Batch 试验，其中 SBR 周期试验的动力学和化学计量参数沿程变化情况如图 3.11 所示，其他试验参数以及 Batch 试验结果汇总见表 3.7。图 3.11 共提供了 4 个参数的变化情况，分别是混合菌群 PHA 转化率（$Y_{P/S}$）、生物细胞转化率（$Y_{X/S}$）、PHA 比合成速率（q_{PHA}）以及底物比摄取速率（$-q_S$）。从图中可以看出 2＃SBR 虽然在富集初期的 PHA 合成表现不及 1＃SBR，但是随着富集时间的推移 2＃SBR 的富集表现逐渐提升，在运行 30 d 之后，$Y_{P/S}$、q_{PHA} 以及 $-q_S$ 均与 1＃SBR 较为接近。从这一点可以看出，具有相同 SRT 的 1＃SBR 和 2＃SBR 的 PHA 产力也是相一致的。另外，也说明了 2＃SBR 中发生性状恶化的污泥的 PHA 合成能力并未受到明显影响。两组 SBR 的 $Y_{P/S}$、q_{PHA} 以及 $-q_S$ 均随着富集时间的推移呈上升趋势，这与产 PHA 混合菌群的富集机理是一致的。在选择压力的存在下，混合菌群中产 PHA 混合菌群的优势地位逐渐确立，其得益于碳源的贮存能力，在底物存在的条件下，产 PHA 菌群具有更强的底物摄取能力，因此三个参数的变化情况从侧面反映了富集体系内菌群结构的迁移变化。

表 3.7　周期试验和 Batch 试验参数汇总

参数	F/F	周期内 PHA 最大合成量/%	充盈阶段平均生物量/(mg·L^{-1})	Batch 试验净反应时间/h	Batch 试验最大合成量/%
			1＃SBR		
第 13 天	0.11	20.94	2 577	6.87	47.30

续表3.7

参数	F/F	周期内 PHA 最大合成量/%	充盈阶段平均生物量/(mg·L^{-1})	Batch 试验净反应时间/h	Batch 试验最大合成量/%
第 33 天	0.06	29.03	2 468	6.15	55.76
第 54 天	0.04	28.20	2 878	7.58	54.10
第 92 天	0.04	30.75	3 375	8.80	61.26
2#SBR					
第 13 天	0.06	16.72	3 464	3.93	39.10
第 33 天	0.08	20.31	2 193	5.33	50.38
第 54 天	0.09	22.56	2 750	7.33	50.07
第 92 天	0.05	28.94	3 663	8.96	57.84

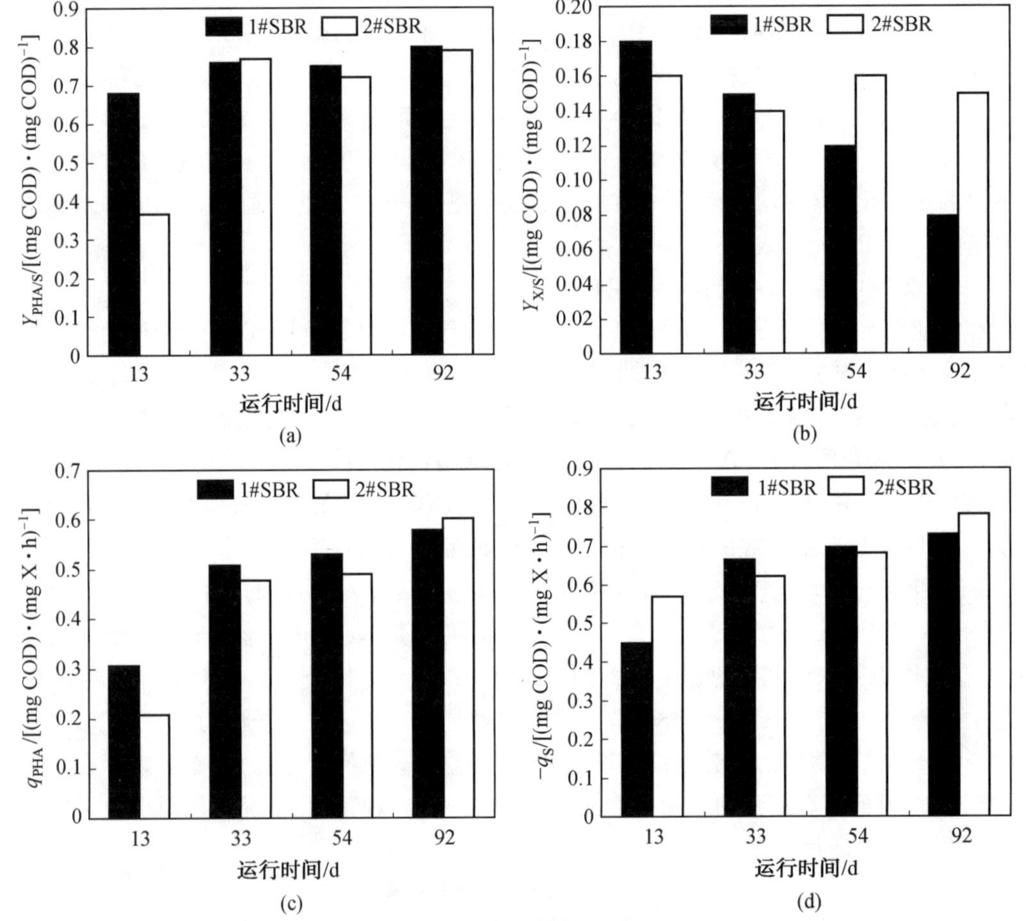

图 3.11　富集周期内两组 SBR 动力学和化学计量参数变化情况

1#SBR 的 $Y_{X/S}$ 随时间呈现出逐步下降的趋势，这与 Albuquerque 等的结论一致，即在内在生长抑制作用存在的前提下，产 PHA 混合菌群会在充盈阶段将底物尽可能多地转化为 PHA 而非进行同化作用，因此随着富集程度的加深，充盈阶段的 $Y_{X/S}$ 便会越来越低。

2＃SBR的 $Y_{X/S}$ 变化情况呈现出不一致的趋势，在启动运行 40 d 之后，微生物细胞转化率升高，造成这种情况的原因很可能是在此期间代谢情况发生异常（胞外聚合物异常增殖）的混合菌群改变了正常的底物分配比例，微生物摄取底物后优先用于同化作用，而非用于合成 PHA。

从表 3.7 可以看出，1＃SBR 的 F/F 值随着富集时间的推移逐渐变小，由于较高的污泥浓度，2＃SBR 在富集开始第 13 天的 F/F 值(0.06)是低于 1＃SBR(0.11)的，但是 2＃SBR 的 F/F 值在第 30 天之后有一个上升的趋势，其原因可能是 2＃SBR 由于将更多的底物用于同化作用，从而其底物比摄取速率下降，微生物将底物耗尽所需的时间就相应增加了。此阶段对应的周期内 PHA 最大合成量相较 2＃SBR 较低，很可能也是充盈阶段微生物细胞底物分配途径产生变化的体现。

两组 Batch 试验的总反应时间维持在 10 h 左右，但是净反应时间值（扣除沉淀排水时间）相差很大，2＃SBR 的净反应时间明显偏低，这主要是其较差的沉降性能造成的。因此从整体看，采用较高接种菌泥浓度的 2＃SBR 的 PHA 产率要明显差于 1＃SBR。

3.3.2　富集阶段糖原变化情况

富集反应器启动后的第 33 天，在评估周期 PHA 合成能力的同时，也对富集反应器内混合菌群的糖原含量（质量分数）进行了监测。监测糖原水平的取样点与 PHA 相同。由图 3.12 可以看出，糖原水平与 PHA 含量的变化趋势基本趋于一致，均有显著的突跃点。由此可以推测，两组富集系统中均存在具有糖原贮存能力的菌群。相对于 PHA 含量，混合菌群的糖原水平非常低，例如 2＃SBR 中糖原的峰值水平也只有 1%，针对这种现象可以有两种推测：①富集体系内的微生物同时具有 PHA 和糖原的代谢能力，在 ADF 模式下，糖原的代谢途径受到抑制；②体系内存在的 PHA 和糖原来源于相对独立的不同菌群。在完全好氧模式运行的 SBR 中，具有 PHA 合成能力的聚糖菌(GAO)成为优势菌的可能性很小。关于糖蜜废水合成 PHA 的研究成果表明，此类富集系统中大量存在的菌群为固氮弧菌以及陶厄氏菌，这两类菌群均不属于 GAO。综合两方面判断，后一种推测的可能性更大。另外从图中可以看出，糖原水平突跃时间较 PHA 含量突跃时间稍稍滞后，图中 2＃SBR 比较明显，这可能是由于 ADF 模式下 GAO 的糖原代谢途径优先级也比 PHA 合成途径要低。

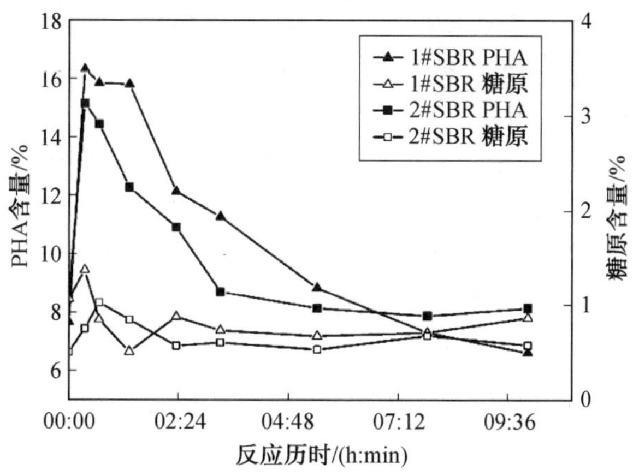

图 3.12　SBR 周期试验混合菌群 PHA 与糖原含量变化趋势

2＃SBR 的糖原水平比 1＃SBR 低，其原因可能是 2＃SBR 在此阶段出现胞外聚合物增多的情况，异常的代谢情况可能降低了胞内糖原的水平。

3.3.3 初始接种菌泥浓度对富集体系影响机理探讨

本试验中，1＃SBR 和 2＃SBR 在运行初期均有胞外聚合物（EPS）分泌过多的情况出现（图 3.12），EPS 的分泌呈现出一定的规律性，出现这种情况的原因可能为：以 ADF 模式运行的富集反应体系会带来较长的匮乏长度，这样会使体系内部大部分不具备 PHA 合成能力的混合菌群处于内源呼吸阶段，长期处于内源呼吸的微生物会分泌出较多的 EPS，由于富集初期非 PHA 合成菌属于优势菌群，大量的 EPS 造成了接种菌泥 SVI 值的突增，沉降性能下降。

2＃SBR 在富集运行中后期再一次出现了胞外聚合物代谢异常的现象，对于这种情况较为合理的解释是：2＃SBR 中的污泥浓度在整个富集过程中始终处于较高的水平，在反应器有效容积一定的情况下，较高的生物种群密度势必会加重系统供氧的负担，为了使充盈阶段的 DO 与 1＃SBR 保持一致（3.0 左右），2＃SBR 的供氧量就相对较大，这样 2＃SBR 在匮乏阶段的 DO 水平就会变得很高。已有研究证明，混合菌群长期处于 DO 水平较高的环境中会刺激 EPS 的分泌，这也许能够解释 2＃SBR 为何再次出现沉降性能恶化的情况。

3.3.4 基于初始接种菌泥浓度影响的富集体系优化策略

在三段式 PHA 合成的研究中，对一个特定有效容积的反应体系而言，选择合适的初始污泥浓度是一个需要优化的问题。

本试验分别考察了初始污泥浓度为 3 654 mg/L 和 5 911 mg/L 条件下工艺的 PHA 富集表现，从工艺运行稳定性的角度来看，初始污泥浓度较低的反应器在富集周期内表现出了良好平稳的状态，接种菌泥沉降性能佳，而初始污泥浓度较高的反应器内接种菌泥稳定性波动明显，沉降性能一度恶化，不能为批次 PHA 合成阶段输出性状稳定的接种菌泥。初始污泥浓度较低（3 654 mg/L）的反应体系可以使第 3 阶段的 PHA 合成保持较高的效率。

同时以接种菌泥输出量和 PHA 产量两项指标来衡量富集体系的表现，初始污泥浓度设置较高（5 911 mg/L）的反应器获得的最大 PHA 合成潜力为 57.84％，比质量浓度设置较低的反应器获得的 PHA 最大合成量（61.26％）略低，富集周期末端两组反应器的输出接种菌泥质量浓度也相近（3 375 mg/L 和 3 663 mg/L），因此两组富集体系的 PHA 产力接近。

综上讨论，本部分试验获得的最优工艺条件为：初始接种菌泥浓度为 3 654 mg/L，进水底物浓度为 5 911 mg/L，SRT 设为 5 d，HRT 设为 1 d，运行周期为 12 h。结合之前的讨论内容，提出工艺运行的优化策略：为保证良好的接种菌泥稳定性以及足够的 PHA 产力，对于好氧瞬时补料模式运行的开放混合菌群体系而言，污泥浓度不宜过高，本部分试验提供了一个合适的参考条件：F/M 值保持在 0.69 附近。

3.4　合成阶段优化

3.4.1　批次合成的优化与改进

1. 试验工艺流程控制

Batch 试验装置主要分间歇补料式和连续补料式两种。间歇补料在烧杯形式的反应器中进行，每个反应器有效容积为 500 mL，通过监测溶解氧的变化来确定反应节点，批次反应装置置于一个四联搅拌器上，以保证反应器内生物质与氧气的充分接触，通过电磁空气泵向反应器中提供氧气。间歇补料的反应装置如图 3.13 所示。连续补料的反应装置如图 3.14 所示。混合装置有效容积为 500 mL，泥水分离装置有效容积为 700 mL，使用单联磁力搅拌器为装置提供混合动力，电磁空气泵为反应装置提供氧气。泥水分离装置依据沉淀池构造设计，使用蠕动泵将分离装置底部污泥回流至混合反应区。

图 3.13　间歇补料 Batch 试验装置实物图

间歇补料装置取样时，为使剩余污泥中的氨氮等营养物质被耗尽以避免对试验产生干扰，污泥在投加之前要进行至少 1 h 的充分曝气。将连续搅拌反应器(CSTR)膜滤出水 pH 调节至中性备用。每一批次的开始及结束均要及时取样，记录取样时间。在反应开始以及最后一个批次结束后各取样测一次污泥浓度。取出 4 ℃冷藏的污泥样品，以 8 000 r/min 的转速离心 5 min，泥水分离，各自冷冻(－20 ℃)保存。

连续补料装置使用的底物仍然为经过膜滤的厌氧 CSTR 出水，在补料前将 pH 调节至 7。反应开始前，将 500 mL 收集的 SBR 剩余污泥(已耗尽氨氮，质量浓度已测)泵入曝气混合装置中，然后以 1.5 r/min 的泵速向装置中输送底物。污泥回流泵的转速控制在 3 r/min，反应初始阶段的 DO 控制在 3 左右。按反应历时进行沿程取样。

2. 不同补料模式下混合菌群的 PHA 合成情况

图 3.15 给出了在考察接种菌泥投加量对 PHA 合成效果影响的试验中两组 SBR 的剩余污泥在富集周期内最大 PHA 合成能力的变化趋势。本书尝试用 Batch 试验来测试 SBR

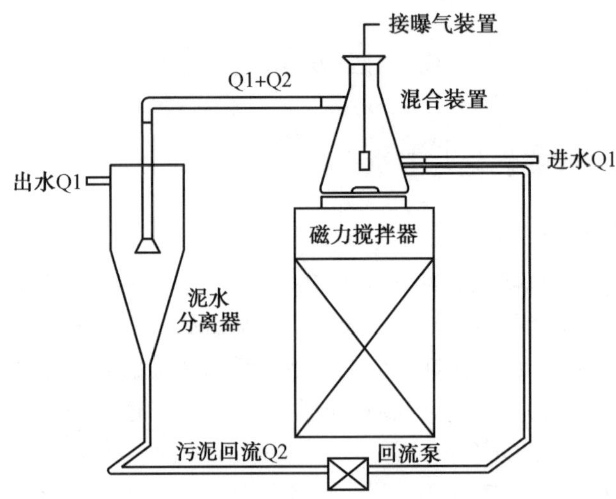

图 3.14 连续补料 Batch 试验装置示意图

对产 PHA 混合菌群的富集能力，但是 Batch 试验中的操作条件（比如补料次数）会对得到的 PHA 最大合成量造成影响。已有的研究认为，分批补料是为了避免潜在的底物抑制效应，但如何确定补料的次数是 Batch 试验中存在的问题。补料次数过多，会造成底物的浪费，甚至会出现 VFA 的摄取异常。如果接种菌泥沉降性不佳，增加补料次数便会大幅度延长反应时间，使富集效率大大降低。图 3.15 中的 2＃SBR 在 Batch 阶段的合成效果一直低于 1＃SBR，但这一指标无法说明 1＃SBR 的富集效果要好于 2＃SBR，因为在第 33 天以及第 92 天 2＃SBR 的接种菌泥均出现沉降性欠佳的情况，这导致反应时间的大幅度延长，限制了补料次数的进一步提升，无法获得产 PHA 菌的真实合成潜力。

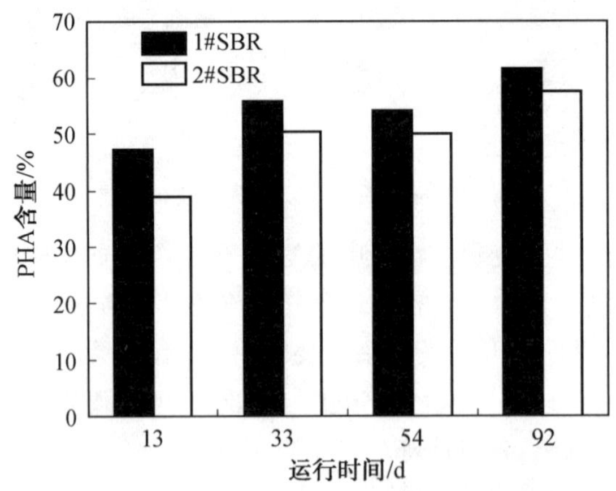

图 3.15 Batch 试验中的 PHA 含量变化

本部分试验中采用的连续补料富集反应器则可以应对之前试验中出现的问题，连续补料 Batch 试验与间歇补料 Batch 试验的结果如图 3.16 所示。间歇补料试验 PHA 合成曲线上的每一个顿点代表了好氧运行的停止或补料的时刻。间歇补料较好地避免了高浓度底物（未经稀释的酸化废水）可能带来的底物抑制现象，混合菌群在第一次补料之后便以一个较高的速率进行 PHA 的合成，在第三次补料之后，PHA 比合成速率相对于前两次补料便有一个较大幅度的下降，表现在补料结束初始阶段 DO 值明显提高，这说明微生物细胞消耗底物合成 PHA 的代谢能力已接近饱和值。

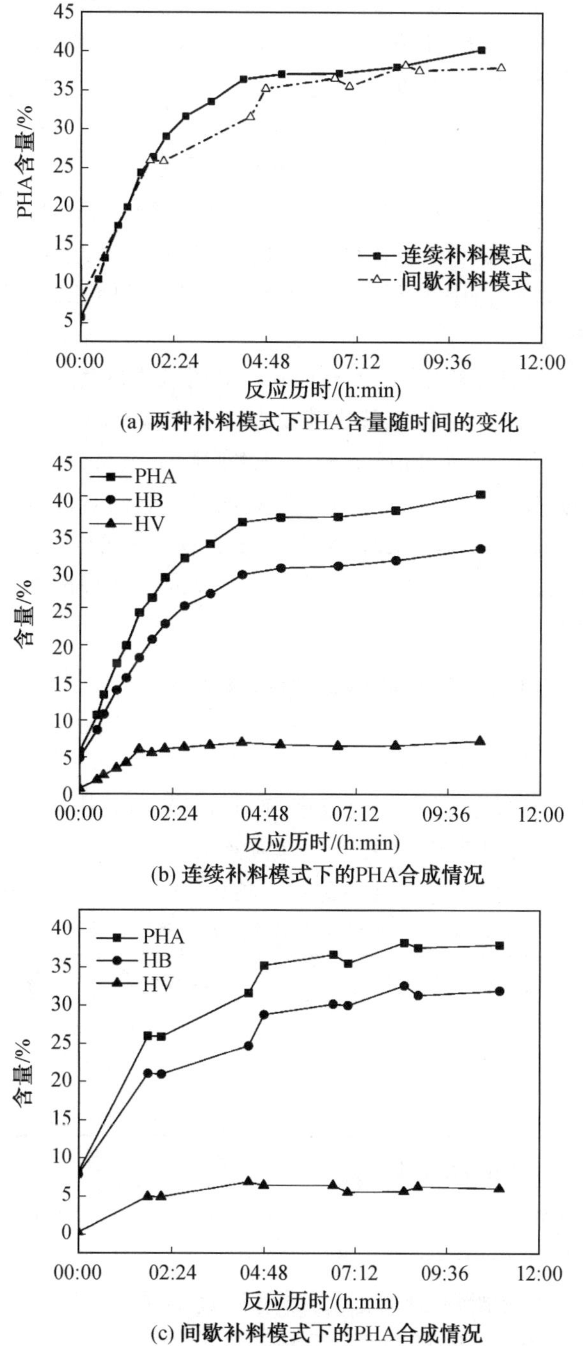

图 3.16　连续补料和间歇补料模式下的 PHA 合成情况

连续补料试验在泵入底物之后便表现出了很高的 PHA 比合成速率，由图中可以看出在试验开始的前 4 小时之内，连续补料试验获得的 PHA 比合成速率要明显高于间歇补料试验，并且在反应进行到第 4 小时其 PHA 占微生物细胞干重的比例已经达到 36.45%，明显高于此时间点间歇补料的 PHA 含量(31.56%)。对此现象较为合理的解释是：连续补料模式由于其较低的进水流量，少量的底物在进入装置之后便被充分稀释并被浓度较高的微生物群体迅速摄取，较高的底物摄取量保证了PHA比合成速率同样处于较高的水平，同时也较好地避免了底物抑制效应。相较于连续补料模式，间歇补料的进水比为1∶2，虽然也避免了底物抑制，但是较高的F/M值还是会对混合菌群的底物摄取速率造成影响。本次试验中连续补料试验进行了624 min，PHA最大合成量为40.25%，其中HB单体的最大含量为32.99%，HV单体的最大含量为7.26%。间歇试验共补料5次，持续时间654 min(包含沉淀排水时间)，PHA最大合成量为37.95%，其中HB单体的最大含量为31.93%，HV单体的最大含量为6.02%。两组试验中HB的最大合成量以及最大比合成速率均优于HV单体，这主要是由进水底物当中VFA的组分造成的，VFA中乙酸、丁酸的浓度相对较高，而丙酸、戊酸的浓度较低。

在PHA最大合成量的比较中，连续补料并未获得较大的优势，这与Albuquerque等的结果并不一致，其原因可能是：本次试验中并没有将反应体系的pH控制在某一特定点，Albuquerque等通过调节进水底物的pH并控制进水底物流量将反应体系pH控制在8.4附近，从而使最终得到的PHA最大合成量明显超过间歇补料的合成量。

连续补料装置反应过程中无须沉降，显著提升了Batch试验的稳定性，表现了较高的富集效率，同时由于无须DO的监控，明显降低操作过程的复杂程度，具有进一步优化研究的潜力。

3.4.2 混合菌群摄取挥发性脂肪酸规律探索

1.试验工艺参数控制

采用间歇补料的烧杯反应器考察混合菌群对VFA的利用规律。进水底物由人工配置，主要成分及其质量浓度见表3.8(表中信息为实测数据)。由于CSTR出水中的戊酸质量浓度很低，本部分内容主要考察混合菌群对乙酸盐、丙酸盐以及丁酸盐的利用情况。

表3.8 Batch试验中底物成分及其质量浓度

底物组分	质量浓度/($mg \cdot L^{-1}$)
乙酸盐	622.08
丙酸盐	621.02
丁酸盐	628.38

2.不同底物条件下VFA的利用情况

图3.17提供了两组SBR在Batch试验中对VFA的消耗情况，用于合成PHA的底物中主要含有乙酸、丙酸、丁酸以及戊酸四类VFA组分，在pH调节至7之后，这四类酸主要以钠盐的形式存在。实测四种酸的起始质量浓度分别为：乙酸1 057.9 mg/L，丙酸114.3 mg/L，丁酸821.7 mg/L，戊酸58.9 mg/L。

图中每一个下降的线段代表一次补料反应过程，在前三次补料反应过程中，混合菌群对四类VFA的摄取速率区别比较明显：乙酸＞丁酸＞丙酸＞戊酸。可以发现混合菌群对VFA的利用率与VFA组分的质量浓度一致，这说明在前期反应过程中，混合菌群对VFA的摄取速率符合酶促反应动力学。但是，在第四次补料之后，混合菌群对乙酸盐的利用率开始小于丁酸盐，1#SBR尤为明显，这说明混合菌群对乙酸盐的利用率先达到饱和。混合菌

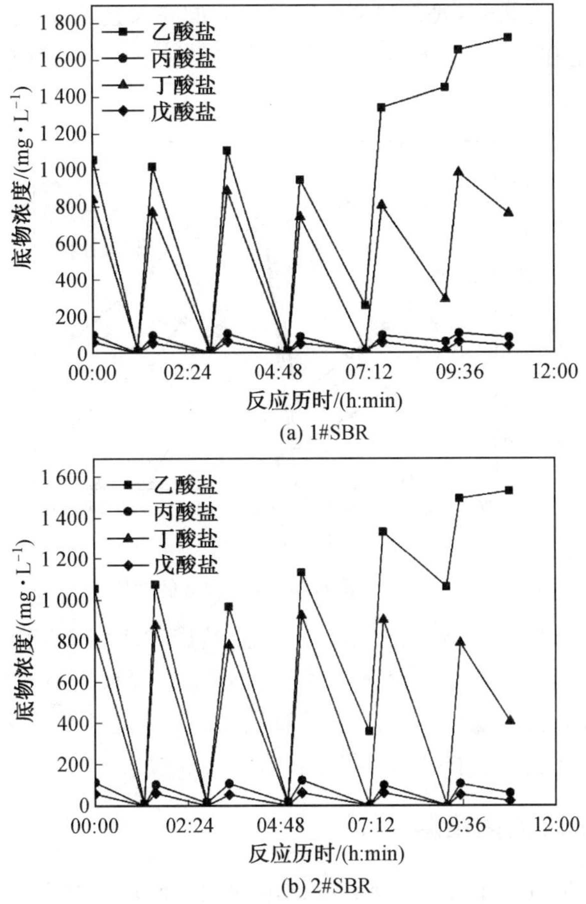

图 3.17 Batch 试验中混合菌群对 VFA 的利用情况

群对丁酸盐的利用率一直处于较高的水平，在最后一次补料中才有变缓的趋势。戊酸盐的速率虽然处于较低的水平，但是在 6 次补料过程中并未出现变缓的趋势，可以推测戊酸盐的质量浓度成了利用率的限制因素，并且混合菌群利用戊酸的能力也比较强。

另外，混合菌群在第 4 次补料之后，对乙酸盐的利用出现异常，实测反应器内的乙酸质量浓度没有减少反而增加，这种情况在两组 Batch 试验中均有出现，说明并非偶然现象。多次补料之后反应体系中乙酸质量浓度的提升是微生物细胞代谢所致还是其他原因有待进一步深入研究。

图 3.18 提供了来自于富集反应器的接种菌泥(运行超过 100 d)对等质量浓度 VFA 组分的利用情况，试验共进行了两次补料，反应历时 159 min，本次实测反应器内的污泥浓度为3 507 mg/L。由图可以看出，在初始质量浓度一致的情况下，混合菌群对丁酸盐的利用率明显强于乙酸盐和丙酸盐，在前 30 分钟内丁酸盐的质量浓度呈现直线下降趋势，其最大比利用率为 0.32 mg/(mg X・h)，要高于乙酸盐的 0.15 mg/(mg X・h)以及丙酸盐的 0.11 mg/(mg X・h)。从本组试验结果可以看出，以酸化废水为底物驯化的产 PHA 混合菌群对 VFA 组分的利用与各类酸分子量的大小无直接关系，既不是按照分子量由低到高的顺序优先利用乙酸根，然后依次是丙酸根和丁酸根，也不是按照相反的顺序进行摄取。

本试验中混合菌群利用率较低的是丙酸盐，可能的原因是用于富集驯化系统的 CSTR

出水中丙酸质量浓度一直偏低，底物的结构使混合菌群在长期的驯化过程中也形成了与之对应的群落结构，因此在 Batch 试验中即使丙酸盐的质量浓度与乙酸盐和丁酸盐一致，混合菌群仍对其表现出较低的摄取速率。

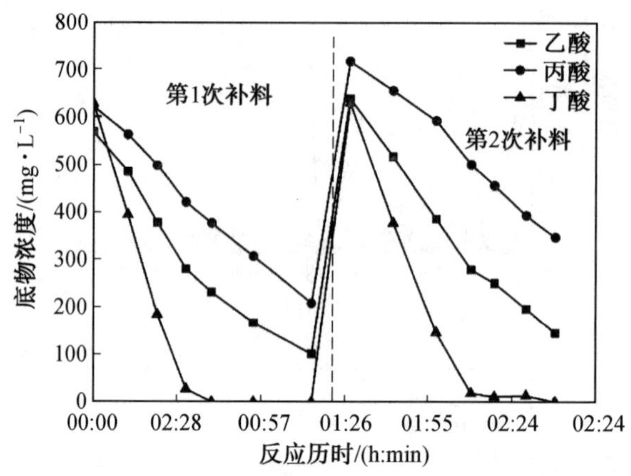

图 3.18 混合菌群对各 VFA 组分的利用情况

微生物对丁酸盐的利用率高于乙酸盐，这可能是产 PHA 混合菌群的代谢途径所致。Albuquerque 等的研究认为，在混合菌群体系中，丁酸盐主要被用来进行 PHA 的合成，乙酸盐被用来进行微生物细胞的增殖，因此在营养物质缺乏即细胞生长受限的 Batch 试验中，微生物细胞的代谢途径决定了丁酸盐的利用率要高于乙酸盐。

3.4.3 合成阶段优化策略

本部分试验主要进行了 PHA 批次合成试验的优化改进以及对混合菌群 VFA 利用规律的探索。

PHA 批次试验优化部分的试验考察了基于不同补料模式(间歇补料和连续补料)的反应平台对 PHA 合成量以及合成效率的影响，连续补料与间歇补料获得的最终 PHA 合成量接近，但是连续补料在第 4 小时其 PHA 占微生物细胞干重的比例已经达到 36.45%，明显高于此时间点间歇补料的 PHA 含量(31.56%)，表现出高的富集效率，并且由于连续补料反应器无须沉淀排水，消除了污泥沉降性能不佳带来的富集效率低下的问题。本部分试验获得的最佳工艺运行条件为：进水流量为 0.18 L/h，回流量为 0.38 L/h，进水采用经过膜滤 pH 调节至 7 的产酸反应器出水，初始阶段 DO 控制在 3.0。总结本部分试验结果得到的优化策略为：使用连续模式补料的批次富集反应装置，在适宜的进水/回流比(约为 0.47)条件下，可以相对快速地达到 PHA 最大合成量，从而缩短批次合成时间，提升批次合成工艺的效率，并且能有效地避免接种菌泥沉降性能不佳带来的 PHA 批次合成工艺效率不高的情况。

在考察混合菌群 VFA 利用规律的过程中，混合菌群在 VFA 组分等质量浓度的条件下，对丁酸盐和乙酸盐表现出了较高的利用率，且混合菌群对丁酸盐的利用率要高于乙酸盐。在用于长期驯化混合菌群的底物中乙酸盐、丁酸盐质量浓度接近的事实下，根据试验结果可以推测，丁酸盐被更多地用于 PHA 合成途径。基于这一推测，可以给出的优化策略为：在产 PHA 混合菌群的富集驯化过程中，可以通过尝试调整乙酸盐和丁酸盐的比例来激发混合菌群的PHA贮存响应,从而提高驯化富集阶段的运行效率。

3.5　本章小结

本章主要考察了SRT对产PHA混合菌群富集过程的影响和初始接种菌泥浓度对产PHA混合菌群富集过程的影响,研究了批次PHA试验的优化改进与混合菌群摄取VFA的规律。根据获得的试验结果,可以得到以下结论:

(1)SRT为5 d的富集系统表现出了更高的运行稳定性、更优秀的富集效果,较低的SRT强化了富集体系的选择压力,使菌群结构更加简单。SRT较长的富集系统中可能会存在较多的惰性生物质,还会有硝化细菌的大量存在,而这对产PHA混合菌群的富集是不利的。

(2)根据试验结果做出推测,整个富集周期可以分为两个阶段:①混合菌群竞争时期,不适应ADF模式的菌群被淘汰,产PHA菌逐渐占据优势,产PHA菌的比例是本阶段混合菌群PHA合成能力的制约因素;②产PHA菌主导时期,产PHA菌群已经成为优势菌群,本阶段PHA富集菌的PHA产力主导整个混合菌群的PHA合成表现。SRT对富集系统的影响可以通过两方面因素实现,即F/F值以及基于世代时间的淘汰作用,两种因素在富集过程中始终存在,相互影响。

(3)初始接种菌泥浓度对混合菌群富集过程的影响主要体现在富集过程的运行稳定性上。接种菌泥浓度设置较高的2#SBR在富集过程中先后出现了两次污泥沉降性恶化的情况,工艺运行稳定性欠佳,但是其PHA合成表现并未受到明显影响。

(4)以ADF模式运行的富集反应器内微生物的胞外聚合物分泌情况随富集时间的推移会呈现一定规律性的变化,富集体系的生物种群密度最终会对菌群的结构产生一定的影响。

(5)以连续补料模式的反应器泵入的少量底物在好氧混合装置中被充分稀释并被质量浓度较高的微生物群体迅速摄取,较高的底物摄取量保证了PHA比合成速率同样处于一个较高的水平,特定的进水方式也很好地避免了底物抑制效应。

(6)在底物VFA组分质量浓度不一致且差距较大时,混合菌群受到基质质量浓度的压力对各组分的摄取速率符合米一门方程,但在底物各组分(乙酸盐、丙酸盐、丁酸盐)质量浓度一致的情况下,本试验所富集的混合菌群对各组分的摄取情况为:丁酸盐>乙酸盐>丙酸盐。

(7)底物的结构可能会使混合菌群在长期的驯化过程中也形成了与之对应的群落结构,因此在Batch试验中表现出特定的VFA利用规律。

参考文献

[1] JOHNSON K,JIANG Y,KLEEREBEZEM R,et al. Enrichment of a mixed bacterial culture with a high polyhydroxyalkanoate storage capacity[J]. Biomacromolecules,2009,10(4):670-676.

[2] ALBUQUQUE M,TORRES C,REIS M,et al. Polyhydroxyalkanoate(PHA) produc-

tion by a mixed microbial culture using sugar molasses: Effect of the influent substrate concentration on culture selection[J]. Water Research, 2010, 44(11): 3419-3433.

[3] PAGNI M, BEFFA T, ISCH C, et al. Linear growth and poly(β-hydroxybutyrate) synthesis in response to pulse-wise addition of the growth-limiting substrate to steady-state heterotrophic continuous cultures of aquaspirillum autotrophicum[J]. Journal of General Microbiology, 1992, 138(3): 429-436.

[4] BEUN J, DIRCKS K, VAN LOOSDRECHT M C M, et al. Poly-β-hydroxybutyrate metabolism in dynamically fed mixed microbial cultures[J]. Water Research, 2002, 36(5): 1167-1180.

[5] THIRD K A, NEWLAND M, CORD-RUWISCH R, et al. The effect of dissolved oxygen on PHB accumulation in activated sludge cultures [J]. Biotechnology and Bioengineering, 2003, 82(2): 238-250.

[6] CHUA A S M, TAKABATAKE H, SATOH H, et al. Production of polyhydroxyalkanoates (PHA) by activated sludge treating municipal wastewater: Effect of pH, sludge retention time (SRT), and acetate concentration in influent [J]. Water Res., 2003, 37: 3602-3611.

[7] ALBUQUERQUE M G E, EIROA M, TORRES C, et al. Strategies for the development of a side stream process for polyhydroxyalkanoate (PHA) production from sugar cane molasses[J]. Journal of Biotechnology, 2007, 130(4): 411-421.

[8] WRANGSTADH M, CONWAY P L, KJELLEBERG S, et al. The production and release of an extracellular polysaccharide during starvation of a marine Pseudomonas sp. and the effect thereof on adhesion[J]. Archives of Microbiology, 1986, 145(3): 220-227.

[9] SHIN H S, KANG S T, NAM S Y, et al. Effect of carbohydrate and protein in the EPS on sludge settling characteristics[J]. Water Science and Technology: A journal of the International Association on Water Pollution Research, 2001, 43(6): 193.

[10] ALBUQUERQUE M G E, MARTINO V, POLLET E, et al. Mixed culture polyhydroxyalkanoate (PHA) production from volatile fatty acid (VFA)-richstreams: Effect of substrate composition and feeding regime on PHA productivity, composition and properties[J]. Journal of Biotechnology, 2011, 151(1): 66-76.

[11] ALBUQUERQUE M G E, CARVALHO G, KRAGELUND C, et al. Link between microbial composition and carbon substrate-uptake preferences in a PHA-storing community[J]. The ISME Journal, 2012, 7(1): 1-12.

第 4 章　产 PHA 菌富集机制

4.1　概　述

包含底物准备、产 PHA 菌富集以及 PHA 积累合成的三段式工艺是成熟的混合菌群合成 PHA 工艺体系。产 PHA 菌的富集是三段式工艺的核心环节，该工艺段的稳定性决定了整个工艺体系的稳定性。充盈－匮乏模式是目前最有效的产 PHA 菌富集模式。混合菌群（Mixed Microbial Culture，MMC）是充盈－匮乏工艺的主体，因此研究工艺体系的稳定性需要从菌群本身入手，明晰产 PHA 菌群的富集机制才能够判断充盈－匮乏工艺过程是否具备理论上的稳定性。对产 PHA 菌群富集机制的解析需要基于以下两方面内容：

（1）富集过程中混合菌群功能的变化。在现有的研究中，对富集体系中菌群功能的考察主要集中在反映 PHA 合成能力的指标体系上（如最大胞内比例和 PHA 比合成速率），菌群絮体的物理性状却较少受到关注。富集体系中的混合菌群是以微生物絮体的形式存在的，与传统污水生物处理工艺中活性污泥的物理状态一致，富集反应器工艺步骤的顺利进行需要混合菌群絮体保持良好的沉降性。然而在产 PHA 菌的富集过程中研究者却发现，菌群絮体沉降性波动的情况时有发生，过高的亲水性会增加反应器内生物量流失的可能性，影响富集体系充盈－匮乏条件的保持，进而使菌群的 PHA 合成能力下降。从 PHA 下游处理环节来看，过高的亲水性也会使离心脱水成本显著增加。因此，混合菌群的功能指标体系需要将反映菌群絮体沉降性能的参数包括在内。

（2）富集过程中微生物群落的演替规律。目前对于富集反应体系充盈－匮乏循环中产 PHA 菌代谢机制的研究已经相当清晰，这些模型均是在默认产 PHA 菌群已经进入代谢稳定期的前提下建立的。现有的研究对微生物群落结构的分析也是在这一前提下开展的，所获得的菌群结构信息多是在富集体系中混合菌群 PHA 合成能力稳定之后某一时间点上的静态信息，沿富集过程时间尺度上的群落动态演替规律却相当匮乏，富集反应体系内自活性污泥接种之后的关键时期也缺乏菌群的结构信息。

本章将在充盈－匮乏工艺模式下使用三种典型的模拟底物（乙酸型、丙酸型和丁酸型）从活性污泥中富集产 PHA 菌群，在整个富集期监测包含菌群絮体沉降性能在内的混合菌群功能指标的变化规律，考察富集期混合菌群群落的演替趋势，着重分析群落演替与菌群功能变化的关联，进而从微生物生态学层面解析产 PHA 菌的富集机制，并在此基础上讨论充盈－匮乏模式下产 PHA 菌群富集过程稳定性的来源。

4.2　充盈－匮乏模式下混合菌群功能参数的变化趋势

4.2.1　典型充盈－匮乏循环及批次补料试验中混合菌群 PHA 的合成表现

本研究中富集反应器 A（乙酸型底物）、反应器 B（丙酸型底物）以及反应器 C（丁酸型底物)均在充盈—匮乏模式下运行。PHA 合成菌的富集过程由连续的充盈—匮乏运行循环构成，每一个循环中，混合菌群微生物在底物充盈期摄取底物主要进行 PHA 合成(图 4.1(a)、(b)中胞内 PHA 含量的提升)、细胞增殖(表现为图 4.1 中 NH_3—N 质量浓度的下降)以及异化供能，即饱食过程；在碳源匮乏期，PHA 合成菌会将胞内聚合物降解作为细胞继续增殖(该阶段 NH_3—N 质量浓度的继续下降)和维持生命活动的碳源和能源，而非 PHA 合成菌只能代谢细胞物质进行内源呼吸，即饥饿过程。

在富集过程初期(本研究富集过程第 2 天)，充盈阶段混合菌群微生物摄取的碳源主要流向细胞生长(图 4.1(a)～(c))，受限于各类氨基酸、核酸分子的比合成速率，微生物的整体底物摄取速率偏低，充盈阶段持续时间较长。随着充盈—匮乏循环的持续运行，富集反应器内的混合菌群在充盈阶段的主要生理活动转变为以 PHA 合成为主。与细胞增殖相比，PHA 合成过程碳源代谢速率较高，在混合菌群宏观层面上表现为充盈时长的大幅缩短(图 4.1(d)～(f))。在限制营养元素的批次补料合成试验中，菌群 PHA 合成能力(合成试验末端的胞内 PHA 含量)从富集期第 2 天到第 32 天的大幅提升也说明混合菌群的碳源代谢模式发生了本质改变(图 4.2)。

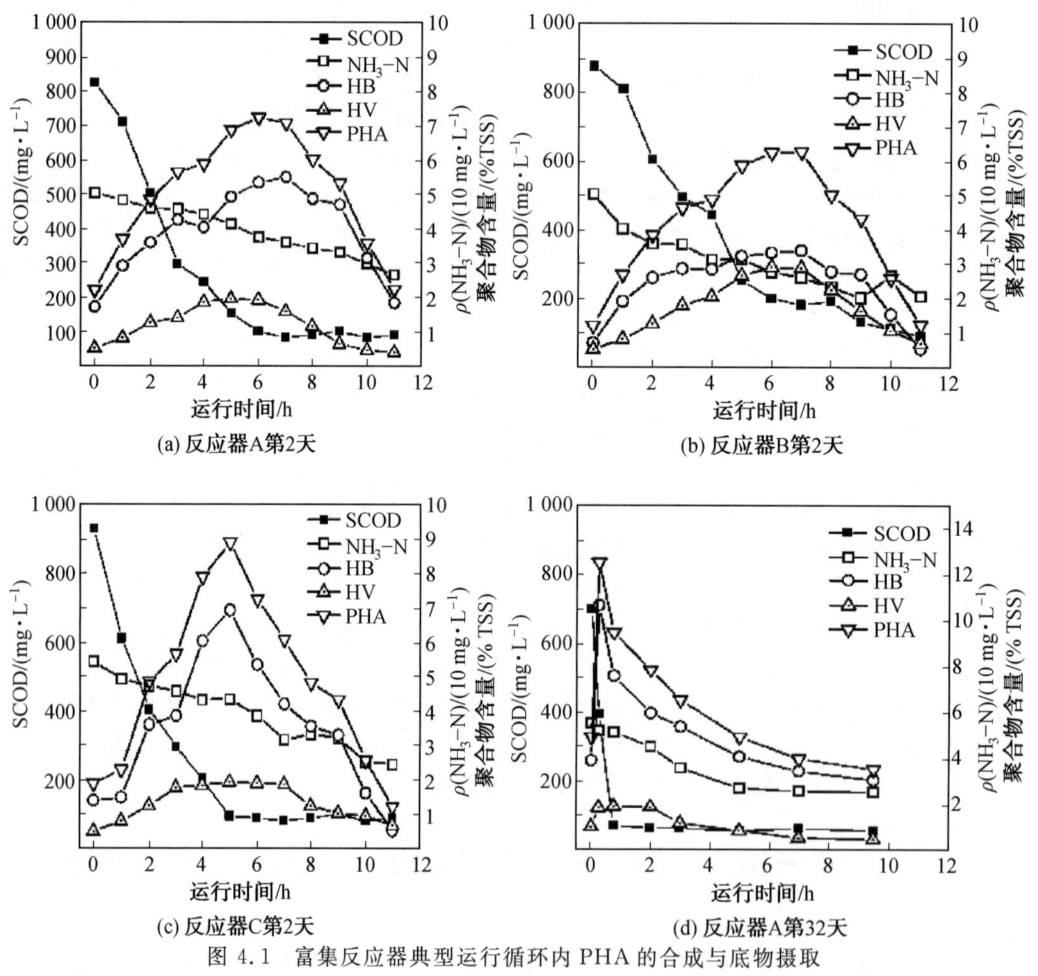

图 4.1　富集反应器典型运行循环内 PHA 的合成与底物摄取

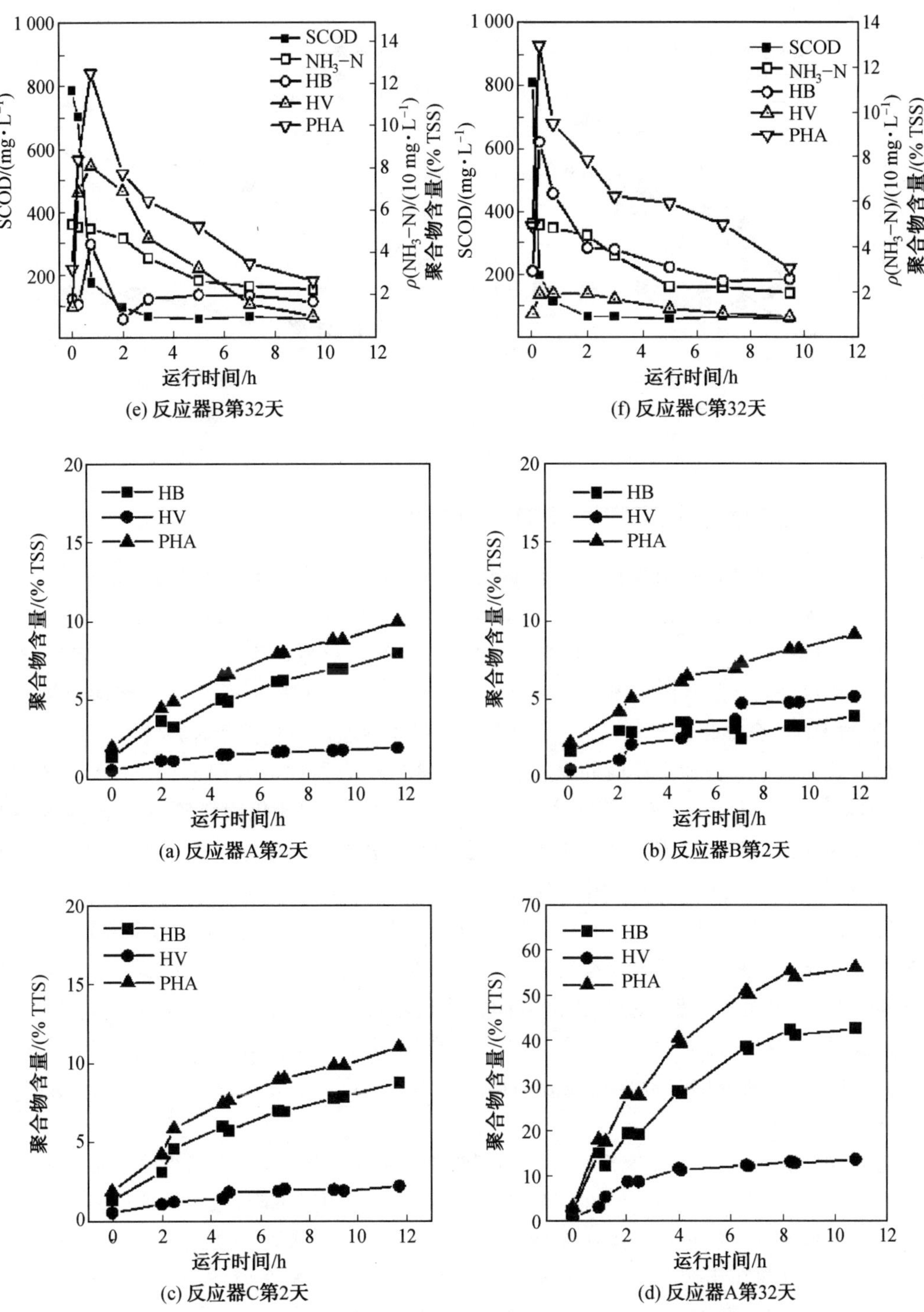

图 4.2　富集反应器中混合菌群批次补料试验中 PHA 的合成情况

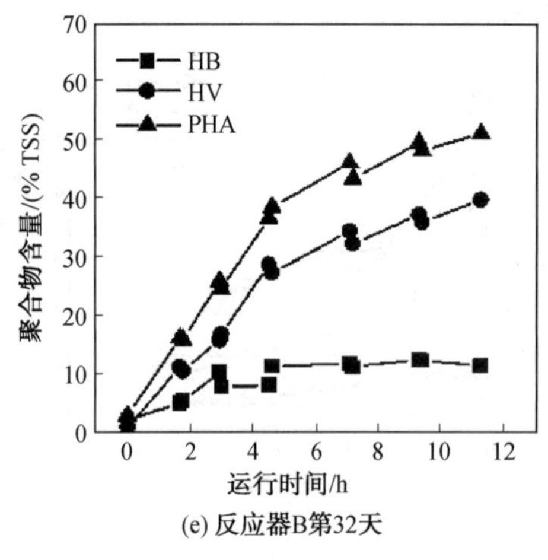

(e) 反应器B第32天

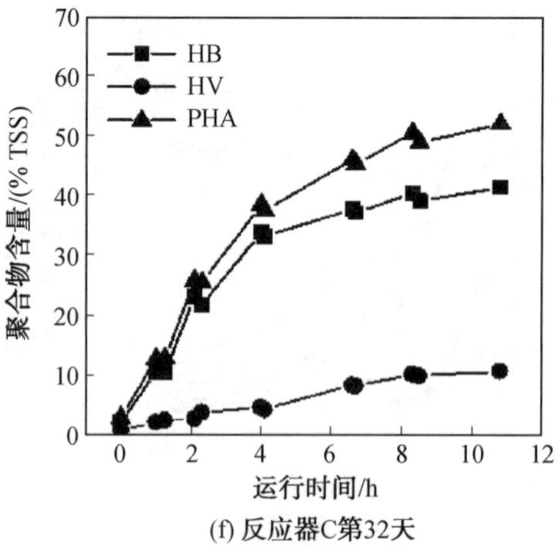

(f) 反应器C第32天

续图 4.2

4.2.2 混合菌群在富集过程中的功能变化

本研究使用两类指标来表征混合菌群的功能:①PHA 合成相关指标,Batch 试验中菌群最大胞内积累 PHA 含量(PHA_m)、充盈一匮乏运行循环内菌群 PHA 转化率($Y_{P/S}$)以及 PHA 比合成速率(q_{PHA});②菌群絮体物理性质相关指标,总悬浮固体质量浓度(TSS)、充盈一匮乏时长比(F/F)以及菌群絮体("接种菌泥")的 SVI。F/F 虽然是基于溶解氧变化获得,为了与 PHA 合成相关指标区分,也归于菌群絮体物理性质相关指标。

在以 d 为最小单位的富集时间尺度上,三组富集反应器中混合菌群的 PHA 合成表现(图 4.3(a)～(c))以及菌群絮体物理性质(图 4.3(d)～(f))的变化趋势较为清晰,均呈现出较为一致的规律:PHA 合成能力大幅提升;混合菌群絮体的物理性质由波动转为稳定。在经历了 40 d 的富集过程之后,三组反应器所富集菌群的 PHA 合成能力均到达了稳定期,具体体现为:PHA_m 均位于 50%以上且其标准方差均低于 4%。与 PHA_m 的变化趋势一致,混合菌群在充盈一匮乏循环内充盈阶段的 q_{PHA} 和 $Y_{P/S}$ 均获得了较为明显的提升。这也比较直观地表明,沿着富集过程反应器内菌群的整体代谢特点发生了本质改变,PHA 的合成成为充盈阶段的主要代谢活动。根据表征 PHA 合成能力的三个参数(PHA_m、q_{PHA}、$Y_{P/S}$)的变化趋势,可以将本研究中的富集过程分为两个阶段:富集驯化期(0～40 d)和成熟期(40～150 d)。

菌群混合液的 TSS 可以宏观地表征菌群当中的微生物数量,对于三组反应器内的菌群 TSS 而言,其变化规律相对一致:在富集期内的 10～20 d 明显下降,之后迅速回升并在成熟期内进入平稳状态。F/F 被普遍认为是一个能够直观地反映充盈一匮乏富集系统的核心作用力——生态选择压力的参数,其整体变化趋势与反应 PHA 合成能力的参数相反,表现为:随着富集时间快速下降并在富集期剧烈波动但最终趋于稳定。

从图 4.3(f)中可以看出三组富集反应器中 SVI 一致的变化趋势:在富集期明显升高并达到峰值(出现峰值的时间稍不一致)随后快速下降并在成熟期趋于稳定。在相似的有机负荷下,本部分研究重现了本书作者所在课题组早期研究富集反应器内菌群絮体沉降性质在富集过程中的波动,因此目前的研究结果可以说明在充盈一匮乏模式下,混合菌群絮体的沉降性波动并非偶然，且会在合适的运行工况下自发地恢复平稳状态。为了深入了解造成菌群絮体 SVI 的这种变化趋势的根本原因，从而避免富集体系出现无法预测的失稳，在后续的研究中将会结合更为具体的指标进行分析。

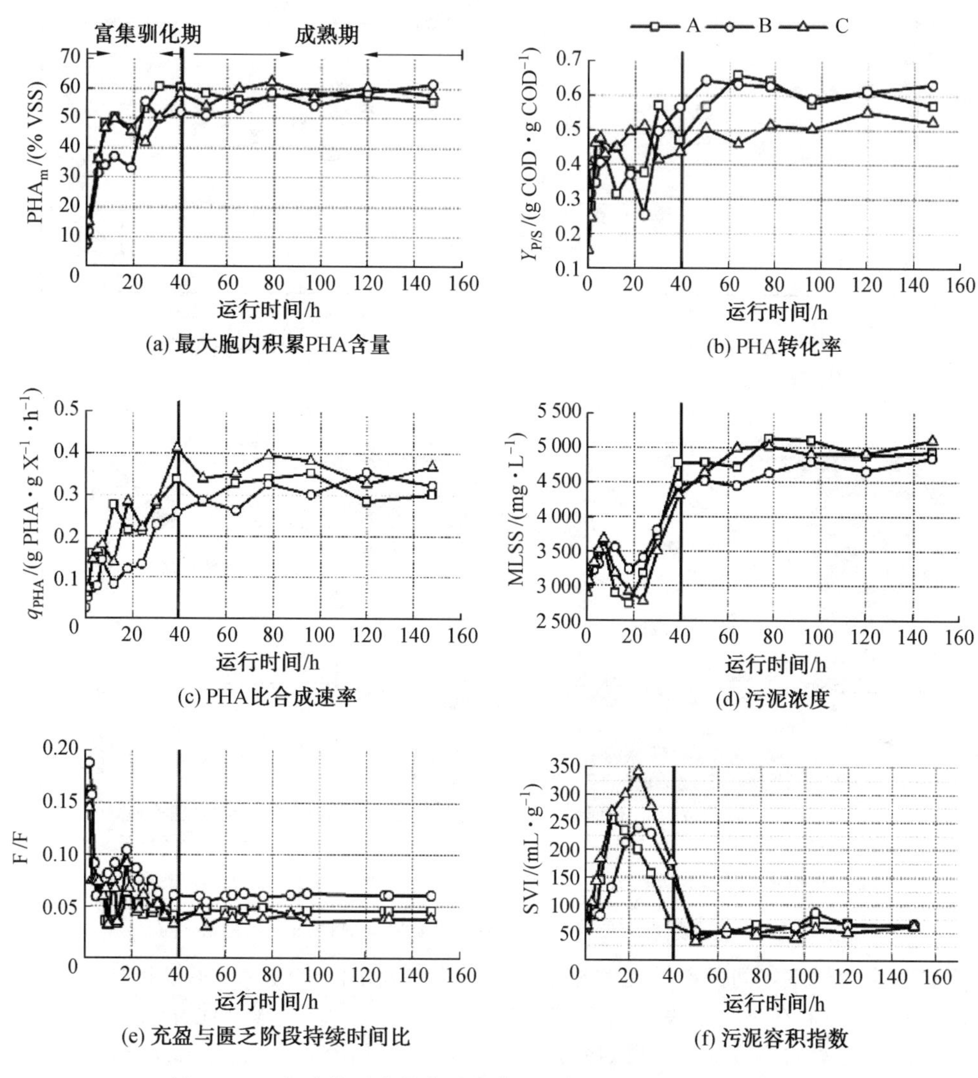

图 4.3　三组富集反应器内混合菌群功能沿富集过程的变化规律

4.3　充盈—匮乏模式下混合菌群的群落演替规律

4.3.1　富集过程中菌群结构的整体变化

本研究使用 α 和 β 多样性指数体系从整体上描述三组富集反应器中微生物群落在充盈—匮乏模式下的演替规律，如图 4.4 所示。

在 α 多样性指数体系中，分别表征微生物菌群物种丰富程度和均匀程度的 Shannon 指数和均一度指数（图 4.4(b)、(c)），在为期 150 d 的富集过程中呈现了较为一致的变化趋势：前 60 d 内明显下降，之后趋于平稳并有微小幅度上升。与 α 多样性指数相比，β 多样性指数

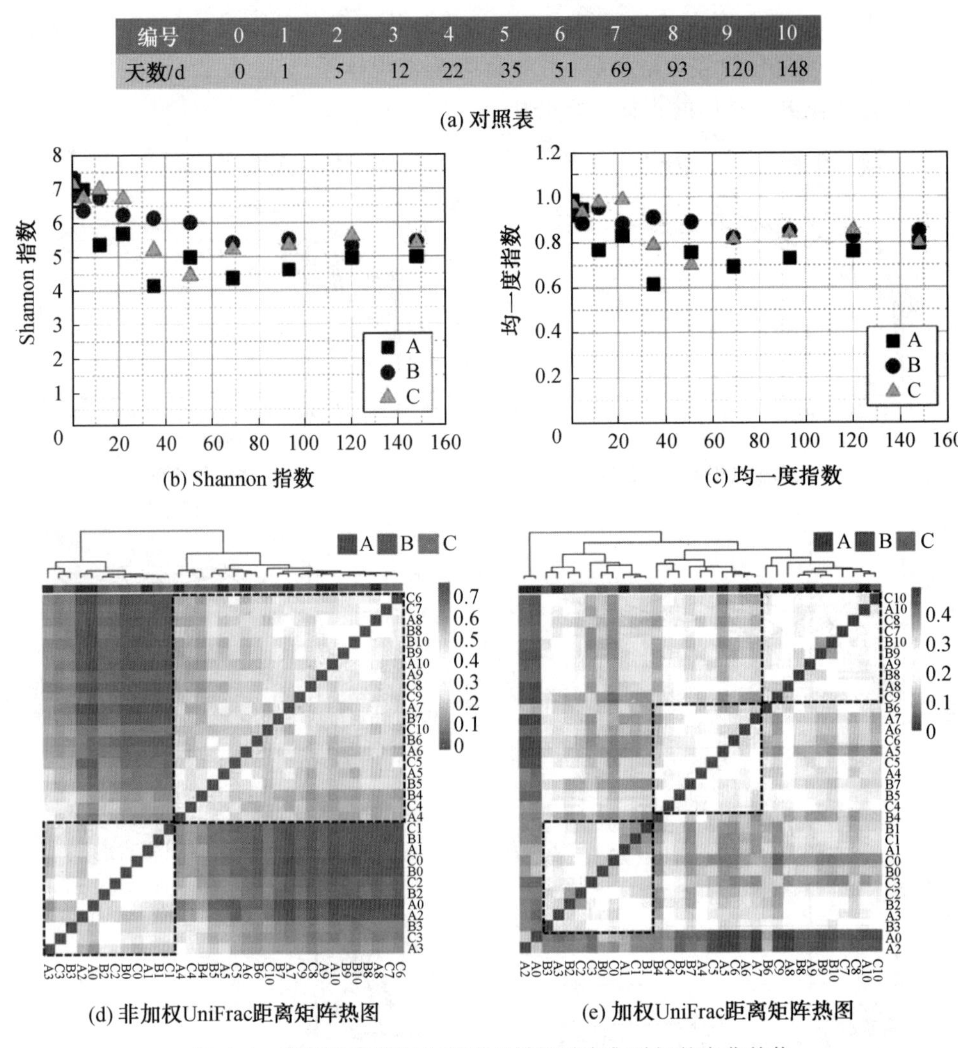

编号	0	1	2	3	4	5	6	7	8	9	10
天数/d	0	1	5	12	22	35	51	69	93	120	148

(a) 对照表

(b) Shannon 指数

(c) 均一度指数

(d) 非加权UniFrac距离矩阵热图

(e) 加权UniFrac距离矩阵热图

图 4.4　富集反应器混合菌群多样性随富集时间的变化趋势

关注不同微生物样本之间菌群结构的相互差异。本研究中的微生物样本取自富集过程的不同时间，保留着菌群在不同富集时间上的结构信息(图 4.4(a))，基于此并在系统发育关系层面进行两两比对的 UniFrac 矩阵(图 4.4(d)、(e))可以较为可靠地表征富集反应器内微生物菌群结构在时间尺度上的变化规律。非加权 UniFrac 距离矩阵主要考虑单独物种在菌群中的有无，从矩阵热图(图 4.4(d))中可以看出，所有三组富集反应器内的菌群结构在 12～22 d 之间发生了明显的种群更迭。这说明在充盈－匮乏富集模式启动之后，一部分微生物种群被淘汰，而另外一些种群则得到了富集，且对于三组反应器而言，这种沿富集过程的种群结构差异要比三组反应器之间的差异更为显著。然而在考虑了物种的相对丰度之后(图 4.4(e))，菌群结构于富集期 22 d 之后出现另外一次更迭，说明在此期间微生物种群的相对丰度出现了较大程度的变动。

4.3.2　富集过程中优势菌的变化

本研究在三组富集反应器当中沿时间各取 11 个生物样品，每组样品中至少三次被检测到种群丰度(基因片段占总测序片段的比例)超过 2%的物种称之为“优势菌种”，这些优势菌种的分类信息如图4.5所示。本研究中共有25个操作分类单元(OTU)被划归为优势菌种,主要来自于变形菌门(Proteobacteria),拟杆菌门(Bacteroidetes),厚壁菌门(Firmicutes),酸杆菌门(Acidobacteria)以及绿菌门(Chlorobi)。图4.5右侧黑体加星号的菌种为文献报道具有PHA合成能力的,在这些细菌中,属于副球菌属(*Paracoccus*)的OTU1在接种的活性污泥中并不是优势菌种,但经过20 d充盈—匮乏模式下的富集之后,其成为混合菌群中的优势物种,在A反应器中的相对丰度高达47.6%。属于陶厄氏菌属(*Thauera*)的OTU9在经过100 d的富集期之后成为反应器B中的优势菌种,这两类菌属已经被频繁地检出于充盈—匮乏混合菌群富集体系内,属于公认的产PHA优势菌属。丛毛单胞菌科(*Comamonadaceae*)OTU2在富集期的末端部分(100 d之后)成为反应内混合菌群中的优势物种,这一菌群也已被证实具有PHA合成能力。按照菌种在混合菌群中的出现时间以及相对丰度作为考量标准,OTU1,OTU2和OTU9可以被认为是充盈—匮乏模式下混合菌群体系中的产PHA优势菌,实际上加权UniFrac距离矩阵中出现的第二次菌群结构更迭(图4.4(e))对应的正是这些产PHA优势菌在相应时期的相对丰度变化。通过比较各个优势菌属在富集驯化期和成熟期的整体丰度分布,可以判别每个优势菌种在富集反应器中的生态地位:被富集或是被淘汰。在相似性分析(Anosim)中,R值处于−1和1之间,若组间差异大于组内差异,则R值大于0,反之则小于0,如图4.6所示。分析结果表明富集反应

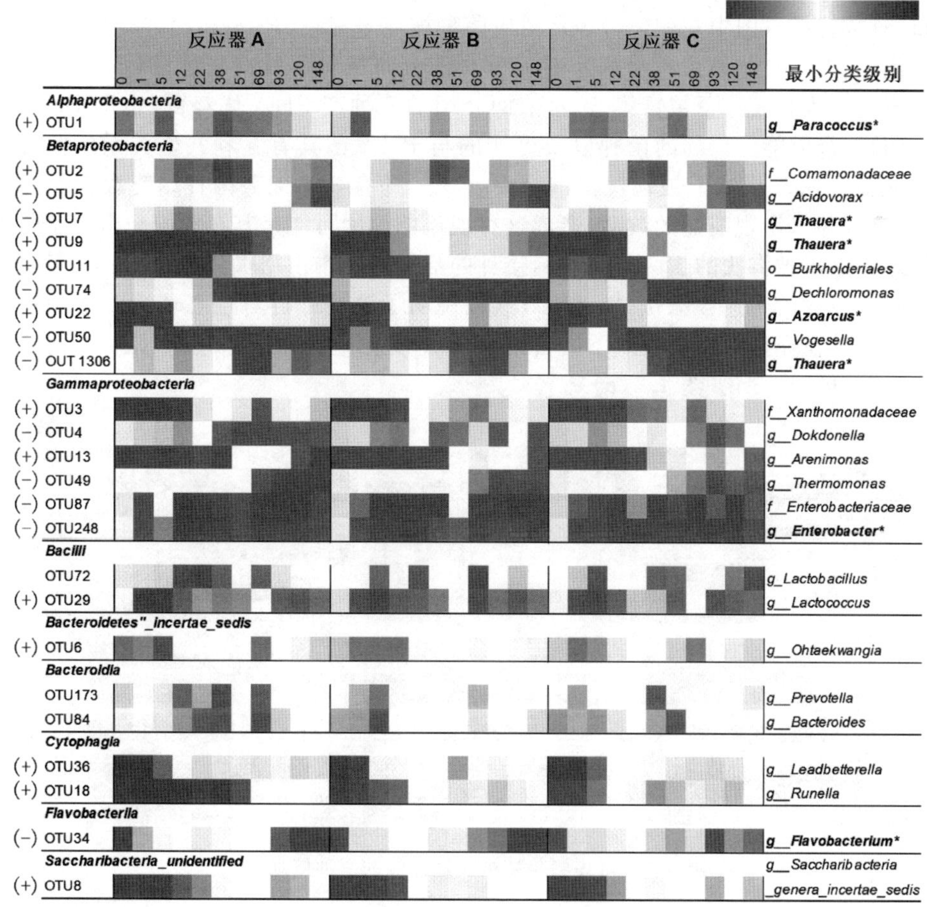

图4.5　三个富集反应器中优势菌种的分类信息以及沿富集时间的丰度变化情况

器内的菌群在不同分区之间的结构差异性明显大于分区内部的结构差异(对于非加权 Anosim 有 $R=0.893$,$P=0.001$;对于加权 Anosim 有 $R=0.398$,$P=0.001$),这也表明对比富集过程不同时期优势菌的丰度分布差异是具有统计学意义的。

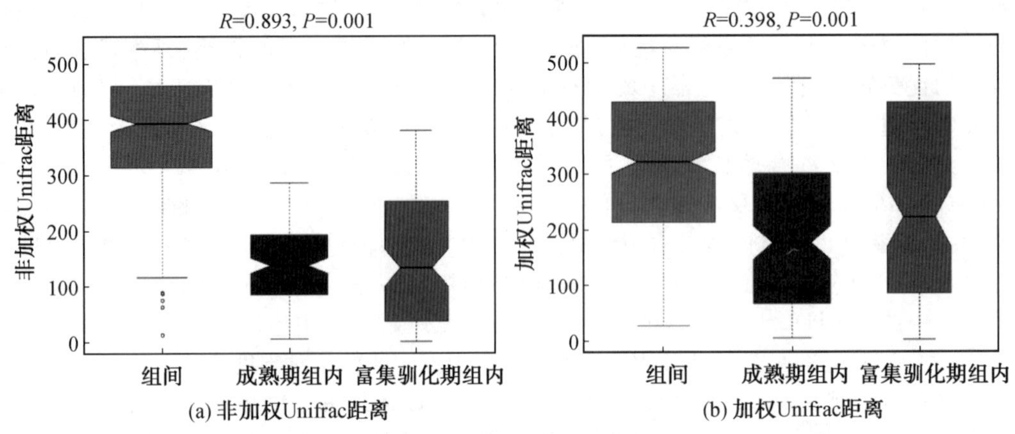

(a) 非加权Unifrac距离　　(b) 加权Unifrac距离

图 4.6　基于非加权 UniFrac 距离和加权 UniFrac 距离的相似性分析

如图 4.5 中热图左侧所标记的信息,通过对比各个优势菌种在富集驯化期和成熟期的丰度分布(对数转换),图中左侧(+)表示对应菌种被显著富集($P<0.05$),(−)表示对应菌种被显著淘汰($P<0.05$),无符号表示对应菌种的分布比较不具有显著性($P>0.05$)。12 个菌种在充盈—匮乏模式下被富集,包括前面介绍的三种产 PHA 优势菌(也即 PHA 合成优势菌)、PHA 合成能力较弱的菌种以及可能的与 PHA 菌具有互利共生关系的菌种。10 个菌种在充盈—匮乏模式下被淘汰出混合菌群。另外有 3 类优势菌种始终存在于体系当中,其相对丰度并未出现明显的波动,造成这种现象的原因可能是其在充盈—匮乏条件下处于休眠状态。除了被淘汰的 10 个优势菌,接种的活性污泥中占据优势地位的一些菌种在进入充盈—匮乏模式后迅速被淘汰(图 4.7),这也说明了这些菌群对生态环境改变的适应力较差。这些菌种在充盈—匮乏模式下的富集与淘汰对应了非加权 UniFrac 距离矩阵中出现的唯一一次菌群结构变化(图 4.4(d))。

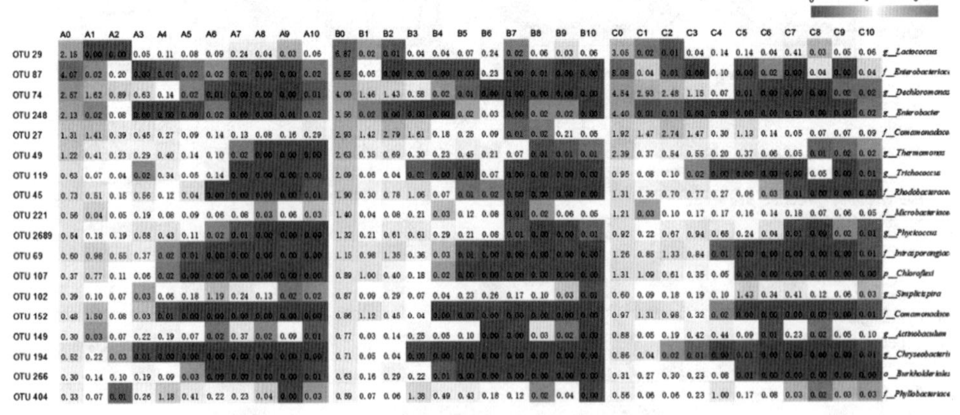

图 4.7　富集驯化期被快速淘汰的菌种信息

4.4　充盈—匮乏模式下群落演替与菌群功能的关联性

4.4.1　混合菌群多样性与整体 PHA 合成能力的关系

在所有三组富集体系中，表征菌群 PHA 合成能力的 PHA_m 与菌群的多样性和均一度均呈负相关关系（图 4.8）。尽管存在于污水厂活性污泥中的微生物绝大多数都被证明具有合成 PHA 的能力，但以上的负相关关系也表明菌群整体 PHA 合成能力的提升伴随着菌群结构趋向单一。菌群结构的这种变化趋势实质上是少数几类产 PHA 优势菌被富集，多数非 PHA 合成菌和合成能力较弱的产 PHA 菌被淘汰。在本系统中，产 PHA 优势菌主要是 *Paracoccus* 属 OTU1，可以设想，充盈—匮乏体系的极限状态接近纯菌株发酵体系。Johnson 等运行的 PHA 合成能力达到 80％以上的充盈—匮乏富集体系中菌群结构便极为简单，主要的优势菌是 *Plasticicumulans*。

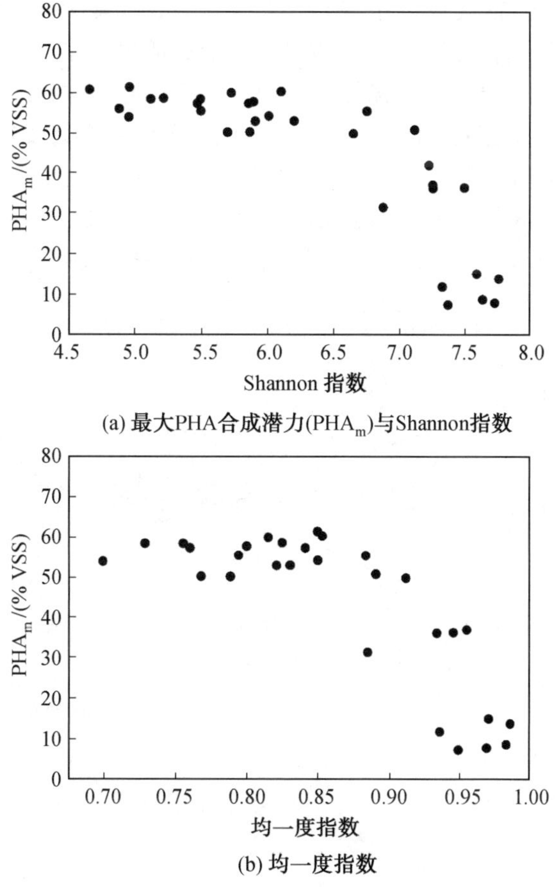

图 4.8　三组富集反应器中混合菌群最大 PHA 合成潜力

本部分研究结果初步表明，菌群多样性的下降是充盈—匮乏体系营造的选择压力在菌群结构层面较为直观的反映，在生态系统中，多样性的下降通常被认为会造成功能冗余度的减弱，因此可以认为富集体系为了提升菌群整体 PHA 合成能力而降低了功能冗余度，这是产 PHA 菌富集系统与现有的人工生态系统诸如活性污泥系统和厌氧发酵系统的明显区别。

4.4.2 优势菌变化与菌群功能的关系

富集系统的功能主要是指与混合菌群 PHA 合成能力及菌群絮体物理性质相关的参数,使用冗余分析(RDA)进一步阐释富集系统中优势菌的丰度与菌群功能的关系。选取两个与菌群 PHA 合成相关的参数(PHA_m 和 q_{PHA})和一个反映菌群絮体沉降性的参数(SVI)作为系统功能的表征指标。根据代表菌群功能的箭头(大箭头)和代表优势菌的箭头(小箭头)的聚类程度,可以判断出充盈－匮乏模式下与混合菌群功能关系密切的优势菌种。

在反应器的富集驯化期(图 4.9(a)),位于右侧区域的优势菌种可以认为是与混合菌群 PHA 合成呈正相关的菌种,而位于左侧区域的菌种则是与菌群 PHA 合成呈负相关的菌种,与 PHA 合成呈正/负相关的优势菌恰与图 4.5 中呈现的被富集/淘汰的菌种高度一致,这也说明了充盈－匮乏模式对混合菌群的选择方向:富集具备 PHA 合成能力或对 PHA 合成有贡献的菌群。因此,富集系统中混合菌群 PHA 合成能力的提升更确切地说应该是 PHA 合成能力强的产 PHA 优势菌和具备 PHA 合成能力的非产 PHA 优势菌种群数量上升的结果。在图 4.9(a)中产 PHA 优势菌 OTU1 与 PHA_m 的相关性极强,这说明了其在富集驯化期混合菌群 PHA 合成中的主导作用。但是,在以整个富集期作为考察尺度的前提下,OTU1 与 PHA_m 的相关性变弱,而 OTU2 与 PHA 的相关性则表现出了明显的翻转,这种情况的出现与产 PHA 优势菌在成熟期的丰度变化有关(图 4.4(e)),因此富集反应器的混合菌群体系 PHA 合成能力与产 PHA 优势菌的关系需要进一步详细梳理。

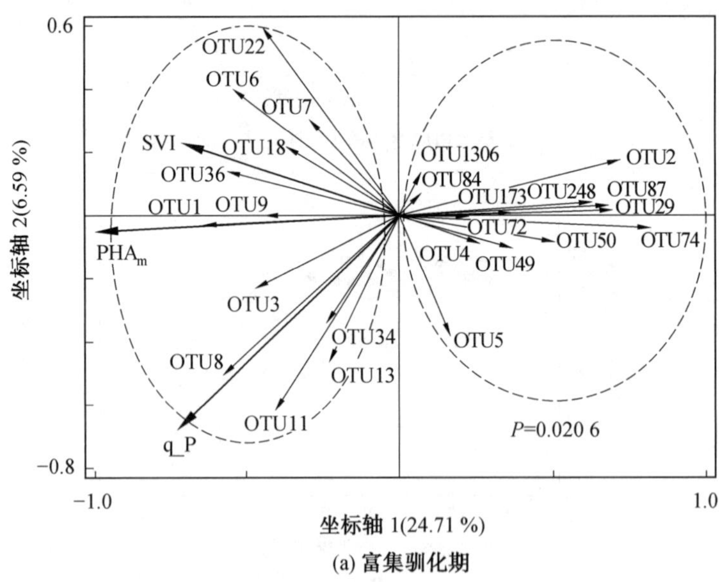

(a) 富集驯化期

图 4.9 反应器内混合菌群功能与优势菌种变化关联性的 RDA 分析

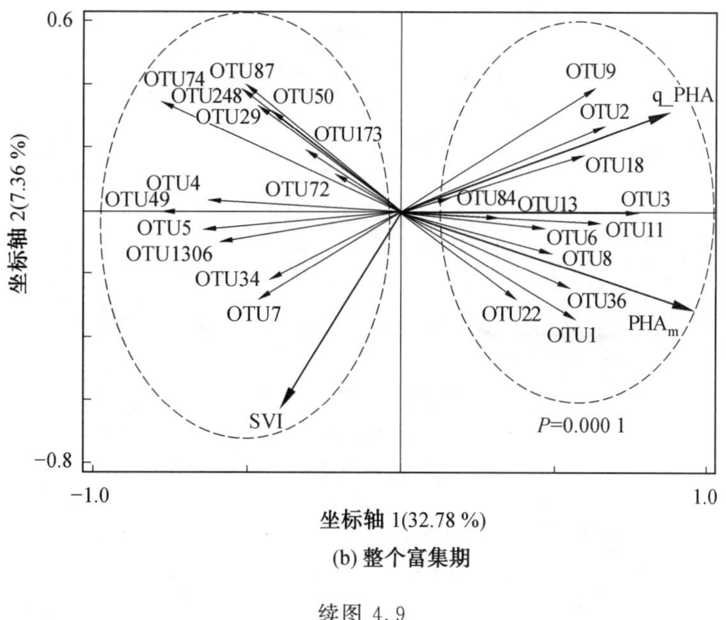

(b) 整个富集期

续图 4.9

4.4.3　产 PHA 优势菌的更迭与菌群 PHA 合成能力的关系

在整个富集期内，三个反应器中的四个产 PHA 优势菌 OTU1、OTU2、OTU7 和 OTU9 呈现出了相似且较大幅度的更迭，以反应器 A 中的菌群为例，在富集驯化期的前 10 d，陶厄氏菌属（*Thauera*）的 OTU7 迅速占据优势地位，然而在第 10 天之后此菌属的相对丰度迅速下降，副球菌属（*Paracoccus*）的 OTU1 取而代之占据优势地位，其最大丰度（47.6%）出现在反应器运行第 40 天，之后开始下降，最终在 100 d 之后失去了其优势地位，并被丛毛单胞菌科（Comamonadaceae）的 OTU2 取代，此类现象在此前类似的充盈－匮乏系统中并未报道过。反应器 B 的菌种演替相较于另外两组反应器 A 和 C 显得更为复杂，从第 70～110 天，OTU1、OTU2 和 OTU9 相对丰度的变化趋势相互交织，最终属于 *Thauera* 属的 OTU9 成为富集期末端的主导优势菌种，但在反应器 A 和 C 中，OTU9 基本上被淘汰。在成熟期混合菌群的 PHA 合成能力处于稳定的状态下，产 PHA 优势菌仍出现了持续的剧烈演替，这也导致了这些产 PHA 优势菌（如 OTU9）的丰度与混合菌群功能相关性在不同时间尺度上的差异（图 4.9）。

本研究进一步考察了产 PHA 优势菌的相对丰度与 PHA 合成功能基因相对含量的关系（图 4.10）。微生物合成 PHA 的途径有多种，但 PHA 聚合酶（*phaC*）占据碳分子流向 PHA 终产物不同途径的关键节点，决定了聚合物分子的类型以及聚合度。编码 PHA 聚合酶的基因序列称为 *phaC*，近年来多达 59 种 *phaC* 被克隆出来，设计合适的简并引物能够较为全面地涵盖这类基因。CF1/CF4 便是这样一种优秀的简并引物，其能够扩增出多种编码 Ⅰ 和 Ⅱ 类聚合酶的 *phaC*，这两类聚合酶分别倾向于利用短链 3-羟基-乙酰辅酶 A（SCL-3HA-CoA，3～5 个碳原子）和中长链 3-羟基-乙酰辅酶 A（MCL-3HA-CoA）。本部分研究中用到的底物为含 3～5 个碳原子不等的 VFA 混合物，因此混合菌群代谢合成 PHA 的过程中主要是 Ⅰ 类 PHA 聚合酶在起作用。

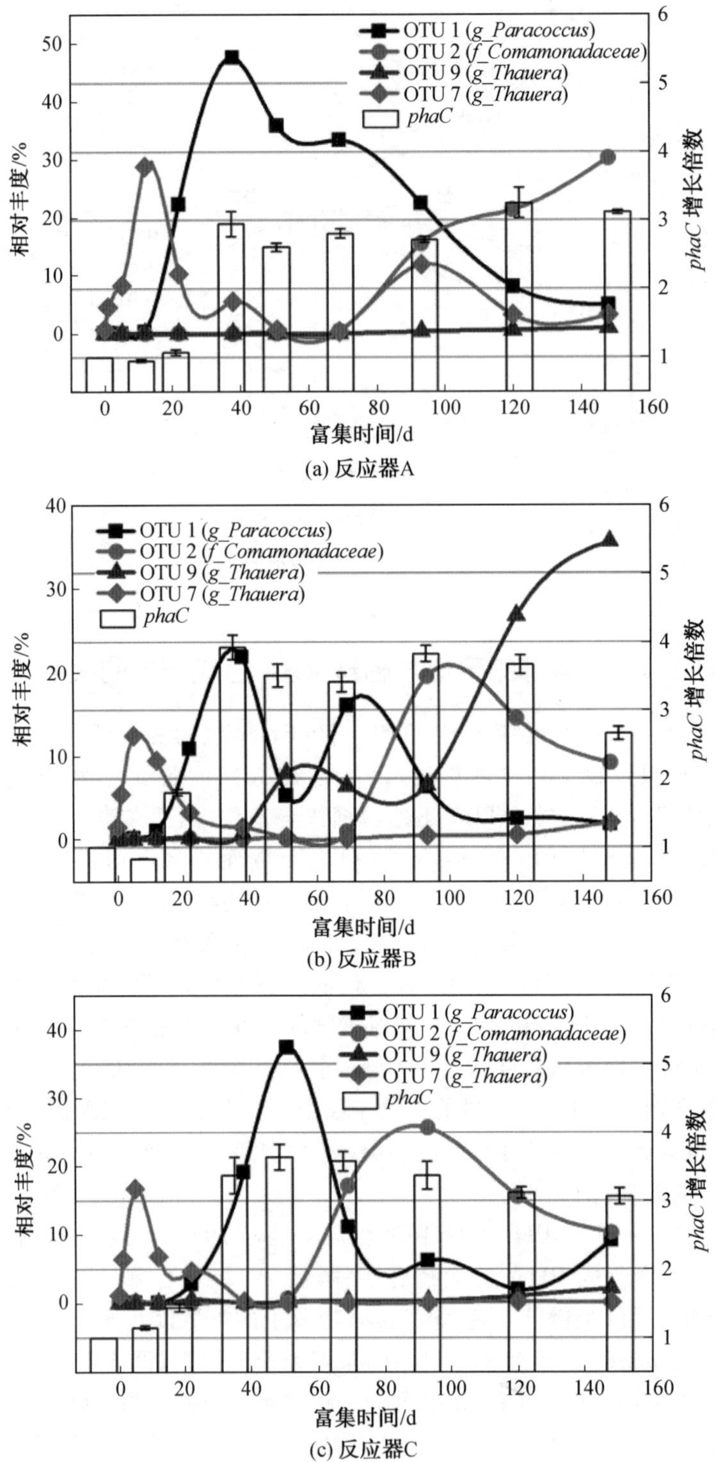

(a) 反应器A

(b) 反应器B

(c) 反应器C

图 4.10　富集期内三组反应器中混合菌群体系产 PHA 优势菌相对丰度以及 *phaC* 基因增长倍数的沿时变化趋势

本部分研究考察 *phaC* 相对含量(即利用 CF1/CF4 获得的 *phaC* 绝对拷贝数与利用通用 16S 引物获得的基因绝对拷贝数之比)沿富集时间相对于初始取样点的增长倍数,如图 4.10 所示,在三组富集反应器中,*phaC* 的增长倍数在运行至 40 d 之后快速攀升,之后保持相对稳定的状态。但在反应器 B 中 *phaC* 的增长倍数在 120 d 之后即 OTU9(*Thauera*)菌群数量占据主导期间出现了下滑。同样值得注意的是,在三组富集反应器中,OTU7(*Thauera*)数量占优时,*phaC* 的增长倍数并没有明显提升,这说明该研究用到的引物 CF1/CF4 并无法克隆出 *Thauera* 属中的 *phaC*,但这一缺陷并不会影响利用 *phaC* 研究菌种丰度和整体功能之间的关系。根据富集成熟期相对稳定的 *phaC* 含量可以推测,尽管混合菌群体系中产 PHA 优势菌也即 PHA 合成优势菌的相对丰度发生了大幅度的演替,然而这些功能菌以一种“承接”的方式保证了菌群整体 PHA 合成能力的稳定。从另一方面来说,这种现象也说明了在成熟期,微生物群落结构稳定性与功能稳定性的关系并不显著。

4.4.4　产 PHA 优势菌变化与菌群絮体物理稳定性的关系

在系统功能与菌种丰度的相关性分析中,OTU7(*Thauera*)显示了与菌群絮体 SVI 的密切关系,两者具体的变化趋势如图 4.11 所示。从图 4.11(a)可以看出,在整个富集期内,OTU7 在混合菌群中的丰度与菌群絮体沉降性能的变化表现出了较高的一致性。尽管在反应器 B 和 C 中两者表现出一定的延迟效应,但现有结果足以说明属于产 PHA 优势菌的 OTU7 的增殖是造成富集驯化期 SVI 升高的主要原因。在研究中,通过显微镜检首先排除了丝状菌过度增殖的可能性,因此 OTU7 丰度的变化对菌群胞外聚合物(EPS)的组成及其含量(质量分数)的变化成为接下来研究的重点。如图 4.11(b)所示,在所有三组富集反应器当中,菌群絮体 EPS 的含量在富集驯化期有明显的增长并在成熟期达到了相对稳定的状态,这表明其与 OTU7 丰度的变化并没有相关性,而 EPS 中多糖的相对质量浓度变化则与 OTU7 的丰度变化近乎同步。因此,OTU7 在富集驯化期的增殖极有可能直接导致了 EPS 中多糖相对质量浓度的突跃。考虑到多糖亲水性的特质,EPS 中相对较高的多糖将会影响菌群絮体的表面电荷和疏水性,最终使得菌群絮体的沉降性变差。

为了进一步探究微生物在充盈－匮乏模式下可能的多糖代谢规律,研究中沿富集时间比较了运行周期内三个典型时间点(即:充盈开始点、充盈结束点以及匮乏结束点)上混合菌群胞外多糖的绝对质量浓度(图 4.11(c))。在三组富集反应器中均可以发现:混合菌群胞外多糖的代谢规律在第 40 天前后发生了较为明显的转折,这也是 OTU7 被淘汰出富集系统的时间节点。*Thauera* 属下的一些菌株已被证明具有分泌含较高多糖的 EPS 的特性,但是缺乏与 PHA 合成直接相关的证据。本书作者所在课题组在前期的研究中得到一株具备产 PHA 能力的 *Thauera* 属纯菌株 WS－1,在其 PHA 合成反应末端的透射电子显微镜图片中可以看到明显的 EPS 分泌现象。如图 4.11(d)所示,相较于同样发酵条件下的另一株产 PHA 菌(*Enterobacter* 属 WD－3),WS－1 的胞外出现较多的明亮物质(黑色箭头所指),此类物质极有可能为胞外多糖。

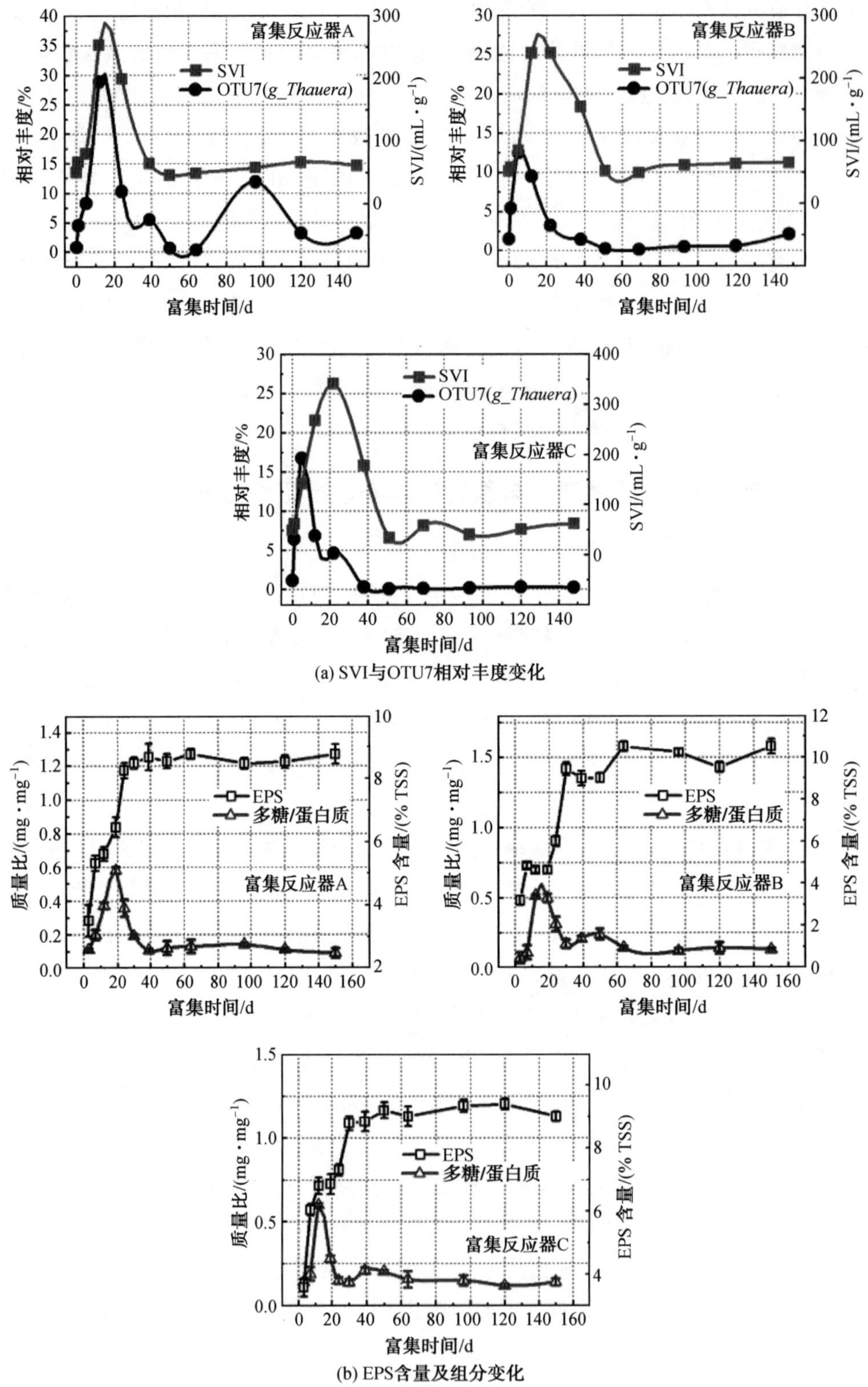

图 4.11 富集反应器 A、B 及 C 中菌群絮体物理性质与 OTU7 的关系解析

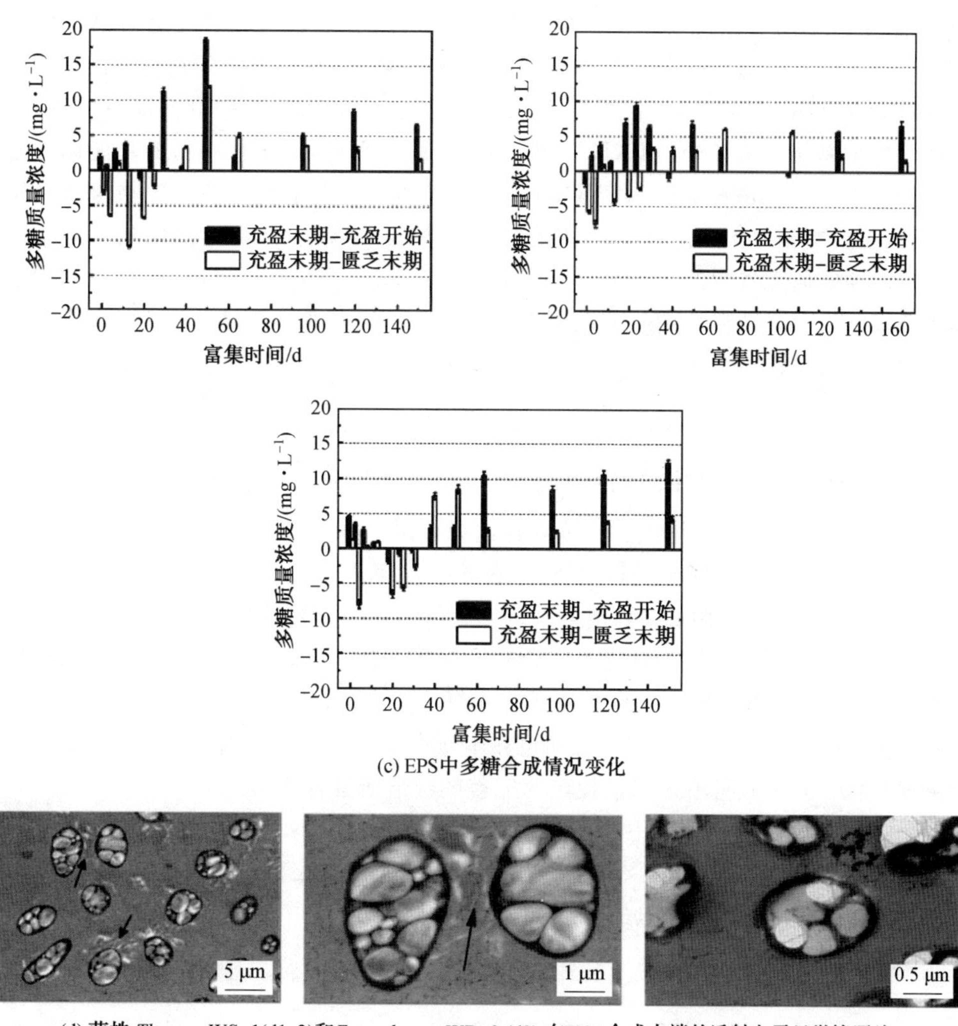

(c) EPS中多糖合成情况变化

(d) 菌株 *Thauera* WS-1(d1, 2)和*Enterobacter* WD-3 (d3) 在PHA合成末端的透射电子显微镜照片

续图 4.11

4.5　产 PHA 菌富集过程生理生态学机制讨论

4.5.1　优势菌更迭原因分析

本研究观察到在所有的富集反应器中，承担 PHA 合成功能的产 PHA 优势菌在 0～160 d的观测期内出现了剧烈且相似的演替现象，而这种现象在关于混合菌群合成 PHA 工艺的文献报道中罕有提及。较为类似的演替现象出现在了其他一些人为控制的小型生态系统中，比如厌氧消化反应系统和接纳城市生活污水的生物工艺污水处理厂。在这些系统当中，有的群落演替与系统功能同步，有的则属于非同步的类型，但驱动群落演替的原因都有了较为明晰的推断，这些已有的结论能否解释本研究中富集系统内产 PHA 优势菌的演替需要进行分析和判断。首先值得注意的是，已有研究中的生态系统所包含的营养级要远远比充盈一匮乏富集系统复杂。本研究中位于富集系统中的混合菌群的主要碳源为短链

VFA，而此类底物易被绝大多数异养微生物摄取。因此，生态系统结构更为单一的充盈－匮乏混合菌群体系中出现的群落演替与先前报道的群落演替所基于的理论基础并不一致。

Louca 和 Doebeli 在 2016 年报道了一种解释极简生态系统当中群落演替的理论，研究者使用的模型系统为底物单一（NH_3-N）的生物脱氮系统，系统中主要的功能菌为好氧氨氧化菌（AOB）和亚硝酸盐氧化菌（NOB）。这个理论认为人工控制的微生物生态系统中的群落演替（主要指相对丰度的波动）归因于较长的稳态收敛期（菌群达到结构稳定状态所用的时间），而通常研究选取的观测窗口时间通常要远远小于收敛时间，因此观测到的菌群的动态演替实际上只是菌群长期收敛过程中的"一瞬"。研究者所获得的较长收敛期的推论来自如下的核心公式：

$$\frac{\mathrm{d}\eta_i}{\mathrm{d}t}=\eta_i \cdot \varepsilon_i \cdot (\overline{Y}\,\overline{\Phi(S)}-\overline{\lambda}) \tag{4.1}$$

式中 η_i——菌种 i 在种群中的相对丰度；

$\overline{Y}$ 和 $\overline{\lambda}$——菌群的平均生长比率和比内源代谢速率；

$\overline{\Phi(S)}$——基于底物（S）的菌群平均 monod 方程算子；

ε_i——单一的某一菌种 i 与菌群平均动力学指数的差异系数。

当系统中弱势竞争者被淘汰之后，系统的平均动力学指数主要取决于产 PHA 优势菌的动力学指数，而这种情况下 ε_i 也会变得很小（$\varepsilon_i \ll 1$），也正基于此菌群趋于稳态的时间将会变长。如果这种远超预期的收敛时间也在本研究中的混合菌群体系中出现，那么所设置的观测窗口（0～160 d）将不足以捕捉较为完整的群落演替趋势。

但是相较于上述模型系统中的功能菌而言，充盈－匮乏系统中的菌群代谢具有鲜明的差异。产 PHA 菌在底物充盈/匮乏循环交替条件下的碳源贮存代谢路径被充分激活，其与非 PHA 合成菌的代谢动力学公式分别如下所示：

$$\frac{\mathrm{d}N_{i,\mathrm{P.a.}}}{\mathrm{d}t}=N_{i,\mathrm{P.a.}}(Y^i_{\mathrm{N/S}} \cdot \Phi^i_{\mathrm{P.a.}}(\mathrm{S})+Y^i_{\mathrm{N/PHA}} \cdot \Phi^i_{\mathrm{P.a.}}(\mathrm{PHA})) \tag{4.2}$$

$$\frac{\mathrm{d}N_{i,\mathrm{other}}}{\mathrm{d}t}=N_{i,\mathrm{other}}(Y^i_{\mathrm{N/S}}\Phi^i_{\mathrm{other}}(\mathrm{S})-\lambda_{i,\mathrm{other}}) \tag{4.3}$$

式中 N_i——菌种 i 的细胞质量浓度；

Φ(S)和 Φ(PHA)——基于胞外底物和胞内 PHA 的 monod 方程算子；

λ——比内源代谢速率。

由式（4.2）和式（4.3）可以看出，PHA 合成菌相较于非 PHA 合成菌的生长优势非常明显，同样，PHA 合成能力稍弱的合成菌，无法获得足够的胞内碳源提供匮乏阶段的生长和维持能从而进入内源消耗状态，其生长动力学同样可以用式（4.3）描述，这就是说，在充盈－匮乏模式下合成能力不同的 PHA 合成菌之间的生长差异也会变得悬殊。在充盈－匮乏模式营造的苛刻环境中，混合菌群中极不均一的菌种生长分布会大幅度压缩以上提及的"收敛期"，因此本研究中观测到产 PHA 优势菌沿富集时间的动态变化可以覆盖这一收敛区间。

三个富集反应器中的产 PHA 优势菌在富集驯化期出现了高度一致的更迭，即：在第 10 天左右 PHA 合成菌 OTU7（*Thauera*）短暂占据优势地位但随后被另一 PHA 合成菌 OTU1（*Paracoccus*）取代。OTU7 在接种污泥菌群中具有相对较高的丰度（约为 OTU1 的 8.3 倍），这极有可能是其在前 10 d 占据优势地位的原因。文献资料显示，*Thauera* 与

Paracoccus 属的微生物细胞比表面积差异并不显著，因此并不能与后期 OTU1 取代 OTU7 的现象联系起来。在菌群絮体沉降性与特殊菌种丰度关联分析中发现，分泌 EPS 是充盈－匮乏模式下混合菌群的一个较为普遍的细胞生理特征，但是在 OTU7 占据主导时的特殊的胞外多糖代谢模式（图 4.11）与其随后优势地位的丧失关系密切。在富集驯化期驱动产 PHA 优势菌（OTU7 相较于 OTU1）更迭的内在作用机制如图 4.12 中 Ⅰ 所示，在充盈阶段两个菌种在进行 PHA 积累的时候都会有胞外 EPS 的分泌，但是在底物缺乏的匮乏阶段，碳源的流向出现了差异。在 OTU1 为主导的菌群中，以 PHA 和 EPS 形式贮存的碳源会流向 ATP 的合成以及生物量（X_a）的增长；但是对于 OTU7 占优的菌群而言，一部分贮存的碳源会流向胞外多糖，也正是因为这部分没有用来合成 X_a 的碳流向，OTU7 在匮乏阶段相比于 OTU1 失去了种群增长优势并最终被前者取代。因此，发生在富集驯化期的产 PHA 优势菌的更迭是具有必然性的，这种必然性说明了富集反应器在充盈－匮乏模式下创造的生态选择压力（selective pressure）倾向于富集将贮存碳源最大限度用于同化作用的产 PHA 功能菌。OTU1 在混合菌群中占据主导位置也极有可能标志着前面所讨论的收敛期平衡点的到达。然而这种优势底物并没有长时间维持，OTU1 随后被另一种产 PHA 功能菌 OTU2 所取代，在富集反应器 A 和 C 中的取代菌为 OTU2（Comamonadaceae 科），在富集反应器 B 中的取代菌为 OTU9（*Thauera* 属）。

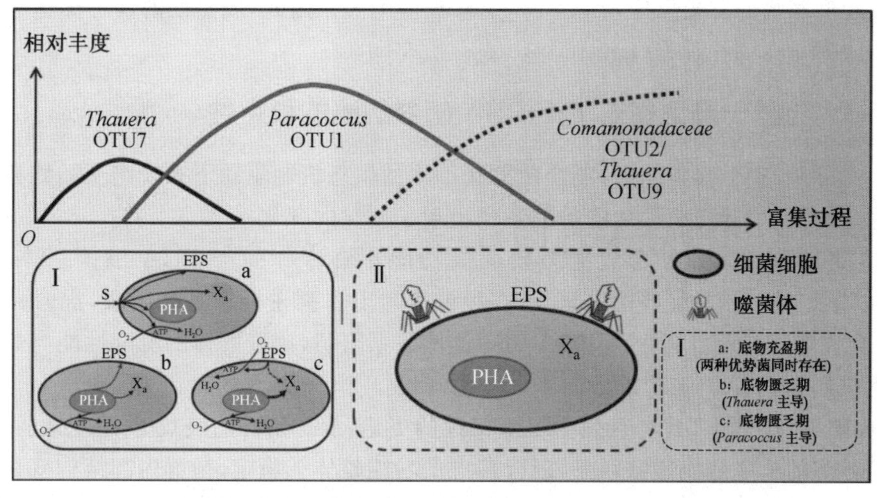

图 4.12　充盈－匮乏模式下富集反应器中典型的群落演替以及相应的原因解析

文献资料中报道 *Paracoccus* 属的菌种可以摄取的 VFA 底物种类宽泛（主要体现在对诸如乙酸、丙酸等各类酸分子的比摄取速率），因此在充盈－匮乏条件下的混合菌群中种群生长优势强。在一个完全开放的富集体系中，OTU1 的种群衰落很有可能与细菌病毒－噬菌体的“Kill the winner”机制联系在一起。当 OTU1 成为混合菌群体系中唯一的优势菌，种群丰度优势明显，在这种情况下其极易被所在环境中具有特异性的噬菌体识别和侵染。失去了种群数量优势的 OTU1 会给潜在的 PHA 合成菌提供新的生态位，这个过程也会出现多次的重复（在富集反应器 B 中比较明显）。按照经典捕食关系的振荡曲线，当噬菌体数量随着被捕食者（OTU1）的种群丰度下降后，被捕食者将会再次出现种群数量的反弹，这一推测在富集反应器 C 中得以验证，OTU1 的相对丰度在富集周期的末端呈现上升趋势。成熟期的菌种更迭相较于富集驯化期在优势菌持续时间以及接替的菌种上随机性较大，因此这一部分更迭可以称为随机性更迭。

4.5.2 富集过程群落演替的内在驱动机制讨论

在混合菌群的富集驯化期(0～40 d),菌群的演替主要可以分为两类:优势菌中非产PHA优势菌的淘汰和产PHA优势菌的必然更迭。此阶段的演替与富集反应器所使用的底物类型并没有明显的联系,这两类演替可以被认为主要由基于生态位的选择压力所驱动,即具有明显且快速碳源积累能力的PHA合成菌才能在充盈一匮乏条件下生存并获得菌群扩增的机会,因此本研究中的产PHA菌群的富集过程在生态学中可以被认为是一个确定过程(deterministic process)。

在混合菌群的成熟期(40 d之后),菌群的演替仍然可以按照优势菌的相对丰度分为两类:非产PHA优势菌的富集和产PHA优势菌的随机更迭。前者仍然是有确定过程(充盈一匮乏)驱动,而对于后者而言,不确定来源的噬菌体以及可能存在的宿主一寄生者共进化机制诱发产PHA优势菌丧失优势地位,而处于较低丰度的PHA合成菌迅速占据生态位形成优势菌的更迭。此外,不同菌种对底物的摄取偏好(substrate preference)差异在成熟期也会较为明显地影响接替菌种的类型,增加菌种更迭的复杂程度。例如在本研究中,在使用丙酸型底物的富集反应器B中于成熟期后期出现的OTU9(*Thauera*属)在分别使用乙酸型和丁酸型底物的富集反应器A和C中未被检测到。因此,成熟期的菌种更迭在生态学中可以被认为是由中性过程(neutral process)所驱动。

4.5.3 充盈一匮乏模式下产PHA菌群功能的稳定性

由上文可知,整个富集期内,混合菌群在不同的生态机制驱动下表现出了始终存在且幅度较大的结构演替,其与菌群功能的关系也出现了明显的变化:

(1)富集驯化期,PHA合成能力较弱或功能不够专一的产PHA细菌(*Thaurea*属OTU7)被淘汰,产PHA优势菌被富集,在种群数量上占据主导。在该阶段,混合菌群的表观PHA合成能力与菌群当中产PHA菌的比例关系密切,菌群絮体的沉降性能与具有特定EPS代谢机制的OTU7在菌群中的丰度关系密切。

(2)成熟期,产PHA优势菌发生了随机性的更迭,混合菌群的表观PHA已经不再与菌群内部优势菌的丰度变化紧密联系,混合菌群的功能整体上稳定,菌群内部结构变化明显。

但这种关系上的差异并不意味着充盈一匮乏体系缺乏功能的稳定性,相反,菌群的功能(包括产PHA能力和絮体物理状态)是具有稳定性的。在成熟期原产PHA优势菌(*Paracoccus* OTU1)的生态位会被另一种PHA合成能力相当的菌种(如*Comamonadaceae*科OTU2)占据,尽管产PHA菌替代者的种类会受其他因素(例如底物成分)的影响,但这一"承接"的过程仍然是一个确定过程,是由充盈一匮乏模式营造的选择压力主导的。换言之,选择压力主导了成熟期菌群结构稳定性与功能稳定性的分离,因此,基于充盈一匮乏模式下的产PHA菌富集体系的稳定性是客观存在的。

4.6　充盈—匮乏模式下产PHA菌群富集机制的应用

4.6.1　基于群落演替调控的絮体沉降稳定性优化

本章首节已经强调了良好的菌群絮体沉降能力对于混合菌群工艺的重要性，在本研究中，富集体系中的混合菌群絮体的EPS结构在初期出现了波动。在可能的工程应用中，较差的沉降能力会增加运行成本（调理沉降性能的化学药品的投加），也有可能会在工艺进水阶段营造出微氧摄取底物的环境，从而进一步诱发丝状菌的增殖，导致菌群絮体沉降性彻底变差。因此从实际应用的角度来看，有必要将这一沉降性波动的阶段缩短或去除，从而使工艺运行更加稳定可靠。

上节已述及，在富集驯化期，菌群整体的沉降性与 *Thauera* OTU7 的丰度高度相关，而 *Thauera* 属又是城市污水处理厂生化系统中最为常见的细菌，在接种初期筛除接种菌泥当中的"失稳诱发菌"难度较大。在富集阶段，功能不够专一的产PHA菌会被代谢更有优势的产PHA菌竞争性排除，通过调整富集装置的工艺运行参数从而抑制或加速淘汰此类"诱发菌"似乎更为可行。

底物浓度和SRT可以决定"诱发菌"*Thauera* 属OTU7和产PHA优势菌 *Paracoccus* 属OTU1的细胞增殖以及在富集体系中的留存状态。通过适度增加底物浓度，可以提升产PHA优势菌OTU1的种群增长速度，而适当缩短SRT则可以加速菌群的更新换代进而促进"诱发菌"OTU7被系统淘汰。接种菌群生物量决定了OTU7的种群基数，若控制不当，则会增加富集体系的失稳风险。

在本研究前期，运行了三套使用不同工艺参数以糖蜜废水酸性发酵液为底物的富集反应器，其工艺具体信息见表4.1，富集反应器SBR—D（参数与本部分研究一致）重现了"波动—平稳"的菌群絮体物理状态（图4.13(a)），而具有较高底物浓度（约为SBR—D进水底物浓度1.8倍）和较低SRT（为SBR—D所采用SRT的0.5倍）的富集反应器SBR—E则表现出了良好稳定的菌群絮体物理状态（图4.13(b)），充分印证了通过调控SRT和底物浓度加速淘汰"失稳诱发菌"的工艺想法的可行性。富集反应器SBR—F在与SBR—E采取相同SRT和底物浓度的条件下调高了接种菌群生物量（是SBR—D和E中接种生物量的1.6倍），由图4.13(c)中可以看出，菌群絮体沉降性在经历了第一次的波动之后又出现了第二次波动，最终菌群絮体完全失稳。因此，接种菌群中的 *Thauera* OTU7 的种群数量可以看作一个"失稳因子"，在富集体系启动初期对接种菌群生物量的控制是有必要的。

表4.1　三组SBR的具体运行工况

运行参数	单位	SBR—D	SBR—E	SBR—F
HRT	d	1	1	1
SRT	d	10	5	5
底物浓度	g COD/L	1.41±0.15	2.52±0.20	2.48±0.25
接种菌泥浓度	g COD/L	3.52±0.12	3.65±0.25	5.91±0.16

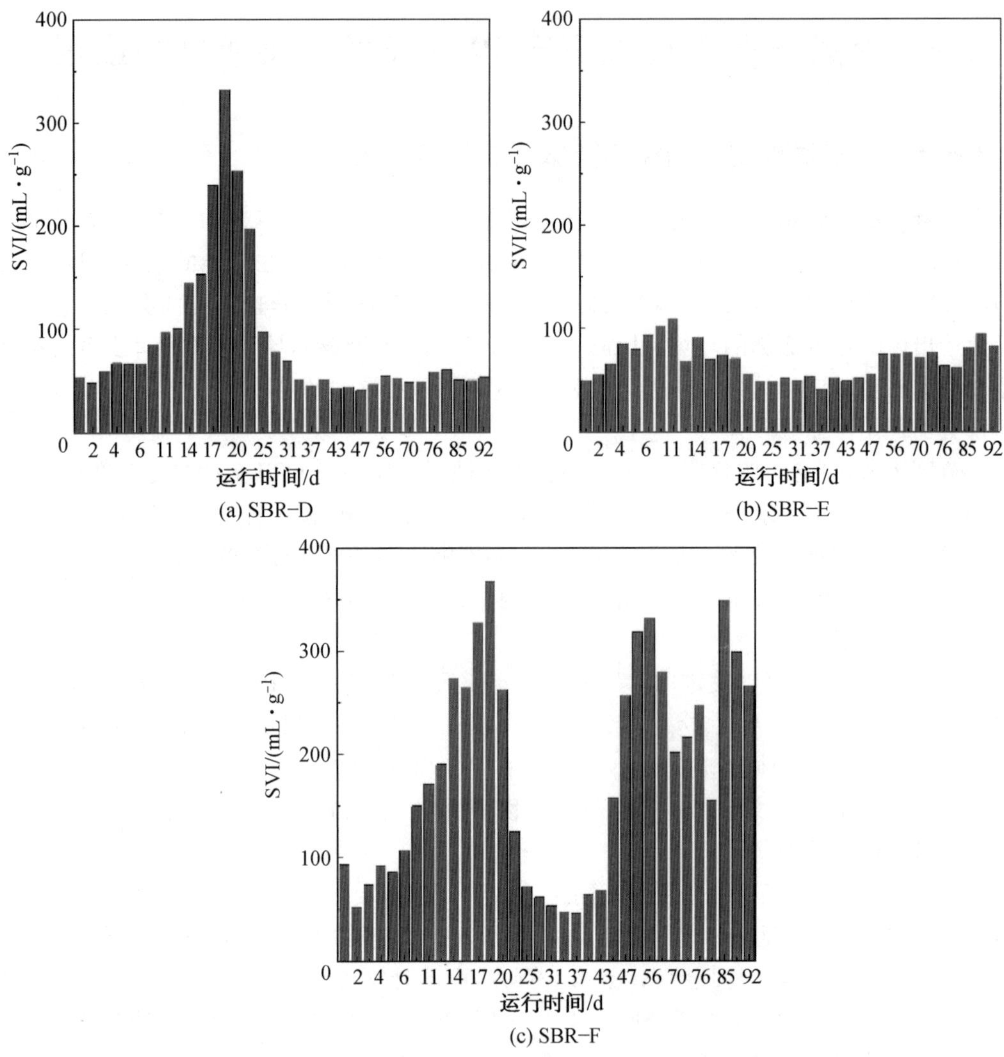

图 4.13　采用不同工艺策略的三组富集反应器中菌群絮体沉降性能沿富集时间的变化趋势

4.6.2　基于富集机制的产 PHA 菌富集评价体系的初步建立

探究富集系统中混合群落演替和菌体代谢途径变化，寻求可以量化的评价指标，从而构建可靠的富集评价体系，是混合菌群工艺规模化应用的先决条件。为避免底物浓度或组分波动对富集过程带来的影响，使富集评价体系更具普遍性，本研究使用了三种典型的模拟剩余污泥发酵液作为混合菌群富集的底物，阐释了在富集期不同分区（富集驯化期和成熟期）内的系统功能与群落演替的内在联系。

建立富集评价体系的主要目的是解答富集系统中产 PHA 混合菌群何时可以用于下游工艺（提纯、商品化）的问题，这个时机可以表述为：混合菌群 PHA 合成能力最大化且 PHA 合成能力和菌群絮体物理性能保持稳定。本研究以混合菌群整体产 PHA 能力沿富集过程的变化趋势为基础，将富集过程的时间区间划分为富集驯化期和成熟期，菌群絮体的物理性能在成熟期进入了稳定状态。因此，产 PHA 菌群何时可以进入下游生产环节其实可以转化为富集系统内的菌群何时进入成熟期的问题。

混合菌群的 PHA_m 是描述充盈—匮乏模式下混合菌群整体合成性能的最直接和准确的指标，是建立富集评价体系的核心指标，但获取这一指标的过程通常也是相对烦琐的。本部分研究内容在混合菌群整个富集期间，系统监测了菌群表观指标的变化趋势，使用冗余分析(RDA)考察了其他表征系统功能的参数与 PHA_m 的相关性(图 4.14 和表 4.2)，从使用不同底物的富集体系当中抽提了一致的关系，在此基础之上寻找表征性强(与 PHA_m 关系相对密切)且易于观测的指标参数来构建富集系统的评价体系。

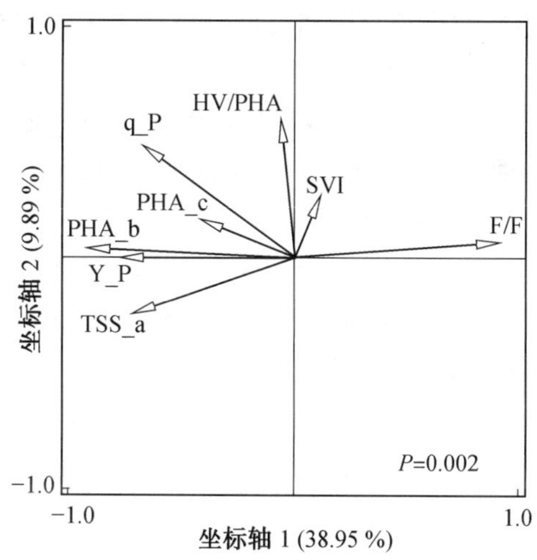

图 4.14 系统功能表征参数的冗余分析

表 4.2 富集体系功能表征参数的信息

功能参数	表征内容	单位
PHA_b	混合菌群在最适条件下的最大 PHA 合成能力，即 PHA_m	%VSS
PHA_c	混合菌群在运行周期内充盈阶段(营养均衡条件下)的最大 PHA 含量	%VSS
Y_P	混合菌群在充盈阶段的 PHA 碳源转化情况，即 $Y_{P/S}$	g COD/g COD
q_P	混合菌群在充盈阶段合成 PHA 的快慢，即 q_{PHA}	g PHA/(g X·h)
HV/PHA	混合菌群在最适条件下 PHA 合成终产物的结构组成	%
TSS_a	整体上的菌群质量浓度	mg/L
F/F	基于底物的混合菌群所处环境的严苛程度；选择压力	无量纲
SVI	混合菌群絮体的疏水性；整体的沉降能力	mL/g

结合表 4.3 中对富集体系功能表征参数的综合评价，可以初步筛选出两个表征菌群 PHA 合成能力强且易于获得的指标：富集反应器内的菌群整体生物量(使用运行周期内总悬浮固体的平均质量浓度 TSS_a(充盈始、充盈末以及匮乏末三点数据的平均值和 F/F)。从产 PHA 菌群富集的本质上来看，混合菌群在充盈—匮乏条件下经历了非优势菌群数量上的淘汰与富集，优势菌群的更迭，因此在达到成熟期之前的富集时间里，混合菌群的总体生物量是不稳定的，TSS_a 从不稳定的状态达到稳定的状态实际上也是富集体系中混合菌群结构重整的一个宏观信号。

F/F 实质上是施加于混合菌群之上的选择压力的数值化体现。富集系统中的选择压力是一个动态变化的过程，理论上 F/F 越小，作用于混合菌群的选择压力越大。F/F 的最小值应逼近于这样一个理想状态：充盈阶段所有外在碳源全部被用于与 PHA 合成相关的生理活动中(包括 PHA 分子的组合、底物跨膜的 ATP 生成以及还原力的生成)。

相较于细菌细胞生物质的合成，微生物的 PHA 合成过程具有相对更快的合成速率，因此在这种理想状态下充盈阶段的持续时长会达到极小值。在实际的富集过程中，上述理想状态是难以达到的，但是 F/F 仍会沿着富集时间趋于一个较低且相对稳定的水平。这也就是说，作用于混合菌群的选择压力会随着富集时间逐渐增强并在某一时期达到最大水平并保持相对稳定的状态。从本研究中获得的相关性分析结果中可以确定，这一时期正是以菌群整体 PHA 合成能力为标准所确立的成熟期。前文已经介绍 SVI 在表征菌群絮体物理状态时的可靠性，因此使用 SVI 作为菌群絮体物理性能的表观指标。对一个产 PHA 菌的估计系统而言，菌群进入成熟期可以由以下三个参数组成的指标体系来表征：

$$\begin{cases}\mathrm{STDEV_{SRT}}(\mathrm{TSS\_a})\leqslant\varepsilon_1\cdot D_\mathrm{m}\\ \mathrm{STDEV_{SRT}}(\mathrm{F/F})\leqslant\varepsilon_2\cdot R_\mathrm{m}\\ \mathrm{STDEV_{SRT}}(\mathrm{SVI})\leqslant\varepsilon_3\cdot P_\mathrm{m}\end{cases}\tag{4.4}$$

其中，$\mathrm{STDEV_{SRT}}$表示在一个完整的污泥停留时间(SRT)内富集评价参数的标准方差，

$$\mathrm{STDEV_{SRT}}=\sqrt{\frac{\sum_{i=1}^{\mathrm{SRT}}(x_i-\bar{x})^2}{\mathrm{SRT}-1}}\tag{4.5}$$

式中，i 为第 i 天的取样点，取样点原则上要求每天取样时间一致，分析手段保持一致；x_i 为第 i 天取样点检测到的指标数值；$\bar{x}$ 为一个完整的 SRT 内指标数值的平均值；D_m、R_m、P_m 分别为实验室条件下获得的平行组富集反应体系在成熟期的 TSS_a；F/F 以及 SVI 的均方差的最大值

$$x_\mathrm{m}=\max(\mathrm{STDEV}(x_1),\mathrm{STDEV}(x_2),\cdots)\tag{4.6}$$

在本研究中分别为 0.636、0.004 及 12.7；ε 为考虑使用实际废弃碳源作为底物时和可能的底物浓度及组分波动时的校正系数，需要根据具体的情况采用运行条件一致的试验来确定，通常情况下 $\varepsilon\geqslant1$。

表 4.3　富集体系功能表征参数的综合评价

功能参数	与 PHA 合成能力相关性	参数稳定性	监测难度	综合评价
PHA_b	参考指标	(++++) 在营养元素限制条件下进行，受负荷、温度等因素影响小	(++++) 在营养元素限制条件下的 Batch 试验中获得；PHA 检测难度大	☆☆
PHA_c	(+++) 相关	(+) 易受底物浓度等因素影响	(+++) PHA 检测难度大	☆
Y_P	(++++) 高度相关	(+++) 不易受负荷影响	(+++) PHA 检测难度大	☆☆

续表4.3

功能参数	与 PHA 合成能力相关性	参数稳定性	监测难度	综合评价
q_P	(++) 相关性一般	(+++) 受温度影响	(+++) PHA 检测难度大	☆☆
HV/PHA	(+) 相关性不显著	(+++) 在营养元素限制条件下进行，受负荷、温度等因素影响小	(+++) 在营养元素限制条件下的 Batch 试验中获得；PHA 检测难度大	☆
TSS_a	(+++) 相关	(+++) 受负荷、底物成分(C/N)等因素影响；但对以上影响因素具备一定的缓冲能力	(+) 差重法，参数易检测	☆☆☆
F/F	(−−−−−) 高度负相关	(++) 充盈阶段时长易受底物负荷、温度以及可能抑制物等因素的影响	(+) 以 DO 突跃为分界点，DO 在线监测易获得	☆☆☆
SVI	(−) 相关性不显著	(+++) 可能会受冲击负荷影响	(+) 参数易获得	☆

4.7　本章小结

本章考察了使用三种典型底物(乙酸型、丙酸型和丁酸型)的混合菌群在充盈－匮乏模式富集期间菌群功能(PHA 合成表现和菌群絮体物理性质)的沿程变化以及对应的群落演替，在考察演替规律和功能变化关联性的基础之上，从微生物生态学层面解析了充盈－匮乏模式下产 PHA 菌的富集机制，主要得到了以下结论：

(1)混合菌群的富集过程可以分为富集驯化期和成熟期。在富集驯化期，菌群功能与群落演替高度相关。在成熟期，由于富集体系高度开放，可能的噬菌体作用造成了产 PHA 优势菌的随机性更迭，但是这种更迭并没有与混合菌群的功能产生关联。

(2)由于特殊的胞外多糖代谢路径，PHA 合成菌 OTU7 在富集驯化期的增殖导致了混合菌群絮体沉降性能的波动，也同样是这个原因导致其随后被更为专一的 PHA 合成菌 OTU1 淘汰。这也揭示了混合菌群在充盈－匮乏模式下的生存法则：充盈阶段尽可能多地贮存碳源；匮乏阶段尽可能多地利用内储碳源进行细胞增殖。

(3)充盈－匮乏模式作用于混合菌群的选择压力在整个富集过程中占据主导，这种选择压力驱动具备碳源贮存能力的菌群成为系统当中的产 PHA 优势菌并且保证了菌群中产 PHA 功能基因在成熟期的相对稳定状态，促使菌群结构的稳定性与功能稳定性的分离。选择压力的主导作用也是充盈－匮乏模式下菌群功能稳定性的来源。

参 考 文 献

[1] DIAS J M L,LEMOS P C,SERAFIM L S,et al. Recent advances in polyhydroxyalkanoate production by mixed aerobic cultures:From the substrate to the final product [J]. Macromolecular Bioscience,2006,6(11):885-906.

[2] RITTMAN B E,HAUSNER M,LOFFLER F,et al. A vista for microbial ecology and environmental biotechnology[J]. Environmental Science & Technology,2006,40(4):1096-1103.

[3] 邓毅. 废水产酸合成聚羟基烷酸酯工艺稳定运行研究[D]. 哈尔滨:哈尔滨工业大学,2012.

[4] JIANG Y,HEBIY M,KLEEREBEZEM R,et al. Metabolic modeling of mixed substrate uptake for polyhydroxyalkanoate(PHA) production[J]. Water Research,2011,45(3):1309-1321.

[5] VAN AALST-VAN L M,POT M A,VAN LOOSDRECHT M C,et al. Kinetic modeling of poly(beta-hydroxybutyrate) production and consumption by *Paracoccus pantotrophus* under dynamic substrate supply[J]. Biotechnology and Bioengineering,1997,55(5):773-782.

[6] ALBUQUERQUE M G E,CARVALHO G,KRAGELUND C,et al. Link between microbial composition and carbon substrate-uptake preferences in a PHA-storing community[J]. The ISME Journal,2013,7(1):1-12.

[7] CARVALHOL G,OEHMEN A,ALBUQUERQUE M G E,et al. The relationship between mixed microbial culture composition and PHA production performance from fermented molasses[J]. New Biotechnology,2014,31(4SI):257-263.

[8] SPTING S. *Malikia granosa* gen. nov. , sp. nov. , a novel polyhydroxyalkanoate- and polyphosphate-accumulating bacterium isolated from activated sludge,and reclassification of *Pseudomonas* spinosa as *Malikia* spinosa comb. nov. [J]. International Journal of Systematic and Evolutionary Microbiology,2005,55(2):621-629.

[9] SAKAI K,MIYAKE S,IWAMA K,et al. Polyhydroxyalkanoate(PHA) accumulation potential and PHA-accumulating microbial communities in various activated sludge processes of municipal wastewater treatment plants[J]. Journal of Applied Microbiology,2015,118(1):255-266.

[10] JOHNSON K,JIANG Y,KLEEREBEZEM R,et al. Enrichment of a mixed bacterial culture with a high polyhydroxyalkanoate storage capacity[J]. Biomacromolecules,2009,10(4):670-676.

[11] MORI A S,FURUKAWA T,SASAKI T. Response diversity determines the resilience of ecosystems to environmental change[J]. Biological Reviews,2013,88(2):349-364.

[12] LIAO B Q,ALLEN D G,DROPPO I G,et al. Surface properties of sludge and their

role in bioflocculation and settleability[J]. Water Research,2001,35(2):339-350.

[13] 李云蓓.基于产酸废液的PHA合成菌的筛选及发酵条件研究[D].哈尔滨:哈尔滨工业大学,2009.

[14] WITTEBOLLE L,HAN V,VERSTRAETE W,et al. Quantifying community dynamics of nitrifiers in functionally stable reactors. [J]. Applied and Environmental Microbiology,2008,74(1):286-293.

[15] KRAFT B,TEGETMEYER H E,MEIER D,et al. Rapid succession of uncultured marine bacterial and archaeal populations in a denitrifying continuous culture[J]. Environmental Microbiology,2014,16(10SI):3275-3286.

[16] VANWONTERGHEM I,JENSEN P D,DENNIS P G,et al. Deterministic processes guide long-term synchronised population dynamics in replicate anaerobic digesters [J]. The ISME Journal,2014,8(10):2015-2028.

[17] LOUCA S,DOEBELI M. Transient dynamics of competitive exclusion in microbial communities[J]. Environmental Microbiology,2016,18(6):1863-1874.

[18] ALBUQUERQUE M G E,CARVALHO G,KRAGELUND C,et al. Link between microbial composition and carbon substrate-uptake preferences in a PHA-storing community[J]. The ISME Journal,2013,7(1):1-12.

[19] WEINBAUER M G,RASSOULZADEGAN F. Are viruses driving microbial diversification and diversity? [J]. Environmental Microbiology,2010,6(1):1-11.

[20] NEMERGUT D R,SCHMIDT S K,FUKAMI T,et al. Patterns and processes of microbial community assembly[J]. Microbiology and Molecular Biology Reviews,2013,77(3):342-356.

第5章 提高混合菌群合成PHA工艺稳定性的关键技术

5.1 概 述

混合菌群产PHA工艺由于无须对底物碳源灭菌并可利用废弃碳源，成为生物材料领域研究的热点。目前被广泛认知的混合菌群合成PHA的核心工艺是好氧瞬时补料（ADF）模式通过营造底物充盈/匮乏交替的环境，富集出具有PHA合成能力的混合菌群。研究发现，活性污泥混合菌群在ADF运行模式下进行PHA合成菌群的驯化富集，对反应器的运行条件敏感，在反应运行过程中容易出现污泥性状以及PHA含量等指标不稳定的现象，导致反应器难以保证高PHA合成菌群的持续输出。考虑到好氧颗粒污泥具有机械强度高、沉降快、在高有机负荷条件下污泥性状稳定性高等特点，尝试利用好氧颗粒污泥的培养模式来解决合成PHA工艺中的不稳定问题。目前通常认为好氧颗粒的形成，需要满足的条件包括底物供给有明显的充盈－匮乏阶段、较短的沉淀时间，以及通过曝气提供足够的水力剪切作用。这些特点与PHA合成菌群的筛选过程极为相似。SBR可利用周期性的底物匮乏对微生物进行选择，可以促进PHA的积累，而PHA在细胞内的积累有利于提升污泥的沉降性能。本章开展利用好氧颗粒运行模式进行污泥合成PHA的研究，探讨好氧颗粒污泥的运行模式对提高活性污泥沉降性能以及PHA合成菌富集效果的影响，并提出污泥沉降性能筛选对PHA合成的重要意义。考察了活性污泥合成PHA过程中物理选择压力存在的必要性，在此基础上提出基于物理－生态选择压力模式的好氧动态排水（ADD）新工艺。虽然同样基于充盈－匮乏机制，ADD运行模式与ADF运行模式不同之处在于，前者在PHA菌群富集过程中加入了物理选择压力，对活性污泥混合菌群有更为有效的筛选作用，从而在ADD模式下，活性污泥可以展现更高的PHA合成能力，以及更短的富集时间。

5.2 利用好氧颗粒污泥模式合成PHA

5.2.1 好氧颗粒污泥的培养

利用SBR培养好氧颗粒污泥的主要影响因素有四个：

（1）持续的上升气流。反应器底部曝气，不设置搅拌桨，完全利用曝气使反应器内的污泥混合均匀，且上升气流在反应器中形成环流，对污泥造成的剪切力，已被证明是好氧颗粒污泥形成的重要条件之一。

（2）合适的污泥淘汰率。在反应器上升气流剪切力的作用下，活性污泥会逐渐形成微小的颗粒核心，并以此逐渐扩展，颗粒的直径逐渐增大。在好氧颗粒污泥培养过程是颗粒污泥与絮状污泥共存的阶段，必须通过设置合理的污泥沉淀时间与排水时间，才能使反应器在尽量少的周期内实现颗粒污泥占污泥总体的比重迅速增加。

(3)足够的污泥沉降距离。通常情况下，需要反应器具有一定的高度，在曝气停止时，使已经形成的好氧颗粒污泥和絮状污泥因沉降速度不同而体现出较大的位置差异，便于在排水过程中排除掉絮状污泥。

(4)底物浓度的充盈和饥饿机制。周期性的进水、反应、沉淀和排水的运行方式，很容易形成微生物周期性的饥饿状态。

采用乙酸钠作为碳源，氯化铵作为氮源，进行人工配水，培养好氧颗粒污泥。每周期采用 6 h 运行时间，底部曝气头为反应器提供上升气流，在运行过程中设置污泥沉降时间为 10 min，待排水过程中没有污泥流失，减少沉降时间到 8 min，继续对絮状污泥进行筛除。随着污泥的沉降性逐渐增强，逐步减少污泥沉降时间，最终可设置在 2 min，同时设置污泥停留时间(SRT)为 10 d 不变，反应器采用的运行模式如图 5.1 所示。

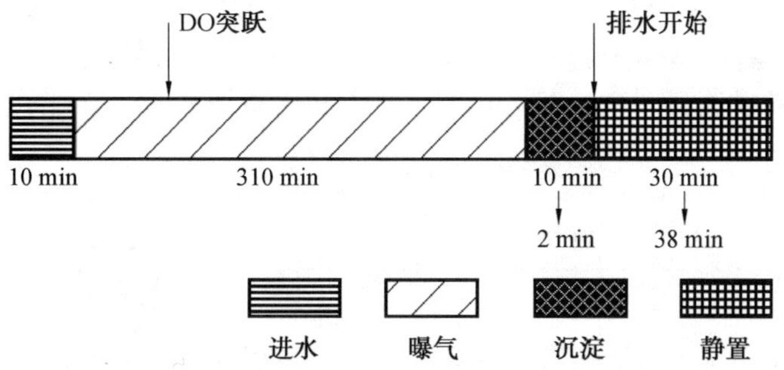

图 5.1　好氧颗粒污泥反应器运行模式示意图

为加快反应器的排水时间，采用电磁阀进行排水。较快的排水时间可以减少在排水过程中排水口以上的絮状污泥继续沉降到排水口以下的现象，增强排水环节的筛除能力。该试验利用活性污泥混合菌群合成 PHA，而非纯培养用于污水处理等领域的好氧颗粒污泥，且当好氧颗粒污泥的粒径较大时，会对后期 PHA 继续富集、合成以及 PHA 粗提等工艺造成困难，因此该试验培养的好氧颗粒污泥满足粒径在 0.5～1 mm 之间、具有良好的沉降性即可。

在颗粒污泥培养的过程中，采用柱状上流式反应器的目的，是在反应器内形成持续的上升环流，从而促使原本处于絮体状态的污泥形成菌团，使得生物聚合体的表面自由能最低，而通过调整曝气量，即可调整反应器内整体环流与局部涡流的大小，控制颗粒污泥的形成。

通过激光粒度分析仪观测颗粒形成趋势，控制颗粒直径在 0.5～1 mm 之间，即可保证既通过沉降性能筛选出沉降性良好的微生物，又避免颗粒污泥粒径增长，密度增加，为后期 PHA 产物合成造成困难，这是由好氧颗粒污泥合成 PHA 的需要决定的。

试验启动并运行一组柱状上流式 SBR－Ⅰ。反应器采用的周期长度为 6 h，一个典型周期包括进水(10 min)、曝气(310 min)、沉淀(10 min)、静置(30 min)四个环节。溶解氧的质量浓度保持在 3 mg/L 左右，pH 在 7～8 之间，温度为室温。设反应器的编号为 SBR－Ⅰ(富集阶段)和 Batch－Ⅰ(合成阶段)。反应器刚启动时，投加污泥的质量浓度为(3 520±100) mg/L，污泥形态为黑色絮状。在第一个周期内，充盈阶段为 2 h。反应器运行 3 d 后，即运行了 12 个完整周期，污泥颜色开始逐渐由黑色转变为黄褐色。运行 8 d 后，污泥颜色变为黄色，底物充盈时间缩短为 40～50 min，且有明显的 DO 突跃现象。自反应器启动开始，每两天取样监测污泥的平均粒径，在每天的第三个周期底物充盈阶段末期取泥水混合样进行高倍显微镜观察，结果如图 5.2 所示。在相同的倍数(40×)下，通过光学显微镜观察，活性污泥由絮状逐渐形成外观规则、结构相对致密的污泥菌团，即好氧颗粒污泥。

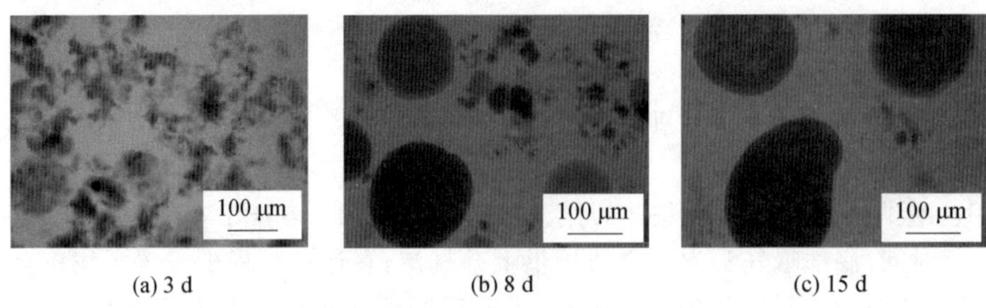

图 5.2　不同阶段活性污泥的显微镜观察照片(40×)

利用 Mastersizer 2000 激光粒度分析仪对反应器运行 15 d 后的样品进行分析，可知样品的径距为 2.234，颗粒吸收率为 0.1，分散剂(水)的折射率为 1.33，残差为 0.78%，比表面积为 0.030 2 m^2/g，表面积平均粒径为 198.93 μm，体积平均粒径为 543.36 μm，样品中 90% 的颗粒污泥粒径达到 1 124.65 μm，粒径的数值分析图如图 5.3 所示。

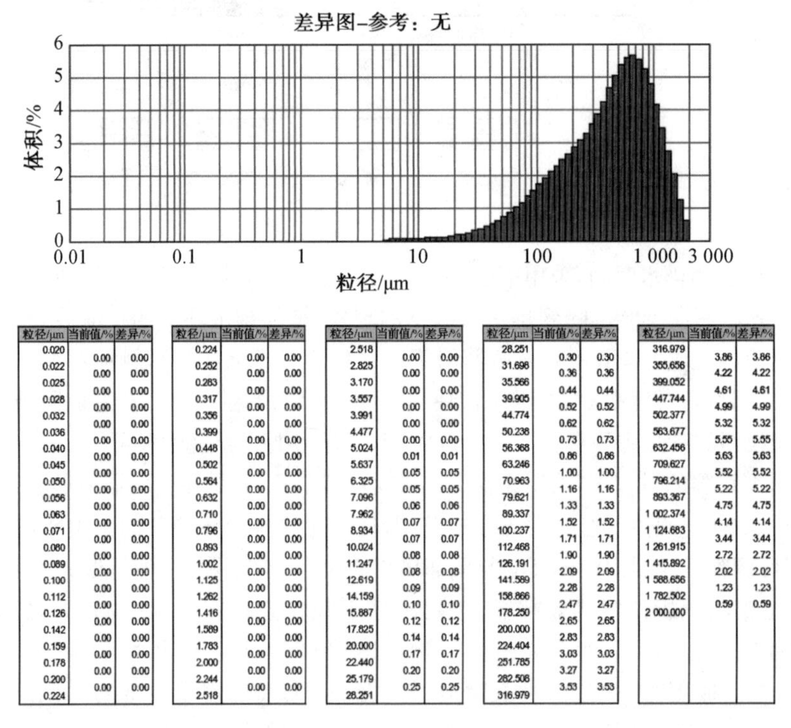

粒径/μm	当前值/%	差异/%
0.020	0.00	0.00
0.022	0.00	0.00
0.025	0.00	0.00
0.028	0.00	0.00
0.032	0.00	0.00
0.036	0.00	0.00
0.040	0.00	0.00
0.045	0.00	0.00
0.050	0.00	0.00
0.056	0.00	0.00
0.063	0.00	0.00
0.071	0.00	0.00
0.080	0.00	0.00
0.089	0.00	0.00
0.100	0.00	0.00
0.112	0.00	0.00
0.126	0.00	0.00
0.142	0.00	0.00
0.159	0.00	0.00
0.178	0.00	0.00
0.200	0.00	0.00
0.224		

粒径/μm	当前值/%	差异/%
0.224	0.00	0.00
0.252	0.00	0.00
0.283	0.00	0.00
0.317	0.00	0.00
0.356	0.00	0.00
0.399	0.00	0.00
0.448	0.00	0.00
0.502	0.00	0.00
0.564	0.00	0.00
0.632	0.00	0.00
0.710	0.00	0.00
0.796	0.00	0.00
0.893	0.00	0.00
1.002	0.00	0.00
1.125	0.00	0.00
1.262	0.00	0.00
1.416	0.00	0.00
1.589	0.00	0.00
1.783	0.00	0.00
2.000	0.00	0.00
2.244	0.00	0.00
2.518		

粒径/μm	当前值/%	差异/%
2.518	0.00	0.00
2.825	0.00	0.00
3.170	0.00	0.00
3.557	0.00	0.00
3.991	0.00	0.00
4.477	0.00	0.00
5.024	0.01	0.01
5.637	0.05	0.05
6.325	0.05	0.05
7.096	0.06	0.06
7.962	0.07	0.07
8.934	0.07	0.07
10.024	0.08	0.08
11.247	0.08	0.08
12.619	0.09	0.09
14.159	0.10	0.10
15.887	0.12	0.12
17.825	0.14	0.14
20.000	0.17	0.17
22.440	0.20	0.20
25.179	0.25	0.25
28.251		

粒径/μm	当前值/%	差异/%
28.251	0.30	0.30
31.698	0.36	0.36
35.566	0.44	0.44
39.905	0.52	0.52
44.774	0.62	0.62
50.238	0.73	0.73
56.368	0.86	0.86
63.246	1.00	1.00
70.963	1.16	1.16
79.621	1.33	1.33
89.337	1.52	1.52
100.237	1.71	1.71
112.468	1.90	1.90
126.191	2.09	2.09
141.589	2.28	2.28
158.866	2.47	2.47
178.250	2.65	2.65
200.000	2.83	2.83
224.404	3.03	3.03
251.785	3.27	3.27
282.508	3.53	3.53
316.979		

粒径/μm	当前值/%	差异/%
316.979	3.86	3.86
355.656	4.22	4.22
399.052	4.61	4.61
447.744	4.99	4.99
502.377	5.32	5.32
563.677	5.55	5.55
632.456	5.63	5.63
709.627	5.52	5.52
796.214	5.22	5.22
893.367	4.75	4.75
1 002.374	4.14	4.14
1 124.683	3.44	3.44
1 261.915	2.72	2.72
1 415.892	2.02	2.02
1 588.656	1.23	1.23
1 782.502	0.59	0.59
2 000.000		

图 5.3　好氧颗粒污泥粒径分析图(15 d)

由图 5.2 与图 5.3 可见，在反应器运行初期，污泥呈现为没有规律的松散絮状形态。反应器运行 8 d 后，开始有形成颗粒污泥的趋势，且此时的活性污泥平均粒径已经达到 0.2 mm，可认为已经初步形成好氧活性污泥，只是此时颗粒污泥还不够致密。经过 15 d 的培养，好氧颗粒污泥已经形成明显的圆球形致密结构，且污泥的平均粒径也达到 1 mm。

5.2.2 PHA 富集阶段污泥浓度、SVI 与底物吸收

在反应器启动后，由于运行周期内设置的污泥沉降时间和排水时间均较短，在排水过程中，伴随有较多沉降性较差的污泥随水排出，造成反应器运行初期出现明显的污泥浓度下降现象。与此同时，污泥浓度快速下降造成反应器短期内的不稳定，直接表现为污泥的 SVI 上升。在反应器运行 10 min 污泥沉降时间不再有污泥流失后，SVI 迅速下降。反应器运行 30 d，污泥浓度在恢复到投加时水平的基础上，还增加了 20%，而 SVI 则为 98 mL/g，比投加时增加了 22%，比最高值降低了 60%，反应器运行 30 d 期间 MLSS 与 SVI 变化趋势如图 5.4 所示。

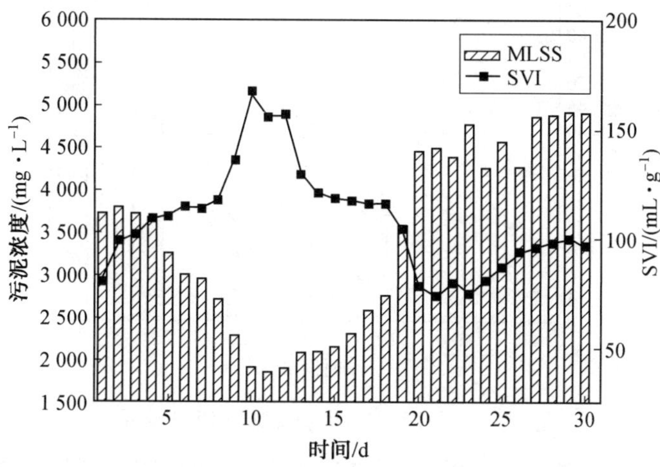

图 5.4 好氧活性污泥的污泥浓度与污泥容积指数变化趋势

好氧颗粒污泥在反应器运行到第 20 天时，选取一个典型周期，进行连续取样，并测试 COD 和氨氮质量浓度，数据如图 5.5 所示。

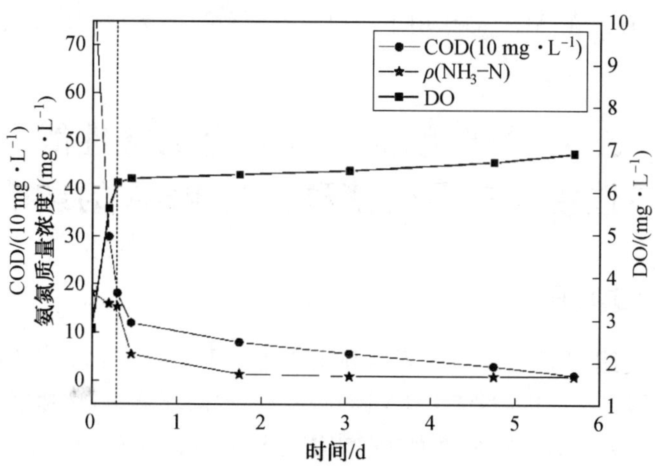

图 5.5 一个典型周期内的底物吸收情况(20 d)(虚线为充盈与匮乏的分界线)

在反应器运行初期，污泥的 COD 消耗和氨氮消耗分别为 95.4%和 93.2%，经过 20 d 的驯化，DO 突跃的时间为 18 min，显著小于初始的 2 h，说明好氧颗粒污泥对底物已具有良

好的适应性;污泥的 COD 消耗和 $\rho(NH_3-N)$消耗分别达到 99.1%和 98.6%,说明污泥中的微生物有较好的底物吸收能力。

5.2.3 好氧颗粒污泥运行模式下的 PHA 合成能力

好氧颗粒污泥混合菌群中微生物的最大 PHA 合成能力和富集期间的 PHA 含量,分别是通过 PHA 合成阶段间歇补料试验和在底物充盈阶段末期的 SBR 中取样测定的。自反应器启动后,每 5 d 从 SBR 中取样进行 Batch 试验,结果如图 5.6 所示。

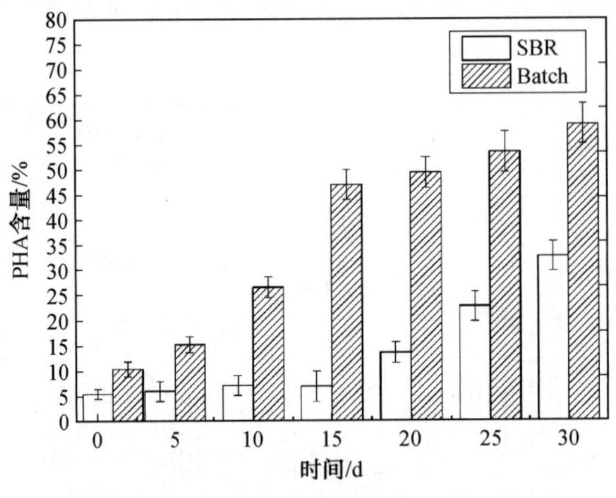

图 5.6 活性污泥微生物细胞的 PHA 含量

从图中可知,在反应器启动阶段,SBR 中污泥微生物细胞中的 PHA 含量在5.6%,对应的 Batch 试验为 10.5%;反应器运行 15 d 后,SBR 中的 PHA 含量达到 7%,对应的 Batch 试验为 26.6%;反应器运行到第 20 天时,SBR 中的 PHA 含量达 13.7%,对应的 Batch 试验为49.4%。说明此模式筛选到的颗粒污泥具有 PHA 合成能力,可以在充盈阶段吸收底物并将其在细胞内贮存。在 ADF 的作用下,反应器运行第 30 天时 PHA 含量占细胞干重的 59%。

5.3 好氧瞬时补料结合沉降性能筛选模式对混合菌群合成 PHA 的影响

5.3.1 生态选择压力

目前绝大多数利用活性污泥混合菌群驯化合成 PHA 的研究,都采用底物充盈—匮乏机制,这是基于细胞自身的机制:产 PHA 菌在底物充盈的环境中,快速吸收碳源,一部分用于细胞分裂与生长,另一部分则转变为细胞内贮存作为储备碳源。当碳源耗尽,即在底物缺乏的环境下,产 PHA 菌就会利用体内的储备碳源,维持自身活性,同时,还要继续进行细胞分裂增殖。而在混合菌群中,还存在大量不具备产 PHA 能力(在反应器运行条件下细胞贮存 PHA 机制不被激活的微生物,也视为不具备产 PHA 能力)的菌群,对于这些菌种而言,由于在底物充盈阶段没有进行储备碳源的细胞内贮存,所以在底物匮乏的阶段就会因缺乏碳源供给而不具有生存优势，从而在重复多次的底物充盈一匮乏循环过程中，被选择出系统。混合菌群在反应器的微环境内，经过长期的底物充盈一匮乏交替循环驯化，最终使活性污泥混合菌群中产 PHA 菌的比例得以提高，不具备产 PHA 能力的菌种逐渐消亡，以达到在混合菌群中提高产 PHA 菌比重的目的。

将上述这种利用底物充盈一匮乏机制以及细胞自身代谢特性实现对混合菌群筛选的过程，称为生态筛选。

往往通过调整质量浓度、周期长短等手段实现生态选择压力。在生态选择压力作用于活性污泥混合菌群的过程中，F/F 是影响这一过程的关键因素。在活性污泥合成 PHA 的系统中，F/F 是一个间接指标，在活性污泥系统中，受有机负荷、污泥停留时间、温度等参数影响。崔有为等对嗜盐污泥以乙酸钠为碳源时，F/F 对 PHB 合成能力的影响进行了 300 d 的试验研究。他们认为在底物充盈一匮乏的选择压力机制作用下通过有机负荷调控 F/F，可知：F/F 较小（$F/F \leqslant 0.33$）条件下，微生物吸收碳源主要用于在细胞内合成并积累 PHA；而在 F/F 较大（$F/F \geqslant 1$）条件下，微生物吸收碳源主要用于细胞生长增殖。因此，在活性污泥合成 PHA 反应器系统稳定运行的条件下，F/F 数值减小，反映了微生物对碳源的竞争，有 PHA 合成能力的微生物倾向于快速吸收碳源并合成 PHA，从而在数倍于底物充盈的匮乏时间内维持生长与增殖。对于非产 PHA 菌群，较小的 F/F 意味着“过度匮乏”的恶劣环境，不利于其生存，从而更趋向于被淘汰。在 5.2 节中，经过 30 d 驯化，底物充盈时间从反应器启动时的 2 h，减少到 20 d 时的 18 min，30 d 时稳定在15 min左右，对应的 $F/F < 0.1$，有利于对活性污泥混合菌群的筛选。

目前利用活性污泥混合菌群合成 PHA 已经达到其比例占细胞干重的 89%以上，接近于单一菌种合成 PHA 的水平。但利用生态选择压力对混合菌群的筛选，往往需要较长时间的底物充盈一匮乏循环来筛分产 PHA 菌群。哈尔滨工业大学环境学院陈志强教授课题组的研究表明，在 ADF 模式下，活性污泥的 PHA 含量随着反应的进行缓慢提高，达到 50%以上通常需要 100 d 以上的时间。通过研究对比，PHA 含量超过 70%的试验，多为从已经对活性污泥进行驯化富集 1 a 以上的反应器中取样，见表 5.1。说明活性污泥合成 PHA 工艺的早期 PHA 含量较低问题，并未得到研究者们的普遍重视。

表 5.1　利用混合菌群合成 PHA 的富集时间

文献	PHA 最大含量对应的富集时间	PHA 含量/%
Wen 等，2012	102 d	53
Dionisi 等，2004	80 d	38
Johnson 等，2009	2 a	89
Albuquerque 等，2010	3 a	75
Serafim 等，2004	18 月	67.2
Bengtsson 等，2008	250 d	48
Albuquerque 等，2011	10 月	68
Chang 等，2012	150 d	57.3
Jiang 等，2012	5 月	77
Xue、Yang，2012	40 d	40

如表 5.1 所示，虽然利用活性污泥混合菌群取代纯菌合成 PHA 也可以达到较高的产

量，但付出的时间成本相当高昂，在驯化期间所合成的 PHA 不作为 PHA 产品，仅仅依靠生态选择压力还是难以实现对纯菌的替代。

5.3.2 物理选择压力

针对利用活性污泥混合菌群合成 PHA，在生态选择压力的基础上，结合好氧颗粒污泥沉降性好的特点，提出了物理选择压力的概念，根据 Jiang 的发现，认为混合菌群的整体 PHA 含量（$f_{PHA,overall}$）取决于有产 PHA 能力菌种的数量，以及该菌种的合成 PHA 能力，具体表示如下：

$$f_{PHA,overall}=f_{PHA,1}\frac{C_{biomass1}}{\sum_{i=1}^{n}C_{biomassi}}f_{PHA,2}\frac{C_{biomass2}}{\sum_{i=1}^{n}C_{biomassi}}+\cdots+f_{PHA,n}\frac{C_{biomassn}}{\sum_{i=1}^{n}C_{biomassi}} \tag{5.1}$$

式中 $f_{PHA,n}$——第 i 种菌的合成 PHA 能力；

$C_{biomassi}$——第 i 种菌的生物量。

通过式(5.1)可知，在活性污泥混合菌群中，不同微生物合成 PHA 的能力有差异，将混合菌群中的不同菌种按照 PHA 合成能力的不同，分为三类：①合成 PHA 能力较强的菌种（对应 $f_{PHA,i}$ 较大）；②合成能力较弱的菌种（对应 $f_{PHA,i}$ 较小）；③无合成 PHA 能力的菌种（对应 $f_{PHA,i}\approx 0$，可以认为在好氧 SBR 中，基于底物充盈－匮乏机制下活性被抑制等各种原因不能在细胞内合成 PHA 从而被淘汰的微生物，均为无合成 PHA 能力的菌种）。活性污泥混合菌群合成 PHA 的富集驯化过程，本质上是调整反应器内微生物所处的微环境，使其有利于 PHA 合成菌的生长和增殖。而提高活性污泥的 PHA 含量的一个有效途径，可以是在原有的生态筛选作用淘汰无明显合成 PHA 能力微生物的基础上，进一步通过某种方式来淘汰合成 PHA 能力较弱的微生物，即式(5.1)中 $f_{PHA,i}$ 相对较小的微生物，使经过筛选作用的混合菌群 $f_{PHA,overall}$ 数值提高。

用斯托克斯定律解释物理选择压力：斯托克斯定律（Stokes law）是用于描述球形颗粒物体在处于层流流体中的沉降公式。原理为：设颗粒的直径为 d，颗粒在沉降过程中，受到向下的重力，以及向上的浮力和阻力作用。

重力：
$$G=\frac{\pi}{6}d^3\rho_s g \tag{5.2}$$

而浮力与颗粒的体积、液体密度和重力加速度有关：

浮力：
$$F=\frac{\pi}{6}d^3\rho g \tag{5.3}$$

式中 d——颗粒直径（m）；

ρ_s——颗粒密度（kg/m^3）；

ρ——液体密度（kg/m^3）。

颗粒在液体中，当颗粒的密度大于液体的密度则重力大于浮力，颗粒发生沉降；当颗粒的密度小于液体的密度则重力小于浮力，颗粒发生上浮。

当颗粒在液体中发生沉降时，迎着颗粒的运动方向产生阻力。令阻力系数为 δ，沉降速

度为 u_0，令 A 为颗粒在与沉降方向垂直方向平面上的投影面积：

$$A=\frac{\pi d^2}{4} \tag{5.4}$$

则有

$$阻力=\delta\frac{\pi d^2}{4}\frac{\rho u_0}{2} \tag{5.5}$$

当颗粒达到平衡状态，即颗粒悬浮或匀速沉降时，颗粒的重力等于浮力与阻力之和，因此有

$$\frac{\pi}{6}d^3(\rho_s-\rho)g=\delta\frac{\pi d^2}{4}\frac{\rho u_0}{2} \tag{5.6}$$

整理，求出颗粒的沉降速度表达式：$u_0=\sqrt{\dfrac{4d(\rho_s-\rho)g}{3\rho\delta}}$

引入雷诺数 $Re=\dfrac{du\rho}{\mu}$

雷诺数是用于描述流体流动过程中惯性力与黏性力之间关系的表达式，也是用于判断流体流动形态的参数，当流体处于层流时（$Re<0.3$），存在关系 $\delta=24/Re$，

代入 $u_0=\sqrt{\dfrac{4d(\rho_s-\rho)g}{3\rho\delta}}$，

可得 $u_0=\dfrac{d^2(\rho_s-\rho)g}{18\mu}$，即为斯托克斯定律

式中　μ——黏度（kg/(m·s)）；

Re——雷诺数，无量纲；

δ——阻力系数，无量纲；

u_0——颗粒沉降速率（m/s）。

由斯托克斯定律可知，在沉降过程中，颗粒的沉降速度 u_0 与颗粒直径 d 的平方、颗粒与液体的密度差（$\rho_s-\rho$）及重力加速度 g 成正比，与液体的黏度成反比。

在底物充盈阶段末期，微生物完成吸收碳源并在细胞内合成 PHA 的过程。在利用物理选择压力和生态选择压力对活性污泥产 PHA 菌进行筛选富集的阶段，合成 PHA 能力较强的微生物在细胞内贮存了较多的 PHA 作为匮乏阶段的储备碳源，该微生物的密度相对较大，（$\rho_s-\rho$）较大。细胞内 PHA 含量较高时，细胞形态饱满，相对而言 d^2 数值较大。细胞 PHA 含量较高和较低的微生物，处在同一个反应器环境内，因为液体的黏滞性参数 μ 相同，所以细胞 PHA 含量较高的微生物，也就是在相同长度的底物充盈阶段合成 PHA 能力较强的微生物沉降速度较快，因此利用富含 PHA 微生物沉降性上的优势来进行高产 PHA 菌的富集是可行的。

由此提出，在活性污泥混合菌群合成 PHA 的驯化富集过程中，利用反应器对混合菌群施加沉降性能筛选的概念：基于细胞内积累 PHA 后会增强沉降性，以及混合菌群中微生物合成 PHA 能力有所不同的现象，通过调整反应器停曝气时间和排水时间设置，使在排水时将部分沉降性较差的活性污泥筛除，留下沉降性较好菌群的方法，称为沉降性能筛选模式，也称为物理筛选模式。

5.3.3 不同选择压力模式下 PHA 的合成能力

在物理选择压力概念的基础上,需进一步探讨物理选择压力的引入对基于底物充盈－匮乏机制的 ADF 模式的影响,因而物理－生态双重选择压力模式与 ADF 模式的组合对混合菌群 PHA 含量影响的研究显得尤为重要。

为了讨论不同选择压力模式下活性污泥混合菌群富集 PHA 过程的影响,首先定义物理－生态双重选择压力模式(即进水 10 min,曝气 310 min,沉淀 10 min,静置 30 min 为一个 6 h 周期),生态选择压力模式(ADF 模式,即进水 10 min,曝气 610 min,沉淀 30 min,静置 30 min 为一个 12 h 周期),然后对三个 SBR 设置不同的运行模式。

SBR－Ⅱ－＃1 为 A 模式,即先物理－生态双重选择压力模式后 ADF 模式,简称为先双压后 ADF 模式,即先用物理－生态双重选择压力模式对活性污泥进行预处理,后持续按照 ADF 工艺运行的模式;

SBR－Ⅱ－＃2 为 B 模式,即先 ADF 模式后物理－生态双重选择压力模式,简称为先 ADF 后双压模式,即先用 ADF 工艺对活性污泥进行预处理,后持续按照基于物理－生态选择压力的颗粒污泥合成 PHA 工艺运行的模式;

SBR－Ⅱ－＃3 为 AB 交替模式,即先采用物理－生态双重选择压力运行 2 d,后改用 ADF 模式,依次循环。

试验启动一组柱状上流式 SBR－Ⅱ。SBR－Ⅱ－＃1,MLSS＝3 456 mg/L±100 mg/L,SVI＝81 mL/g;SBR－Ⅱ－＃2,MLSS＝3 647 mg/L±100 mg/L,SVI＝76 mL/g;SBR－Ⅱ－＃3,MLSS＝3 164 mg/L±100 mg/L,SVI＝88 mL/g。污泥活性恢复期的颜色观测:运行到第 14 天,观测到 SBR－Ⅱ－＃1 颜色最浅,SBR－Ⅱ－＃2 次之,SBR－Ⅱ－＃3颜色最深,即颗粒培养模式下,污泥活性恢复期相对较快。反应器运行到第 16 天,颗粒污泥开始形成,即 SBR 内平均粒径达到 200 μm 以上。SBR－Ⅱ－＃1、SBR－Ⅱ－＃2与 SBR－Ⅱ－＃3 在反应器运行 35 d 期间的 MLSS 与 SVI 的发展趋势如图5.7所示。

SBR－Ⅱ－＃1 按物理－生态双重选择压力模式启动,启动初期通过物理选择压力将反应器中无 PHA 合成能力和 PHA 合成能力弱的菌群淘汰掉,故在第 14 天以前有明显的 MLSS 下降伴随 SVI 升高的现象。反应器运行 14 d 以后,逐渐没有污泥流失,污泥浓度保持稳定。此时反应器运行改为只有生态选择压力模式,在此模式运行过程中 MLSS 保持稳定,SVI 有继续减小趋势,在第 30 天时已达 60 mL/g 左右。

SBR－Ⅱ－＃2 在启动后的 5 d 内,按 ADF 模式运行,污泥浓度降低说明有非 PHA 富集菌被淘汰,转化为具有生存优势的 PHA 合成菌的营养物质。在第 6 天转成物理－生态双重选择压力模式后,在 6～12 d 内为典型的物理选择压力结合生态选择压力的筛选过程。SBR－Ⅱ－＃2 筛除沉降性差的污泥(即 PHA 合成能力弱的微生物)的时间比 SBR－Ⅱ－＃1 短,这是由于 SBR－Ⅱ－＃2首先进行的 ADF 模式中,通过 10 个周期的较长底物匮乏阶段,已经进行了一定程度的混合菌群筛选,一部分不具备 PHA 合成能力的微生物因无法生存而被淘汰。反应器中具有 PHA 合成能力的菌群沉降性较好,产 PHA 菌逐渐占据优势。

SBR－Ⅱ－＃3 以物理－生态双重选择压力模式与 ADF 模式交替运行,若单独考察物理－生态双重选择压力模式的影响(0～2 d,4～6 d,8～10 d,…),或单独考察 ADF 模式的

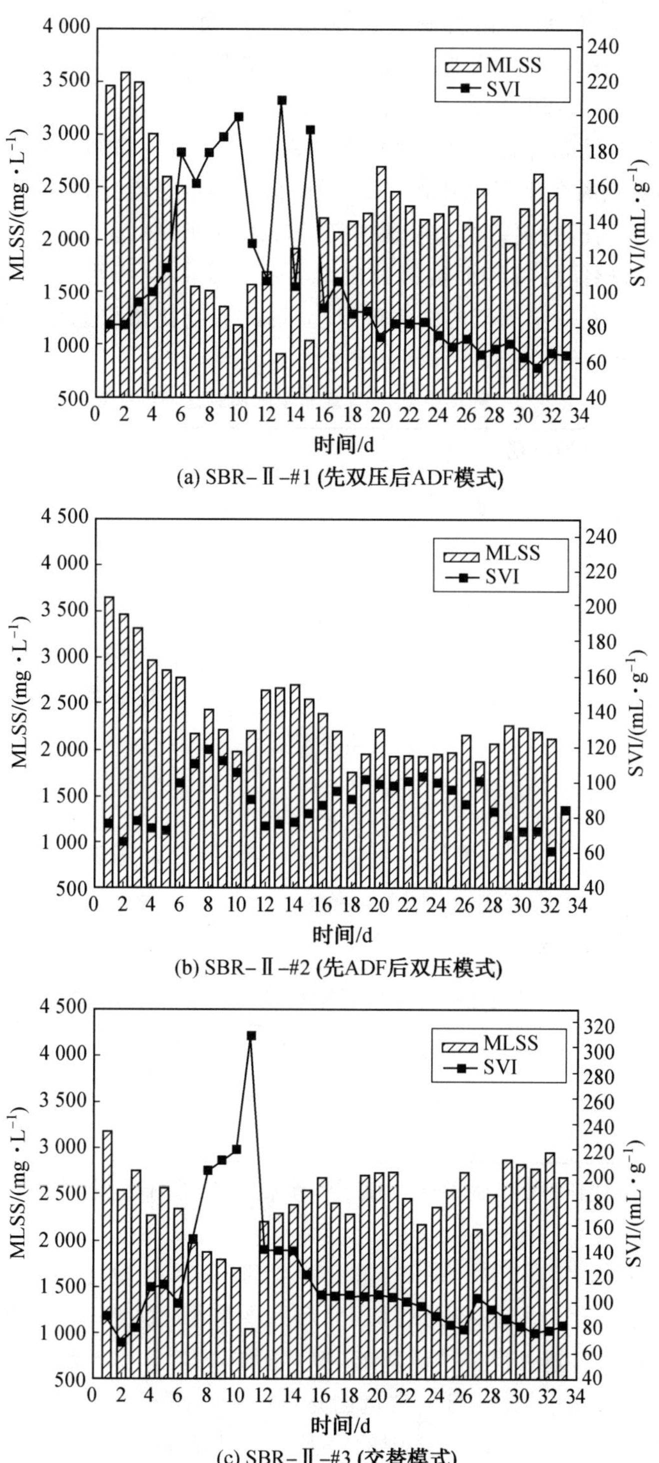

图 5.7　反应器运行 35 d 期间的 MLSS 与 SVI 变化趋势

影响(2～4 d,6～8 d,10～12 d,…),发现其均具备各自典型的特征,说明不同运行模式 MLSS 和 SVI 的影响具有可叠加性。同时,如物理－生态双重选择压力模式在 0～2 d 内,

MLSS降低，在2～4 d的ADF模式中，SVI明显升高，而不是ADF模式应有的“渐增”，反映出不同运行模式对污泥的影响具有滞后性。反应器运行15 d后稳定，MLSS保持在2 500～3 000 mg/L，SVI降低到80 mL/g左右。

本次试验中，三个反应器的底物充盈时间非常接近。微生物刚接种到反应器时会出现DO突跃时间长和突跃时变化不明显的现象，说明微生物的活性比较低且菌群种类复杂，需要一定时间来适应底物的变更。经过一段时间培养之后，PHA富集菌由于其底物比摄取速率快且可利用其自身储能的特性而被筛选出来。从表5.2中可见，总体上，当底物的F/F越小，即底物充盈时间在一个周期内的比重越小，污泥底物比摄取速率越快；底物匮乏阶段时间长，对产PHA菌有利。沿程PHA合成能力见表5.3。

表5.2　SBR中F/F与营养物质消耗之间的关系

反应器	运行日期/d	F/F	氨氮消耗	COD消耗
SBR－Ⅱ－#1	1	0.622	95.2%	72.6%
	5	0.053	97.6%	87.70%
	15	0.053	96.2%	93.3%
	33	0.022	97.7%	96.1%
SBR－Ⅱ－#2	1	0.121	92.8%	88.3%
	5	0.053	96.2%	92.8%
	15	0.053	85.2%	95.7%
	33	0.026	94.5%	97.3%
SBR－Ⅱ－#3	1	0.622	93.3%	80.7%
	5	0.066	98.9%	94.8%
	15	0.026	98.9%	97.2%
	33	0.011	96.6%	98.2%

表5.3　不同运行模式下SBR中PHA合成菌的富集情况

反应器	1#SBR	2#SBR	3#SBR
15 d PHA含量/%	12.75	9.45	9.3
20 d PHA含量/%	14.48	9.69	9.7

在SBR运行不同期间取样做Batch试验，考察反应器内污泥的PHA合成能力，如图5.8所示。

从图5.8中可看出，第3天时SBR－Ⅱ－#1的PHA含量已达32.2%，同时SBR－Ⅱ－#2与SBR－Ⅱ－#3中对应量为26.4%和35%，说明物理－生态双重选择压力模式对启动早期PHA富集有较大促进。而从第15天开始，SBR－Ⅱ－#2的最大PHA合成能力已经显露优势，Batch试验中PHA含量已达44.8%，高于SBR－Ⅱ－#1(40.7%)和SBR－Ⅱ－#3(42%)，SBR－Ⅱ－#2中的污泥同时具备PHA富集微生物相对较多以及富集能力相对较强的特点，故而PHA产量最高。与5.2节中试验对比，第15天的PHA最大含量在45%左右，第20天PHA含量为55%，在时间上和含量方面均比较符合，当试验进行到第30天时，SBR－Ⅱ－#2优势变得更加明显，其PHA最大含量达到63%，SBR－Ⅱ－#1的为55.4%，SBR－Ⅱ－#3的为57%。

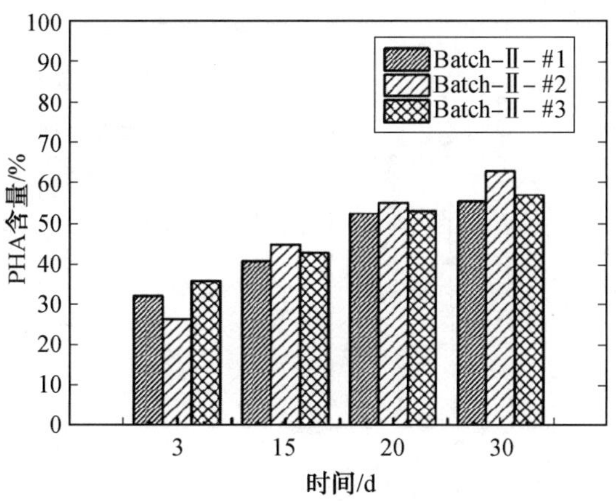

图5.8 Batch中的PHA含量

由图5.9～5.11可看出，三个反应器均具有超过50%的较高PHA含量，其中PHA合成阶段的Batch试验中，Batch－Ⅱ－#1的为52.5%，Batch－Ⅱ－#2的为55%，Batch－Ⅱ－#3的为53.1%。Batch－Ⅱ－#2的PHA合成速度最快，即在试验开始4 h后就已经达到了47%的PHA含量，进一步说明其PHA合成能力强。

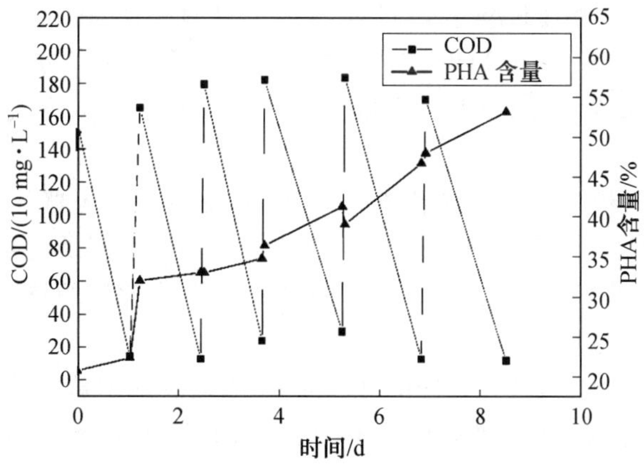

图5.9 Batch－Ⅱ－#1中PHA合成情况(20 d)

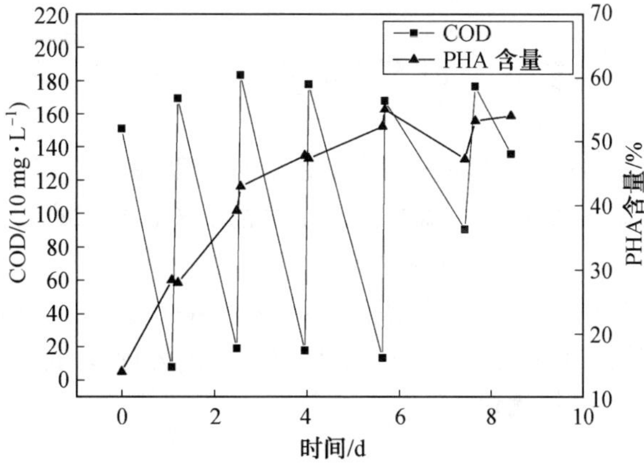

图5.10 Batch－Ⅱ－#2中PHA合成情况(20 d)

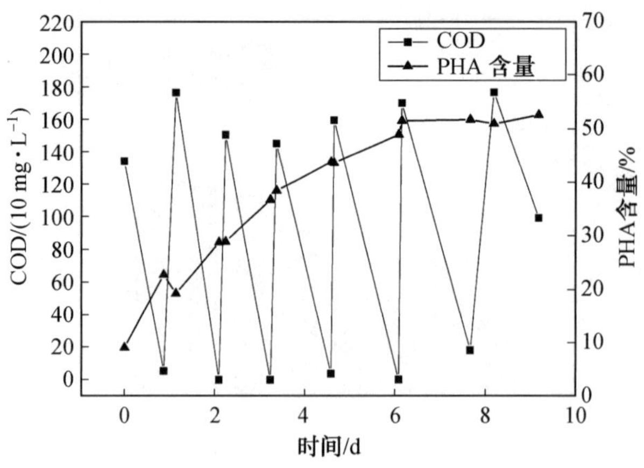

图 5.11 Batch－Ⅱ－＃3 中 PHA 合成情况(20 d)

三个反应器经过一个月的运行达到稳定状态，得到三种不同特性的混合菌群：

①SBR－Ⅱ－＃1：早期污泥浓度下降迅速，优点是可以实现反应器的快速启动，在反应器运行早期即达到较高的 PHA 含量，在转换成 ADF 模式后，由于不再有污泥流失，污泥浓度逐渐增长。菌群的 PHA 含量在三个反应器中为最低，对产 PHA 菌的筛选能力有限。

②SBR－Ⅱ－＃2：通过 PHA 合成阶段的 Batch 试验验证，在三个反应器中 PHA 含量最高，说明在反应初始阶段利用 ADF 工艺对非产 PHA 菌群进行初步筛选后，持续存在的物理选择压力可保证活性污泥的 PHA 含量在较高水平，有利于对合成 PHA 能力较强菌种的进一步富集。

③SBR－Ⅱ－＃3：模式变化或交替进行时，培养模式对反应器的影响可以相互叠加。在实现 PHA 含量超过 50%的前提下，在三个反应器中污泥浓度最高，有利于提高 PHA 总产量，但交替模式下无法保证物理选择压力对活性污泥混合菌群的持续施加，其 PHA 含量比不间断持续施加物理选择压力的 SBR－Ⅱ－＃2 的少。

根据合成 PHA 能力与沉降性之间的必然联系，当对反应器施加物理选择压力时，双重选择压力的富集工艺可以在淘汰非合成 PHA 菌的基础上，再淘汰一部分合成 PHA 能力相对弱的菌种，从而使混合菌群中相对较强产 PHA 菌所占比重上升，从而提高混合菌群的整体 PHA 合成能力。

5.4 好氧动态排水工艺

经典的三段式合成 PHA 工艺的核心阶段是第 2 阶段，即产 PHA 菌群的富集阶段，如何获得高效稳定的 PHA 合成菌群一直是研究工作的热点。寻求产 PHA 菌群富集阶段的最佳工艺运行参数也被认为是最有效的方式。

本章讨论研究活性污泥富集 PHA 菌群过程中 ADD 模式在反应器运行过程中的影响因素，如运行周期、环境温度等，从中识别出对反应器稳定运行影响较大的控制指标，并初步尝试对 ADD 模式的参数进行优化。

5.4.1　好氧动态排水工艺概述

在反应器的一个典型周期内，ADD 与 ADF 的主要区别如图 5.12 所示。

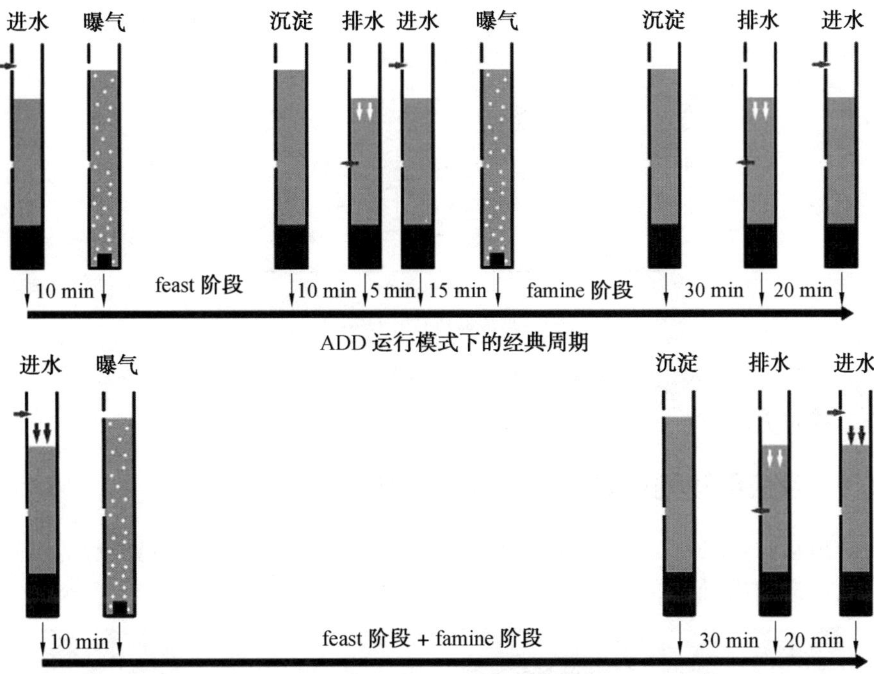

图 5.12　ADD 与 ADF 模式下一个典型周期的基本环节

从图中明显可见，传统 ADF 运行模式下，一个周期内只有一次进水、曝气、沉淀和排水。微生物在反应器内部首先处于底物充盈的充盈阶段，随着碳源耗尽而自然进入底物匮乏阶段，期间不需要任何的人工干预。在底物匮乏阶段结束后，反应器停止曝气，沉淀时间设置为 30 min，目的是尽可能使全部活性污泥都沉降到排水口以下，减少污泥流失。

与 ADF 模式不同，在 ADD 模式下，要多一次进水、曝气、沉淀和排水环节。在反应周期开始时，底物进入反应器内，开始曝气意味着底物充盈阶段的开始。在整个底物充盈阶段，利用溶解氧仪实时监测反应器内的溶解氧状态，当出现溶解氧指标突跃时，意味着活性污泥混合菌群不再耗氧，停止底物吸收，也即为底物充盈阶段末期。而在反应进行过程中，底物充盈时间是动态变化的，由此也决定了 ADD 模式下的排水－Ⅰ时刻动态变化，因此“动态排水”的名称也因此而得。

如图 5.13 所示，反应器启动时，刚投加活性污泥后，由于污泥活性待恢复，开始的 2 d 内底物充盈持续时间可长达 2 h 左右。随着污泥活性的恢复，微生物逐渐适应了碳源，底物充盈时间开始逐渐缩小，直至在反应器运行 15 d 后基本稳定在 10～20 min 之间。

人工设置的沉降时间随反应器运行时间而变化，在污泥活性恢复以及对碳源适应期间，污泥沉降性逐渐增强，但此时需对污泥持续施加物理选择压力，满足每个周期都有一部分沉降性相对较差的微生物被淘汰掉。因此随着污泥沉降性的增强，沉降时间也呈逐渐减小的趋势：从反应器启动时的 15 min 左右，到反应器运行 30 d 后的 2 min 左右。关于物理选择

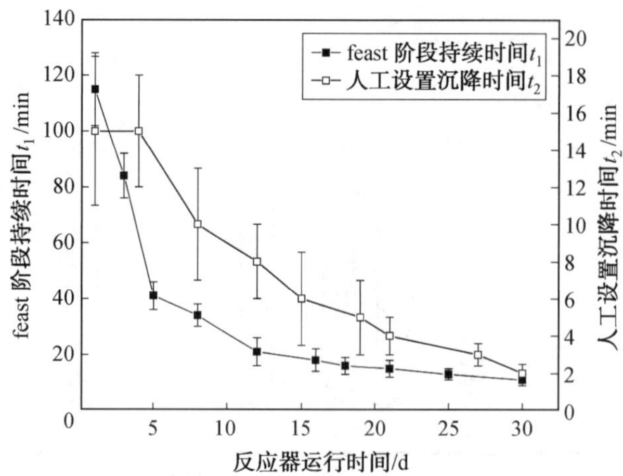

图 5.13　充盈阶段持续时间与沉降时间随反应器运行变化趋势

压力的定量确定方法,在 5.5 节讨论。

5.4.2　反应器达到稳定运行的指示参数

反应器启动时,投加的活性污泥颜色呈深黑色,经过一段时间的培养驯化,反应器内活性污泥颜色逐渐变浅,如图 5.14 所示。

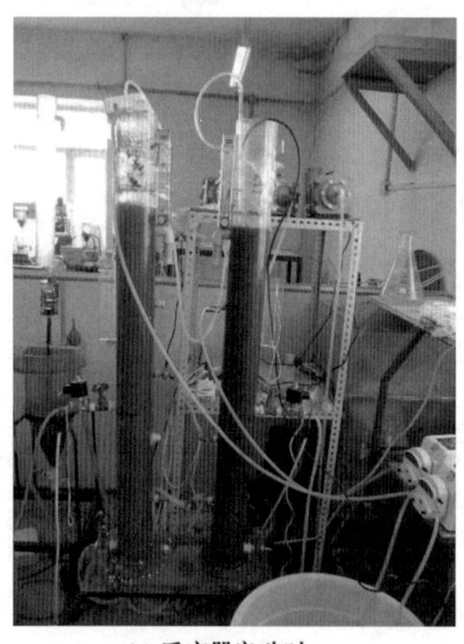

(a) 反应器启动时

(b) 反应器运行15d后

图 5.14　反应器启动时与运行 15 d 后的污泥颜色变化

在反应器达到稳定前,活性污泥的底物充盈与底物匮乏时间长度、溶解氧水平、PHA 含量等各种参数均在较大幅度波动变化。经过一段时间的驯化后,活性污泥微生物性状统一,反应器达到稳定状态。

当反应器达到稳定状态时,一般需同时满足以下几个条件:

(1)连续五个周期的排水中没有污泥损失;

(2)连续五个周期的底物充盈时长基本一致;

(3)活性污泥颜色变成浅黄色;

(4)反应器内污泥每日增长量与每日排泥量相当,污泥浓度基本保持不变。

在反应器从启动至达到稳定前,由于排水－Ⅰ中持续存在污泥流失,可对沉降性差的污泥进行筛选,即认为在对反应器中活性污泥混合菌群产PHA菌较强的菌群筛选能力中,物理选择压力占主导。当反应器达到稳定状态后,排水－Ⅰ过程中基本无污泥流失,认为在反应器后期运行过程中,物理选择压力的主导作用减弱,由物理选择压力与生态选择压力共同继续对混合菌群施加筛选作用。由于在每个运行周期的末期设置排泥,因此排泥量与每周期内污泥生长量相当,使污泥浓度基本稳定。

5.4.3 ADD运行模式下的活性污泥合成PHA

利用混合菌群合成PHA过程中共运行两个反应器:一个柱状上流式SBR－Ⅰ,本节称为SBR＃1;一个完全混合式SBR,本节称为SBR＃2。两个反应器采用相同的底物,均以乙酸钠为碳源,以氯化铵为氮源。底物的质量浓度将按乙酸折算成以COD计算的质量浓度,即1 000 mg COD/L,采用COD∶N∶P＝100∶6∶1的均衡营养比例。两个反应器同时启动,SBR＃1的运行模式为,在一个周期内,进水－Ⅰ(10 min),曝气－Ⅰ(根据DO突跃情况动态设置),沉淀－Ⅰ(反应器启动时为10 min),排水－Ⅰ(5 min),进水－Ⅱ(10 min),曝气－Ⅱ(本周期内剩余时间减去1 h),沉淀－Ⅱ(30 min),排水－Ⅱ＋静置(30 min)。SBR＃2的运行模式为,在一个周期内,进水(10 min),曝气(610 min),沉淀(30 min),排水＋静置(30 min)。

1.反应器启动阶段

刚投加进入反应器内的污泥,颜色呈黑色,对于碳源还没有适应。在反应器启动后的1 d内,SBR＃1和SBR＃2曝气过程中,DO没有明显突跃过程。反应器运行5～10 d期间,SBR＃1中污泥颜色逐渐由黑色变为棕黄色;而SBR＃2中污泥颜色则在反应器启动15 d以后才开始逐渐变浅,在第18天左右呈现浅黄色。这是由于刚接种的污泥内存在许多无机杂质,而人工配水中几乎不含无机物杂质,可生化性良好,因此在污泥活性恢复期内,随着进水与排水/排泥的周期性循环,留在反应器的污泥中的惰性成分和无机物含量低,从而呈现黄色。

在污泥活性恢复期间,随着活性污泥颜色的变化,反应器在投入碳源(进水环节)后的曝气过程中,反应器中的DO呈逐渐升高趋势,直到在一个周期内有明显的DO突跃。随着时间的推移,周期增多,DO突跃在一个周期内发生的时间越来越早(即充盈阶段缩短)。这是因为反应器启动时,活性污泥对碳源还没有完全适应,活性污泥混合菌群中的菌种群落复杂,碳源吸收速度差异较大,不同种类的微生物达到碳源吸收饱和状态的所需时间不同,导致溶解氧监测指标变化不明显。如图5.15所示,随着反应器的运行,产PHA菌在适合生长的环境下迅速繁殖,在底物充盈阶段通过竞争获取更多的营养物质,宏观上表现为充盈阶段时间变短,而更长时间的饥饿则会加速非产PHA菌的消亡,更有利于产PHA菌的富集。

活性污泥颜色变化和充盈阶段时长,可作为污泥活性恢复的重要指标。即污泥完成活性恢复需要满足以下条件:

(1)污泥颜色由深黑色转变为棕黄色;

(2)在一个反应器运行周期内,有明显的DO突跃现象;

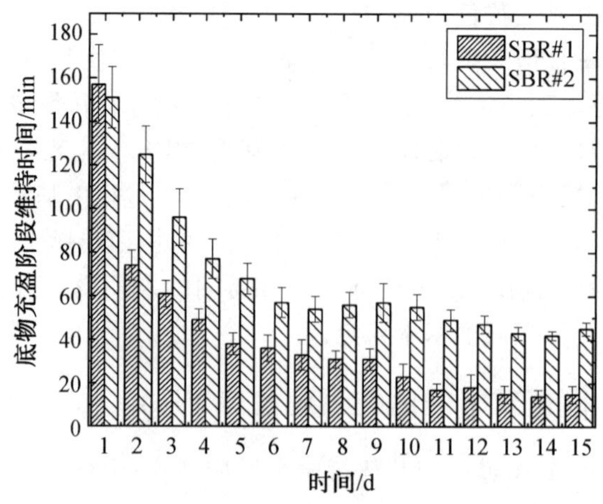

图 5.15　反应器启动 15 d 内底物充盈阶段维持时间变化图

(3)从投加营养物质后曝气开始到 DO 突跃的时间段，称为底物充盈阶段，当污泥完成活性恢复时，底物充盈阶段时长应小于反应器启动第一个周期底物充盈阶段时长的四分之一，且保持稳定(即每周期的数据相差在 10%以内)至少五个周期以上。

因此，SBR＃1(ADD 模式)的污泥活性恢复时间为 5～8 d，SBR＃2(ADF 模式)的污泥活性恢复时间为 10～15 d。污泥活性恢复对于活性污泥混合菌群合成 PHA 的富集过程而言是必经阶段，在活性恢复期间，活性污泥内各种微生物菌群处于剧烈变化且不稳定的状态，反应器的各项监测指标没有明显的变化规律。而且，活性恢复阶段结束也不意味着反应器达到稳定富集 PHA 的状态，还需要根据判定指标继续监测。SBR＃1(ADD 模式)的污泥活性恢复时间明显短于 SBR＃2(ADF 模式)，说明在相同运行时间内，更多的运行周期数量和更强的污泥筛除强度对加快污泥活性恢复，以及使反应器更早进入富集 PHA 菌群的状态有着明显的积极效果。

2.污泥浓度(MLSS)与污泥容积指数(SVI)

反应器启动时，接种的污泥浓度分别为：SBR＃1，4 364 mg/L±100 mg/L；SBR＃2，3 987 mg/L±120 mg/L。

反应器运行 30 d 时间内，活性污泥的污泥浓度和污泥容积指数变化趋势如图 5.16 所示。

反应器启动时，SBR＃1 和 SBR＃2 投加的污泥浓度基本相当。在反应器运行过程中，SBR＃1 中设置了两次排水，其中第一次排水因为有物理选择压力的作用，在反应器运行的初始 10 d 内有大量的活性污泥随水排出，导致反应器内的污泥浓度显著减小，在反应器运行 10 d 后，污泥浓度减小到投加时污泥浓度的 1/3。在此过程中，每周期的污泥流失量有逐渐减少的趋势。

直到运行 10 d 后，每周期排水时的污泥流失量逐渐减少，污泥浓度在第 10 天出现拐点，停止降低并保持稳定回升。这是因为在 SBR＃1 的物理选择压力作用下，将沉降性较差的微生物淘汰后，剩余沉降性较好的污泥可以在 10 min 的沉降时间内沉到出水口以下，从而保证不流失，还可以继续实现污泥生长繁殖。因此从图 5.16(a)中可以看出，反应器运行 10 d 以后，污泥的 SVI 与 MLSS 同时出现拐点，停止增长并迅速下降。说明污泥的整体沉

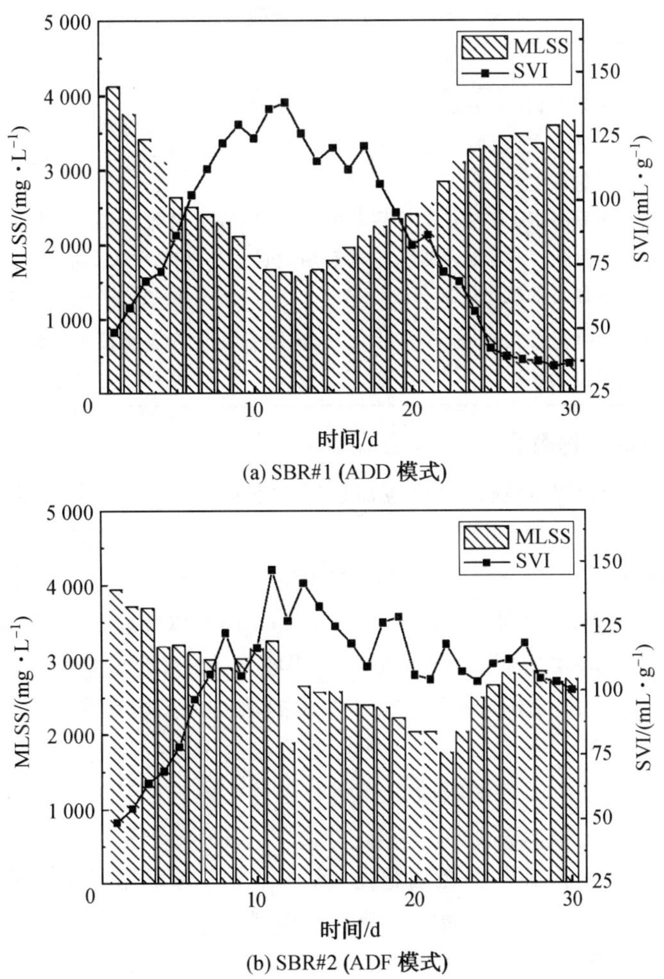

图 5.16　SBR＃1 与 SBR＃2 的 MLSS 与 SVI 的变化趋势

降性得到了明显改善。此时虽然污泥浓度逐渐升高，且在运行 23 d 以后出现污泥浓度增长速度加快的现象，但由于良好的沉降性，仍可以保证每周期的污泥流失维持在一个很低的水平。因此，在 ADD 模式下，MLSS 和 SVI 呈现完全相反的变化趋势，即 MLSS 先降后升、SVI 先升后降，拐点出现时间也基本相同。

采用传统 ADF 模式的 SBR＃2 在运行期间，由于每个周期末的沉降时间长达 30 min，可保证在每周期排水过程中基本没有污泥流失，因此可认为在反应器运行初期造成污泥浓度降低的主要原因是在循环出现碳源耗尽的微生物"饥饿"状态下，大量不具有合成 PHA 能力的微生物被淘汰。在混合菌群中，不同微生物在底物匮乏条件下的耐受能力有所不同，从而使得污泥浓度缓慢降低，变化曲线没有明显拐点，反应器达到稳定后污泥浓度在投加质量浓度的 80%左右水平上波动。由于活性污泥取自污水处理厂的曝气池，因此污泥投加时的污泥沉降性较好，经过污泥恢复期，淘汰掉原泥中的无机杂质后，污泥呈现絮状，沉降性变差，SVI 从 50 mL/g 左右升高并稳定在 100～120 mL/g 之间。

综合比较 SBR＃1 和 SBR＃2 的 MLSS 和 SVI，将所得结论列于表 5.4。

表 5.4　SBR#1 与 SBR#2 的污泥特性比较

参数	SBR#1	SBR#2
MLSS	先迅速降低，10 d 左右降至投加时的 30%以下后出现拐点，而后稳定回升，接近污泥投加时的质量浓度	污泥浓度逐渐缓慢降低，变化曲线没有明显拐点，在 15 d 以后趋于稳定
SVI	先迅速升高，10 d 左右接近启动时的 3 倍，而后迅速降低，反应器达到稳定状态后，沉降性低于投加时的状态	逐渐升高，10 d 以后开始在投加水平的2～2.5 倍之间波动并最终稳定在投加水平的 2 倍左右
污泥状态	污泥浓度为投加时的 60%～70%，沉降性明显优于投加状态	污泥浓度为投加时的 70%～80%，沉降性明显弱于投加状态

3. ADD 模式下的底物吸收与 PHA 合成

当 SBR#1 与 SBR#2 分别进入反应器稳定状态后，即开展对反应器在富集 PHA 期间的典型周期内底物(包括碳源、氮源)、DO、COD，以及 PHA 含量的实时监测。在一个周期内，从反应器中连续取泥水混合样本。底物充盈阶段，取样间隔为 5 min，待 DO 发生突跃后，采样时间间隔可逐渐增加到 30 min。如图 5.17 所示，以反应器运行 21 d 的第二周期为例，对比 SBR#1 和 SBR#2 内活性污泥的底物吸收与 PHA 合成情况。

在反应器运行稳定后，SBR#1 和 SBR#2 内的活性污泥均有明显的底物充盈—匮乏阶段分界，但二者在碳源吸收速度、F/F，以及富集阶段的 PHA 合成能力等方面存在较大差异。SBR#1 反应器启动时的底物吸收过程用时超过 2 h，在反应器运行期间底物充盈阶段维持时间逐渐变短，运行 21 d 后达 16 min。即污泥在 16 min 内消耗了 97%以上的碳源，其中一部分碳源以 PHA 的形式贮存在细胞内，另一部分碳源则用于细胞的分裂增殖和自身生命维持。SBR#2 反应器启动时的底物吸收过程用时与 SBR#1 基本相同，但在反应器运行一段时间后，底物充盈阶段维持时间明显长于 SBR#1，如图 5.17 所示。底物比摄取速率产生差异，是由于 ADD 运行模式和 ADF 运行模式对污泥的筛选强度不同。当两个反应器都达到稳定状态后，SBR#1 中的污泥与 SBR#2 中的污泥相比，沉降性较强，底物比摄取

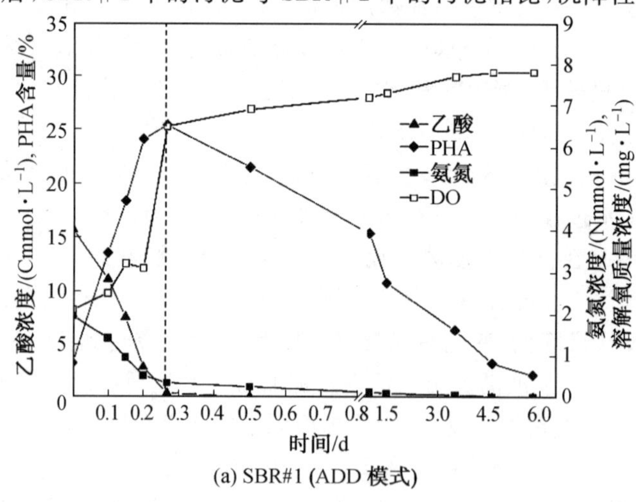

(a) SBR#1 (ADD 模式)

图 5.17　SBR#1 与 SBR#2 在一个典型周期内的底物消耗与 PHA 合成过程(21 d)

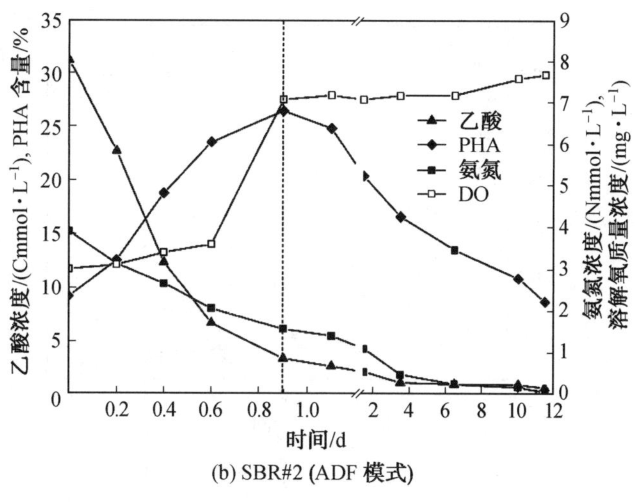

(b) SBR#2 (ADF 模式)

续图 5.17

速率更快。有研究发现，在底物匮乏阶段，微生物消耗体内贮存的碳源维持自身生命和细胞分裂增殖，当细胞内贮存碳源消耗完毕时则微生物无法继续维持生命，且有细胞在充盈阶段合成的 PHA，在底物匮乏阶段基本完全耗尽。

为了维持在一个周期内较长的底物匮乏阶段，活性污泥混合菌群中那些能更快地将底物吸收并贮存为 PHA 的菌种在竞争中逐渐获得优势。因此，在充盈阶段，对有限底物的竞争，有利于 PHA 合成菌更快地在体内贮存更多的 PHA，使自身可以在相当长的底物匮乏阶段维持生存。一个典型周期内底物充盈与底物匮乏阶段的时间之比，反映了活性污泥利用底物合成 PHA 的效率，即 F/F 较高时，微生物能更快地储备好用于度过更长的底物匮乏阶段的储备碳源 PHA。Van 的研究认为，相对底物充盈阶段而言，微生物将会在漫长的底物匮乏阶段消耗几乎全部在充盈阶段合成的 PHA。

因此，可以认为，在人工设定的周期总长度保持一致的前提下，通过活性污泥内部的种群竞争与淘汰，F/F 逐渐减小，匮乏时间越长则需要用于维持生命和消耗的 PHA 越多，从而在充盈阶段对底物吸收的量就越大，而有限的底物必然使得只有底物比摄取速率快的微生物才能在细胞内储备足量的 PHA。

由图 5.18 可见，在反应器运行过程中，SBR＃1 与 SBR＃2 的 F/F 以相同的趋势迅速下降，并最终稳定在小于初始值 1/4 的水平，反应器运行 30 d 时，SBR＃1 的 F/F 小于 SBR＃2 的 F/F。

底物充盈与底物匮乏阶段持续时间比(F/F)，为指示活性污泥混合菌群产 PHA 菌富集效果、SBR 中微生物 PHA 含量的最重要指标。在试验过程中发现，底物浓度高，污泥浓度低时，F/F 较大；底物浓度低，污泥浓度高时，F/F 较小；底物浓度与污泥浓度均较高时，F/F 一般较小；底物浓度与污泥浓度均较低时，F/F 一般较大。随着反应器的运行，F/F 逐渐由大减小直至稳定。F/F 可体现出微生物在反应器微环境内对底物的适应性，且当 F/F 较小时对应的微生物 PHA 含量也较高，说明 ADD 运行模式提供的物理选择压力能够筛选到底物比摄取速率快、PHA 合成速度快的微生物以度过相对长的匮乏阶段。

虽然两个反应器的运行周期时长不同，但以反应器运行一天 24 h 为基准，在此期间 SBR＃1 的底物充盈阶段时间总长为 4×0.26 h＝1.04 h；底物匮乏阶段时间总长为

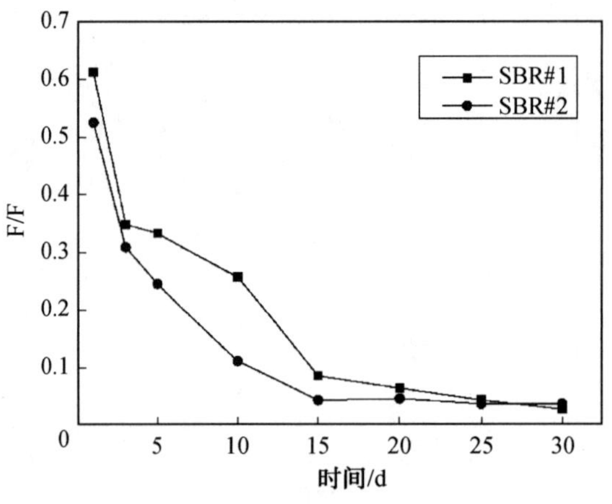

图 5.18 反应器运行期间 F/F 的变化规律

22.94 h。而 SBR＃2 与此对应的时间长度分别为 2×0.9 h=1.80 h 和 22.2 h。即以 d 为时间单位计，SBR＃1 的总体底物匮乏时间长度比 SBR＃2 的还要长。

从 SBR＃1 和 SBR＃2 在 PHA 富集阶段典型周期末的细胞 PHA 含量在反应器运行期间的变化规律可印证上述假设的正确性，如图 5.19 所示。随着反应器的运行，SBR＃1 和 SBR＃2 中通过一个周期内的积累，在底物充盈阶段末期取样，检测到 PHA 含量占细胞干重的比例逐渐上升，说明两个反应器都可以有效地提高活性污泥混合菌群合成 PHA 的能力，完成产 PHA 菌的富集过程。但采用 ADD 模式的 SBR＃1，PHA 富集效果明显优于 SBR＃2，反应器运行 10 d 时，SBR＃1 中污泥的 PHA 含量为 10.6%，而 SBR＃2 中污泥的 PHA 含量为 9.4%，二者相当。30 d 稳定运行后，SBR＃1 中的 PHA 含量(26.8%)比 SBR＃2 中的 PHA 含量(22.9%)高 17%。这说明 ADD 运行模式在促进活性污泥富集 PHA、提高 PHA 合成能力方面相对传统 ADF 运行模式而言具有一定优势。

在 PHA 合成阶段，需对活性污泥混合菌群投加不均衡的营养物质，并将其转移到批次补料的反应器中用以最大化合成 PHA，可采用 Batch 试验进行。

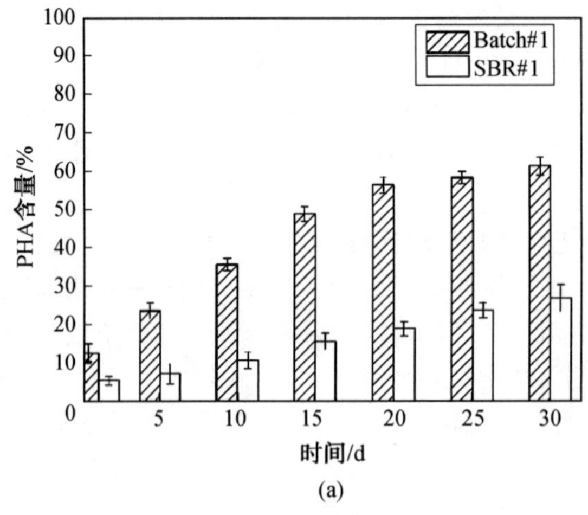

图 5.19 反应器运行前 30 d 的最大 PHA 合成产量发展规律

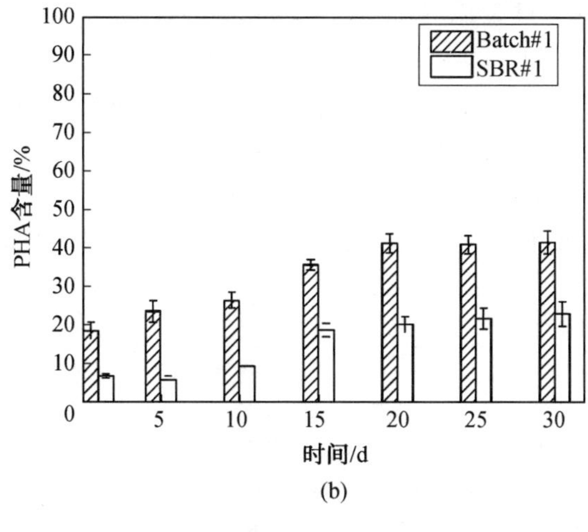

(b)

续图 5.19

反应器启动后，每隔 5 d 将从反应器排泥口收集来的活性污泥进行 Batch 试验，每次试验需保证底物充盈时间超过 10 h，试验结果如图 5.19 所示。

由间歇补料试验可知微生物在反应器运行至某阶段时最大的 PHA 合成能力是多少，从图 5.19 可知，SBR＃1 中活性污泥混合菌群的 PHA 合成能力显著强于 SBR＃2 中活性污泥合成 PHA 的能力。间歇补料试验 PHA 含量增长曲线的规律与 SBR 富集反应器中相同，但在间歇补料试验中 SBR＃1 的优势更大，运行 30 d 时，SBR＃1 与 SBR＃2 中污泥 PHA 含量分别为 61.3％和 41.5％，采用 ADD 运行模式后，可在传统 ADF 运行模式的基础上，将混合菌群 PHA 含量提高 47％。

5.4.4　沉降性能筛选作用的指示指标研究

在 ADD 运行模式下，通过设置沉淀时间来调节物理选择压力是工艺流程中的重要环节，也是对反应器富集 PHA 菌群效果影响较大的因素之一。已经有文献证实，具有 PHA 合成能力的菌种在吸收碳源后有明显细胞内贮存物增多的现象。通常认为，细胞内的 PHA 以 PHA 颗粒的形式存在，这种 PHA 颗粒的组成结构为：内部是 PHA 聚合物核心，外部包裹着磷脂层(phospholipid layer)和聚合酶与解聚酶(polymerase and depolymerase)，且细胞内贮存物的体积与细胞的重度是正相关的关系。这就为利用活性污泥混合菌群沉降性这个特征对微生物环境建立更加有利于 PHA 合成菌群形成竞争优势的选择压力提供了理论基础。

在 SBR 中，对选择压力有贡献的参数包括：底物的质量浓度、上升剪力、底物充盈－匮乏机制、运行工艺补料策略、溶解氧的质量浓度、反应器结构形态、污泥停留时间(SRT)、周期时间、沉降时间和体积交换比。研究人员提出了对于好氧颗粒污泥广泛适用的选择压力理论，该理论将对选择压力有重要影响的参数，统一成一个指标——污泥沉降速率 V_s。

污泥沉降速率 V_s(污泥降低距离与时间的比值)是泥水混合液中的固体颗粒沉降速度。研究人员的选择压力理论的核心在于将排水过程细分为固体颗粒排出和液体全部排出同时发生，但维持时间不同的两个步骤。由于停止了曝气，污泥固体颗粒的密度大于水的密度，因此在排水的过程中，排水口以上的部分会出现因污泥快速沉降而导致的泥水分离出现上清液的现象，而与此同时一部分原本在排水口以上的污泥，则沉降到排水口以下，不会随水排出。

根据设计沉降时间 t_s 的定义，如果污泥中的悬浮颗粒沉降的时间超过设计时间 t_s，将会被 SBR 从排水口排出。因此存在一个最小的沉降速率$(V_s)_{min}$，若污泥的沉降速率小于$(V_s)_{min}$，则污泥沉降时间会过长，且因大于设计沉降时间，还未沉降到排水口就被排出。而所有沉降时间小于设计沉降时间的，也就是沉降速率大于$(V_s)_{min}$的污泥颗粒，则可以保留在反应器内。有

$$(V_s)_{min}=\frac{L}{t_s+\frac{(t_d-t_{d,min})^2}{t_d}} \tag{5.7}$$

式中 L——污泥降低距离；

t_s——设计沉降时间，从排水开始到液面降低到排水口处的时间间隔；

t_d——排水口以上的悬浮物（活性污泥）从排水口排出的时间间隔；

$t_{d,min}$——最短的污泥排出时间。

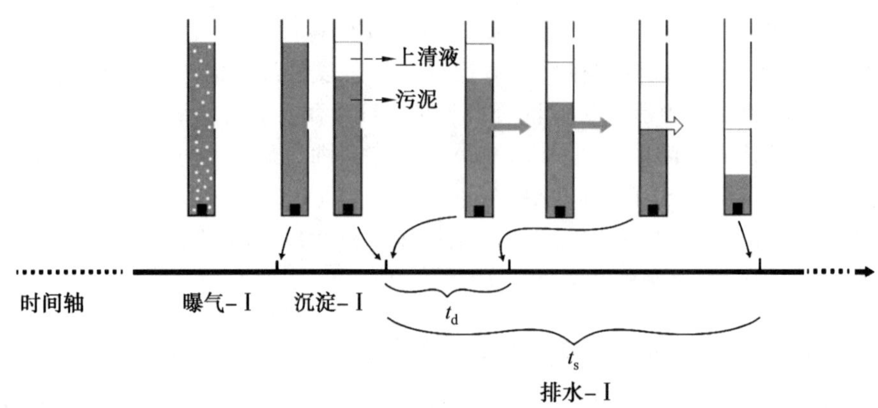

图 5.20 物理选择压力的具体描述（t_d 和 t_s）

选择压力的大小通过调整 t_s 和 t_d 施加：通过调整排水装置的流速，控制 t_s；通过控制污泥沉降过程中排水口打开的时刻，控制 t_d，即沉淀-Ⅰ的时间。当反应器内活性污泥沉降性良好，几乎 100%为好氧颗粒污泥时，存在最短的污泥排出时间 $t_{d,min}$，如果排水时间 $t_d \geqslant t_{d,min}$，则在排水的过程中，一部分位于排水口上方正在排出的污泥会因为同时发生的沉淀而降低了选择压力的筛选效果。当 $t_d \geqslant t_{d,min}$ 时，需要调整设计沉淀时间 t_s 来设置排水时间。

ADD 运行模式借鉴好氧颗粒污泥培养过程中的选择压力的设置与量化表达方法，对式(5.7)进行调整，如下：

$$(V_s)_{min}^{充盈\_end}=\frac{L}{t_s+\frac{(t_d-t_{d,min})^2}{t_d}} \tag{5.8}$$

即用式(5.7)和式(5.8)共同来描述选择压力。

其中，$(V_s)_{min}^{充盈_end}$作为反应器在第一次排水时的控制参数，通过调整沉降时间和监测排水时间来完成选择压力的设置。同时，引入参数 φ，定义为经过第一次排水过程后，底物匮乏阶段初始时的污泥浓度与底物充盈阶段末期的污泥浓度之比。

$$\varphi=\frac{c_{匮乏\_start}}{c_{充盈\_end}} \tag{5.9}$$

参数 φ 的数值直接与 $(V_s)_{min}^{充盈\_end}$ 的大小相关联，用来量化反应器的选择压力大小。每设定一个 $(V_s)_{min}^{充盈\_end}$，就确定了一个参数 φ 的初始值。因为 φ 属于后验性参数，不能直接设置，同时随着反应器的运行，活性污泥的沉降性会逐渐变化，即在 $(V_s)_{min}^{充盈\_end}$ 与参数 φ 初始值不变的情况下，每周期 φ 的数值都会逐渐减小，直至在周期的第一次排水过程中不再出现污泥流失，即宣告物理选择压力筛选过程结束，φ 终值为 1，这期间 φ 值始终处在变化的过程中。

启动一组柱状上流式 SBR－Ⅱ，采用 ADD 模式运行，对三个反应器分别设置不同的 $(V_s)_{min}^{充盈\_end}$，从而得到三组不同的初始 φ 值。为使反应器内选择压力保持较高强度，选择6 h 周期长度，SRT 为 10 d。

当参数 φ 的初值在(0.9,1)区间内，$(V_s)_{min}^{充盈\_end}$＝3 m/h，如图 5.21(a)所示，较大的 φ 值意味着在排水过程中，每个周期淘汰的污泥占总量的 10％以下，物理选择压力偏小，导致在反应器运行过程中污泥浓度变化不明显，在产 PHA 菌群富集过程中的筛选作用不明显，反应器运行 30 d 期间内的细胞内合成 PHA 速度增长相对缓慢。

当参数 φ 的初值小于 0.8，$(V_s)_{min}^{充盈\_end}$＝7 m/h，如图 5.21(b)所示，较小的 φ 值意味着在排水过程中，每个周期淘汰的污泥的质量分数为 20％，物理选择压力过大，流失的污泥量超过了每个周期污泥的新增生长量，导致反应器内污泥浓度迅速减小，反应器运行不稳定，污泥几乎全部流失并最终造成反应器崩溃，微生物的 PHA 比合成速率也几乎为零。

当参数 φ 的初值在(0.8,0.9)区间内，$(V_s)_{min}^{充盈\_end}$＝5 m/h，如图 5.21(c)所示，φ 取值较为合理，在 PHA 菌群富集过程中对污泥的筛选起到了积极作用。由图可知，在反应器运行期间，污泥浓度经历了先因物理选择压力筛选作用而降低，在筛选完成后迅速回升的过程，同时微生物的 PHA 比合成速率因筛选效果良好而明显优于图 5.21(a)和图 5.21(b)的两种情况。

由此可知，由参数 φ 和 $(V_s)_{min}^{充盈\_end}$ 定义的物理选择压力对活性污泥混合菌群富集 PHA 过程有着显著影响，通过控制该参数可以对 PHA 富集效果进行有效调控。

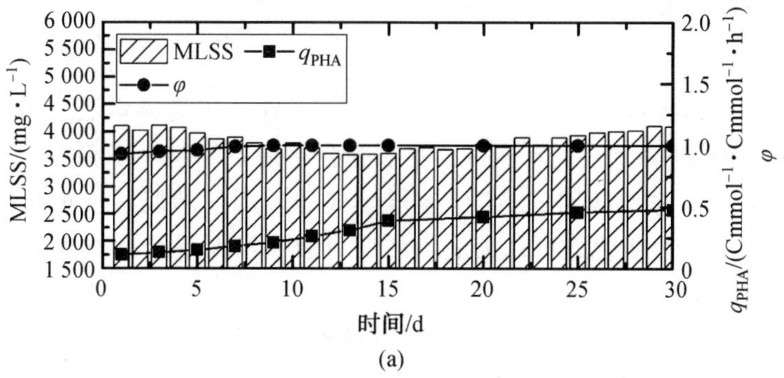

(a)

图 5.21　不同初始 φ 值对活性污泥 PHA 富集过程的影响

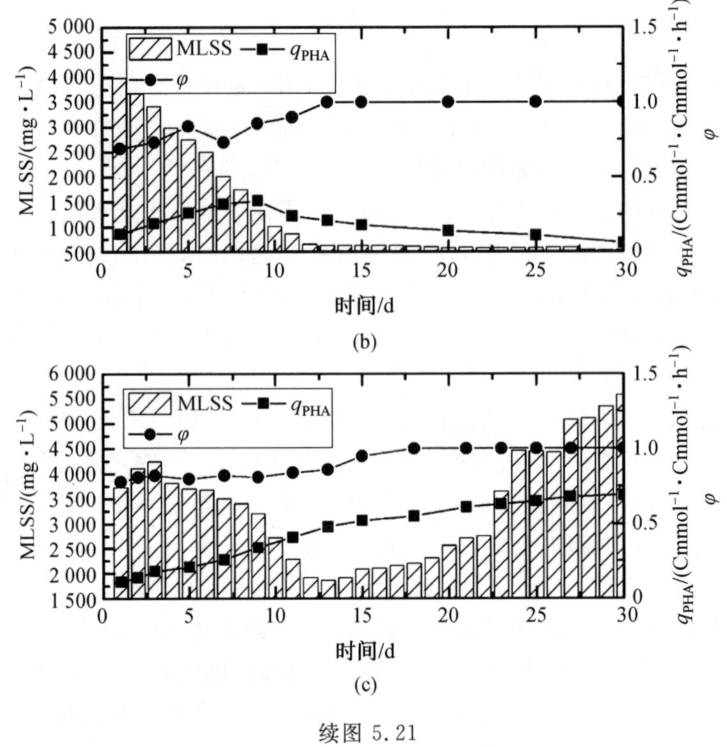

续图 5.21

5.4.5 活性污泥在 ADD 工艺下合成 PHA 富集阶段的工艺优化

利用活性污泥混合菌群合成 PHA，主要分为碳源制备过程、产 PHA 混合菌群富集过程，以及活性污泥混合菌群合成 PHA 过程三个环节。其中，好氧动态补料(ADD)的运行模式作用于第二阶段即产 PHA 菌群富集过程的反应器中，底物浓度、反应器运行周期长度、运行时的环境温度，以及污泥停留时间(SRT)等参数的讨论对富集反应器运行关键参数的识别以及优化具有积极意义。

1. 底物浓度

研究人员对活性污泥混合菌群富集产 PHA 时，表现出较高进水底物浓度条件下，所富集的菌群具有较高的 PHA 产率，但较高底物浓度会导致系统趋于不稳定。在本试验中，设每周期时间长度为 8 h，采用相同的 ADD 运行模式即每周期的底物投加频率一致，因此在本试验中考察底物浓度的变化即可代表底物浓度对活性污泥混合菌群富集 PHA 过程的影响。

对试验中达到稳定运行的柱状上流式 SBR—Ⅱ调整进水底物的质量浓度，并用将乙酸折算为 COD 计的进水碳源的质量浓度(mg COD/L)表示，使得进水碳源达到500 mg COD/L(SBR＃1)、1 000 mg COD/L(SBR＃2)、2 000 mg COD/L(SBR＃3)，其他运行参数保持一致，在 ADD 运行模式中，人工设置选择压力的初始 φ 值为 0.85。由图 5.22 可以看出，三个反应器在不同的底物浓度环境下运行，并达到稳定状态。

SBR＃1 的碳源质量浓度为 500 mg COD/L，在反应器运行的 10 d 内，由于选择压力的作用，污泥浓度迅速下降。16 d 以后达到最低值，污泥浓度开始回升。但由于碳源质量浓

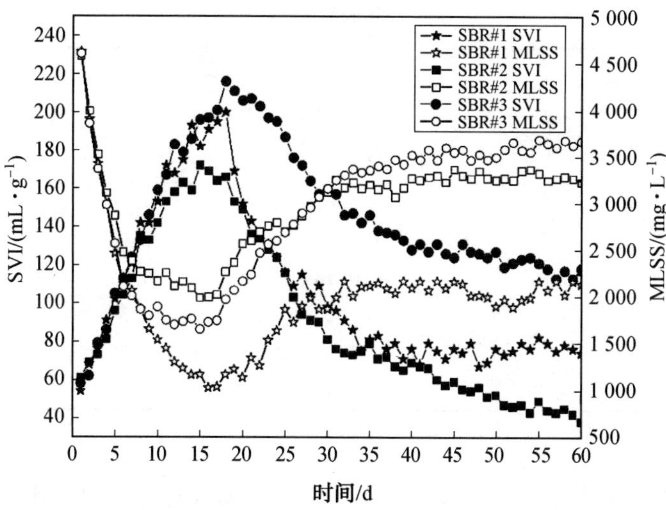

图 5.22　不同底物浓度条件下 MLSS 与 SVI 的变化趋势

度较低，混合菌群生物量增长速度慢，因此污泥浓度在 30～60 d 之间维持在 2 000 mg COD/L左右，降低到污泥投加质量浓度的 45%。SVI 最大值为 200，在 30～60 d 期间逐渐降低到 70 mL/g 左右，比投加时增加 9%。

SBR＃2 的碳源质量浓度为 1 000 mg COD/L，在第 15 天同时出现 MLSS 最小值(1 986 mg/L)和 SVI 最大值(172)，30～60 d，MLSS 回升到 3 200 mg/L 左右，SVI 回落到 40 mL/g 左右，沉降性明显改善，比污泥投加时的 SVI 降低 34%，MLSS 为投加时的 70%。

SBR＃3 的碳源质量浓度为 2 000 mg COD/L，在第 18 天出现 MLSS 的最小值(1 967 mg/L)和 SVI 最大值(216 mL/g)，由于增加了碳源质量浓度，混合菌群生物量增长速度较快，30～60 d 期间 MLSS 稳定在 3 600 mg/L 左右，为投加时的 78%，为三个反应器中 MLSS 最高。

在反应器运行过程中，SBR＃1(碳源质量浓度 500 mg COD/L)和 SBR＃3(碳源质量浓度 2 000 mg COD/L)不同程度地出现了沉降性变差的现象，在沉淀－Ⅰ和沉淀－Ⅱ过程中，反应器内上清液出现浑浊悬浮物的现象。经显微镜观察，碳源的活性污泥出现了丝状菌生长。

根据作者所在课题组的前期研究成果，发生丝状菌膨胀的活性污泥依然存在合成 PHA 的能力。同时通过表 5.5 也可以看出，SBR＃1、SBR＃2 和 SBR＃3 在反应器运行 30 d 内的 PHA 含量有一定差异，说明碳源质量浓度对 ADD 运行模式下活性污泥合成 PHA 的能力有一定的影响。

表 5.5　SBR 与间歇补料试验过程中的动力学参数及 PHA 含量

反应器	运行时间/d	$-q_S$/(Cmol HAc·(Cmol X·h)$^{-1}$)	q_{PHA}/(C mol PHA·(C mol X·h)$^{-1}$)	$Y_{P/S}$/(C mol PHA·(C mol HAc)$^{-1}$)	30 d PHA 含量/%	
					SBR	Batch
SBR＃1	10	0.31	0.18	0.58	12.5	32.5
	15	0.48	0.31	0.65	15.7	48.8
	30	0.59	0.40	0.68	21.4	53.1

续表5.5

反应器	运行时间/d	$-q_S$/(Cmol HAc·(Cmol X·h)$^{-1}$)	q_{PHA}/(C mol PHA·(C mol X·h)$^{-1}$)	$Y_{P/S}$/(C mol PHA·(C mol HAc)$^{-1}$)	30 d PHA 含量/%	
					SBR	Batch
SBR＃2	10	0.38	0.21	0.55	11.3	34.5
	15	0.53	0.34	0.64	18.9	52.6
	30	0.67	0.46	0.69	25.3	57.3
SBR＃3	10	0.36	0.20	0.56	10.8	32.2
	15	0.58	0.32	0.55	16.4	45.3
	30	0.69	0.41	0.59	22.7	51.2

2.周期长度

在不同的运行周期条件下，反应器对 PHA 富集菌的筛选能力有所不同，由于其具备快速将碳源转化为 PHA 作为能源贮存，以及在饥饿时可以通过分解 PHA 缓慢消耗能量的能力，故而在长周期内相对其他菌具有优势，需讨论不同周期长度作用下，PHA 菌群富集能力的变化。

启动三个柱状上流式 SBR－Ⅰ，分别为 SBR＃1～SBR＃3，均以乙酸钠作为单一碳源、氯化铵作为氮源，反应器的周期长度分别设置为 6 h、8 h 和 12 h，其他参数保持一致。在 ADD 运行模式中，人工设置选择压力的初始 φ 值为 0.87。

由图 5.23 可知，采用了不同的周期长度后，直接影响的是在一个典型周期内的底物匮乏阶段维持时间长度和 F/F 参数。

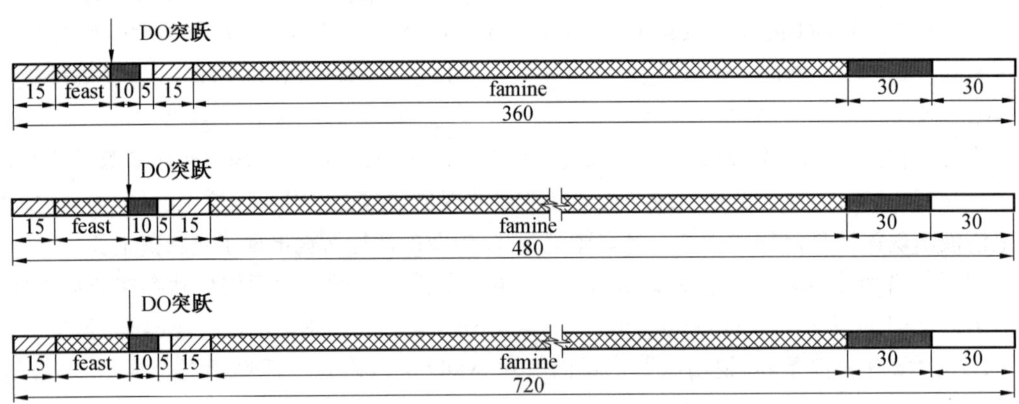

图 5.23　不同周期长度条件下反应器的运行机制(单位:min)

在传统的 ADF 运行模式下，底物匮乏阶段持续时间相对越长，不具备合成 PHA 能力的微生物被生态选择压力淘汰的概率越大，因此常采用较长的周期。但在 ADD 运行模式下，由于活性污泥的 F/F 很小，因而在典型周期内，活性污泥的底物匮乏阶段依然能保持较长时间，而缩短的周期长度可以增加底物供给次数和单位时间的总量。

从图 5.24 可见，反应器采用的周期长度越短，一天内反应器中活性污泥混合菌群经历的周期次数就越多。

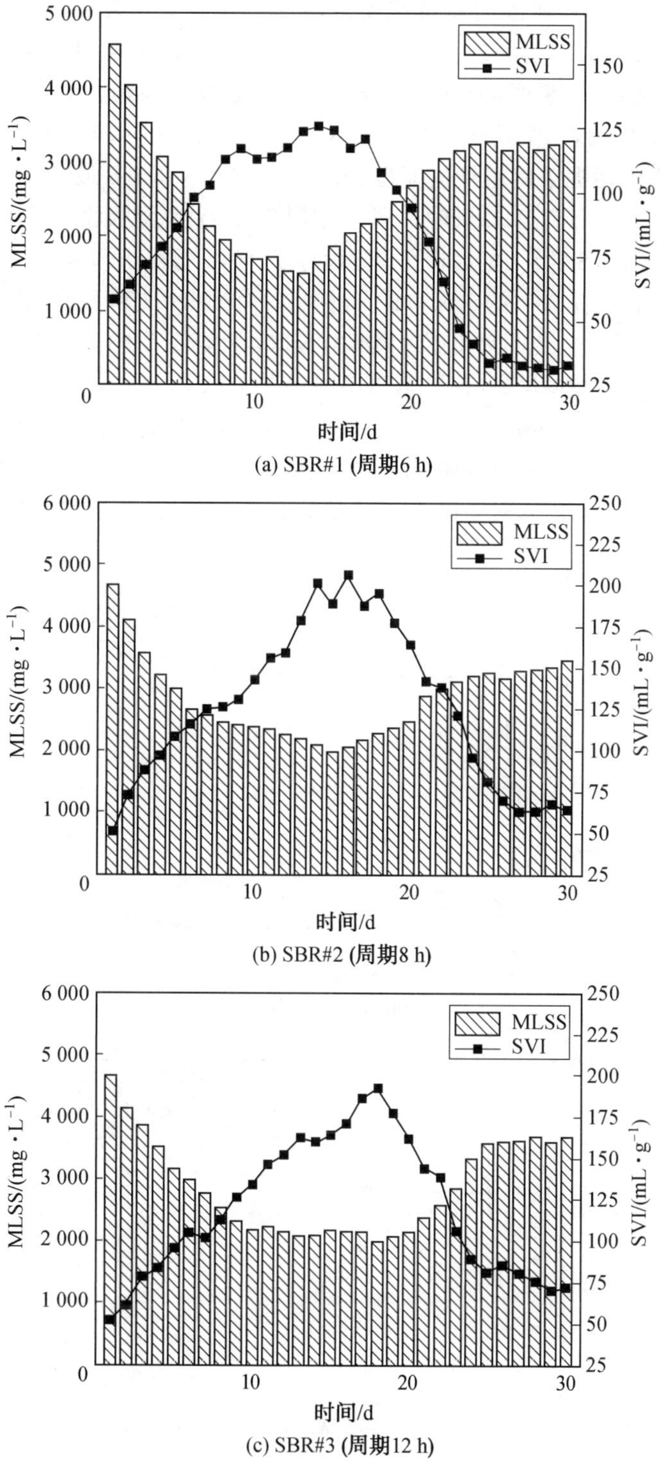

图 5.24　采用不同周期长度后 MLSS 与 SVI 的变化趋势

SBR＃1 每日运行 4 个周期，是 SBR＃3 的两倍，因此在污泥活性恢复期间，SBR＃1 的物理选择压力应用次数和碳源的质量浓度也均为 SBR＃3 的两倍。从而三个反应器中，SBR＃1 经物理选择压力对污泥进行筛选后的污泥浓度最低值为 SBR＃2 污泥浓度最低值的 76%、SBR＃3 的 73%，说明运行的周期次数越多，在反应器运行到稳定阶段前损失的污泥量越少。在 25 d 以后，三个反应器均达到运行稳定状态，此时 MLSS 和 SVI 均比较接近。说明三个反应器内的污泥浓度增长速度为 SBR＃1 最快、SBR＃3 最慢、SBR＃2 居中。

图 5.25 为反应器运行到第 30 天时，一个典型周期内活性污泥吸收碳源并合成 PHA 过程的趋势图。从中可以看出，SBR＃1 的底物充盈阶段持续时间明显小于 SBR＃2 和 SBR＃3，且在 DO 发生突跃时，就已经消耗掉 98%的碳源和 97%的氨氮，而 SBR＃2 和 SBR＃3 中在 DO 突跃时均有较多的碳源与氨氮剩余。说明采用更短周期的 SBR＃1，能使活性污泥在更短的时间内吸收更多的碳源，即碳源吸收的效率提高，有利于 PHA 的富集与积累。

从图 5.26 中可以看出，SBR＃1 中活性污泥的 PHA 含量(62.5%)高于其他两个反应器(SBR＃2 中 PHA 含量为 56.5%，SBR＃3 中 PHA 含量为 46.7%)，说明较高的碳源吸收效率，以及在运行初期较强的物理选择压力，对于提高 PHA 含量和 PHA 富集能力是有促进作用的。

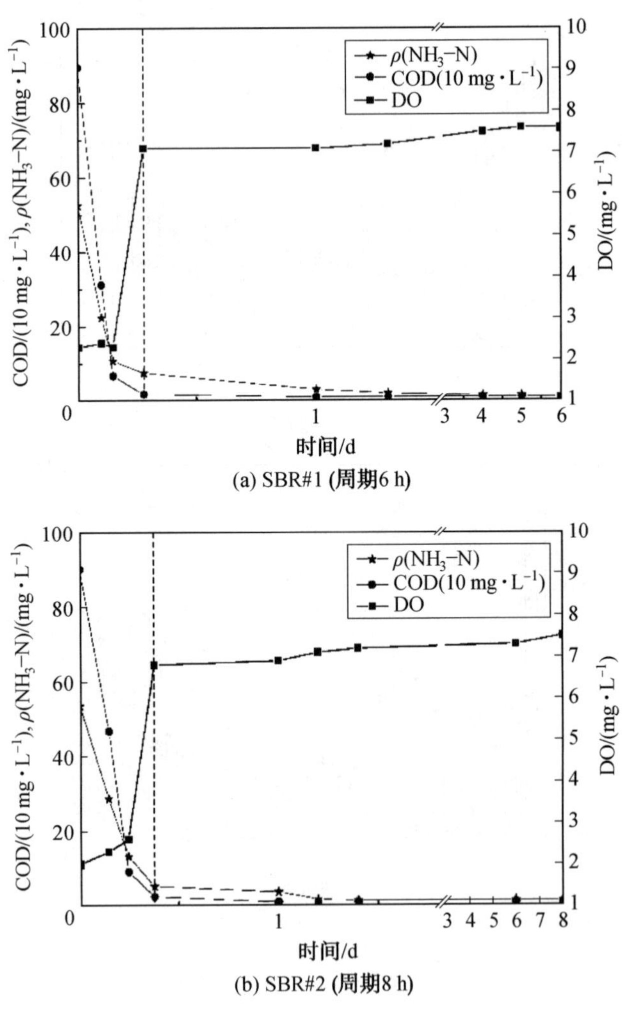

图 5.25　一个典型周期内活性污泥碳源吸收与 PHA 合成过程

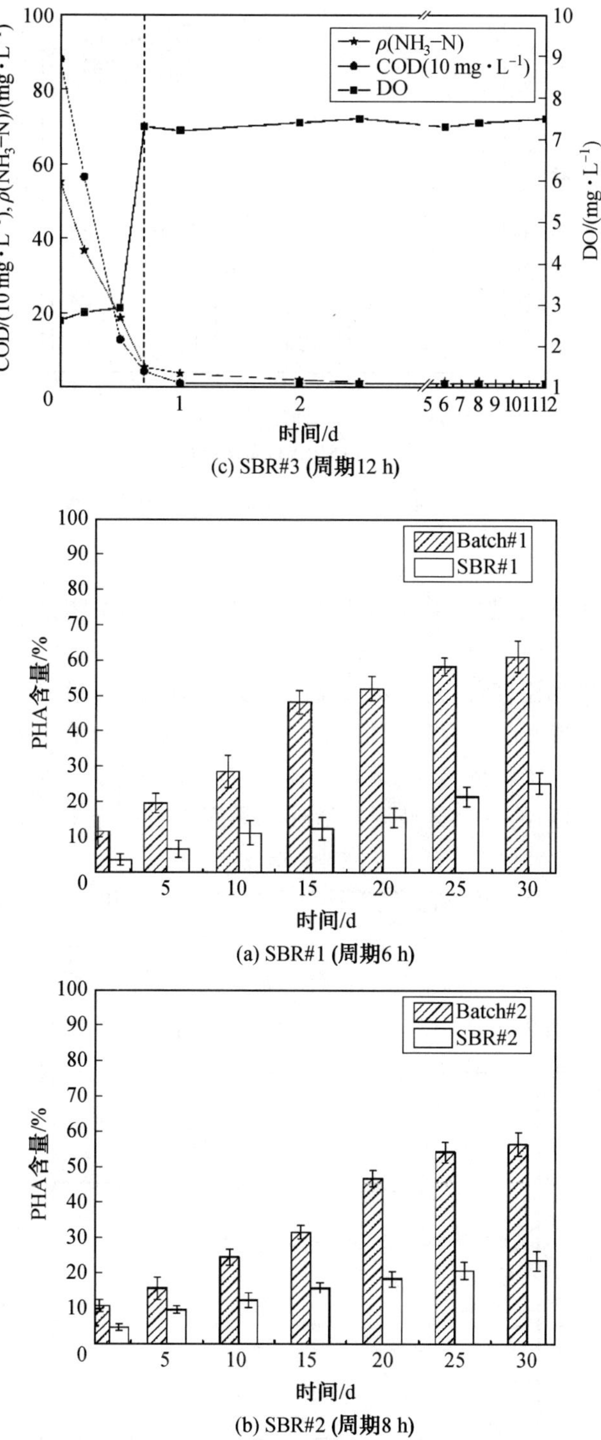

(c) SBR#3 (周期12 h)

(a) SBR#1 (周期6 h)

(b) SBR#2 (周期8 h)

图 5.26　反应器运行 30 d 期间的 PHA 含量积累规律

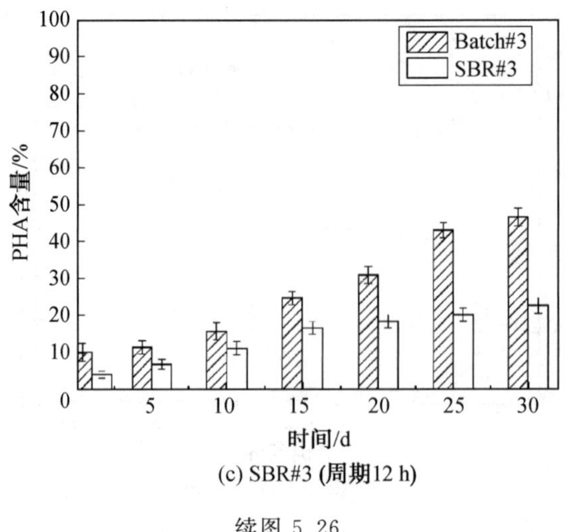

(c) SBR#3 (周期12 h)

续图 5.26

3. 温度

活性污泥合成 PHA 的过程，就是微生物细胞内的一系列生物化学代谢反应的过程，而代谢反应与环境温度之间是有一定联系的。反应器在冬天运行时设定水温为 16 ℃，在 SBR＃1 中置入一枚普通温度计，监测反应器内温度，不加热；在 SBR＃2 中置入一枚有加热功能的恒温温度计，保持反应器内温度在 22 ℃左右。采用乙酸钠作为碳源，使用 8 h 的运行周期，其他参数保持一致。在 ADD 运行模式中，人工设置选择压力的初始 φ 值为 0.83。

从反应器稳定运行后的一个典型周期活性污泥底物吸收与 PHA 的合成情况趋势，可以看出环境温度对污泥活性的影响程度，如图 5.27 所示。

由图可知：SBR＃1 的 COD 和氨氮消耗分别达到 99.2％和 98.6％，而 SBR＃2 的 COD 和氨氮消耗分别为 96.7％和 96.4％；DO 发生突跃的时间，SBR＃2 比 SBR＃1 减少了 20 min。说明当环境温度较高时，对提高活性污泥中微生物的生物活性，提高微生物对碳源的吸收率，减小 F/F 都有促进作用。反应器内活性污泥合成 PHA 的动力学参数见表 5.6。

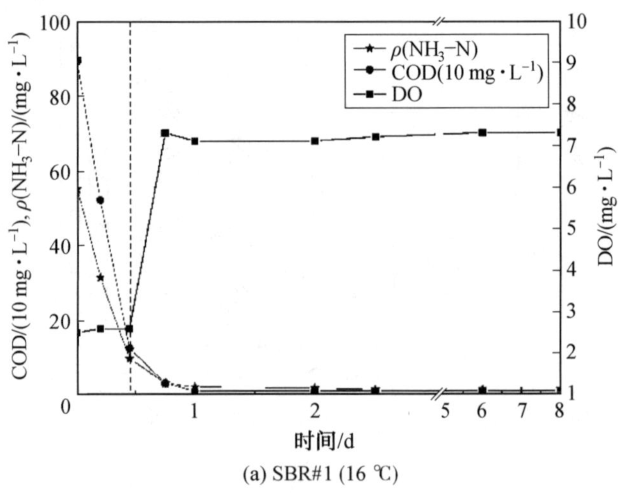

(a) SBR#1 (16 ℃)

图 5.27　不同环境温度条件下反应器运行 20 d 的典型周期底物吸收与 PHA 合成情况

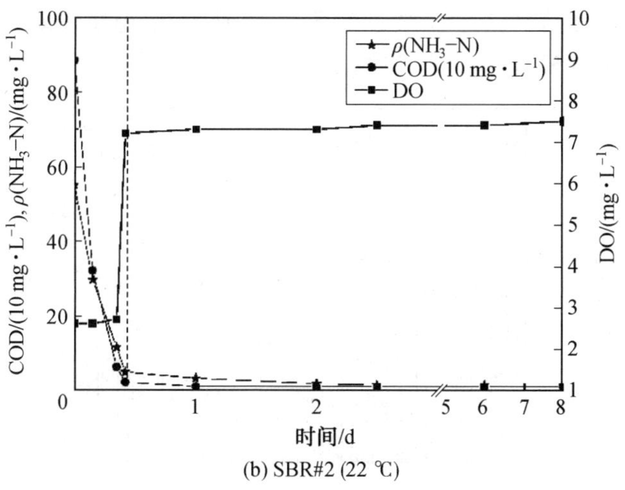

(b) SBR#2 (22 ℃)

续图 5.27

表 5.6　不同环境温度条件下反应器内活性污泥合成 PHA 的动力学参数

反应器	运行时间/d	$-q_S$/(CmolHAc·(Cmol X·h)$^{-1}$)	q_P/(C mol PHA·(C mol X·h)$^{-1}$)	$Y_{P/S}$/(C mol PHA·(C mol HAc)$^{-1}$)	30 d PHA 含量/% SBR	Batch
SBR＃1	15	0.29	0.17	0.59	12.5	32.1
	20	0.36	0.23	0.64	15.3	42.6
	30	0.62	0.42	0.68	19.3	49.2
SBR＃2	15	0.31	0.18	0.58	16.4	36.5
	20	0.49	0.34	0.69	19.1	50.1
	30	0.71	0.51	0.72	22.6	53.4

SBR＃1 与 SBR＃2 的底物比摄取速率(单位时间内消耗的底物浓度)、PHA 比合成速率(单位时间内合成 PHA 的含量),以及 15 d、20 d、30 d 的富集反应器与合成反应器中微生物细胞内的 PHA 含量见表 5.6。从中可知,虽然环境温度不同,导致两个反应器内活性污泥中的微生物在底物比摄取速率和 PHA 比合成速率指标上产生了一定的差距,但以 PHA 含量为依据,二者之间的差距在 5%以内。因此可以认为,环境温度对活性污泥合成 PHA 过程有一定的影响,但影响不显著,在反应器运行期间可不对温度进行调控,保持为室温条件即可。

4. 污泥停留时间

SRT 决定了系统中微生物的世代更新时间,对选育富集微生物有很大影响。SRT 越短,越可有效地实现对惰性微生物的筛选,污泥浓度相对越低,微生物吸收底物的机会越多,从而更有机会诱导高 PHA 合成能力菌群富集。如何优化选择合适的污泥停留时间,缩短富集周期,提高富集效率,避免污泥膨胀,可作为试验需要考虑的问题。

采用柱状上流式 SBR－Ⅱ,分别设置 SBR＃1 的 SRT 为 5 d,SBR＃2 的 SRT 为 10 d,SBR＃3 的 SRT 为 20 d,使用 8 h 的运行周期,采用乙酸钠作为碳源,氯化铵作为氮源,其他反应器运行参数保持一致。在 ADD 运行模式中,人工设置选择压力的初始 φ 值为0.88。

当反应器达到稳定运行状态时,在第一次排水过程中已经不再存在污泥流失,因此若要保证反应器内污泥浓度基本稳定，需要设置 SRT 的时间，使得在每周期内生长的污泥量与排泥排出的污泥量基本相当，如图 5.28 所示。

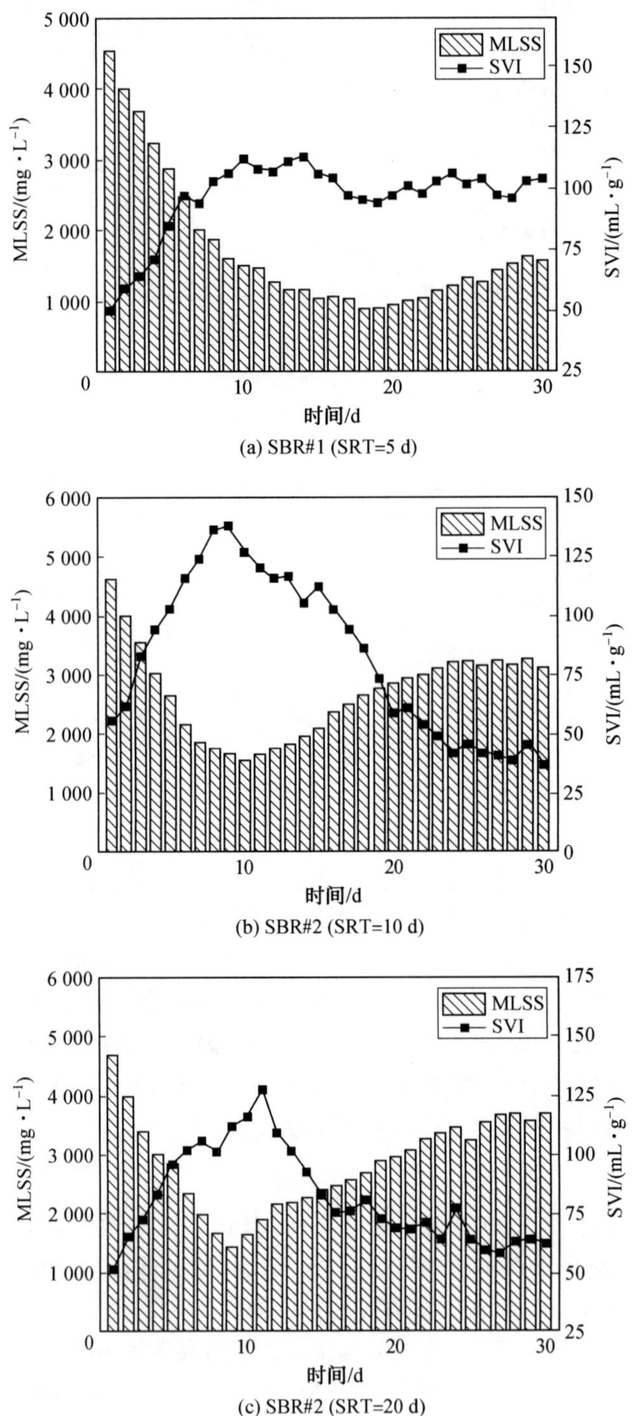

(a) SBR#1 (SRT=5 d)

(b) SBR#2 (SRT=10 d)

(c) SBR#2 (SRT=20 d)

图 5.28 不同 SRT 条件下的 MLSS 与 SVI 变化趋势

从图 5.28 中可以看出，SBR#1 设置 SRT 为 5 d 后，因在每周期末要排出 400 mL 的泥水混合液，再加上物理选择压力的作用，反应器中污泥浓度在污泥活性恢复期内迅速下降。反应过程中的动力学参数见表 5.7。

表 5.7　PHA 比合成速率与 PHA 含量等动力学参数

反应器	运行时间/d	$-q_S$/(CmolHAc·(Cmol X·h)$^{-1}$)	q_P/(C mol PHA·(C mol X·h)$^{-1}$)	$Y_{P/S}$/(C mol PHA·(C mol HAc)$^{-1}$)	30 d PHA 含量/%	
					SBR	Batch
SBR#1	10	0.19	0.07	0.37	10.2	28.5
	15	0.28	0.13	0.46	15.4	36.7
	30	0.56	0.32	0.57	18.8	44.3
SBR#2	10	0.32	0.18	0.56	15.8	33.7
	15	0.47	0.31	0.66	20.1	51.5
	30	0.64	0.47	0.73	23.4	56.1
SBR#3	10	0.35	0.17	0.49	11.5	32.7
	15	0.62	0.33	0.53	14.4	41.1
	30	0.76	0.5	0.66	21.3	54.2

当污泥浓度较低时，底物有机负荷没有变化，所以对于微生物而言，实际上相当于增加了底物浓度，这必然增加了在底物充盈阶段微生物消耗碳源的时间，增大的 F/F 反而不利于产 PHA 菌的富集。设置 SRT 为 20 d 的 SBR#3，污泥浓度在反应器达到稳定后有明显的增长趋势，是因为每周期的排泥量少于污泥的生长量，且由于污泥基数的增大，污泥浓度越来越大，增多的污泥会使得反应器周期内 F/F 进一步减小，相对的“底物不足”状态，使得污泥活性 PHA 比合成速率减小，这从表 5.7 中也可看出。

5.5　ADD 工艺下活性污泥 ANN 参数优化与代谢模型

在反应器的实际运行过程中，各因素对 PHA 含量的影响存在相互耦合作用，基于单参数敏感性分析方法的优化试验结论并不一定可以反映实际情况。因此引入了人工神经网络技术，对各个影响因素与 PHA 含量之间建立起映射关系。建立 ADD 模式下活性污泥合成 PHA 的神经网络模型，通过对多参数耦合作用下的活性污泥混合菌群合成 PHA 的影响因素敏感性进行分析，同时利用神经网络模型对影响 ADD 模式下活性污泥 PHA 含量的主要参数进行迭代分析，得到反应器在 ADD 运行模式下最有利于活性污泥合成 PHA 的合理参数设置，并根据测到的最优参数组合开展试验，用实测的 PHA 含量验证人工神经网络对反应器运行参数优化的有效性。在此基础上，根据底物充盈—匮乏机制的细胞代谢模型，研究适合描述活性污泥混合菌群在 ADD 运行模式下的代谢与动力学特征。

5.5.1　基于 ANN 模型的反应器多参数敏感性分析与优化

在利用活性污泥混合菌群合成 PHA 的过程中，对于菌群的 PHA 合成能力，通常表示为单位碳源的 PHA 产率或微生物中 PHA 质量占细胞干重的比率，这些指标也是反应器优化的主要目标。然而在以往针对反应器运行参数优化的研究中，往往只采用“单参数分析法”,即只允许某一个参数在一定范围内变化而其他参数保持不变,利用正交试验法进行一系列试验来分别考察不同参数组合对活性污泥 PHA 产量的影响,这种方法操作简便且试验设计易于理解,但缺点在于:一方面需要大量的平行试验,成本较高;另一方面又与实际试验中的各因素相互关联耦合情况不符。

相对参数敏感性分析,同时考虑多个因素对目标的影响,称为多参数敏感性分析。多参数敏感性分析方法是对影响活性污泥混合菌群 PHA 产量的各个反应器运行参数进行综合分析计算,将各个影响因素视为变量,将菌群 PHA 质量占细胞干重百分比作为各变量的多元函数,令每个变量在其各自允许的范围内变化,在考虑各因素相互影响的条件下,考察变量对菌群 PHA 产量的影响,并最终得到各因素对混合菌群 PHA 产量的敏感性系数。进而在后续的反应器参数优化试验中,根据多参数敏感性分析结果,对已识别出的主要敏感性参数进行调整,忽略次要参数,即可在一定程度上减少重复劳动量,提高试验效率,降低试验复杂程度,提高工作效率。

因此,开展对于 PHA 产量的多参数敏感性分析具有一定的现实意义。多参数敏感性分析需要建立多个影响因素对目标的复杂非线性函数,利用人工神经网络技术可实现多参数的敏感性分析过程。

5.5.2 人工神经网络模型设计

人工神经网络(Artificial Neural Network,ANN)技术是一种基于人类大脑神经元与神经突触进行信息连接与交流的原理,进行数据与信息处理的数学模型。人工神经网络可以在贮存知识和通过神经元之间的连接(体现为神经元之间的权值和阈值)来进行强化学习等方面模仿人脑工作。相对于其他数学模型方法,神经网络技术可以利用更少的样本获得较精确的计算结果。

神经网络输出是根据不同类型神经网络的特点以及不同的网络连接方式,选择不同的激励函数、权值,对某种复杂的算法或函数进行逼近。神经网络的具体模型多种多样,但其共同的特征为:擅长大规模并行处理、采用分布式贮存和强调自适应、自主学习。

人工神经网络擅长完成将因素与目标之间复杂的非线性关系进行自主学习,并建立映射关系,从而实现从因素到目标的数值模型建立。BP(Back Propagation)神经网络算法是误差向后算法的简称,BP 神经网络会利用本层级输出后的计算结果误差来反向传播,估计前一层级的计算误差,然后再用这个误差向更前一个层级进行反向计算和估计。一层一层地反向传递,从而获得所有其他各层对于误差的估计。虽然随着误差向后传播,会导致误差精度逐渐降低,但是相对于其他神经网络算法,BP 神经网络仍有一些不足,如训练速度慢、高维曲面上局部极小点逃离问题、算法收敛等,但其因具有相当广泛的适用性,可逼近任意的非线性函数等优点,而受到各界的广泛关注。神经元是构成 BP 神经网络模型的基本结构,一个三层 BP 神经网络结构如图 5.29 所示。

神经元的激活函数要求处处可导,通常多采用 S 型函数,单个神经元在网络模型中的输入函数为

$$\text{net}=x_1w_1+x_2w_2+\cdots+x_nw_n \tag{5.10}$$

式中 $x_1,x_2,\cdots,x_n$——神经元接收的输入数据;

$w_1,w_2,\cdots,w_n$——从输入层到隐含层各个神经元对应的连接权值。

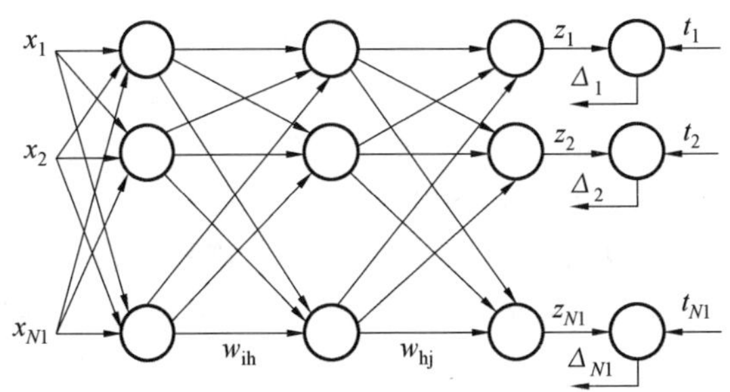

图 5.29　三层 BP 神经网络模型

神经元的输出函数为

$$y=f(\text{net})=\frac{1}{1+\mathrm{e}^{-\text{net}}} \tag{5.11}$$

当 net=0 时，$y=0.5$；当 $-1<\text{net}<1$ 时，y 的变化幅度很小。

对 y 求导并整理，有

$$f'(\text{net})=\frac{1}{1+\mathrm{e}^{-\text{net}}}-\frac{1}{(1+\mathrm{e}^{-\text{net}})^2}=y(1-y) \tag{5.12}$$

一般情况下，BP 网络选用二层或三层神经网络。

5.5.3　人工神经网络模型的建立与多参数敏感性分析

选择对活性污泥合成 PHA 过程影响较大的因素，包括选择压力强度（沉降时间与排水时间），底物浓度、周期长度、环境温度、污泥停留时间（SRT）、选择压力初始 φ 值，以活性污泥富集 PHA 的结果为神经网络模型的计算目标，即对应的间歇补料试验中的 PHA 含量的数据。

以 5.4 节试验数据为基础，建立活性污泥在好氧动态排水（ADD）运行模式下的微生物细胞 PHA 含量与各影响因素之间的非线性函数关系。由于对反应器和工艺的优化主要在产 PHA 菌富集阶段，且微生物在 PHA 合成菌富集阶段和 PHA 合成阶段的含量发展趋势正相关，即在富集阶段具有较高的 PHA 含量，可认为在积累阶段，微生物的最大 PHA 产量也较高。因此，可将计算目标简化为以考察活性污泥在 PHA 富集阶段所达到的细胞 PHA 含量为唯一目标。在不同试验条件下，反应器运行 30 d 时对应的反应器运行参数与对应的 PHA 含量检测结果见表 5.8，其中底物浓度、周期长度、反应环境温度、SRT 和选择压力的初始 φ 值，均为在反应器运行过程中，可对其进行调整的独立参数。

ADD 运行模式中反应器参数优化相关的多组试验中，活性污泥混合菌群取自于同一个污水厂的曝气池，认为在试验过程中，混合菌群的种群结构保持稳定，混合菌群合成 PHA 的能力，产 PHA 菌的富集效果仅与反应器不同的运行条件的影响相关。利用表 5.8 中数据，建立人工神经网络模型，对 BP 神经网络进行训练。通过网络训练，BP 神经网络可建立不同参数与 SBR 中活性污泥混合菌群微生物 PHA 含量之间的映射关系。在此基础上，从完成训练的网络中提取出从输入层到隐含层的权值，以及隐含层到输入层的阈值，即可进行多参数相互耦合影响作用下的敏感性分析。多参数耦合条件下的参数敏感性分析，采用 Garson 算法，基本原理是用连接权值的乘积来计算输入变量对输出变量的贡献程度。输入变量 x_i 对输出变量 O_{it} 的影响程度为

$$Q_{it}=\frac{\sum_{j=1}^{p}v_{ij}w_{jt}/\sum_{r=1}^{n}v_{ij}}{\sum_{i=1}^{n}\sum_{j=1}^{p}(v_{ij}w_{jt}/\sum_{r=1}^{n}v_{ij})} \tag{5.13}$$

其中，输入层、隐含层、输出层的单元数分别为 n,p。v_{ij} 为输入层至隐含层的连接权值，$i=1,2,\cdots,n;j=1,2,\cdots,p$。$w_{jt}$ 为隐含层至输出层的连接权值，$j=1,2,\cdots,p;t=1,2,\cdots,q$。由于实际上连接权值的符号可正可负，为表达单一基本变量对整个网络的影响贡献，故在式(5.13)中均取权值为绝对值。样本在输入人工神经网络进行训练操作前，因各参数的量纲不同，数值差异巨大，如污泥浓度的取值普遍大于 3 000 mg/L，而选择压力初始 φ 值为无量纲参数，取值小于 0.9。差异过大的数据，在神经网络的学习过程中，容易出现小值数据被大值数据淹没，导致无法计算的情况。因此，一般需要在向神经网络输入数据前，进行数据归一化处理，将所有输入数据划归到区间[0,1]之间，常见的数据归一公式如下：

$$X'=A+B\times\frac{X-X_{\min}}{X_{\min_{\max}}} \tag{5.14}$$

其中，为计算方便，设 $A=0.1,B=0.8$，$X_{\max}$、$X_{\min}$ 分别为每组数据的最大值和最小值，X 和 X' 分别为进行数据归一化之前和之后的数值，经过归一化操作后，全部数据将被划归到[0.1,0.9]之间，这样即可在保持原有数据之间相对关系的基础上，加快网络学习和收敛的速度。

在人工神经网络的设计过程中，隐含层神经元的数量往往需要通过经验和试算确定。神经元数量过少会降低非线性网络逼近的精度；神经元数量过多会导致学习时间过长，同时也会导致容错性误差的发生。本书采用经验公式计算得到最佳隐含层神经元数量：

$$p=\sqrt{n+m}+a \tag{5.15}$$

式中 m——输出单元数；

n——输入单元数；

a——[1,10]之间的常数。

对于本书采用的神经网络模型，输入单元数 $n=5$，输出单元数 $m=1$。为保证隐含层的神经元达到计算精度所需要的数量，通常取 $a>5$。当 a 取 6～10 时，隐含层神经元数量为 8～12。将不同的神经元数量代入 BP 网络进行试算，并根据经验适当增加，试算结果如图 5.30所示。可知，当隐含层神经元数量为 14 时，神经网络计算结果的误差最小，为 4.6%。因此，采用的隐含层神经元数量为 15，建立人工神经网络模型。

将表 5.8 中数据，经过归一化处理后，输入神经网络进行训练。表 5.9 中的试验条件数据，为从表 5.8 中选出的两组 ADD 模式下活性污泥混合菌群合成 PHA 能力的试验数据。认为当神经网络模型建立后，模型会根据表 5.9 中的试验条件数据，通过神经网络迭代计算，误差满足小于 10^{-6} 的要求，得出相对应的 SBR 中微生物 PHA 含量预测值。计算误差分别为 4.61%和 4.02%，可见其具有较高的准确性，通过神经网络建立起的试验参数与 PHA 产量之间的映射是真实可信的。

由于用于神经网络训练的 12 组数据是通过间歇补料试验得到的，因此各个批次在时间上是不连续的，而模型预测的结果也没有表现出明显的时间相关性，表明神经网络模型具有良好的抗干扰能力。同时，表 5.9 中用于验证模型预测计算结果准确性的数据不是由训练数据和间歇补料试验得到的，没有参加网络训练，仍能得到从输入层到输出层的正确映射关

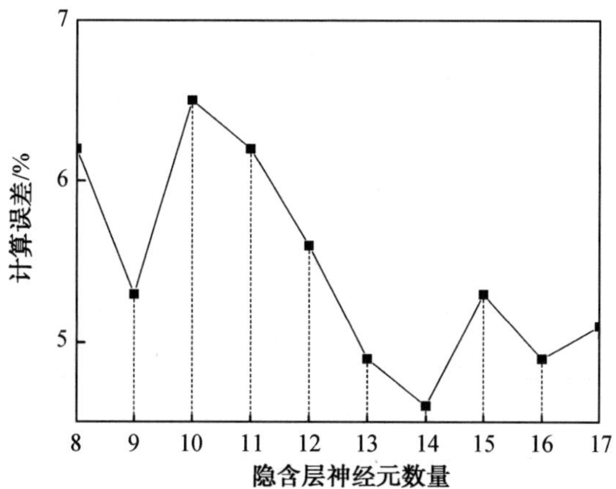

图 5.30　BP 神经网络隐含层神经元设计误差试算结果

系，说明神经网络模型具有较好的泛化能力(图 5.31)。

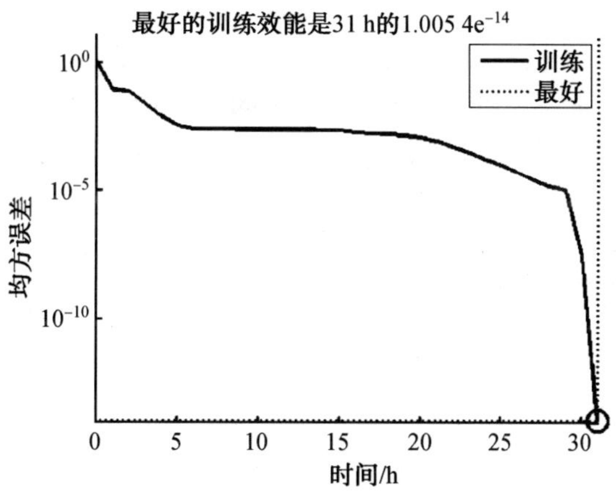

图 5.31　BP 神经网络计算的误差曲线

表 5.8　人工神经网络样本数据

序号	底物浓度 /(mg·L^{-1})	周期长度 /h	环境温度 /℃	SRT /d	选择压力初始 φ 值	PHA 含量 /%
1	1 000	8	20	10	0.82	55.0
2	500	8	20	10	0.85	53.1
3	1 000	8	20	10	0.85	57.3
4	2 000	8	20	10	0.85	51.2
5	1 000	6	20	10	0.87	62.5
6	1 000	8	20	10	0.87	56.5
7	1 000	12	20	10	0.87	46.7
8	1 000	8	20	10	0.89	54.3
9	1 000	8	16	10	0.83	49.2

续表5.8

序号	底物浓度/(mg·L^{-1})	周期长度/h	环境温度/℃	SRT/d	选择压力初始φ值	PHA含量/%
10	1 000	8	22	10	0.83	53.4
11	1 000	8	20	5	0.88	44.3
12	1 000	8	20	10	0.88	56.1

表5.9　BP神经网络校验数据

序号	底物浓度/(mg·L^{-1})	周期长度/h	环境温度/℃	SRT/d	选择压力初始φ值	PHA含量/%	网络预测PHA含量/%	误差/%
1	1 000	8	20	20	0.88	54.2	56.7	4.61%
2	1 000	8	20	10	0.85	59.7	57.3	4.02%

建立ADD运行模式下，活性污泥混合菌群合成PHA过程的人工神经网络模型后，分别提取输入层各神经元到隐含层的权值，以及隐含层到输出层的阈值，见表5.10和表5.11。

表5.10　各神经元到隐含层的权值

序号	权值				
1	2.055 7	3.321 8	2.195 1	0.827 1	1.333 8
2	2.921 4	2.478 5	0.042	2.805 6	0.293 5
3	0.762 8	1.894 8	2.319 4	2.537 5	2.557 5
4	1.879 4	3.700 3	1.252 8	2.124	0.409 9
5	1.855 6	0.070 6	3.799 2	0.978 2	2.702 6
6	2.802 8	3.508 2	0.822 7	0.778 6	2.366 3
7	0.704 1	2.846 8	2.705 5	2.122 6	1.666 1
8	1.642 2	3.254 5	0.170 8	2.833	2.680 4
9	0.071 8	3.967 7	1.017 3	1.780 3	0.974 5
10	1.158	0.519 3	4.395 3	1.424 7	0.150 5
11	2.062 1	1.732	2.165 4	2.575 9	1.945 7
12	2.475 3	0.395 3	0.356	2.182 7	4.224 1
13	2.291 6	2.305 9	2.771	1.664 3	1.173 6
14	1.868 9	1.140 5	2.498 2	2.349	2.433 5

表5.11　各隐含层到输出层的阈值

序号	阈值	序号	阈值
1	0.494 5	3	1.256 5
2	0.487 9	4	0.442 3

续表5.11

序号	阈值	序号	阈值
5	1.083 4	10	0.572 7
6	1.046 8	11	0.711 9
7	1.170 8	12	1.994 9
8	1.333 3	13	0.665
9	0.446 7	14	0.354

利用 Garson 算法，求得每个因素对 SBR 中微生物 PHA 含量的影响贡献值，见表5.12，即为各因素的敏感性参数分析结果。

表 5.12 各试验参数对 PHA 产量的敏感性参数

底物浓度/(mg·L^{-1})	周期长度/h	环境温度/℃	SRT/d	选择压力初始 φ 值
18.27%	20.68%	17.77%	20.23%	0.23

由表 5.12 可知，按各反应器控制参数对活性污泥混合菌群产 PHA 菌富集过程中，微生物合成 PHA 最大产量的影响，贡献从大到小的顺序为：选择压力初始 φ 值>周期长度>SRT>底物浓度>环境温度。

5.5.4 模型参数优化的试验验证

当调整神经网络中各参数取值时，可得到人工神经网络预测的 SBR 中混合菌群的 PHA 含量值。利用 MATLAB 软件，按表 5.13 对各参数赋值，将神经网络模型进行迭代计算，以 PHA 含量预测结果最高值的参数组合为最优组合。考虑到试验实际情况，以及计算方便，最终确定一组参数组合，见表 5.13。

表 5.13 迭代优化计算中各参数的取值范围与计算结果

序号	参数名称	取值范围	步长	计算后拟取值
1	底物浓度/(mg·L^{-1})	[500,2 000]	50	1 000
2	选择压力初始 φ 值/(mg·L^{-1})	[0.8,0.9]	0.1	0.84
3	周期长度/h	[6,12]	2	6
4	环境温度/℃	[14,26]	2	24
5	SRT/d	[5,20]	5	10

根据表 5.13 中的反应器参数，启动一组两个柱状上流式 SBR－Ⅰ，两个反应器污泥来源与参数设置相同，用于指标检测平行取样。

(1)污泥活性特性。

反应器启动后运行 30 d 内的 MLSS 和 SVI 变化趋势如图 5.32 所示，为典型的 ADD 模式影响下的变化趋势。

经过物理选择压力和生态选择压力的共同作用，MLSS 最低值达到 760 mg/L，SVI 最大值达到 130 mL/g。达到稳定状态后，MLSS 稳定在 3 000 mg/L 左右，SVI<40 mL/g，沉降性良好。在反应器运行 16 d 后，在沉淀－Ⅰ过程中，只需要 2 min 污泥就沉淀到排水口

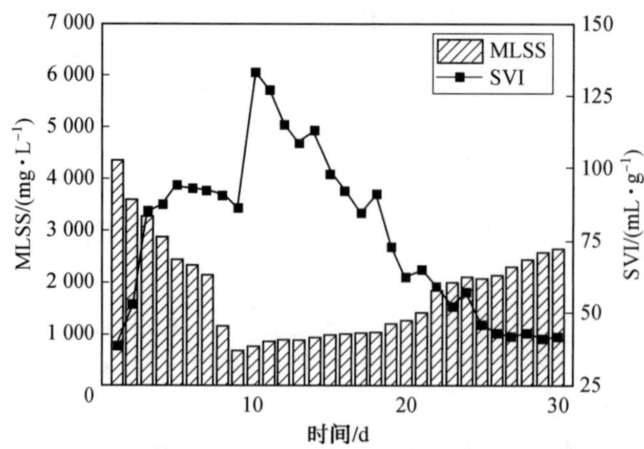

图 5.32　MLSS 与 SVI 变化趋势

以下，且在排水－Ⅰ过程中无污泥流失。

在污泥沉降性提高的同时，在一个典型周期内，底物充盈与底物匮乏阶段的时间比(F/F)逐渐降低。在反应器运行到 30 d 时，在一个周期内的底物浓度、细胞 PHA 含量、氨氮的浓度以及 DO 的变化趋势如图 5.33 所示。由图可知，在碳源投加后 10 min，DO 发生突跃，F/F 从污泥投加时的 0.55 左右降低到 0.029。研究认为在 ADF 模式下，F/F 不低于 0.25，本试验的 F/F 显著小于此值。相对于 ADF 模式，ADD 模式可更有效地促进底物比摄取速率，甚至在 1 d 内，采用 ADD 模式的反应器，底物匮乏阶段的总时间比 ADF 模式反应器的还要少。

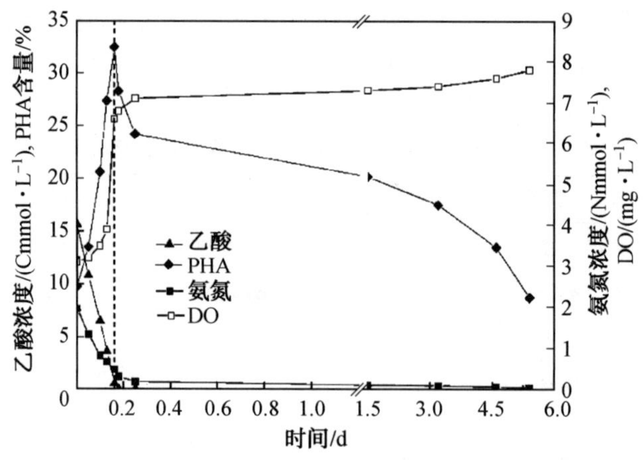

图 5.33　一个周期内的乙酸浓度、PHA 含量、氨氮浓度与 DO 变化

在反应器运行期间，每 5 d 从 SBR 中取样进行间歇补料试验，用来检测活性污泥混合菌群的最大 PHA 合成能力。测试结果如图 5.34 所示，反应器运行 5 d 后，PHA 含量就达到了 35.5%；反应器运行 15 d 时，PHA 含量超过了 50%；在反应器运行 30 d 后，PHA 含量已达 74.2%。

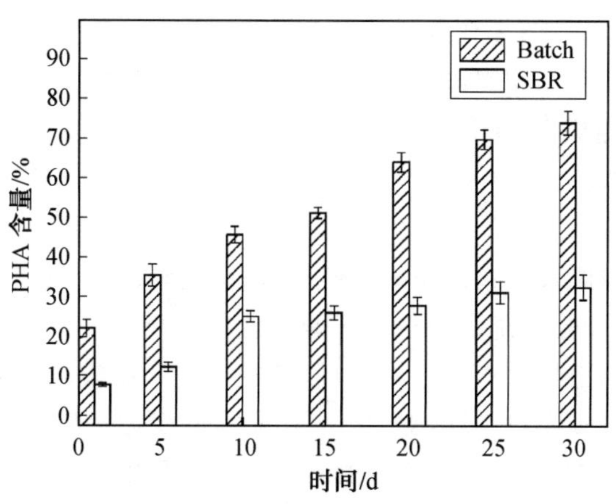

图 5.34　反应器运行 30 d 内的 PHA 含量发展趋势图

在 SBR 和间歇补料试验反应运行过程中，通过对泥水混合样取样检测，可得污泥的 PHA 比合成速率、生物量比增长速率、底物比摄取速率等动力学参数，见表 5.14 与表5.15。从动力学参数中可以看出，经过 30 d 的富集，活性污泥混合菌群的 PHA 比合成速率从 5 d 的 0.43 增长到 30 d 的 0.77，增长了 79%。同时，底物比摄取速率和 PHA 贮存速率，也分别增长了 293%和 525%。在间歇补料试验中，反应持续到 6.5 h 后不再出现 DO 突跃，细胞 PHA 含量达到 74.16%。

表 5.14　SBR 在不同时间的动力学参数

反应器运行时间/d	$Y_{P/S}$/(C mol PHA · (C mol Ac)$^{-1}$)	$Y_{X/S}$/(C mol PHA · (C mol X · h)$^{-1}$)	$-q_S$/(CmolHAc · (Cmol X · h)$^{-1}$)	q_P/(C mol PHA · (C mol X · h)$^{-1}$)
5	0.43(±0.03)	0.40(±0.06)	0.28(±0.05)	0.12(±0.03)
15	0.60(±0.04)	0.24(±0.01)	0.65(±0.02)	0.39(±0.04)
30	0.77(±0.05)	0.21(±0.01)	0.82(±0.03)	0.63(±0.06)

表 5.15　间歇补料试验中的 PHA 产量动力学参数

$Y_{P/S}$/(C mol PHA · (C mol HAc)$^{-1}$)	反应时间/h	PHA 含量/%
0.72(±0.07)	6.5	74.16(±0.03)

5.5.5　ADD 工艺下活性污泥混合菌群合成 PHA 的代谢模型

代谢模型从描述纯菌合成 PHA 过程发展到用于描述混合菌群合成 PHA 的过程，活性污泥在好氧状态下的充盈—匮乏机制中，产 PHA 菌群微生物在底物吸收、微生物生长、PHA 合成与消耗等过程的数学描述，最早是由 Van 在 1997 年提出的微生物新陈代谢机理的研究工作中完成的，其经典理论中指出细胞贮存—消耗 PHA 的过程包括七个主要步骤：

(1)微生物吸收碳源，消耗 ATP 的同时合成乙酰辅酶 A、二氧化碳和 NADH。

(2)乙酰辅酶 A 和 NADH 可以进一步合成 PHA，以细胞内贮存物质的形式贮存在细胞内。

(3)PHA 分解过程,即 PHA 作为细胞储能物质分解,生成乙酰辅酶 A 和 NADH。

(4)细胞内的分解代谢作用,即底物吸收分解成乙酰辅酶 A 后,其中一部分用于合成 PHA,另一部分直接代谢成 NADH 和 CO_2。

(5)氧化与磷酸化作用,细胞内的 NADH 会和渗透进来的 O_2 反应,生成 ATP。

(6)细胞生长与繁殖。

(7)细胞在缺乏底物摄入的情况下,细胞内 ATP 逐渐减少,处在维持基本生命体征的状态,VFA 组分(将 VFA 分为奇数碳小分子酸和偶数碳小分子酸)通过活性转移被微生物吸收,随后在体内转化为乙酰辅酶 A。其中,简单的 VFA(乙酸和丙酸)直接变为乙酰辅酶 A 和丙酰辅酶 A;而其他 VFA 需要经过 β—氧化途径后变为乙酰辅酶 A 和丙酰辅酶 A,而后两分子乙酰辅酶 A 依次经 β—酮基硫解酶,经 NADPH 依赖的乙酰乙酰辅酶 A 还原酶和 PHA 合成酶的催化,最后合成 PHB;一分子乙酰辅酶 A 与一分子丙酸辅酶 A 合成 PHV,直到 ATP 基本耗尽。大多数微生物在 $NADH/NAD^+$ 水平升高是有普遍意义的代谢反应,以 PHB 为例,在合成 PHB 的过程中,NADH 经氧化反应形成 NAD,从而完成 NAD 循环,避免 NADH 的堆积。PHA 的合成消耗了大量的乙酰辅酶 A,引起副产物乳酸、乙酸、二氧化碳和水产量的减少,使得微生物的生长环境得到改善。以人工配制乙酸钠为碳源,最终合成产物为 PHA,包含 PHB 或 PHV 单体。对于细胞代谢机理的描述见表 5.16。

表 5.16 活性污泥代谢模型

运行阶段	过程	公式	
底物充盈阶段	底物吸收过程	$\tilde{q}_{S,1}(t)=\tilde{q}^{\max}\frac{\tilde{c}(t)}{K_S+\tilde{c}_S(t)}$ $\tilde{q}^{feast}_{PHA,1}\leqslant\tilde{q}^{feast}_{PHA,2}$	(Ⅰ—1)
	PHA 抑制条件下的底物吸收过程	$\tilde{q}_{S,2}(t)=\tilde{\mu}^{feast}(t)\frac{1}{Y^{feast}_{biomass/S}}+\tilde{q}^{feast}_{PHA}\frac{1}{Y^{feast}_{P/S}}+m_S$ $(\tilde{q}^{feast}_{PHA,1}>\tilde{q}^{feast}_{PHA,2})$	(Ⅰ—2)
	PHA 合成过程	$\tilde{q}^{feast}_{PHA,1}(t)=(\tilde{q}_{Ac}(t)-\mu^{feast}(t)\frac{1}{Y^{feast}_{biomass/S}}-m_S)Y^{feast}_{P/S}$ $(\tilde{q}^{feast}_{PHA,1}\leqslant\tilde{q}^{feast}_{PHA,2})$	(Ⅱ—1)
	PHA 抑制条件下的合成过程	$\tilde{q}_{PHA,2}(t)=\tilde{q}^{\max}_{PHA}\frac{\tilde{c}_S(t)}{K_S+\tilde{c}(t)}\left[1-\left(\frac{\tilde{f}_{PHA(t)}}{\tilde{f}^{\max}_{PHA(t)}}\right)^{\alpha}\right]$ $(\tilde{q}^{feast}_{PHA,1}\leqslant\tilde{q}^{feast}_{PHA,2})$	(Ⅱ—2)
	微生物增殖过程	$\tilde{\mu}_{feast}(t)=\tilde{\mu}^{\max}\frac{c_{NH_3}(t)}{K_{NH_3}+\tilde{c}_{NH_3}(t)}\frac{\tilde{c}_S(t)}{K_S+\tilde{c}_S(t)}$	(Ⅲ)
	维持生命过程	$m_S=\frac{m_{ATP}}{Y^{feast}_{ATP/S}}$	(Ⅳ)
底物匮乏阶段	PHA 消解过程	$\tilde{q}^{famine}_{PHA,1}(t)=\tilde{k}_{PHA}(t)^{2/3}$	(Ⅴ)
	微生物增殖过程	$\tilde{\mu}^{famine}(t)=Y^{famine}_{biomass/PHA}(\tilde{q}^{famine}_{PHA}(t)-m_{PHA})$	(Ⅵ)
	维持生命过程	$m_{PHA}=\frac{m_{ATP}}{Y^{famine}_{ATP/PHA}}$	(Ⅶ)

表5.16中：$\tilde{\mu}^{\text{famine}}$为底物匮乏阶段模型中的生物量比生长速率（$h^{-1}$）；$\tilde{\mu}^{\text{feast}}$为底物充盈阶段模型中的生物量比生长速率（$h^{-1}$）；$\tilde{\mu}^{\max}$为底物充盈阶段模型中的最大生物量比合成速率（$h^{-1}$）；$Y_{i/j}^{\text{famine}}$为底物匮乏阶段，消耗/合成每单位$j$化合物，合成/消耗$j$化合物的化学计量收益率（Cmmol/Cmmol）；$Y_{i/j}^{\text{feast}}$为底物充盈阶段，消耗/合成每单位j化合物，合成/消耗j化合物的化学计量收益率（Cmmol/Cmmol）；$\tilde{q}_{\text{PHA}}^{\max}$为模型中最大PHA比合成速率（Cmmol/(Cmmol·h)）；$\tilde{q}_{\text{S}}^{\max}$为模型中最大底物比摄取速率（Cmmol/(Cmmol·h)）；m_{S}为微生物在底物匮乏阶段维持生命时的生物量比底物需求量（Cmmol/(Cmmol·h)）；m_{PHA}为微生物在底物匮乏阶段维持生命时的生物量比ATP消耗量（mmol/(Cmmol·h)）；c_i为量测的i组分浓度（Cmmol/L）；$\tilde{c}_i$为模型中得到的第i组分浓度（Cmmol/L）。

在微生物的代谢模型中，可从底物充盈和底物匮乏两个方面论述细胞贮存和分解PHA的过程。在充盈阶段，首先细胞吸收大量碳源并利用乙酸钠合成乙酰辅酶A。乙酰辅酶A与NADH一起合成PHA，这个细胞机制是以PHA在细胞中的含量为度量，当PHA的含量接近饱和，合成PHA阶段终止。微生物的底物比摄取速率（$-q_{\text{S}}$）通常利用莫诺德方程来表达，见表5.16中的式（Ⅰ－1）。PHA比合成速率（q_{PHA}）在化学计量学上与$-q_{\text{S}}$数值相关（表5.16式（Ⅱ－1））。当微生物细胞中PHA含量较高时，会抑制$-q_{\text{S}}$的升高从而抑制q_{PHA}，因此在“抑制条件”下的底物比摄取速率与PHA比合成速率受细胞内PHA含量的影响，并通过一个抑制系数的形式添加到底物吸收和PHA合成过程的数学表达式中，见表5.16中式（Ⅰ－2）和式（Ⅱ－2）。

关于PHA的合成路径需要说明的是，很多微生物有利用脂肪酸合成PHB的能力，是通过将脂肪酸β－氧化产生的乙酰辅酶A用于合成PHB的路径来实现的，即PHB合成是以多余乙酰辅酶A为渠道，转换为NADH和NAD^{+}的过程。PHA含量影响PHA的合成，当细胞内PHA含量接近饱和时，PHA比合成速率会下降。通常，微生物在底物充盈阶段的末期达到细胞内的PHA含量峰值，然而在反应器运行过程中，由于发生DO突跃后，反应器内仍然有残留的底物存在，因此使得底物充盈阶段与底物匮乏阶段的界限并不清晰。一些研究者指出，在合成PHA过程中各种物质含量的变化，可以通过底物吸收总量，底物用于微生物生长、PHA合成及维持生命等过程的数量关系来描述。

微生物吸收底物的同时，在细胞内合成RNA和蛋白质，因此在底物充盈阶段主要依靠底物吸收来实现细胞的增殖。根据前人的研究，在底物匮乏阶段由于细胞分裂而使得蛋白质分解与稀释，这使得微生物的RNA会调节并设定生长过程中用于细胞内贮存的流量的比例，使得微生物在底物充盈阶段吸收更多的细胞内碳源用于在底物匮乏阶段继续维持生长。因此，细胞内PHA含量会在底物充盈阶段末期实现。

PHA降解会在底物匮乏阶段出现，见表5.16中的式（Ⅴ）。变量k的取值与SBR中菌群富集环境和适应行为有关。为了保证生物量的稳定，至少要保证最小临界的生长速率，因此可以假设底物匮乏阶段足够长，在底物匮乏阶段末期，微生物已经将在底物充盈阶段贮存的PHA全部耗尽。为了描述反应器在ADD模式下，微生物在上述过程中的代谢情况，利用MATLAB软件，将PHA富集过程和生产过程中的试验数据进行非线性拟合，即可得到代谢模型中的参数解答，在拟合计算过程中，保证相对置信区间在95%以上，从而保证计算结果的准确性，结果见表5.17。

表 5.17　ADD 模式下的模型参数

参数	值	备注
乙酸碳源吸收过程中的半饱和常数(K_s)	0.16 Cmmol/L	常数
氨氮吸收的半饱和常数(K_{NH_3})	0.000 1 mmol/L	常数
缩减粒子模型中的比率参数(k)	0.30 Cmmol/(Cmmol$^{1/3}$·h)	拟合值
最大底物比摄取速率($\tilde{q}_S^{max}$)	−3.86 Cmmol/(Cmmol·h)	拟合值
ATP 维持状态参量(m_{ATP})	0.011 Cmmol/(Cmmol·h)	拟合值
底物充盈阶段最大生物量增长速率($\tilde{\mu}^{max}$)	0.07 Cmmol/(Cmmol·h)	拟合值
最大 PHA 比合成速率($\tilde{q}_{PHA}^{max}$)	2.3 Cmmol/(Cmmol·h)	常数

在反应器启动初期，每个周期内在排水过程中都有一定量的污泥流失，这使得在反应器达到稳定状态前，污泥停留时间(SRT)始终处于一个波动状态。随着反应器对活性污泥富集 PHA 驯化过程的进行，活性污泥的 PHA 含量逐渐增多，说明反应器的富集作用使得强合成 PHA 的微生物在混合菌群中所占比例有所上升，同时宏观表现为活性污泥的底物吸收能力增强，即在更短的时间内完成底物吸收，出现 DO 突跃。

在反应器运行 30 d 期间内，底物比摄取速率($-q_S$)、PHA 比合成速率与 PHA 含量的变化趋势如图 5.35 所示。

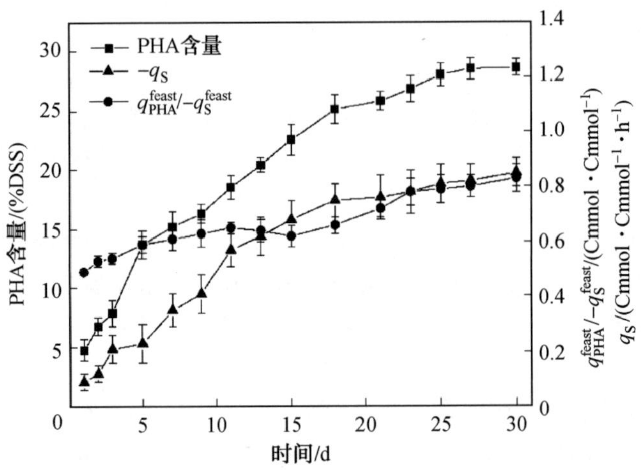

图 5.35　反应器运行 30 d 期间内底物比摄取速率、PHA 比合成速度与 PHA 含量之间关系

随着反应器的运行，底物比摄取速率逐渐增大，最大达到−0.82(±0.03) Cmol AC/(Cmol X·h)，且在 30 d 富集后，SBR 中 PHA 含量达到 28.6%。在底物充盈阶段，PHA 比合成速率与底物比摄取速率之比($q_{PHA}^{feast}/q_S^{feast}$，由于在模型中$-q_S$ 为负数，因此比值为二者的绝对值之比)可体现出消耗单位量的底物可合成 PHA 的数量大小。Beun(2002)报道过在 ADF 模式中，此 $q_{PHA}^{feast}/q_S^{feast}$ 为常数 0.6 Cmmol/Cmmol，而本书达到了 0.83 Cmmol / Cmmol，说明采用 ADD 模式可以显著提高活性污泥混合菌群的 PHA 积累效率。

SBR 内，体现一个典型周期的活性污泥底物吸收、PHA 合成与生物量增长规律的实测数据如图 5.36 中散点所示，利用 MATLAB 软件进行数据拟合，得到的代谢模型曲线与实测值符合度较高(试验第 30 天),R^2 均在 0.95 以上,说明模型可以较好地评价试验结果。参数计算得到最大底物比摄取速率 $\tilde{q}_S^{max} = -3.86$ Cmmol/(Cmmol · h),$m_{ATP} = 0.011$ mmol/(Cmmol · h)。在底物匮乏阶段,PHA 降解过程同样如图 5.36 所示,降解曲线的表达式见表 5.16,降解过程采用 2/3 阶动力学方程,反映微生物细胞内 PHA 颗粒表面缩减过程中的比表面积剩余量。模型的拟合结果显示,k 值可取为 0.30 Cmmol/(Cmmol$^{1/3}$ · h),m_{ATP}取值为 0.011 Cmmol/(Cmmol · h)。

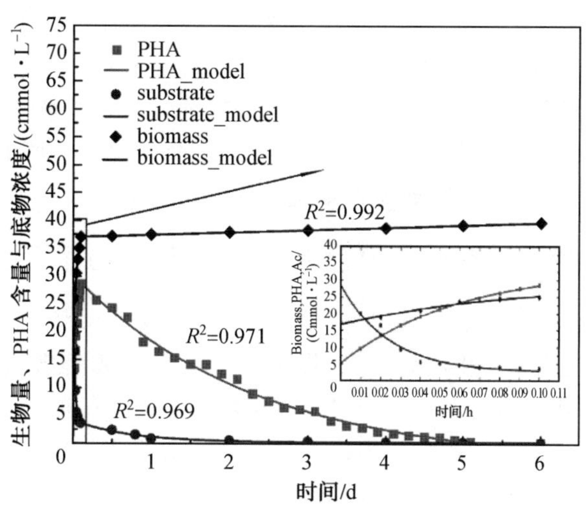

图 5.36　模拟一个典型周期内 PHA 含量、生物量和底物比摄取速率

根据实际观测情况可知,在整个周期内,微生物增殖在全周期内都保持增长。在底物充盈阶段,微生物的生长速率显著提高(图 5.37)。生物量的增长取决于在底物充盈阶段的底物吸收,以及底物匮乏阶段的 PHA 降解情况。因此高 PHA 降解速率会导致在底物匮乏初期的高生物量增长速率。在底物匮乏阶段,生长速率因为缺乏碳源摄入而持续降低。在底物匮乏阶段开始时,模型中计算得到的生长速率($\mu^{max} = 0.279$ Cmmol/(Cmmol · h))较高,是底物充盈阶段末期($\mu^{max} = 0.07$ Cmmol/(Cmmol · h))的 4 倍以上,而氨氮的实测数据与模型计算数据吻合,说明可以用模型来描述微生物反应过程,在底物匮乏阶段刚开始的时

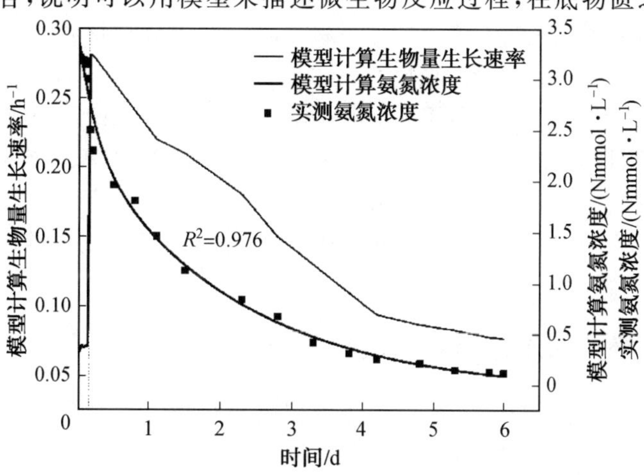

图 5.37　在一个典型周期内对生物量增长速率的模拟与实测结果

刻，微生物的确有一个快速生长过程。而以往通过在不同时间段内取样，用差值计算生长速率的方法，无法对某一个时刻的动力学状态进行分析，这也说明了代谢模型的重要意义。

5.6 ADD 模式下利用混合碳源合成 PHA 研究

碳源的选取对混合菌群富集 PHA 过程有重要的影响，其中包括 PHA 组成结构、底物比摄取速率、PHA 贮存及降解过程的反应动力学参数等。因此有必要利用活性污泥混合菌群在 ADD 运行模式下的代谢模型计算方法与本章试验的数据结合，得到混合菌群在混合碳源条件下的代谢模型中的各动力学参数。通过人工神经网络技术，结合 MLSS、SVI、F/F 等可以描述活性污泥混合菌群状态的监测指标实测数据，对混合菌群 PHA 含量进行预测，建立基于模拟餐厨垃圾发酵液混合碳源的细胞新陈代谢模型。

5.6.1 混合菌群利用餐厨垃圾合成 PHA 的意义与可行性

餐厨垃圾指的是食品加工制作过程中产生的废物、废弃的剩饭菜以及食物残渣。餐厨垃圾容易在很短的时间内就发生腐烂变质，散发恶臭，成为蚊蝇等害虫的繁殖场所，传播病毒细菌，对环境造成恶劣影响。目前国内对餐厨垃圾的处置尚存在管理无序等问题，导致餐厨垃圾随意堆放，“地沟油”“垃圾猪”等事件在社会上造成了极大的不良影响，严重危及人民群众的食品安全。绿色能源以及现有资源的再利用，是人类进入 21 世纪以来面临的巨大挑战。生物质是地球上唯一的可持续有机碳源，也是一种可经过无污染处理的清洁资源，包括农林废弃物、禽畜粪便、城市污水厂剩余污泥，以及餐厨垃圾等。

餐厨垃圾在厌氧产甲烷过程中由于其有机质含量高易酸化，容易产生产气抑制。而这些小分子有机酸却是混合菌种 PHA 合成的良好碳源。利用餐厨垃圾厌氧发酵中间产物回收 PHA，可为餐厨垃圾资源化提供新思路。近年来，利用废弃碳源合成 PHA 的研究是目前资源环境领域的研究热点，研究对象主要包括污泥和各种废水。随着人们环境意识的提高，垃圾分类收集逐步展开，我国一些城市已经开展餐厨垃圾资源化利用的试点工作，这为餐厨垃圾集中处置及资源化利用奠定了基础。水解酸化是厌氧发酵进行废弃物资源化的前期预处理过程之一，此时微生物在厌氧条件下将可降解的大分子物质转化成为小分子有机酸，比如乙酸、丙酸、丁酸等。餐厨垃圾以有机物成分为主，包含了多种营养物质，配比均衡，可用于生物降解的比率高，进而回收 PHA 或甲烷气体，具有极大的资源开发价值。

本项目结合餐厨垃圾发酵产酸产物组成特点及混合菌种 PHA 合成对碳源的需求，在课题组前期研究基础上，针对模拟餐厨垃圾进行厌氧发酵产生的 VFA，以基于物理－生态双重选择压力的 PHA 合成菌富集模式（ADD）为核心工艺，开展混合碳源合成 PHA 的研究。

5.6.2 利用模拟餐厨垃圾发酵液合成 PHA

本节将好氧动态排水（ADD）工艺应用于模拟餐厨垃圾发酵液合成 PHA，从单一碳源转向混合碳源，考察混合菌群合成 PHA 的富集与合成能力，其中 PHA 合成能力分别从间歇补料和连续补料两种积累模式展开，对 PHA 合成的第三段工艺进行优化，从而实现碳源的高效利用，降低 PHA 合成成本。研究结果将为餐厨垃圾资源化和 PHA 低成本合成工艺的实际应用提供技术基础。

1.反应器启动与运行条件

启动柱状上流式 SBR,以 ADD 模式运行。同时,作为对照组,启动完全混合式 SBR,以 ADF 模式运行。两个反应器中的活性污泥均来自于哈尔滨市群力污水处理厂曝气池,采用相同的人工模拟餐厨垃圾发酵液作为碳源。采用 ADD 运行模式的反应器为 SBR#1,采用 ADF 运行模式的反应器为 SBR#2。两组反应器一共运行 60 d。SBR#1 与 SBR#2 的运行参数见表 5.18。

表 5.18　反应器详细运行参数设置(餐厨垃圾)

参数名称	SBR#1	SBR#2	单位
周期长度	6	12	h
底物浓度	1 000	1 000	mg COD/L
环境温度	22	22	℃
初始污泥浓度	4 660±50	4 200±100	mg/L
选择压力初始 φ 值	0.88	—	—
DO	>3	>3	g/L
SRT	10	10	d

在活性污泥混合菌群产 PHA 菌群的富集过程中,反应器启动后 30 d 内,每天在同一周期内检测反应器内的 MLSS、SVI,DO 突跃时间等参数。每隔 2 d 对一个典型周期进行沿程取样,进行乙酸质量浓度、氨氮质量浓度和 PHA 含量检测。在活性污泥混合菌群合成 PHA 阶段进行间歇补料与连续补料的对比试验,考察在第三段工艺 PHA 合成中不同运行模式对细胞 PHA 含量的影响。

2.利用混合碳源富集 PHA 菌阶段的研究

将活性污泥投加到反应器,开始运行后,SBR#1 和 SBR#2 的 MLSS 与 SVI 的变化趋势如图 5.38 所示。由图可知,与采用单一碳源相比,混合菌群采用模拟餐厨垃圾为碳源时,MLSS 与 SVI 变化规律相同。污泥颜色在第 17 天左右由深褐色逐渐转变为浅黄色,SBR#1 的 MLSS 达到最低值,而 SVI 在第 18 天出现最值,导致之后的 MLSS 与 SVI 发展趋势出现拐点。说明采用混合碳源时,活性污泥对底物的适应期比单一碳源要长一些。

反应器运行到第 19 天后,SVI 稳定在 22～25 mL/g 之间,污泥沉降性良好,在排水－Ⅰ过程中不再有污泥流失。由于活性污泥混合菌群对于混合碳源的适应性弱于单一碳源,为了减少在反应器运行初期 ADD 运行模式下排水－Ⅰ中的污泥流失,防止出现因污泥浓度迅速下降而造成的反应器崩溃,所以选择描述选择压力大小的初始 φ 值为 0.87,略大于以单一碳源时的取值。

在反应器运行过程中,通过监测 DO 突跃的时间来判断底物充盈阶段时长。SBR#1 启动的第一个周期内,微生物的底物充盈时长为 2 h,占整个周期时长的 1/3。经过 15 d 的富集驯化,底物充盈时长缩短到 27 min,F/F 为 0.084。此时污泥对碳源已经有较好的适应,在周期开始刚刚投加碳源时,微生物就开始迅速吸收碳源并同时将碳源转化为细胞内 PHA 贮存。随着反应的进行,COD 与氨氮的消耗,也从第 1 天的 78%和 82%,提高到第 15 天的 98%和 97%。在反应器运

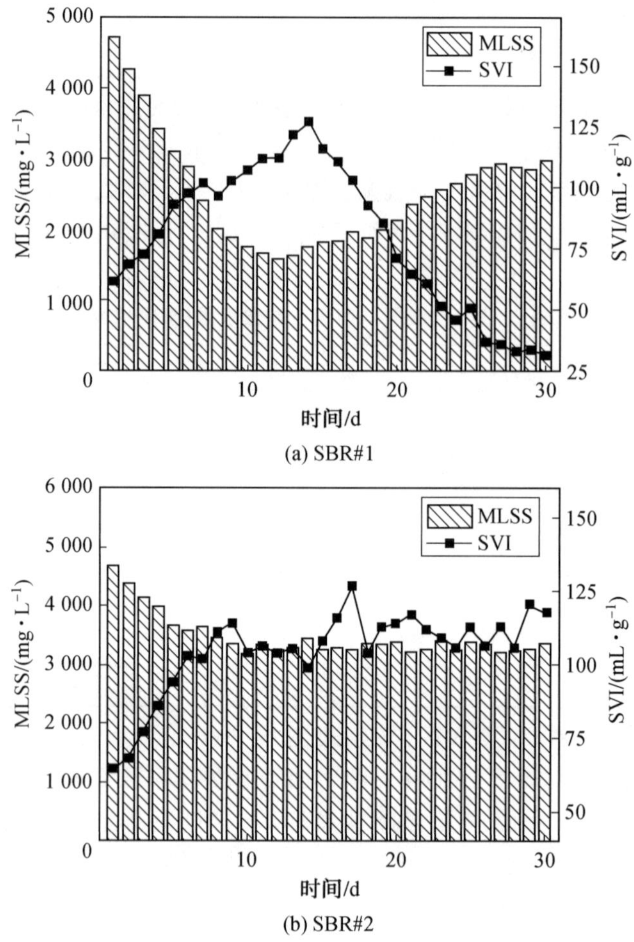

图 5.38　SBR＃1 与 SBR＃2 的 MLSS 与 SVI 变化趋势(餐厨垃圾)

行到第 30 天时,SBR＃1 的碳源比摄取速率为0.59 Cmol VFA/(Cmol X·h),SBR＃2 的碳源比摄取速率为 0.46 Cmol VFA/(Cmol X·h)。

SBR 内,活性污泥混合菌群分别在 ADD 与 ADF 模式下,底物充盈阶段末期达到该周期的细胞 PHA 含量最大值(图 5.39)。如图 5.40 所示,SBR＃1 在反应器运行到第 15 天时的 PHA 含量为 16.4%,第 30 天时为 22.3%;SBR＃2 在反应器运行到第 15 天时的 PHA 含量为 12.6%,第 30 天时为 16.7%。可见在以模拟餐厨垃圾发酵液为碳源时,ADD 运行模式仍显示出比 ADF 运行模式更高效的产 PHA 菌富集效果。

3. 混合菌群合成 PHA 阶段的 PHA 产量

在活性污泥混合菌群合成 PHA 阶段,本节考察间歇补料与连续补料对微生物 PHA 含量的影响。设在富集阶段采用 ADD 运行模式,合成阶段进行的间歇补料试验为 BatchⅠ,进行的连续补料试验称为 ContinueⅠ;在富集阶段采用 ADF 运行模式,合成阶段进行的间歇补料试验为 BatchⅡ,进行的连续补料试验为 ContinueⅡ。

BatchⅠ、BatchⅡ、ContinueⅠ与 ContinueⅡ试验过程中。四组反应器同时运行,投加相同质量浓度、相同总量的碳源,只是碳源投加方式不同,沿程取样。BatchⅠ和 BatchⅡ是

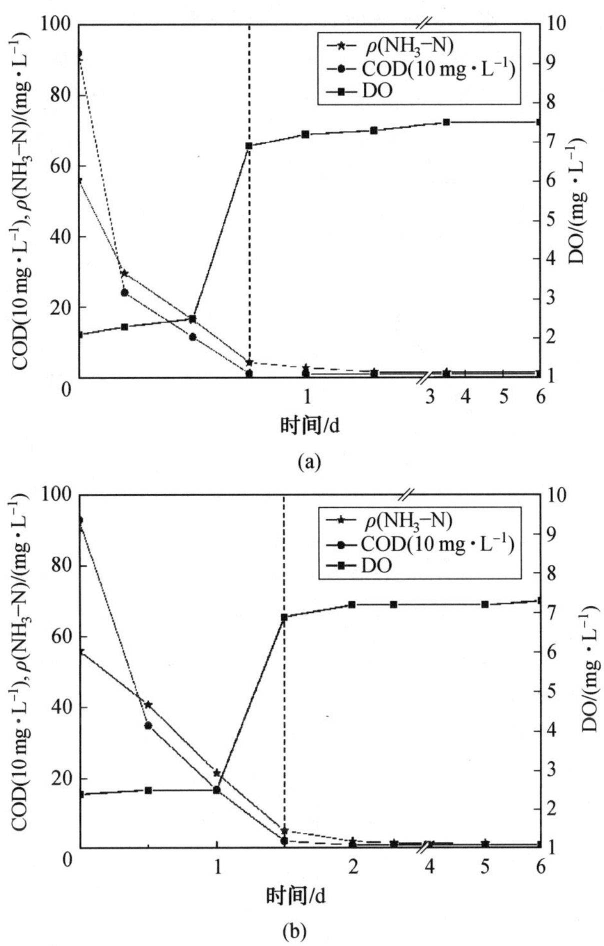

图 5.39　SBR＃1 与 SBR＃2 在一个典型周期内，VFA 和氨氮的降解情况、DO 变化以及 PHA 合成和细胞物质合成情况

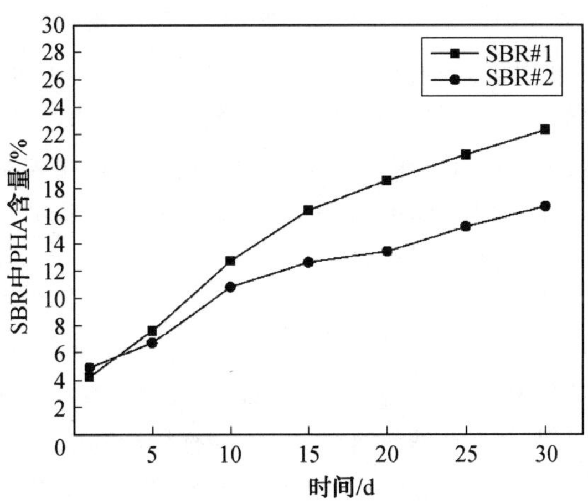

图 5.40　SBR 中活性污泥 PHA 含量变化趋势图

通过监测 DO，在微生物刚刚完成对反应器中碳源消耗的时候进行补料；而 ContinueⅠ和 ContinueⅡ则是通过连续补料试验装置，保证反应器中始终处于底物充盈状态。反应器运行时间为 12 h，图 5.41 中为 12 h 反应期间微生物 PHA 合成量积累趋势图。

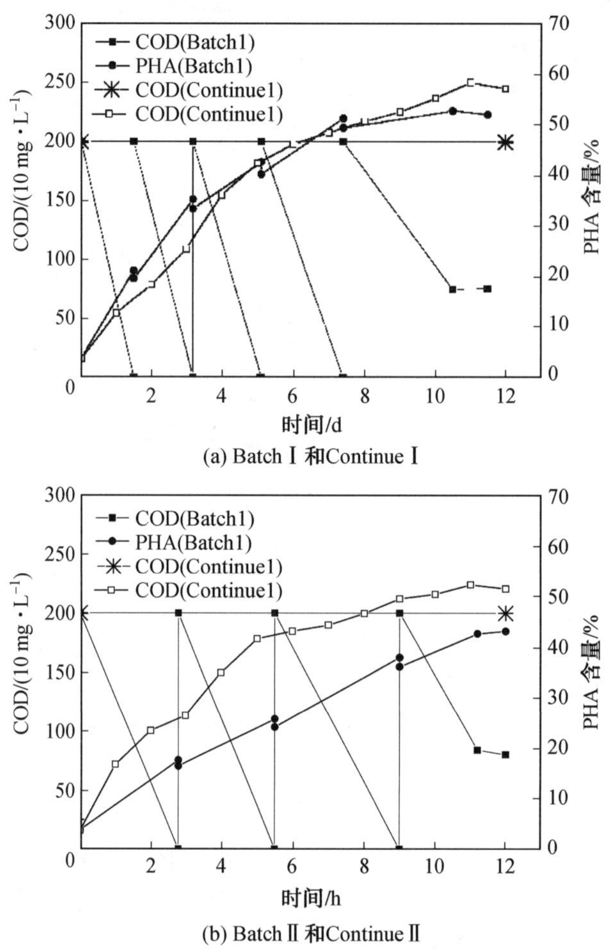

(a) BatchⅠ和ContinueⅠ

(b) BatchⅡ和ContinueⅡ

图 5.41　合成阶段各反应器微生物 PHA 积累情况

在 BatchⅠ与 BatchⅡ中，由于投加的底物浓度为 SBR 中的 4 倍，因此在批次反应中，溶解氧指标发生突跃的时间也接近 SBR 底物充盈时长的 4 倍。BatchⅠ与 BatchⅡ在第 3 次投加碳源时，PHA 含量已达 33.4%和 24.1%。两个反应器均在第 4 个批次以后，每批次中微生物将碳源消耗完毕的时间开始持续增加，并在第 5 个批次后不再出现 DO 突跃现象，而此时微生物细胞 PHA 含量也不再增长。经过 12 h 的试验，BatchⅠ和 BatchⅡ中的混合菌群 PHA 含量最终达到了 52.8%和 45.7%。

在 ContinueⅠ与 ContinueⅡ中，混合菌群 PHA 含量在反应开始 118 min 内持续上升，且含量高于相对应的 Batch 试验中 PHA 含量，相当于 Batch 试验中第 4 次投加碳源时。随后，ContinueⅠ和 ContinueⅡ中 PHA 含量曲线增速减缓，并一直持续到 12 h 试验结束。ContinueⅠ和 ContinueⅡ中微生物 PHA 含量，在 180 min 时分别为 27.5%和 26.4%，在12 h试验完成时达到的 PHA 含量分别为 58.4%和 52.3%。说明在连续补料试验中，微生物主要在前 1/5 的时间内吸收碳源并合成 PHA，PHA 比合成速率达到0.66 mg COD PHA/(mg X · h)。随后，细胞内PHA含量增多，而PHA比合成速率有所下降，在反应持续到8 h时PHA比合成速率降低到0.21 mg COD PHA/(mg X·h)，在12 h时接近于零。

表5.19将本研究得到的结果与其他研究者得到活性污泥混合菌群合成PHA的细胞含量和PHA产率进行了比较，综合考虑到利用废物合成PHA来说碳源成本问题是最主要的限制因素，结果说明利用模拟餐厨垃圾发酵液可以在细胞内快速积累PHA是可行的，其PHA含量占细胞干重的58%。模拟餐厨垃圾发酵液的VFA中，偶数碳源与奇数碳源占总碳源的无质量的比例分别为77.4%(摩尔分数)和18.7%(摩尔分数)，活性污泥混合菌群利用模拟餐厨垃圾发酵液产生的VFA合成的PHA产物是由HB单体和HV单体聚合而成的，其中HB单体占PHA聚合物的78.5%(摩尔分数)。由于PHA组分含量主要是由碳源类型决定的，而且模拟餐厨垃圾发酵液中VFA的主要成分即为乙酸和丁酸，两者之和达到77.4%，所以本研究中HB单体组分含量占到总PHA聚合物的78.5%。

表5.19　活性污泥合成PHA的细胞含量

数据来源	工艺	碳源	PHA成分	PHA细胞含量/%	
				连续补料试验	批次试验
前人研究	厌氧一好氧	市政废水+乙酸	PHB	—	30
前人研究	ADF	VFA消化液	HB∶HV (88.1∶11.9)	—	56.5
本研究	ADF	模拟餐厨	HB∶HV	52.3	45.7
本研究	ADD	垃圾发酵液	(78.5∶21.5)	58.4	52.8

由于连续补料工艺采用混合酸作为碳源时，混合酸中各成分比例在PHA积累过程中保持一致，因此PHA最终产物中HB与HV比率仅与细胞对各组分碳源比摄取速率的不同有关，这为通过调控碳源成分定向控制PHA产物成分提供了可能。目前，厌氧发酵处理工艺已经成为餐厨垃圾处理的主流工艺，且发酵合成的小分子有机酸中，偶数酸的比例普遍较高。这种高比例的产酸发酵，不利于产甲烷过程的实施，却有利于PHA的合成。

5.6.3　混合碳源条件下的代谢模型分析与PHA含量预测

1.混合碳源的混合菌群代谢模型

采用混合碳源合成PHA的微生物代谢模型通常有两种算法，其一为将混合碳源中的混合酸看作一种碳源，将活性污泥混合菌群视为一种菌群，其表现出来的性质，实际上为各个不同菌种的综合特性体现；其二为根据VFA中各种酸的组成成分，分别考虑其对微生物合成PHA产量的影响。由于本章的主要研究课题为反应器的ADD运行模式对混合菌群中产PHA菌的影响，且便于与单一碳源模式下的动力学参数做比较，因此采用第一种方法进行计算。

微生物在反应器运行到第50天时，底物充盈阶段的底物浓度与PHA含量的实测和模型计算结果以及碳源比摄取速率变化趋势如图5.42所示。

由图5.42可知，在底物刚投加到反应器中时，底物比摄取速率$-q_S$出现最大值，且在底物充盈阶段开始0.15 h内，持续保持较高的底物比摄取速率。但此时体现的底物比摄取速率实际上是混合菌群中底物比摄取速率不同的多种菌群的平均水平。在底物充盈阶段开始0.2 h以后，底物比摄取速率开始明显下降，反应器中的剩余碳源也降低到了35%以下，

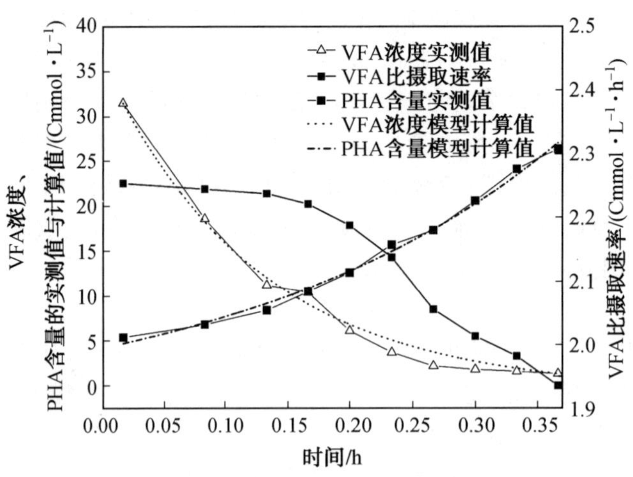

图 5.42 底物充盈阶段 VFA 浓度和 PHA 含量实测值与模型计算值以及碳源比摄取速率之间的关系

说明在底物充盈阶段的前半段时间内，微生物消耗掉了近 70％的碳源。在底物充盈末期，剩余碳源占投加时的 4.1％。在微生物吸收碳源的同时，进行 PHA 的细胞内积累与细胞分裂增殖活动。在上述底物吸收过程中，经数据拟合后得到 $\tilde{q}_S^{max}$ 为 －2.27 Cmmol/(Cmmol·h)。其意义为在底物吸收过程中出现在某一时刻的理论最大吸收速度，无法通过试验检测，是利用代谢模型计算揭示出的规律。相比之下，利用模型计算拟合得到的最大生物量增长速率 $\tilde{\mu}^{max}$ 为 0.052 Cmmol/(Cmmol·h)（与 $\tilde{q}_S^{max}$ 的意义相同，微生物在底物充盈阶段生长过程中实际发生的生物量增长速率），远远低于底物比摄取速率，说明微生物将吸收的碳源多数都用于 PHA 的贮存。

反应器运行到第 50 天时，根据活性污泥混合菌群在一个典型周期内，通过实测与代谢模型数据拟合得到的各动力学参数见表 5.20。

表 5.20 混合碳源条件下混合菌群富集过程中的代谢模型参数

参数	值	备注
吸收 VFA 过程的半饱和常数(K_s)	0.23 Cmmol/L	常数
氨氮吸收的半饱和常数(K_{NH_3})	0.000 1 mmol/L	常数
PHA 颗粒降解速率常数(k)	0.26 $(Cmmol/Cmmol)^{1/3}\cdot h^{-1}$	拟合值
模型中最大底物比摄取速率($\tilde{q}_S^{max}$)	－2.27 Cmmol/(Cmmol·h)	拟合值
细胞维持生命所需 ATP 常数(m_{ATP})	0.016 Cmmol/(Cmmol·h)	拟合值
最大生物量增长速率($\tilde{\mu}^{max}$)	0.052 Cmmol/(Cmmol·h)	拟合值
最大 PHA 比合成速率($\tilde{q}_{PHA}^{max}$)	1.9 Cmmol/(Cmmol·h)	常数

在 ADD 运行模式中，进水－Ⅱ中不包含碳源，实际上使得底物充盈末期已经降低到不足 5％的情况下浓度又被稀释一半，即可认为在曝气－Ⅱ开始时，反应器内已没有底物存在。在底物匮乏阶段，活性污泥混合菌群在缺乏碳源的条件下，微生物开始通过降解细胞内的 PHA 维持细胞生长增殖。在代谢模型中，PHA 降解速率拟合计算结果 $k=0.26$ Cmmol/(Cmmol·h)，见表 5.20。采用单一乙酸为碳源时的 PHA 降解速率模型计算结果，说明在相同运行模式与环境温度下，碳源的组成决定了 PHA 组分的不同，而 PHB 与

PHV混合物的降解速率低于单一PHB的降解速率，如图5.43所示。

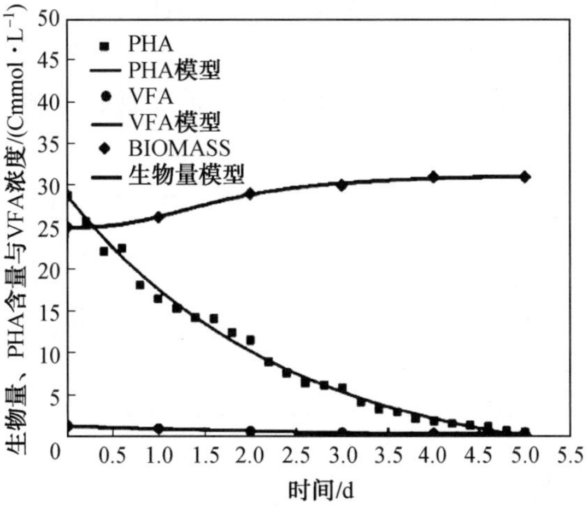

图5.43　底物匮乏阶段VFA浓度、PHA含量以及生物量的实测值与模型计算值变化

而这也会影响到底物匮乏阶段混合菌群的细胞生长增殖，刚进入底物匮乏阶段的最大生物量增长速率 $\tilde{\mu}^{max}=0.164$ Cmmol/(Cmmol·h)，为单一碳源时对应参数的62%。

2. 人工神经网络对活性污泥利用混合碳源合成PHA含量的预测

试验运行60 d，以MLSS、SVI、F/F，反应器运行时间(d)为监测指标，以PHA合成阶段检测到的PHA含量为预测目标，建立人工神经网络模型。其中，在反应器运行期间，每5 d开展一次PHA合成阶段的间歇补料与连续补料试验。采用连续补料试验得到的细胞PHA含量作为人工神经网络模型中预测目标的PHA含量数值。在反应器运行50 d期间内的监测指标数据见表5.21，利用人工神经网络技术建立MLSS、SVI、F/F与反应器运行时间等监测参数与PHA含量之间的映射关系，其中1～50 d的数据用于训练，50～60 d的数据用于验证，并用55 d和60 d的实测数据与人工神经网络模型进行对比，以验证网络模型预测计算的准确性。

表5.21　反应器运行过程中的参数与PHA含量

序号	MLSS/(mg·L^{-1})	SVI/(mL·g^{-1})	F/F	运行时间/d	PHA含量/%
1	3 105	93	0.542	5	12.6
2	1 765	107	0.159	10	28.8
3	1 821	116	0.084	15	37.5
4	2 134	71	0.077	20	49.6
5	2 784	51	0.074	25	56.7
6	2 976	32	0.074	30	58.4
7	3 055	31	0.070	35	59.1
8	3 119	31	0.067	40	59.8
9	3 106	30	0.067	45	60.5
10	3 137	30	0.064	50	60.2

利用人工神经网络计算的结果与实测数据的误差分别为2.1%和3.6%，说明人工神经

网络模型具有足够的计算精度，见表 5.22。当反应器运行到 30 d 以上时，SVI 与 F/F 基本保持稳定，在反应器运行到 40～60 d 期间几乎不变，因此认为在反应器的后续运行过程中，在可控的条件下，SVI 和 F/F 将保持不变。而对于污泥浓度的变化规律，利用 MATLAB 软件的假设检验进行处理。取反应器运行 35～60 d 的 6 组数据进行假设检验，检验结果如图 5.44 所示。

表 5.22　人工神经网络校验数据

序号	MLSS /($mg \cdot L^{-1}$)	SVI/ ($mL \cdot g^{-1}$)	F/F	运行时间 /d	PHA 含量 /%	预测 PHA 含量/%	误差/%
1	3 152	29	0.064	55	61.2	59.9	2.1
2	3 188	30	0.064	60	60.3	58.1	3.6

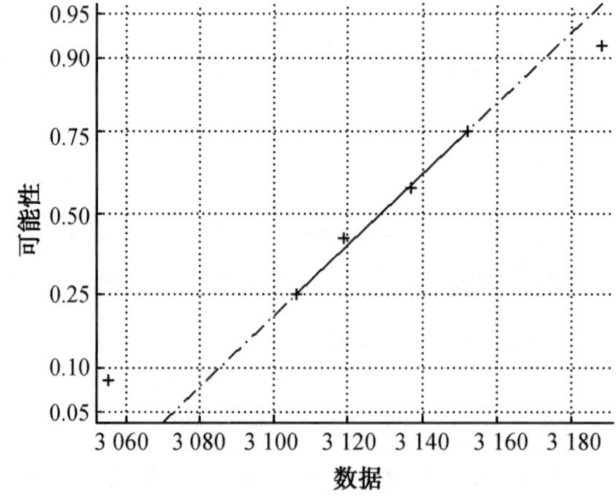

图 5.44　污泥浓度数据的正态分布验证

在图 5.44 中，散点与拟合直线之间的距离越近，说明其符合正态分布的概率越大，由图可知，35～60 d 的污泥浓度数据，基本符合正态分布的规律。为进一步确认，利用 MATLAB 的 lillietest 函数进行正态分布的拟合优度测试：

[h,p,istat,cv]＝lillietest(m,0.05)

其中，m 为包含 35～60 d 污泥浓度数据的列向量，0.05 表示显著性水平为 5%。

拟合优度测试结果如下：

h＝0

p＝0.5000

istat＝0.1604

cv＝0.3236

上式中，h 为污泥浓度数据为正态分布的假设，p 为支持假设的概率，计算结果显示，污泥浓度数据符合正态分布规律的可能性为 50%，且统计量 0.160 4 小于接受假设的临界值 cv＝0.323 6，因此，h＝0，即接受“污泥浓度数据变化符合正态分布”，假设成立。进而，利用 MATLAB 软件，求出污泥浓度数据的平均值与标准差，分别为 3 126.2 和 45.0，进而利用正态分布规律，生成 100 组随机数，与 SVI、F/F、反应器运行时间等一同输入人工神经网络模型，进行持续预测，结果如图 5.45 所示。

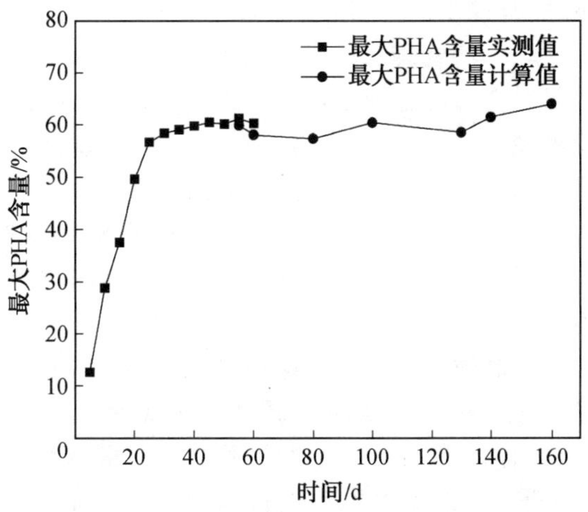

图 5.45　PHA 含量的人工神经网络预测

由图 5.45 可知，在进行 60 d 试验的基础上，根据活性污泥混合菌群的监测指标，对微生物在连续补料工艺的合成反应中达到的 PHA 含量进行预测。结果表明，PHA 含量在后期维持稳定，预测的 160 d PHA 含量(63.5%)，与 30～60 d 的 PHA 含量相当(比 60 d 的含量增多 5.3%)，根据预测结果，认为在反应器稳定运行条件下，反应器内的活性污泥混合菌群的 PHA 含量可以在较长时间内保持稳定状态。

5.7　本章小结

本章通过探讨好氧颗粒污泥合成 PHA 的能力，发现并提出设置物理选择压力可对提高产 PHA 菌在混合菌群中的富集有显著作用。针对好氧颗粒污泥的反应器运行模式进行优化探讨，提出利用物理—生态双重选择压力共同作用下，可实现混合菌群在短富集时间内达到高 PHA 含量的好氧动态排水(ADD)工艺。围绕反应器的 ADD 运行模式，对生态选择压力与物理选择压力对混合菌群合成 PHA 的影响、稳定状态的参数指标、ADD 模式的运行参数设置等内容开展研究。在试验的基础上，利用人工神经网络技术，建立 ADD 运行模式下混合菌群合成 PHA 富集过程的神经网络预测模型，利用 Garson 算法，对影响混合菌群合成 PHA 的主要因素进行多参数耦合敏感性分析，得到因素对 PHA 含量贡献的定量关系。并利用此神经网络模型，对各因素进行迭代预测计算，得到符合试验条件下的最佳反应器参数组合，通过试验验证，实现混合菌群在驯化 30 d 内达到 74.2%的 PHA 含量，显著缩短了富集时间。同时，还建立了在 ADD 运行模式下混合菌群合成 PHA 的代谢模型，对碳源吸收、PHA 合成及降解过程进行数学描述。在单一碳源的基础上，本章最后将模拟餐厨垃圾发酵液混合碳源应用于 ADD 模式进行富集 PHA 菌群的初探研究。

本章主要结论如下：

(1)利用好氧颗粒污泥富集 PHA 合成菌群可在反应器运行 30 d 后达到 58.3%的 PHA 含量。对好氧颗粒污泥合成 PHA 富集过程反应器运行模式进行优化，讨论了 ADF 模式与物理—生态双重选择压力模式下的 PHA 富集方式之间的组合。通过将三组 SBR 设置不同的运行模式，分别从富集过程运行稳定性、接种菌泥性状、PHA 合成能力等方面进行研究。试验结果表明，引入物理选择压力后，活性污泥混合菌群的 PHA 含量显著增强，且物理选择压力的持续施加有助于混合菌群中 PHA 含量的提高。

(2)基于传统的 ADF 模式,将物理选择压力应用于 PHA 合成菌群的筛选,提出了好氧动态排水工艺,对活性污泥混合菌群施加双重选择压力,从而筛选出的混合菌群具有更高的 PHA 合成能力以及更短的富集时间。随后,分别对采用 ADD 运行模式反应器的底物浓度、运行周期、环境温度以及 SRT 等参数进行优化分析,结果表明,采用质量浓度为 1 000 mg/L的乙酸钠(以 COD 计算)、周期长度为 6 h,SRT 为 10 d 有利于活性污泥混合菌群在 ADD 模式下富集合成 PHA 菌群,而温度在 15～25 ℃之间对于 ADD 模式下的微生物合成 PHA 能力影响不显著。

(3)在底物充盈一匮乏机制微生物新陈代谢模型的基础上,对模型进行改进,提出适用于 ADD 运行模式的代谢模型。模型与实测数据符合程度较好,能够对一个周期内的微生物从碳源吸收、贮存 PHA,到消耗利用 PHA 为碳源维持菌群增殖与细胞生存过程中每个时刻的底物浓度、PHA 含量、生物量等参数进行模拟。建立了基于 BP 人工神经网络的 ADD 运行模式多参数耦合作用下,各参数对 SBR 中 PHA 含量影响的多参数敏感性分析,其结果显示,对于 ADD 模式下的各参数重要性排序为:选择压力初始 φ 值＞周期长度＞SRT＞底物浓度＞环境温度。

(4)将模拟餐厨垃圾发酵液作为混合碳源,以 ADD 为核心工艺,开展混合碳源分别利用间歇补料和连续补料的 PHA 积累研究。结果表明连续补料模式合成的 PHA 含量为 58.4%,相比于间歇批次补料模式仍然可以提升 6%的 PHA 含量。提出 ADD 模式下混合碳源的代谢模型并利用人工神经网络对 PHA 含量进行预测,说明混合菌群在经过 30 d 的 ADD 富集驯化运行模式筛选后 PHA 含量基本维持稳定。研究结果将为餐厨垃圾资源化和 PHA 低成本合成工艺的实际应用提供技术基础,具有一定的应用价值。

参考文献

[1] MORALES N, FIGUEROA M, MOSQUERA-CORRAL A, et al. Aerobic granular-type biomass development in a continuous stirred tank reactor[J]. Separation & Purification Technology, 2012, 89: 199-205.

[2] VERAWATY M, PIJUAN M, YUAN Z, et al. Determining the mechanisms for aerobic granulation from mixed seed of floccular and crushed granules in activated sludge wastewater treatment[J]. Water Research, 2012, 46(3): 761-771.

[3] LEI W, PENG C, PENG Y, et al. Effect of wastewater COD/N ratio on aerobic nitrifying sludge granulation and microbial population shift[J]. Journal of Environmental Sciences, 2012, 24(2): 234-241.

[4] 张小玲,王芳,刘珊. 剪切力对好氧颗粒污泥的影响及其脱氮除磷特性研究[J]. 安全与环境学报,2011,(4):56-60.

[5] 杨冠. 好氧颗粒污泥的培养及除污性能的研究[D]. 兰州:兰州理工大学,2009.

[6] LIA J, LI X Y. Selective sludge discharge as the determining factor in SBR aerobic granulation: Numerical modelling and experimental verification[J]. Water Research, 2009, 43(14): 3387-3396.

[7] 赵霞. 好氧颗粒污泥系统处理含 PPCPs 污水的效能及微生物群落演替[D]. 哈尔滨:哈

尔滨工业大学,2015.

[8] 唐朝春,刘名,陈惠民,等.好氧颗粒污泥的形成及其应用的研究进展[J].工业水处理.2015,(12):5-9.

[9] 崔有为,冀思远,卢鹏飞,等.F/F对嗜盐污泥以乙酸钠为底物生产PHB能力的影响[J].化工学报.2015,(4):1491-1497.

[10] JOHNSON K,YANG J,KLEEREBEZEMK R,et al. Enrichment of a mixed bacterial culture with a high polyhydroxyalkanoate storage capacity[J]. Biomacromolecules,2009,10(4):670-676.

[11] WEN Q,CHEN Z,WANG C,et al. Bulking sludge for PHA production:Energy saving and comparative storage capacity with well-settled sludge[J]. Journal of Environmental Sciences. 2012,24:1744-1752.

[12] DIONISI D,MAJONE M,PAPA V,et al. Biodegradable polymers from organic acids by using activated sludge enriched by aerobic periodic feeding[J]. Biotechnology and Bioengineering. 2004,85(6):569-579.

[13] ALBUQUERQUE M G E,TORRES C A V,TORRE S,et al. Polyhydroxyalkanoate (PHA) production by a mixed microbial culture using sugar molasses:Effect of the influent substrate concentration on culture selection[J]. Water Research. 2010,44:3419-3433.

[14] SERAFIM L S,LEMOS P C,RUI O,et al. Optimization of polyhydroxybutyrate production by mixed cultures submitted to aerobic dynamic feeding conditions[J]. Biotechnology & Bioengineering,2010,87(2):145-160.

[15] BENGTSSON S, WERKER A, CHRISTENSSON M, et al. Production of polyhydroxyalkanoates by activated sludge treating a paper mill wastewater[J]. Water Science & Technology,2008,99(3):509-516.

[16] ALBUQUERQUE M G, MARTINO V, POLLET E, et al. Mixed culture polyhydroxyalkanoate(PHA) production from volatile fatty acid(VFA)-rich streams: Effect of substrate composition and feeding regime on PHA productivity,composition and properties[J]. Journal of Biotechnology,2011,151(1):66-76.

[17] CGGM A S,ORHON D,ROSSETTI S,et al. Short-term and long-term effects on carbon storage of pulse feeding on acclimated or unacclimated activated sludge[J]. Water Research,2011,45(10):3119-3128.

[18] CHANG H,CHANG W,TSSAI C. Synthesis of poly(3-hydroxybutyrate/3-hydroxyvalerate) from propionate-fed activated sludge under various carbon sources[J]. Bioresource Technology,2012,113:51-57.

[19] YANG J,MARANG L,TAMIS J,et al. Waste to resource:Converting paper mill wastewater to bioplastic[J]. Water Research,2012,46(17):5517-5530.

[20] XUE Y,DU M,LEE D,et al. Enhanced production of volatile fatty acids(VFA) from sewage sludge by β-cyclodextrin[J]. Bioresource Technology,2012,110:688-691.

第 6 章　提高产率的关键技术

6.1　概　述

本书第 4 章解析了充盈—匮乏模式下产 PHA 菌富集过程的稳定性来源，并且提出了工艺稳定运行的策略，确保了产 PHA 菌富集段能够稳定输出具备较高 PHA 合成能力的混合菌群。目前报道的合成 PHA 工艺模式能够获得的 PHA 含量通常不小于细胞干重的 60%，但结合混合菌群工艺的发展方向，在 PHA 积累合成阶段，现有的工艺模式仍存在以下具体问题有待解决。

(1)底物 pH 或反应过程 pH 需调节。混合菌群合成 PHA 工艺普遍是以 VFA(VFA)的形式利用废弃碳源，废弃碳源的 VFA 与合成底物或者纯净底物(葡萄糖)相比，有其特殊性：pH 跨度较大，例如糖蜜废水酸性发酵产物的底物 pH 普遍低于 6，而剩余污泥碱解液的 pH 则普遍会超过 8。目前已经报道的关于混合菌群 PHA 积累合成阶段的研究多使用酸碱溶液将反应全程的 pH 控制在一定范围，或者将底物 pH 调节为 7.0 或 8.0，在随后的反应过程中不调节 pH，反应液 pH 随后会自行上升至一个适合 PHA 合成的范围。但无论哪一种调配方案，始终都离不开酸/碱药物的使用，这无疑将加大 PHA 混合菌群生产的工艺运行成本。

(2)PHA 合成系统底物利用效率偏低。传统批次补料工艺模式为了促使菌群过量合成 PHA，存在底物浪费的情况，因而系统底物利用效率(即产 PHA 混合菌群实际利用到的底物量与供给反应体系的底物量之比)较低。

(3)工艺整体 PHA 产率偏低。合成 PHA 工艺的总产率取决于微生物细胞内的 PHA 含量和生物量。产 PHA 菌群富集阶段为了保持富集过程稳定性必须在较低的有机负荷下运行，因此该阶段的混合菌群生物量输出水平不高，进而限制了混合菌群工艺总体的 PHA 产率。如何解决产 PHA 菌富集阶段稳定性保持与生物量输出提升的矛盾是进一步改善工艺整体 PHA 产率的关键。

本章针对以上问题，开发全新的连续补料平台，提出高效利用底物、无须 pH 预调节的低负荷连续补料工艺模式。在获得高效 PHA 积累合成工艺平台的基础上针对上游工艺段(产 PHA 菌富集段)生物量输出低致使工艺整体 PHA 产量低的问题，开发碳源、氮源分段补加的产 PHA 菌群扩大培养模式，优化工艺运行模式并从菌群结构层面分析扩大培养机理。在此基础上，提出嵌入产 PHA 菌扩大培养段从而有效提升三段式工艺 PHA 容积产率的工艺策略。

6.2　基于底物高效利用的低负荷连续补料合成 PHA 工艺研究

6.2.1　连续补料合成 PHA 平台的构建

对三段式混合菌群合成 PHA 工艺而言，产 PHA 菌的富集是研究较为密集的工艺部分，但对第三部分即 PHA 积累合成段的针对性研究相对较少，目前的研究多是为了追求最大的 PHA 合成量而普遍采用脉冲式补料的批次补料工艺模式。该合成 PHA 工艺模式可以有效逼近混合菌群最大的 PHA 合成量，但缺点比较严重，即底物浪费情况比较突出，底物 pH 需要预调节或者全程控制反应液 pH，底物浓度也要根据混合菌群生物量进行预调节，不但使运行操作复杂，也增加了 PHA 合成的成本。针对这些问题，本部分研究首先提出了连续补料的 PHA 合成平台（平台结构示意图和实物图如图 6.1 所示，工艺模式如图 6.2所示），与传统批次补料平台不同，连续补料 PHA 合成平台在主反应器（完全好氧、充分搅拌，类似于批次补料的反应装置）之后增加了菌群絮体沉降区和回流装置，能够实现底物在不同负荷条件下的连续补加。

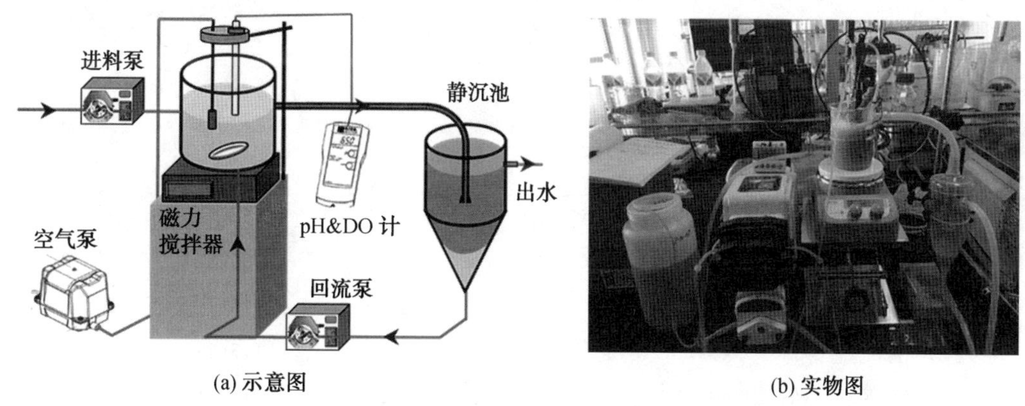

图 6.1　低负荷连续补料装置

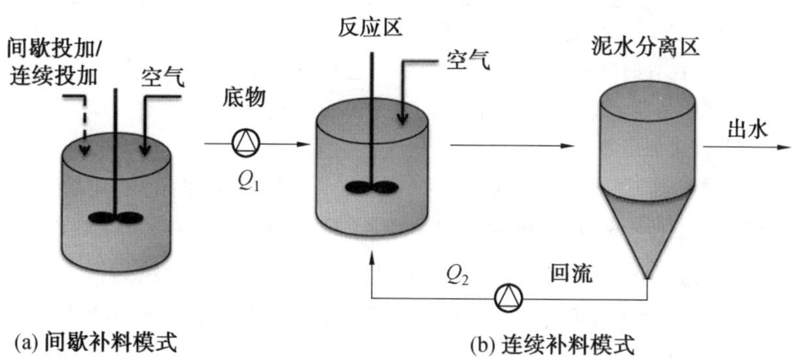

图 6.2　工艺运行流程图

6.2.2 连续补料合成 PHA 过程 pH 自平衡状态的形成

在涉及批次补料工艺模式的研究当中，PHA 合成反应过程中 pH 的升高是一个普遍的现象，本部分内容研究了借助连续补料平台实现反应过程 pH 自平衡状态的可行性，在不调节底物 pH 前提下考察不同工艺模式的(表 6.1)反应体系 pH 和 DO 的变化，最终获得了能够达到 pH 自平衡状态的工艺条件。

表 6.1 基于连续补料平台的试验组信息

组别	编号	底物 pH	接种物 pH	运行模式	Q_1/(L·h^{-1})	运行时间/h	$^cC_{in}$/(Cmmol·L^{-1})	^cX_a/(Cmmol·L^{-1})	生物量有机负荷/(Cmol VFA·(Cmol X·d)$^{-1}$)
Ⅰ	a	7.0	8.7	^{b}P	—	11.8	114(3)	116(4)	—
	b	7.0	8.6	$^bC_2$	0.60	8.6	118(1)	125(1)	27.04(0.01)
	^{a}b*	7.0	8.6	$^bC_1$	0.60	8.6	118(1)	0	—
	c	5.0	8.6	P	—	0.8	118(2)	132(3)	—
	d	5.0	8.7	C_1	0.18	11.0	117(3)	119(3)	8.44(0.04)
	e	5.0	8.5	C_1	0.09	12.3	116(5)	130(2)	3.86(0.04)
	^{a}e*	5.0	8.5	C_1	0.09	12.3	116(5)	0	—
	f	10.0	8.6	C_1	0.09	12.0	119(1)	112(3)	4.90(0.03)
	^{a}f*	10.0	8.6	C_1	0.09	12.0	119(1)	0	—
Ⅱ	1	5.0	8.6	P	—	0.8	118(2)	132(3)	—
	2	5.0	8.5	C_1	0.09	12.3	116(5)	130(2)	3.86(0.04)
	3	7.0	8.7	P	—	11.8	114(3)	116(4)	—
	4	7.0	8.7	C_1	0.09	11.8	116(4)	117(2)	4.57(0.03)
	5	10.0	8.6	P	—	12.0	120(3)	114(5)	—
	6	10.0	8.6	C_1	0.09	12.0	119(1)	112(3)	4.90(0.03)

注：^{a}b*、e* 和 f* 分别代表 a、b 和 c 试验组的空白试验。

^{b}P、C_1 和 C_2 分别代表间歇补料工艺、连续补料工艺 C_1 和连续补料工艺 C_2。

$^cC_{in}$代表进水底物浓度，X_a代表活性生物量(不包括 PHA)。

括号中的数值代表标准差。

当向 PHA 合成系统中补加中性底物时(pH 接近于 7.0)，无论是间歇补料还是连续补料系统，均会出现反应体系 pH 增高的现象(图 6.3(a)、(b))。在底物加入反应体系之后，反应液 pH 通常会在前 40 分钟内由 8.2～8.6 上升至 9.6～10.0，然后随着反应时间有一个幅度较小的下降。反应液的 DO 值整体上会随着反应时间的推移逐步上升，这表明产 PHA 混合菌群的代谢活性沿程降低。

向反应体系中加入酸性底物时(pH 接近 5.0)，混合液 pH 和 DO 的响应情况如图 6.3(c)～(e)所示。在间歇补料模式下(图 6.3(c))，一次性地加入底物会使反应液的 pH 迅速下降至 6 以下，过低的 pH 抑制了混合菌群的生物活性，在反应开始 10 min 内混合菌群会有短暂的底物摄取行为(表现为下降的 DO 值),但随后其代谢响应彻底失去,反应液的 DO 值上升至饱和状态。间歇补料模式下直接投加酸性底物的结果说明,虽然混合菌群摄取 VFA 分子会带来反应体系 pH 的上升,但在较高的质子负荷条件下,仅仅依靠混合菌群自身的代谢行为实现 pH 的调控是不可能的。在酸性底物 BLR 设为 5.87 的连续补料试验中,反应液的 pH 和 DO 变化证实了以上的推论(图 6.3(d)),反应液 pH 在进料开始后 2 h 内缓慢下降,之后快速降至 6.0 附近,混合液 DO 值也相应上升,微生物的代谢活动受到抑制。试验在 4 h 48 min 停止补料,反应液 pH 迅速回升,同时伴随着 DO 值的快速下降,这说明在 BLR 为 5.87 Cmol VFA/(Cmol X · d)的条件下产 PHA 菌摄取小分子有机酸带来的碱度并未与补加底物过程中带入体系的酸度达到平衡。这样的响应趋势(在反应进行到 8 h 左右)可以得到重复。在本研究中,反应体系 pH 和 DO 值所呈现出的对立的变化趋势表明产 PHA 混合菌群对外界溶液 pH 变化较为敏感,在一定强度范围和作用时间下,低 pH 导致的代谢抑制是可以恢复的。

在连续补料模式下,进一步降低 BLR(每天每物质的量的活性污泥的 VFA 的物质的量,以碳的物质的量为基础)至 3.86 Cmol VFA/(Cmol X · d),反应体系呈现的 pH 和 DO 变化如图 6.3(e)所示,在历时 11 h 的反应过程中,pH 和 DO 保持稳定(分别趋于 9.0 mg/L±0.5 mg/L 和 1.5 mg/L±0.3 mg/L),这表明通过寻求合适的底物负荷(同时也是质子负荷)达到一种 PHA 合成反应体系 pH 自平衡状态(pH self—balance state)是可行的,同时平衡状态下的 pH 正处于之前相关研究所提出的适宜混合菌群 PHA 合成的 pH 范围之内。

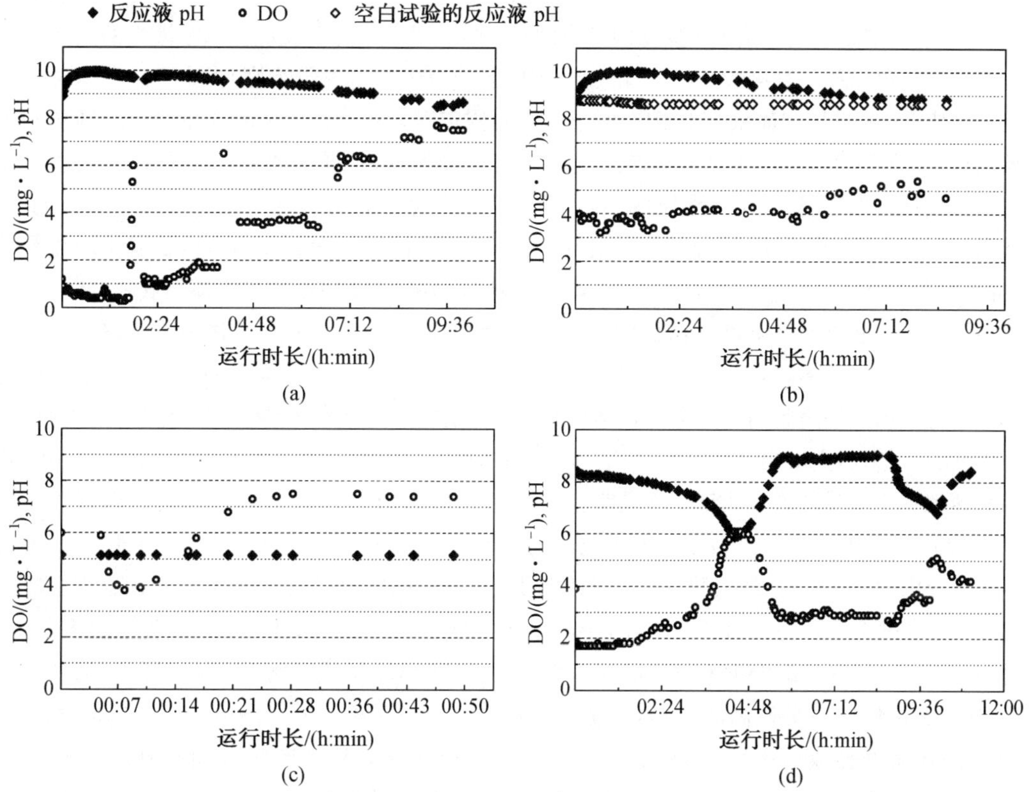

图 6.3　混合菌群 PHA 合成过程中 pH 和 DO 的沿程变化情况(图号对应表 6.1 中试验编号)

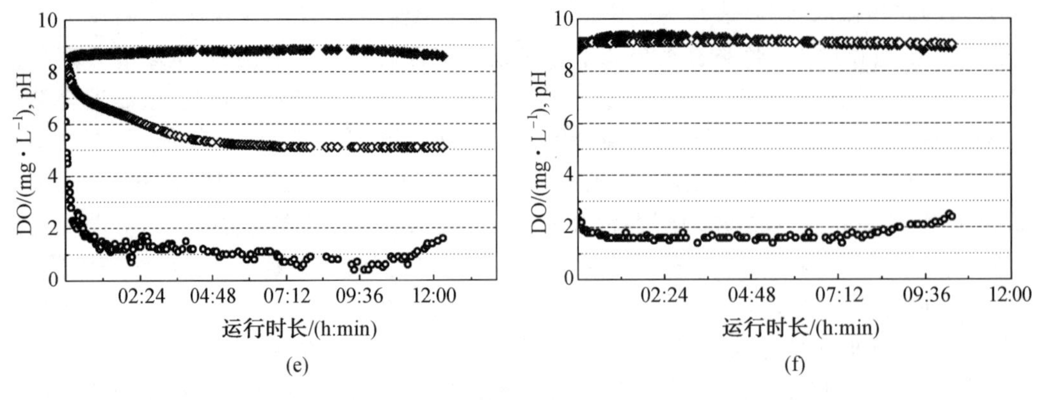

续图 6.3

在连续补料工艺平台上，利用碱性底物（pH≈10.0）在较低 BLR 条件下(4.62 Cmol VFA/(Cmol X·d))同样达到了 pH 自平衡状态(图 6.3(f))。在本研究中，反应液 pH 在开始的 2 h 内上升至 9.5 附近，在 5 h 10 min 降至 9.1 附近并保持稳态至补料结束。该部分研究结果说明连续补料合成 PHA 工艺能够达到 pH 自平衡状态的底物 pH 范围可以扩展至 5.0(酸式发酵产物)～10.0(碱式发酵产物)。

6.2.3 连续补料合成 PHA 过程中 pH 自平衡机制解析

混合菌群 PHA 合成过程中的 pH 上升现象已经被多数研究者报道。研究人员总结出了 PHA 合成过程中影响反应液 pH 变化的三个因素：底物的摄取(降低反应体系溶液中的氢离子浓度)，氨氮的同化以及二氧化碳的释放(增加反应体系溶液中的氢离子浓度)。为了进一步讨论混合菌群合成 PHA 过程中体系 pH 变化的机制，需要假定以下几个先决条件：①体系内 pH 的升高主要由产 PHA 混合菌群的生理活动导致；②小分子有机酸(碳原子数不超过 5)可以以被动运输的形式直接穿过细胞膜；③在细胞质内，小分子有机酸会建立新的解离平衡，未解离的酸分子会直接参与到产 PHA 微生物细胞的代谢途径中去。基于以上三个条件，结合合成试验中的监测结果，提出混合菌群合成 PHA 过程中的 pH 调节模型(图 6.4)。使用乙酸作为模型底物，同时由于合成试验在营养匮乏条件下进行，故氨氮和磷酸盐等带来的氢离子浓度变化不予考虑。当中性底物投加至反应体系内时，胞外溶液中会形成关于乙酸的解离平衡，平衡右端的乙酸分子会通过被动运输进入微生物细胞内参与能量代谢以及 PHB 的生成，胞内外乙酸分子的浓度梯度使得平衡不断向右侧移动，水解出大量 OH^-，因此反应体系的 pH 不断上升。另外，由于胞内的乙酸分子被快速地用于能量代谢和 PHA 合成路径，其解离出的质子并不会在胞内累积。当直接补加 pH=5 的酸性底物时，有机酸分子和其解离出的质子进入体系中，胞外溶液中会同时出现三种关系到 pH 变化的化学反应：随底物而来的 H^+ 的积累，OH^- 的释放以及 CO_2 溶于水相生成弱酸带来的 H^+ 浓度的上升。一旦 BLR 适中，上述三种反应便会趋于平衡，使体系 pH 处于稳态，之前描述的 BLR 为 3.86 Cmol VFA/(Cmol X·d)的连续补料试验结果便属于这种情况。

当酸性底物以一个较高的负荷(例如 8.44 Cmol VFA/(Cmol X·d))加入反应体系中时，H^+ 的积累便会成为主导行为，使得体系 pH 不断下降。酸性底物在间歇补料的模式下一次性加入体系中时，胞外溶液中的 VFA 分子大量进入微生物细胞内并迅速解离，较高的质子浓度抑制了微生物的代谢活动(图 6.3(c))。

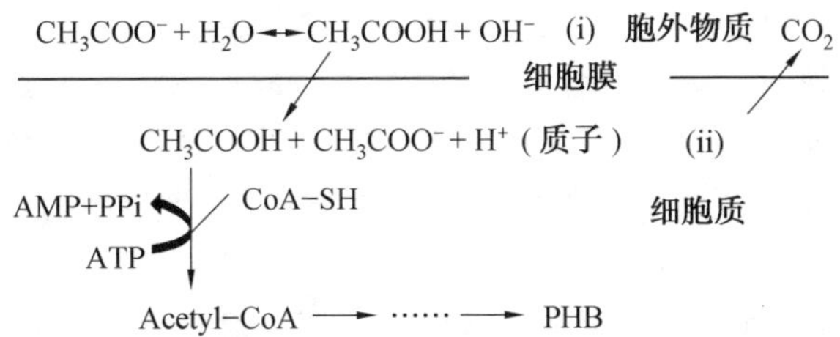

图 6.4　产 PHA 菌群底物摄取及胞内外 pH 变化机制

AMP—单磷酸腺苷;PPi—焦磷酸;Acetyl－CoA—乙酰辅酶 A

6.2.4　连续补料和批次补料工艺在不同底物 pH 条件下的合成表现对比

本部分分别考察了连续补料工艺和间歇补料工艺在补加不同 pH 底物条件下的 PHA 合成表现,每组试验对应的工艺参数在表 6.1 中列出。试验使用到两个指标来量化 PHA 合成表现,分别是:混合菌群 PHA 最大合成量,系统 PHA 转化率($Y_{P/S}^{sys}$)。后者与传统的 PHA 转化率不同,反映的是工艺本身而非混合菌群的 PHA 转化效率。

从图 6.5 中可以看到,在三种底物 pH 条件下,连续补料工艺的混合菌群较间歇补料工

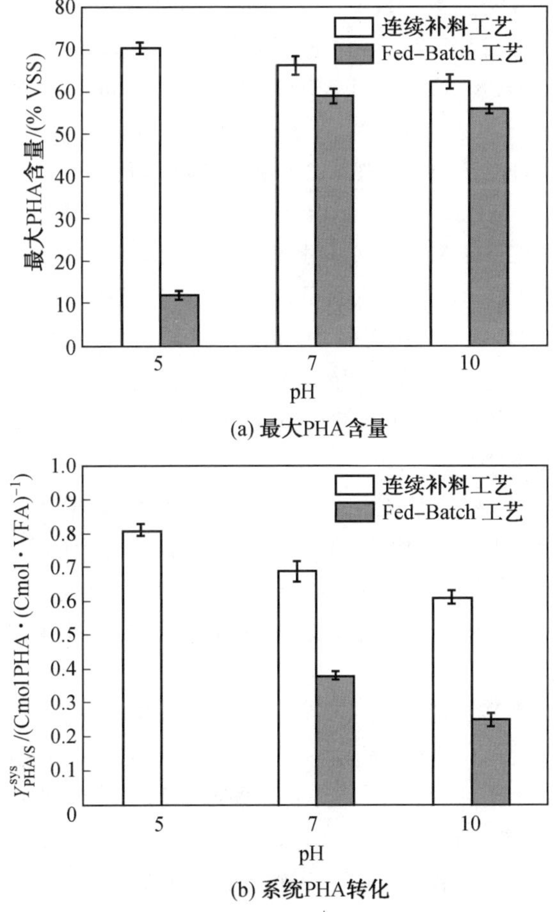

图 6.5　连续补料和间歇补料工艺在补加不同 pH 底物条件

艺均展现出了更高的 PHA 含量，最大的 PHA 含量达到了 70%（对应的污泥浓度为(5.9±0.2) g/L），这说明前者为混合菌群的 PHA 合成代谢创造了更适宜的条件。在连续补料反应过程的绝大部分时间内，系统出水中未检测到底物，表明低负荷下的连续补料工艺为微生物营造的是一种底物供小于求的环境，而这种底物/微生物的相对关系使得底物得到了充分的利用。相比较而言，为了追求较高的 PHA 含量，间歇补料工艺会使用高浓度的底物多次补料，在反应结束时会有大量未被微生物利用的底物残留。连续补料工艺对底物的高效利用可以从占明显优势的 $Y_{P/S}^{sys}$ 上反映出来。由于在底物 pH＝5 下的间歇补料试验中，微生物在低 pH 环境中活性丧失，故该组的 $Y_{P/S}^{sys}$ 并未计算。连续补料工艺在底物 pH＝5、BLR＝3.86 Cmol VFA/(Cmol X·d)、运行 12.3 h 的条件下获得的 PHA 最大合成量为 70.36%，$Y_{P/S}^{sys}$＝0.81 Cmol PHA/Cmol VFA。

6.2.5 连续补料平台不同底物 pH 条件下 BLR 对 PHA 合成的影响

为了对产 PHA 连续补料工艺模式形成更全面的认识，研究考察了不同负荷下产 PHA 混合菌群的 PHA 合成响应、合成系统的 PHA 转化率以及产物组成，结果如图 6.6 所示。前已述及，底物 pH 在 5 附近时，较高的负荷（高于 8 Cmol VFA/(Cmol X·d)）会导致胞外溶液中 pH 的下降进而影响到产 PHA 微生物的代谢活性，因此在酸性底物条件下，适于 PHA 合成的 BLR 范围是相对狭窄的，在这一负荷范围内获得的 PHA 最大合成量是相对较高的，本研究在 BLR＝3.86 Cmol VFA/(Cmol X·d)的负荷条件下获得了最大的 PHA 含量(70.4%)。

当使用中性底物时，连续补料工艺模式下混合菌群的最大 PHA 含量与 BLR 明显呈现出负相关关系（$y=68.1461-0.5441x$，$R^2=0.9879$，y 为 PHA 最大合成量，x 为实际 BLR）。在 BLR＝2.51 Cmol VFA/(Cmol X·d)的负荷条件下，本研究获得了占 VSS 66.8%的 PHA 最大合成量。值得注意的是，在 BLR＜12 Cmol VFA/(Cmol X·d)的负荷区间内，混合菌群合成的最大 PHA 含量均不低于 60%。在底物 pH＝10 的连续补料合成试验中，PHA 最大合成量与 BLR 呈现出类似的负相关线性关系（$y=67.0734-0.5815x$，$R^2=0.9776$）。在相同的负荷区间（小于 5 Cmol VFA/(Cmol X·d)）内，底物 pH＝5 的连续补料试验获得的最大 PHA 含量较 pH＝7 和 pH＝10 的补料试验更高，这可能是由于 pH＝5的试验中获得的 pH 稳态范围相较于后两者更有利于混合菌群的 PHA 代谢活动。另外，在图 6.5(a)的各个负荷点，底物 pH＝7 的补料试验得到的 PHA 最大合成量均较高于 pH＝10 的底物，这表明在后者试验中混合菌群的 PHA 合成活动达到饱和以前所经历的 pH＞9.5 的环境条件，使得图 6.4 中式(i)的平衡较难向右侧移动，从而限制了胞内合成 PHA 的前体物质的来源。

连续补料工艺模式下 $Y_{P/S}^{sys}$ 对 BLR 的变化比较敏感，并且与底物的 pH 条件并无明显联系。从图 6.6(b)中可以看出，在 BLR 由 2 Cmol VFA/(Cmol X·d)升至15 Cmol VFA/(Cmol X·d)的过程中，pH＝5 和 pH＝10 底物条件下的 $Y_{P/S}^{sys}$ 出现了明显的下降趋势，由接近 0.8 Cmol PHA/Cmol VFA 下降至 0.1 Cmol PHA/Cmol VFA 附近，这说明连续补料工艺中营造出的“供小于求”或“供需适配”的底物/微生物状态是底物能够被高效利用的决定性条件。

由图 6.6(c)可见，随着 BLR 由 2 Cmol VFA/(Cmol X·d)增至 40 Cmol VFA/

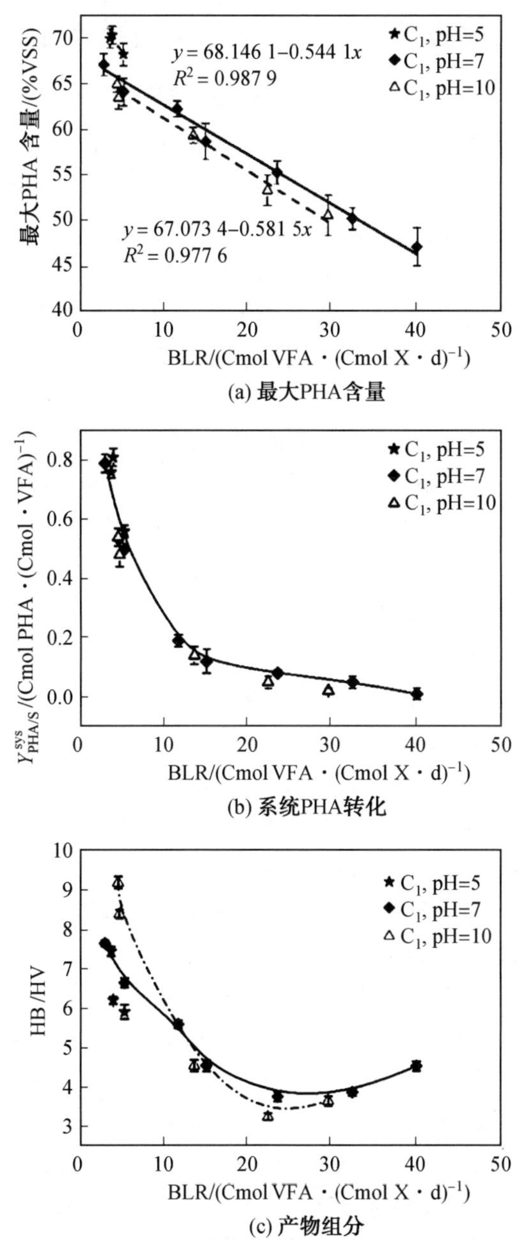

(a) 最大PHA含量

(b) 系统PHA转化

(c) 产物组分

图 6.6 连续补料工艺不同底物 pH 条件下 BLR 的影响

(Cmol X·d),底物 pH=7 和 pH=10 条件下获得的产物中 HB/HV 先迅速下降后缓慢上升。在 PHA 合成试验中发现,反应过程自始至终外界底物浓度都足够高时,可以获得较高的 HV 比例。本研究中,随着 BLR 的升高,微生物胞外的底物浓度随之升高,HB 合成受限,HV 含量上升,因此 HB/HV 表现出急速的下降。随着 BLR 的进一步升高(大于 30 Cmol VFA/(Cmol X·d)),HV 的合成也受到抑制,HB/HV 表现出缓慢的上升趋势。综合以上结果来看,在 BLR 处于 3.5~5.5 Cmol VFA/(Cmol X·d)的负荷范围内时,连续补料工艺能够同时获得较高的 PHA 合成量和底物利用效率。

6.2.6 连续补料混合菌群 PHA 合成过程动力学分析

间歇补料工艺中的 q_{PHA} 呈现出锯齿状的趋势，此种趋势也被之前的相关研究较多地报道。在前三次补料中，微生物的最大 q_{PHA} 由 0.37 Cmol/(Cmol X·h)下降到 0.20 Cmol/(Cmol X·h)，并在后三次补料中趋于稳定(接近 0.14 Cmol/(Cmol X·h))。q_{PHA} 的变化主要受到两个因素的影响：(1)底物限制，产 PHA 微生物底物摄取能力强，每份底物一次性投入反应体系中后便会经历丰盈－匮乏的状态，从而造成了 q_{PHA} 的急速下降。(2)产物饱和，产 PHA 微生物的 PHA 含量存在一个最大值，在营养物质匮乏条件下，PHA 含量便会随着反应时间趋于饱和，相关的代谢活性也会减弱，表现为每一批次的最大 q_{PHA} 的沿程降低。

本部分着重研究混合菌群在不同工艺条件下的 PHA 合成动力学变化规律，以 q_{PHA} 为具体考察对象，分析了其在特定条件下的沿程变化趋势以及与 PHA 合成量的关系。传统的间歇补料工艺(底物 pH＝7)、低负荷(BLR＝5.22 Cmol VFA/(Cmol X·d)；底物 pH＝5)和高负荷(BLR＝12.6 Cmol VFA/(Cmol X·d)；底物 pH＝7)条件下的连续补料工艺中，q_{PHA} 的沿程变化趋势如图 6.7(a)所示。

在高负荷条件下，连续补料工艺下的 q_{PHA} 在 1 h 内达到峰值(约 0.45 Cmol/(Cmol X·h))，然后经历 5.8 h 的运行时间后降至零，逐渐饱和的 PHA 含量是该工艺条件下限制混合菌群 q_{PHA} 的唯一因素。在低负荷下(图 6.7(a))，反应开始 2 h 后，q_{PHA} 达到了最大值(0.15 Cmol/(Cmol X·h))，然后在大部分运行时间内保持在这一稳定值附近并在反应的末端急速下降，q_{PHA} 的变化趋势整体上类似一个“边缘陡峭的平台”。很明显，微生物的 q_{PHA} 被较低的底物负荷所限制，无法发挥其最大的底物摄取能力，但混合菌群在这种条件下仍取得了高的 PHA 合成量，这说明决定 PHA 最大合成量的不是底物摄取速度而是微生物能够利用到的碳源总量。

研究进一步对比了补加相同 pH 底物的连续补料模式在不同负荷条件下(3.86、5.22、8.65 Cmol VFA/(Cmol X·d))的 q_{PHA} 变化规律，如图 6.8(b)所示。BLR＝5.22 Cmol VFA/(Cmol X·d)条件下的 q_{PHA} 相较于 BLR＝3.86 Cmol VFA/(Cmol X·d)呈现出一个较高但窄的“平台”。在 BLR＝8.65 Cmol VFA/(Cmol X·d)的研究中，q_{PHA} 在 2 h 内达到峰值然后快速下降并在反应进行到 4 h 时接近于零，这是由于较高的负荷使得底物供过于求，游离酸在胞外不断积累降低了体系 pH 并最终抑制了微生物的生理活动。

连续补料工艺中的 C_2 模式(表 6.1)在高负荷条件下确保了反应过程自始至终在微生物胞外存在充盈的底物，这也为研究 q_{PHA} 和菌群 PHA 摩尔分数(f_{PHA})的关系提供了便利，因为在这种条件下不需要考虑底物限制带来的影响。参考之前已经发表的相关模型，本研究补充了营养匮乏底物充盈状态下 q_{PHA} 和 f_{PHA} 的关系模型。模型的前提条件如下：①产 PHA 菌处于营养匮乏状态，体系内氨氮的氮毫摩尔质量浓度低于 0.1 Nmmol/L；②底物充盈，胞外的底物浓度始终处于 80 Cmol/L 以上；③q_{PHA} 仅受胞内 PHA 含量的影响；④当微生物胞内 PHA 含量达到最大时，q_{PHA} 接近于零。模型如下：

$$\widetilde{q_{PHA}}(t)=\widetilde{q_{PHA}^{max}}\cdot\left[1-\left(\frac{f_{PHA}}{\widetilde{f_{PHA}^{max}}}\right)^{\alpha}\right]\tag{6.1}$$

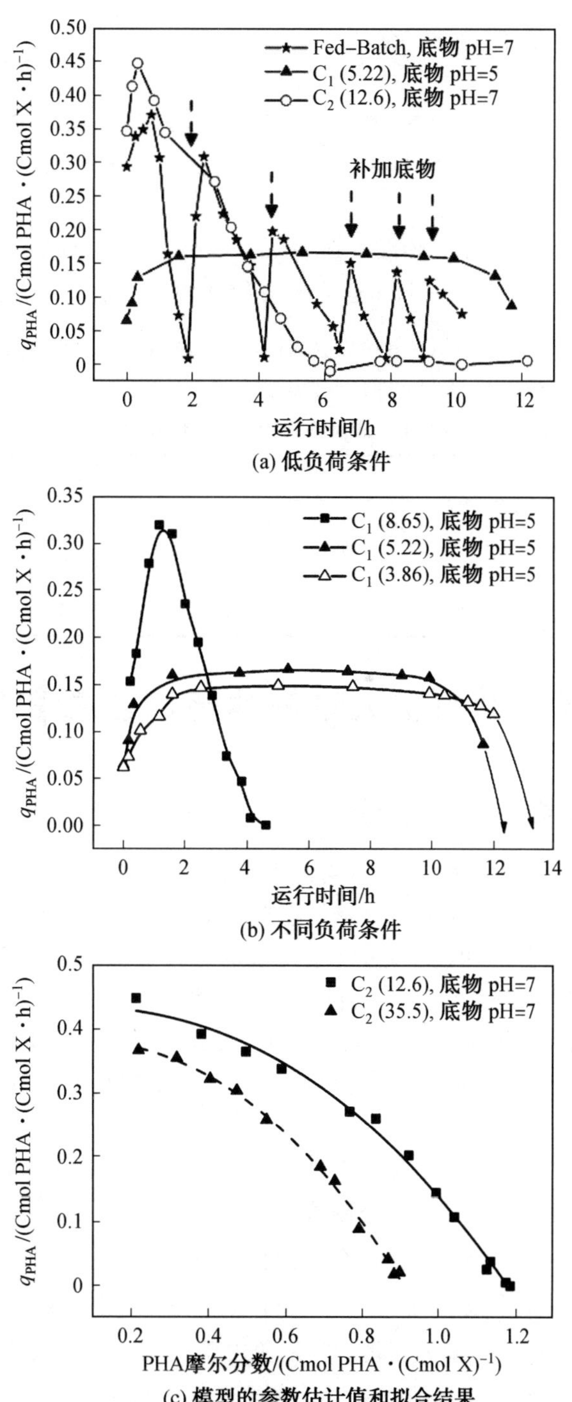

图 6.7　不同补料工艺中 PHA 比合成速率的沿程变化及其与 PHA 摩尔分数(f_{PHA})的相对关系(C_2 (12.6) 代表连续补料 C_2 模式下底物负荷为 12.6 Cmol VFA/(Cmol X・d)的运行条件)

式中　$\widetilde{q_{PHA}}(t)$——模拟瞬时 PHA 比合成速率；

$\widetilde{q_{PHA}^{max}}$——模拟最大瞬时 PHA 比合成速率；

$\widetilde{f_{PHA}^{max}}$——模拟最大 PHA 摩尔分数；

α——限制因子。

在连续补料 PHA 合成试验 BLR 分别为 12.6 Cmol VFA/(Cmol X·d) 和 35.5 Cmol VFA/(Cmol X·d)的条件下，模型的参数估计值和拟合结果如图 6.7(c)和表 6.2所示。

在两组连续补料试验中，q_{PHA}均随着菌群 f_{PHA}的升高而显著降低，这可以认为是底物充盈条件下 PHA 积累合成段菌群 PHA 合成的一般性规律。从高负荷条件下拟合曲线相对较低的$\widetilde{q_{PHA}^{max}}$(0.38 Cmol/(Cmol X·h))以及相对较高的 α(2.33)也可以看出，菌群胞外底物浓度过高会对 PHA 合成产生明显的抑制作用。

表 6.2　PHA 比合成速率与 PHA 摩尔分数的拟合结果

运行模式	BLR	$\widetilde{q_{PHA}^{max}}$	$\widetilde{f_{PHA}^{max}}$	α	R^2
	Cmol /(Cmol X·d)	Cmol /(Cmol X·h)	Cmol/Cmol		
C_2	12.6	0.438 1	1.181 7	2.277 6	0.994 6
C_2	35.5	0.384 3	0.908 3	2.325 9	0.995 7

6.3　基于混合菌群扩大培养的高产合成 PHA 工艺研究

6.3.1　扩大培养工艺模式概述

三段式混合菌群合成 PHA 工艺中，决定 PHA 总产率的两个要素分别为：菌群细胞内的 PHA 比例以及相应的混合菌群生物量。在负责生物量输出的产 PHA 菌富集工艺段，为了保持产 PHA 混合菌群的功能稳定，富集体系的有机负荷通常偏低，这直接导致了用于 PHA 合成的混合菌群产量过低，进而限制了工艺总体 PHA 产量的提升。为了解决生物量提升和产 PHA 菌群功能保持的矛盾，本研究首先提出了一种将产 PHA 混合菌群扩大培养的工艺策略：产 PHA 混合菌群的生物量在一定时期内快速提升，同时混合菌群的产 PHA 能力得到保持。

产 PHA 菌的扩大培养工艺示意图如图 6.8 所示。研究前期收集富集成熟的产 PHA 混合菌群作为接种菌群。产 PHA 混合菌群培养工艺过程由一系列的批次工艺段组成，每一批次工艺段按照碳源与营养元素的存在与否可以分为 $Batch_{n-1}$(碳源充盈匮营养段)和 $Batch_{n-2}$(碳源匮乏富营养段)，也即在 $Batch_{n-1}$ 中使用仅含碳源的底物，在接下来的 $Batch_{n-2}$段中使用仅含有营养素的底物。为避免由于反应体系中碳源的质量浓度或污泥浓度过高导致传质不充分从而引起混合菌群代谢或者絮体物理特性失稳，扩大培养体系的有效容积在工艺运行过程中每两天增加一倍，保持在固定的底物浓度条件下每个扩大培养工艺段初始每天每克污泥的碳源质量(负荷)处于 1.6～6.4 g COD/(g VSS·d)之间。

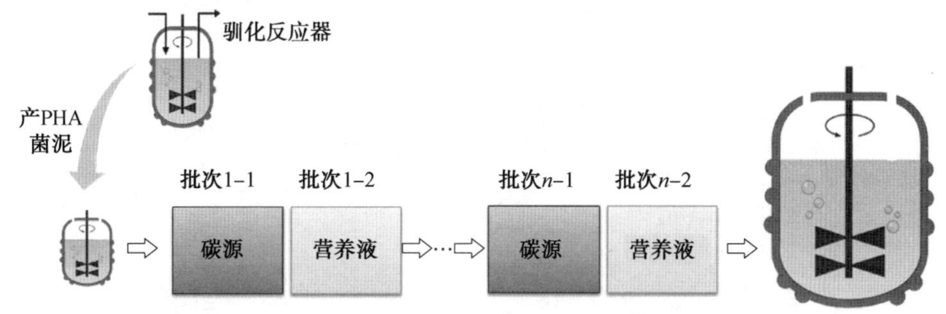

图 6.8　产 PHA 菌扩大培养工艺模式图

6.3.2　扩大培养过程中 PHA 合成和生物量扩增表现

本部分内容选取扩大培养反应器Ⅰ(表 6.3)中的一组典型批次反应(批次 5－1 和批次 5－2)来说明混合菌群在扩大培养过程工艺段内的 PHA 积累及底物消耗(图 6.9(a))。

表 6.3　扩大培养体系使用的三种工艺策略

反应器	Batch 时长		进水比	排混合液	反应器容积		备注
	$Batch_{n-1}$	$Batch_{n-2}$			V_0	V_e	
Ⅰ	t_1(基于 DO)[a]	$12-t_1$	2/3	$V_{dis}=0.1V_i$	0.3 L	4.8 L	$V_{i+1}=2V_i$
Ⅱ	t_1(基于 DO)[a]	$12-t_1$	2/3	—	0.3 L	4.8 L	$V_{i+1}=2V_i$
Ⅲ	2	10	2/3	—	0.3 L	4.8 L	$V_{i+1}=2V_i$

注:[a] 当 DO>7.0 时确定 t_1。

在 $Batch_{5-1}$ 中,由于只有碳源出现,PHA 的胞内积累是具备 PHA 合成能力的混合菌群(简称 PHA 合成菌)的主要活动,而没有贮存能力的微生物(简称非 PHA 合成菌)在此阶段由于缺乏用于合成细胞的营养元素(主要指氮、磷),只能将碳源用于细胞功能的维持。在 $Batch_{5-2}$ 中,PHA 合成菌利用贮存的胞内碳源和胞外充足的营养元素进行细胞生长,这一过程主要表现在混合菌群整体 PHA 含量和水相中 NH_4^+－N 质量浓度的一致下降趋势。然而在这一批次运行中非 PHA 合成菌的生长会因为外在底物的缺乏而受到抑制。图 6.10(b)显示了反应器 A 中的混合菌群在整个扩大培养过程中 PHA 生物量和 PHA 合成能力的沿时变化。总生物量,即图 6.10(b)生物质的质量浓度与相应工作体积的乘积,随着扩大培养的进程明显提升。

在经过一系列类似 $Batch_{5-1}$ 和 $Batch_{5-2}$ 的批次反应后,PHA 合成菌将会在整体生物量扩增的同时保持种群数量上的优势,这表现为:在扩大培养过程中,混合菌群的最大胞内积累 PHA 含量(PHA_m)始终保持在 60%以上,并且会有缓慢增加的趋势。培养结束后,混合菌群的 PHA_m 可以达到 71.4%(接种菌群的最大 PHA 含量为 62.1%),同时总生物量为初始接种接种菌泥生物量的 43 倍(即扩增倍数 $K=43$)。与产 PHA 菌富集系统所使用的传统充盈－匮乏工艺相比,分批培养模式在其对应的充盈(碳源充足,无营养元素)和匮乏(营养元素充足,无碳源)阶段都极大程度上限制了非 PHA 合成菌的生长,也正因为如此,当扩大培养工艺的充盈阶段由于不断增加的有机负荷(OLR)而变长时,作用于混合菌群的选择压力并不会受到负面影响。

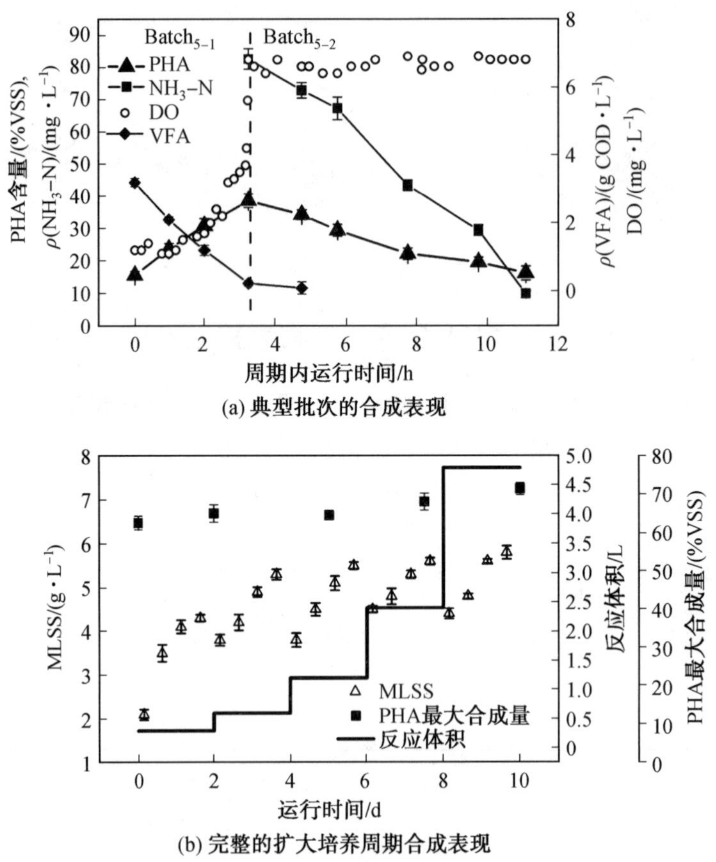

(a) 典型批次的合成表现

(b) 完整的扩大培养周期合成表现

图 6.9 混合菌群在扩大培养周期内的合成表现

6.3.3 扩大培养工艺运行模式的优化

在提出的混合菌群扩大培养工艺平台上进一步考察三种不同的运行策略(表 6.3),以考察批次长度分布(反应器Ⅱ对Ⅲ)和污泥停留时间控制(反应器Ⅰ对Ⅱ)对扩大培养期间生物量增长和 PHA 合成能力的影响。从图 6.10(a)中可以看出,碳源(VFA)投加量以几何级数形式随运行时间递增。伴随着累计碳源投加量的增加,扩大培养反应器中的总生物量呈快速上升趋势(图 6.10(b))。当每个反应器加入 119.04 g COD 的 VFA 时,总生物量分别为初始生物量的 43(Ⅰ)、52(Ⅱ)和 53(Ⅲ)倍。由于每天排出约为工作体积 1/10 的完全混合液,反应器Ⅰ中的最终生物量低于其他两个反应器。三个反应器中混合菌群的 PHA 积累能力随着时间的推移呈现出不同的趋势,如图 6.10(c)所示,相较于接种菌群,反应器一Ⅲ中培养菌群的 PHA_m 随着扩大培养的进行而显著降低,其原因可能是:在固定时长的 $Batch_{n-1}$ 运行结束之后,一部分剩余的未被微生物耗尽的碳源进入下一批次 $Batch_{n-2}$ 中,这种"底物穿透"效应导致了部分非 PHA 合成菌在该批次的种群生长。

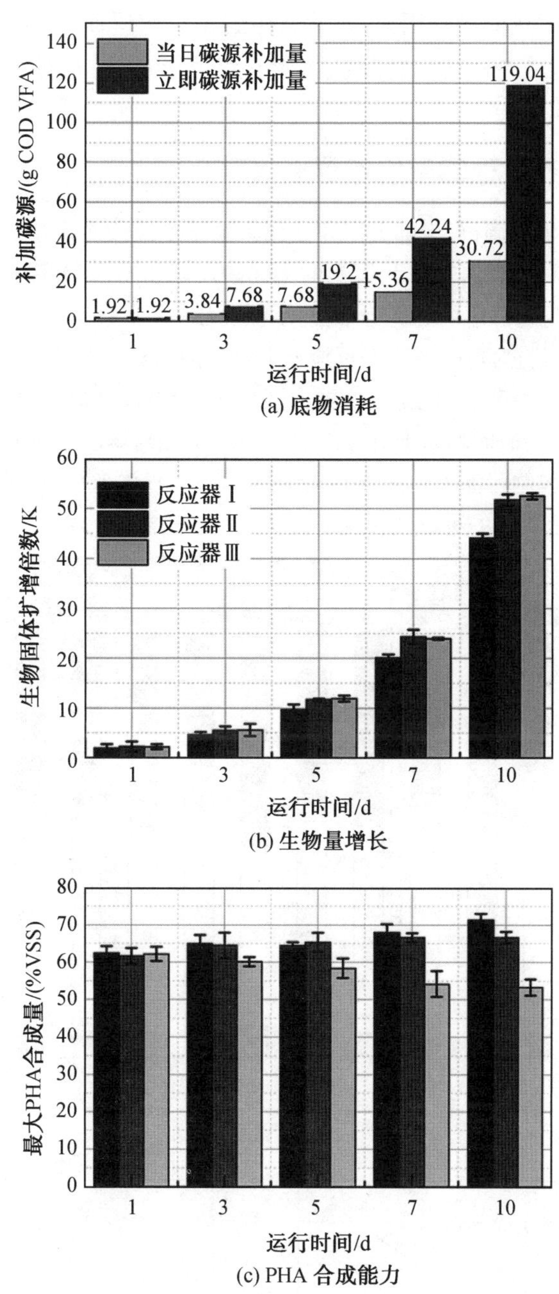

(a) 底物消耗

(b) 生物量增长

(c) PHA 合成能力

图 6.10　扩大培养周期内的沿程变化情况

反应器Ⅱ中的混合菌群在扩大培养过程中一直表现出相对稳定的 PHA 合成能力。相对于反应器Ⅱ和Ⅲ中的混合菌群，反应器Ⅰ中混合菌群的 PHA_m 随着运行时间逐渐增加，最终达到了最高的 71.4%±1.1%。这表明污泥停留时间的控制对扩大培养过程中混合菌群的 PHA 积累性能的保持和提升有促进作用。这种促进作用可能源自两方面：(1)由于能够在 $Batch_{n-2}$ 批次中利用胞内碳源和胞外营养物质生物量增殖，PHA 合成菌因此可以维持对非 PHA 合成菌的种群优势，污泥排放带来的淘汰作用会加剧非 PHA 合成菌在种群数量上的劣势；(2)混合菌群整体的生理活性得到加强，因为惰性生物质(大部分处于内源呼吸期)将不会在反应器中大量累积。因此,虽然在生物量增殖层面,反应器Ⅰ增加了排出混合液的工艺步骤导致扩大培养末端生物量略低于其他两组,但是其对于混合菌群 PHA 合成能力的保持效果是最佳的。

6.3.4 扩大培养过程的微生物群落演替

扩大培养的主体是混合菌群,本部分研究使用末端限制片段多态性分析(T－RFLP)从微生物菌群结构层面解析三种扩大培养工艺策略的不同表现。如图 6.11(a)所示,碎片大小为 84 的 TRF(表示为 T)表示微生物群落中的优势细菌,承担混合菌群 PHA 合成的功能。在扩大培养期间,T 在三个反应器中始终占据主导,但在反应器Ⅲ中 T 的相对丰度从反应开始时的 51%显著下降到培养结束时的 30%,这极有可能是反应器内混合菌群 PHA 合成能力减弱的直接原因。反应器Ⅰ中 T 的相对丰度随运行时间略微上升,反应器Ⅱ中 T 的相对丰度略有波动,这在一定程度上证明了在扩大培养过程中控制污泥停留时间所带来的第一个积极效应,即控制一定量的接种菌泥外排有助于强化 PHA 合成菌的种群生长优势。

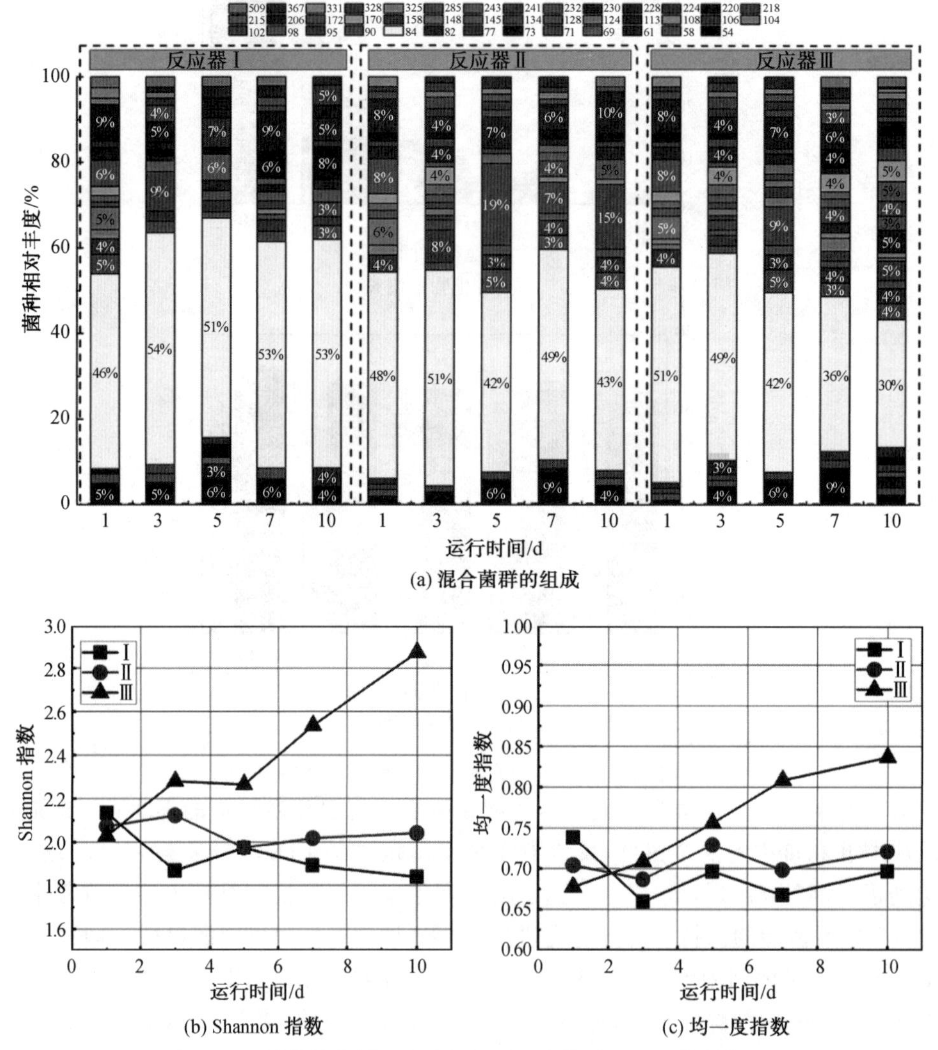

(a) 混合菌群的组成

(b) Shannon 指数

(c) 均一度指数

图 6.11 扩大培养周期内产 PHA 混合菌群的沿程变化情况

分别采用 Shannon 指数(H)和均一度指数(E)两个参数研究了扩大培养期间微生物种群多样性和均匀性的变化,其随时间变化趋势分别如图 6.11(b)和 6.11(c)所示。尽管在反应器Ⅰ和Ⅱ的运行过程中 H 和 E 略有波动,但总体上反应器Ⅱ中的菌种多样性和丰富度保持稳定,反应器Ⅰ在培养结束时的 H 和 E 出现了一定程度的下降(分别为 1.84 和 0.69,而启动时分别为 2.13 和 0.73)。值得注意的是,即使反应器Ⅰ的运行模式在理论上对混合菌群的选择压力比经典的充盈—匮乏模式下产生的选择压力更大,但微生物菌群多样性和物种丰富度并没有被明显压缩。这也从另一方面说明了侧翼种群(side population)的存在,即非 PHA 合成优势菌(具有 PHA 合成能力,但 PHA 合成潜力相对较弱)以及能够利用来自优势细菌的胞外聚合物质(EPS)和可溶性微生物产物(SMP)作为底物的细菌集合体。与反应器Ⅰ和Ⅱ不同的是,反应器Ⅲ的 H 和 E 在扩大培养期间显著增加,这表明了非 PHA 合成优势菌的快速增殖。通过比较采用不同工艺策略的三组反应器在扩大培养过程中的微生物菌群动态和 PHA 合成能力的沿程变化,验证了第 4 章关于富集过程菌群多样性变化的结论:在以增强 PHA 合成能力为导向的选择压力作用下,混合菌群的物种丰富度和组成均匀度会呈下降态势。

6.3.5　基于混合菌群扩大培养段内嵌的改进型三段式工艺 PHA 合成表现

上述研究表明,使用合适的工艺策略,在扩增混合菌群整体生物量的同时保持甚至提升其 PHA 合成能力是可行的。为了解决传统三段式工艺 PHA 产量低的问题,可在常规富集反应器和 PHA 合成反应器之间增加本研究所提出的扩大培养工艺段以提升向 PHA 积累合成段(第三阶段)的生物量输出(图 6.12(a))。

以反应器Ⅰ中所用的工艺策略为例,将混合菌群扩大培养过程(第 1～10 天)与 PHA 积累合成段(第 11 天)相结合,其生物量与 PHA 合成量的变化趋势如图 6.12(b)所示。在生物量增长期(extended cultivation),总生物固体量(不包括 PHA)从 1.14 g 增加到 27.84 g,在 PHA 积累合成段(PHA production),随着混合菌群细胞内 PHA 含量的提升,在合成阶段结束时,积累 PHA 的总质量可达到 31.7 g,这证明了改进后的工艺能够有效提升最终的 PHA 产率。

然而考虑到大规模应用时,改进工艺相对较长的生产周期(本研究中的 11 d,包括10 d 的扩大培养期和 1 d 的 PHA 合成期)仍然是一个限制因素。为了充分释放改进型三段式工艺的生产潜力,可以依次运行一系列的扩大培养反应器,从而实现改进工艺的生产连续性,其工艺设计如图 6.13 所示。扩大培养批次反应器的个数等于一个完整生产周期的天数,若有小数,向上取整。经过一个扩大培养周期的时间,工艺整体可以以 d 为最小单位实现 PHA 的连续产出。为了直观地表明本研究提出的工艺过程在 PHA 产量上的优势,可以将其每天合成的 PHA 量与来自相同富集反应器的混合菌群在传统三段式工艺模式下获得的 PHA 产量进行比较,使用式(6.2)可以估算,当扩大培养在反应器Ⅰ对应的策略下运行时,每日最大 PHA 产量可以是常规工艺 PHA 产量的 80 倍。

$$\frac{y_{\mathrm{P-N}}}{y_{\mathrm{P-C}}}=\frac{\mathrm{PHA}_{\mathrm{e-N}}\cdot m_{\mathrm{VSS\_n}}}{\mathrm{PHA}_{\mathrm{e\_C}}\cdot m_{\mathrm{VSS\_C}}} \tag{6.2}$$

式中　$y_{\mathrm{P-N}}$、$y_{\mathrm{P-C}}$——新提出的改进型三段式工艺和传统三段式 PHA 合成中混合菌群的每日产生 PHA 的质量(g/d);

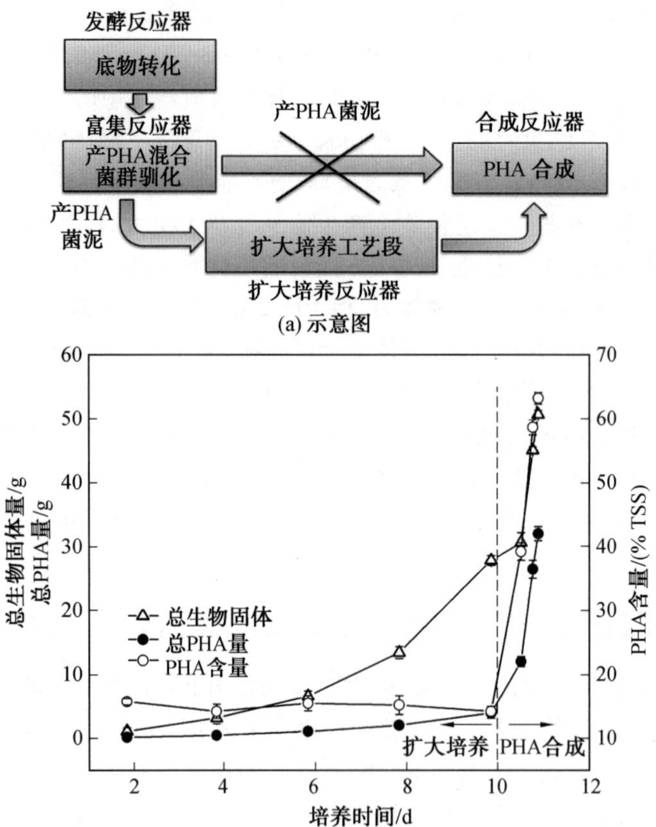

(b) 扩大培养体系与PHA批次合成结合之后的总生物固体量、总PHA量和PHA含量的沿程变化

图 6.12 基于产 PHA 混合菌群扩大培养策略的三段式合成工艺改进

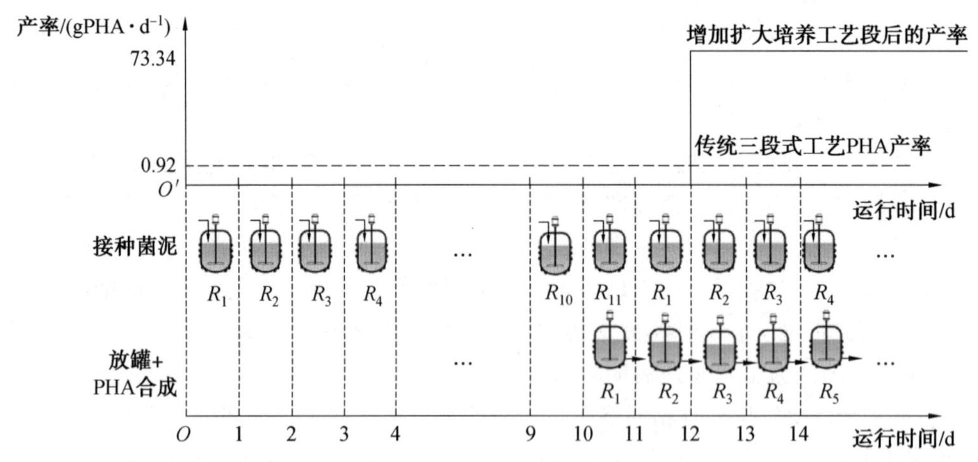

图 6.13 基于产 PHA 混合菌群扩大培养的时间序列式合成工艺策略(R1～R11 代表扩大培养反应器的编号)

PHA_e——每个生产模式下的混合菌群胞内的 PHA 含量(%)；

m_{VSS}——每天产生的总生物固体的质量(g VSS/d)，其他 10 个未进行放罐操作的反应器所排放的生物量也包含在总生物固体产量中。

6.4　改进工艺的技术经济初步分析

6.4.1　低负荷连续补料合成 PHA 工艺

与传统批次补料模式运行的混合菌群合成 PHA 工艺相比，连续补料合成 PHA 工艺在运行成本层面上的优势主要体现在以下两方面。

(1)底物利用效率明显提升。虽然混合菌群合成 PHA 工艺通常使用廉价的废弃碳源，但在底物转化阶段会产生另外的运行成本。以糖蜜废水为例，产酸发酵过程中温度、传质的保持均需要消耗电能，发酵液的过滤(通常是膜滤)也会产生能耗。因此，在底物转化阶段运行成本一定的前提下实现废弃碳源转化底物的高效利用是降低单位 PHA 合成成本的有效途径。在本研究中，以中性(pH＝7)底物条件下低负荷(BLR＝3.86 Cmol VFA/(Cmol X・d))连续补料工艺为例，其系统底物利用效率 $Y_{P/S}^{sys}=0.81$ Cmol PHA/Cmol VFA，是同条件下批次补料工艺模式底物利用效率的 2.13 倍，成本优势明显。

(2)PHA 合成过程无须酸/碱度调节。混合菌群合成 PHA 工艺废弃碳源的转化过程通常是在酸性(pH＝5～6)或碱性(pH＝9～10)条件下进行的，因此传统批次补料模式的 PHA 合成过程需要在反应前使用碱(NaOH)或酸(HCl 或 H_2SO_4)将底物 pH 调节至中性。当工艺规模放大后，底物 pH 的调节成本便无法被忽略。本研究提出的低负荷连续补料工艺可以在不进行底物 pH 调节的条件下获得反应 pH 自平衡状态，能够节省合成 PHA 工艺段使用药剂调节底物 pH 的成本。

此外，废弃碳源的成分和有效碳源质量浓度通常会出现不可预测的变化，传统的批次补料工艺模式易出现碳源不足和碳源抑制的现象，进而导致 PHA 产率降低。连续补料工艺可以通过调节底物流量使得混合菌群 PHA 合成过程保持在一个较低的负荷区间(3.5～5.5 Cmol VFA/(Cmol X・d))，从而获得相对较高的 PHA 产率。

6.4.2　产 PHA 混合菌群扩大培养内嵌的改进型三段式工艺

为了评估本书所提出的基于扩大培养段内嵌的改进型三段式合成 PHA 工艺的应用潜力，进行了整体 PHA 合成效率的评估。本部分研究比较了在常规和改进型三段式工艺过程中的碳通量(以 g COD/d 计)分布，传统三段式工艺 PHA 菌富集段的低生物量输出是限制工艺最终 PHA 产量的根本原因。改进型三段式工艺提升 PHA 产量的关键是在扩大培养过程中向混合菌群施加高的有机负荷但不干扰产 PHA 菌富集反应器的稳定运行，从而实现稳定地向 PHA 积累合成工艺段提供优质的混合菌群。

对于改进型三段式工艺而言，生物量增殖阶段消耗了总输入碳量的 40%(294.24 g COD/d)，净生物量为 41.74 g COD/d，对应的底物转化率约为 0.36 g COD/g COD。如果考虑将扩大培养结束阶段混合菌群细胞内尚存的 PHA 含量(约 15%VSS)进一步转化为生物量，对应的理论微生物产量将会更高。基于碳通量的分布，表 6.4 比较了 PHA 合成阶段(第三阶段)和整个统一过程中的 PHA 转化率和容积产率。

表中的参考值是根据文献报道的数据计算得出的，其中涉及了两个实验室规模的研究，一个中试规模的案例研究和一个模拟工业规模的案例计算。PHA 积累合成段的底物转化率主要取决于混合菌群的积累能力，同时考虑了合成反应废水中的残留底物以及可能的胞内 PHA 内源降解。

在本研究中，用于 PHA 合成的混合菌群在扩大培养过程当中其 PHA 合成能力得到了一定程度的强化，因此尽管在 PHA 合成过程中有一部分的底物随生产废水排出被浪费掉，最终仍得到了高达 0.84 g COD/g COD 的底物转化效率，该值高于本研究中的对照组结果，与已报道的参考实验室规模下运行的最佳合成 PHA 工艺参数所推算的理论底物转化效率相似。PHA 合成阶段的容积产率主要取决于 PHA 底物转化率和给定工作体积中混合菌群的生物量。在本研究中生物固体产量得到明显提升，混合菌群的 PHA 合成能力也得到了保持甚至强化，因此改进型三段式工艺工艺在第三阶段获得的 PHA 产率（1.22 g/(L·h)）要远高于先前报道的产率（表 6.4）。从整个工艺过程来看，约 40%的流入碳源被转化为 PHA 合成中的有效生物量（具备 PHA 合成能力的微生物群体），同时，较高的有机负荷也提高了 PHA 容积产率，因此得到的总 PHA 转化效率（0.49 g COD/g COD）和 PHA 容积产率（1.21 kg/(m^3·d)）明显高于其他相关研究所报道的产力。

表 6.4 不同工艺的 PHA 合成表现对比

工艺形式	底物	PHA 积累合成段			工艺整体		文献
		PHA 转化率/(g COD·g COD^{-1})	容积产率/(g·L^{-1}·h^{-1})	终生物量(含 PHA)/(g·L^{-1})	PHA 转化率/(g COD·g COD^{-1})	容积产率(kg·m^{-3}·d^{-1})	
实验室规模，三段式	合成	0.62	0.46	—	0.23	0.63	Duque 等
中试，三段式	糖蜜废水	—	0.50	—	0.30	1.00	Tamis 等
工业化规模(理论推算)；三段式	合成	0.86	1.40	—	0.42	0.53	Gurieff 等；Valentino 等
实验室规模；三段式	合成	0.84	1.22	17.22	0.49	1.21	本书
实验室规模；改进型三段式(无发酵段)	合成	0.54	0.46	7.42	0.30	0.42	本书

本研究提出的混合菌群扩大培养模式实质上仍遵循于充盈—匮乏模式，可以通过与传统充盈—匮乏工艺相似的控制程序实现。此外，计算表明，为了获得与扩大培养相同的生物固体产量，在相同的有机负荷率（1.2 g COD/(L·d)）和 SRT(10 d)下传统的三段式工艺中，所需的富集反应器的工作体积需要增加 53 倍。在混合菌群合成 PHA 工艺所获的 PHA 含量与纯菌株发酵相当的前提下，容积效率将是评估 PHA 合成工艺应用潜力的关键因素，因为它与投资成本紧密相关。因此，本研究提出的产 PHA 混合菌群扩大培养工艺在大规模实践中将是一个很有吸引力的选择。

6.5　连续补料工艺运行表现

6.5.1　废弃碳源发酵液性质

在获得连续补料和扩大培养工艺平台和相应的优化方法基础之上，本部分研究使用了两种具有代表性的废弃碳源（高质量浓度有机废水和废弃生物固体）进行 PHA 的合成和生物量扩增。糖蜜废水和剩余污泥（添加甘油促进水解）分别在酸性（pH=5.0）和碱性（pH=9.0）条件下进行发酵，经过陶瓷中空膜组件过滤后的发酵液理化性质见表 6.5。

表 6.5　废弃碳源发酵液的理化性质

发酵液参数	单位	糖蜜废水酸性发酵液	剩余污泥碱性发酵液
pH	—	5.2±0.2	9.2±0.1
SCOD	g COD/L	5.70±0.10	5.31±0.08
ρ(溶解性蛋白)	g/L	—	0.72±0.04
ρ(溶解性多糖)	g/L	1.12±0.08	0.35±0.05
总 ρ(VFA)	g COD/L	2.88	4.23
$\rho(NH_3-N)$	g/L	0.02±0.004	0.18±0.006
TN	g/L	0.02±0.003	0.21±0.004
TP	g/L	0.01±0.004	0.11±0.005
SCOD∶TN∶TP	—	100∶0.35∶0.18	100∶3.38∶2.07

注：TN，总氮质量浓度；TP，总磷质量浓度；SCOD，溶解性化学需氧量。

6.5.2　连续补料工艺运行表现

1. pH 自平衡状态的实现

本研究提出的低负荷连续补料工艺很鲜明的一个特点是底物可以在不调节 pH 的条件下直接加入反应体系，并且能够在 PHA 合成反应过程中形成 pH 自平衡状态。本部分研究首先监测了使用糖蜜废水酸性发酵液（pH=5.2±0.2）和污泥碱性发酵液（pH=9.2±0.1）的连续补料 PHA 合成试验中 pH 和 DO 的沿程变化。

在 BLR 设定为 2.96 Cmol VFA/(Cmol X·d)的条件下，使用糖蜜废水酸性发酵液的反应体系在补料开始前 1.5 小时内 pH 缓慢上升至接近 9.0，并且在接下来的 8 h 内反应 pH 保持在 9.0 附近，形成了 pH 自平衡状态（图 6.14）。在 BLR 为 3.22 Cmol VFA/(Cmol X·d)的条件下，使用剩余污泥（WAS）酸性发酵液的连续补料工艺也达到了 pH 自平衡状态，酸性发酵底物的自平衡状态通过 H^+ 的补加与 PHA 合成生理过程释放的 OH^- 相互抵消获得平衡，而使用 WAS 酸性发酵液的连续补料反应体系获得平衡的原因则是微生物摄取铵根离子释放的 H^+ 与 PHA 合成释放的 OH^- 相互中和。

2. PHA 合成

在 BLR=2.96 Cmol VFA/(Cmol X·d)的条件下，糖蜜废水酸性发酵液合成组取得了

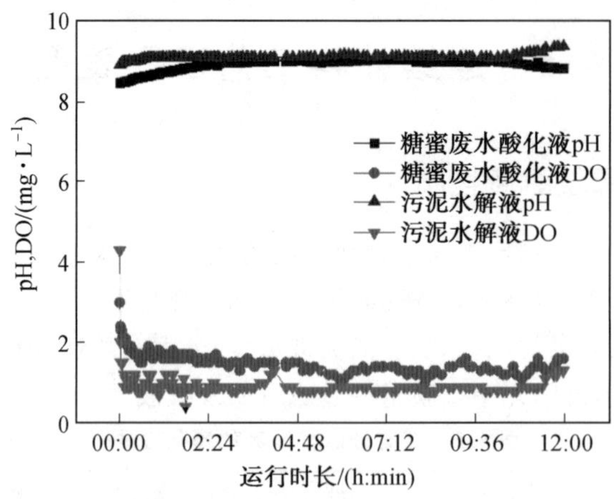

图 6.14　使用两种废弃碳源酸性发酵液作为底物时连续补料体系的 pH 和 DO 变化

占细胞干重约 67.6%的 PHA 比例，与合成底物组接近(表 6.6)，匮营养的特性使得糖蜜废水酸性发酵液中的 VFA 流向 PHA 合成和供能反应。但是由于上文述及的碳源浪费的原因，系统比摄取速率偏低。BLR＝3.22 Cmol VFA/(Cmol X·d)的负荷条件下，使用 WAS 酸性发酵液作为底物的连续补料试验末端的 PHA_m＝55.4%，明显低于合成底物连续补料试验取得的 PHA_m。WAS 酸性发酵液中的氨氮在连续补料试验全程未被检出，这说明其中的氨氮被摄取用于产 PHA 菌以及非产 PHA 优势菌的细胞增殖，削弱了混合菌群的最大 PHA 合成能力。

表 6.6　废弃碳源和合成底物在不同工艺平台上的 PHA 合成相关参数

工艺	参数	单位	糖蜜废水酸性发酵液	剩余污泥碱性发酵液	合成底物
扩大培养	初始 PHA_m(批次补料)	%VSS	65.5±1.6	70.5±1.5	60.5±0.6
	末端 PHA_m(批次补料)	%VSS	58.5±1.4	54.8±0.8	66.7±1.2
	扩增倍数(K)	无量纲	38.8±0.5	42.5±0.4	44.2±0.8
连续补料	PHA_m	%VSS	67.6±0.8	55.4±1.3	69.8±1.2
	$Y_{P/S}^{sys}$	g COD/g COD	0.61±0.02	0.55±0.03	0.71±0.03
扩大培养＋连续补料 PHA 产量(计算值)		g	29.4±0.6	28.8±0.4	33.1±0.8

6.5.3　扩大培养工艺 PHA 合成与生物量增殖表现

分别使用两种废弃碳源酸性发酵液作为底物进行扩大培养，接种的产 PHA 混合菌群来自于 VFA 混合物作为底物的富集反应器中(表 6.6)。在使用糖蜜废水酸性发酵液作为底物的研究中，经历 10 d 的培养期之后的生物量约为初始生物量的 36.8 倍，扩大培养末端的产 PHA 菌群最大合成能力较扩大培养开始阶段下降了约 7%。在使用 WAS 酸性发酵液的扩大培养试验中，10 d 之后的菌群生物量约为初始阶段的 42.5 倍，但菌群 PHA 最大合成量较初始段下降了 15.7%。

相较于使用合成底物（碳源中仅 VFA）的扩大培养试验，废弃碳源酸性发酵液作为底物的扩大培养菌群末端 PHA 合成能力均有所下降，WAS 酸性发酵液扩大培养的产 PHA 菌群 PHA 合成能力降幅最大。使用两类底物的扩大培养过程中均有可能发生了非 PHA 合成优势菌的增殖，即对混合菌群的 PHA 合成能力产生了“稀释作用”，但是具体的原因却各不相同：

（1）糖蜜废水酸性发酵液中存在部分未发酵完全的多糖类组分，受混合菌群工艺产 PHA 菌较为单一的 PHA 合成路径所限，多糖类物质在底物充盈匮营养段也无法大量转化为胞内碳源（PHA），一部分多糖类物质在排水之后留存在体系内进入了后续的营养充盈段，为非 PHA 合成优势菌的增殖创造了条件。

（2）WAS 酸性发酵液中含有部分氨氮（SCOD：TN：TP＝100：3.38：2.07），从而在一定程度上破坏了限营养段的工艺条件，使得非产 PHA 优势菌能够在本工艺段进行细胞增殖。WAS 酸性发酵液中氨氮对扩大培养过程中产 PHA 菌群的合成能力造成了削弱，但是碳源被充分利用，因此在碳源补加量接近的条件下工艺末端的生物增长倍数较合成底物组下降较少。在使用糖蜜废水酸性发酵液作为底物的扩大培养试验中，充盈限营养段未被利用的糖类物质会在该工艺段末端随出水排出，这就意味着一部分碳源被浪费掉，因此在碳源补加量接近的条件下相较于合成底物组，扩大培养末端的生物量增长倍数明显偏低。

6.5.4　工艺组合条件下 PHA 合成表现

本部分研究尝试了按照改进型三段式工艺流程将扩大培养和连续补料工艺联用，使用以上两种废弃碳源酸性发酵液作为底物获得的 PHA 产量接近（表 6.6）。虽然实际废弃碳源酸性发酵液中的非 VFA 类物质使得最终的 PHA 产量和系统功能比摄取速率较使用合成底物的组合试验相比偏低，但研究结果仍证明了两种工艺模式的可行性，相信在针对实际底物特性的工艺优化下，PHA 产量和底物利用效率会进一步提升。

本章研究提出的低负荷连续补料工艺和产 PHA 混合菌群扩大培养工艺在小试阶段表现出了稳定可靠的底物利用效率、PHA 合成能力以及生物量扩增能力，获得了基于两种工艺模式改进的三段式工艺的碳通量衡算，初步达到了进一步放大试验的条件。在将来的放大试验中，有两个问题需要进一步解决：①底物的保存问题，在使用模拟底物的小试过程中，碳源和氮源通常分置从而防止杂菌对底物的污染。实际废弃碳源发酵液中含有不同质量浓度的营养元素（NH_3-N 和磷酸盐），在小试过程中通常在料液补加之前置于 4 ℃保存。在扩大试验中，废弃碳源发酵液的保存方式需要进一步考虑。②反应的热效应问题，PHA 的生物合成反应是一个放热过程，在小试阶段物料体积小（500 mL 或 1 000 mL），反应放热问题不明显。在放大试验中，PHA 合成过程放出的热量会使反应体系温度升高，加快菌群的底物比摄取速率，进而影响反应体系的 pH 自平衡状态形成或者 pH 的稳态值。因此小试阶段提出的 pH 自平衡状态对应的 BLR 范围需要在扩大培养阶段进行相应的校核。

6.6　本章小结

本章研究提出了全新的低负荷连续补料合成 PHA 工艺模式和碳源、氮源分段补加的产 PHA 菌群扩大培养模式，进行了工艺优化，解析了工艺的 PHA 合成增效机制，得到的主要结论如下。

(1)在连续补料模式下通过调整底物负荷，可以在直接补加酸性底物(pH 接近 5)的条件下获得 pH 自平衡状态，并且可以通过调控负荷使该平衡状态下的 pH 处于混合菌群 PHA 合成的最适范围。

(2)提供足够的前体物质是微生物获得 PHA 最大合成量的必要条件，微生物的最大比合成速率受外在底物浓度影响较大，但其与菌群的胞内 PHA 最大合成量没有实质联系。

(3)连续补料工艺在低负荷条件下营造出的供小于求的食物/微生物状态正是其获得 pH 自平衡和高效利用底物的关键原因。连续补料工艺在投加 pH=7 和 pH=10 的底物时，PHA 最大合成量和系统 PHA 转化率均与 BLR 呈负相关的线性关系，研究所获得的连续补料工艺模式下最优的 BLR 范围为 3.5～5.5 Cmol VFA/(Cmol X・d)。

(4)基于碳源/营养元素分离的产 PHA 混合菌群扩大培养工艺策略是提高混合菌群微生物输出量的有效方法。在碳源贮存和生物量增殖分离的批次反应过程中，产 PHA 菌在总生物量增长的同时可以保持其种群的数量优势。控制污泥停留时间对扩大培养过程可能带来两个积极影响：放大非产 PHA 菌的代谢劣势和增强混合菌群整体的代谢活性。

(5)扩大培养工艺段可以嵌入到传统的三段式工艺体系当中以增强工艺整体的 PHA 容积产率，在最优工艺条件下，改进型三段式工艺取得的 PHA 容积产率为 1.21 kg/(m^3・d)，显著高于目前所报道的混合菌群工艺产率。

参考文献

[1] ALBUQUERQUE M G E，MARTINO V，POLLET E，et al. Mixed culture polyhydroxyalkanoate(PHA) production from volatile fatty acid(VFA)-rich streams：Effect of substrate composition and feeding regime on PHA productivity，composition and properties[J]. Journal of Biotechnology，2011，151(1)：66-76.

[2] REDDY M V，MOHAN S V. Influence of aerobic and anoxic microenvironments on polyhydroxyalkanoates(PHA) production from food waste and acidogenic effluents using aerobic consortia[J]. Bioresource Technology，2012，103(1)：313-321.

[3] 陈志强，邓毅，黄龙，等. 进水底物浓度对蔗糖废水产酸合成 PHA 影响研究[J]. 环境科学，2013(06)：2295-2301.

[4] DIAS J M L，LEMOS P C，SERAFIM L S，et al. Recent advances in polyhydroxyalkanoate production by mixed aerobic cultures：From the substrate to the final product[J]. Macromolecular Bioscience，2006，6(11)：885-906.

[5] YANG J，MARANG L，TAMIS J，et al. Waste to resource：Converting paper mill wastewater to bioplastic[J]. Water Research，2012，46(17)：5517-5530.

[6] DUQUE A F，OLIVERIA C S，CARMO I T，et al. Response of a three-stage process for PHA production by mixed microbial cultures to feedstock shift：Impact on polymer composition[J]. New Biotechnology，2014，31(4)：276-288.

[7] TAMIS J，LUZKOV K，YANG J，et al. Enrichment of plasticicumulans acidivorans at pilot-scale for PHA production on industrial wastewater[J]. Journal of Biotechnology，

2014,192:161-169.

[8] GURIEFF N, LANT P. Comparative life cycle assessment and financial analysis of mixed culture polyhydroxyalkanoate production[J]. Bioresource Technology, 2007, 98 (17):3393-3403.

[9] VALENTINO F, MORGAN-SAGASTUM F, CAMPANARI S, et al. Carbon recovery from wastewater through bioconversion into biodegradable polymers[J]. New Biotechnology, 2017, 37:9-23.

第7章 以剩余污泥为底物的PHA合成

7.1 概 述

在稳定高效合成PHA的基础之上，寻求进一步优化PHA产物物理性能的工艺方法，进而拓展其产品应用空间成为混合菌群利用废弃碳源合成PHA领域最新的研究趋势。对于混合菌群工艺而言，最常见的PHA产物是由HB和HV组成的共聚物PHBV。HB相对质量分数越高则产物的脆性越强，HV相对质量分数越高则产物的韧性越强。为了改善PHA产品的应用品质，需要对PHA中HB和HV的比例进行控制。现有的研究表明，含有偶数碳VFA分子(乙酸、丁酸)作为底物时，混合菌群会合成均聚物PHB，而在摄取奇数碳VFA分子(丙酸、戊酸)时，混合菌群会合成含有部分HB的共聚物PHBV。因此，最直接、高效调控PHA产物结构的工艺思路是改变底物的成分，例如，在以VFA为主的底物中调整奇数碳和偶数碳VFA的相对比例。

对于三段式工艺而言，在PHA产物结构调控需求下的研究多集中于PHA积累合成段，通过改变底物组成来考察PHA产物的结构，但此类研究没有考虑产物组分改变时菌群细胞内的PHA含量，而胞内PHA含量将直接影响PHA产品的提取成本。在三段式工艺中，产PHA菌富集段和PHA积累合成段均需要底物的补加，当前研究中也没有考虑产PHA菌富集阶段的底物组分对第三段产物结构调控带来的影响。因此，为了优化和调控最终PHA产物的结构，三段式工艺需要在整体上有一个关于底物组分的优化方案。

三段式工艺中第一阶段(底物准备段)为产PHA菌富集段和PHA积累合成段提供底物，在PHA产物结构优化的背景下，底物准备段需要能够根据底物组分的优化方案灵活调整发酵产物中VFA的组成。高质量浓度有机废水发酵领域已经积累了较为成熟的调控方法，根据发酵液相末端的产物组分将发酵产物分为乙酸型、丙酸型、丁酸型以及乙醇型产物，并通过发酵过程pH和有机负荷的综合调控获得特定类型的发酵产物，因此对于第4章中介绍过的糖蜜废水发酵系统，其发酵液中VFA组成的调控完全可以借鉴以上成熟的理论。相比之下，对剩余污泥产酸发酵过程的研究主要集中于大分子有机物水解过程和酸化过程的强化，产酸过程液相末端VFA组分的定向调控策略少见报道，为数不多的研究也是借助于纯菌发酵过程，因此对混合菌群工艺PHA产物结构的调控需要针对性的剩余污泥定向产酸策略。

本章将分析三种典型底物(乙酸型、丙酸型和丁酸型)富集的混合菌群在PHA积累合成段面对底物组分变化时的PHA合成响应(PHA产物结构和最大细胞内合成量)，提出PHA积累合成段调控底物和产PHA菌富集底物的优化配置方案。结合群落结构分析和代谢通量分析，解析特征菌群在底物组分变化时产生不同PHA合成响应的原因。最后以剩余污泥为代表性废弃碳源，借助于响应曲面设计，研究底物准备段剩余污泥定向产酸的工艺策略。

7.2　富集阶段底物组分对 PHA 的结构优化

7.2.1　不同富集菌群的常规生理特性表征

1. 富集反应器内生理表现

富集段底物组分对 PHA 积累合成段中产物结构优化的影响是通过其富集的混合菌群来实现的。本部分研究使用三种在废弃碳源发酵过程中具有代表性的典型底物富集产 PHA 混合菌群，分别是乙酸型（VFA 混合物中乙酸的质量分数为 60%，以 SCOD 计）、丙酸型（VFA 混合物中丙酸的质量分数为 60%）以及丁酸型（VFA 混合物中丁酸的质量分数为 60%）典型底物。三类典型底物富集的混合菌群（后文分别对应地简称为菌群 M－Ac，M－Pr 及 M－Bu）均进入了成熟期。

研究首先表征了不同富集菌群在富集反应器运行周期（充盈－匮乏循环）内的生理特性，主要包括：菌群絮体的物理性状、PHA 合成以及底物摄取。除了前已述及的三种典型 VFA（乙酸、丙酸及戊酸）之外富集反应器使用的底物当中还含有戊酸、可溶性蛋白以及葡萄糖，这三种组分在三组富集体系中保持等量，因此并不会对三种混合菌群生理特性的差异性分析产生干扰。

表 7.1 中显示了三种混合菌群的絮体在富集反应器中的物理性质。富集反应器中的总悬浮固体浓度反映的是混合菌群生物量增长与设定 SRT 条件下排出生物量的动态平衡，在富集反应器有机负荷和 SRT 一致的条件下，三种混合菌群的总悬浮固体浓度并未表现出显著性差异。三种混合菌群的絮体在富集成熟期均保持了良好的疏水性，并没有因底物组分的差异而出现菌群整体代谢异常或者亲水性菌群（丝状菌或者第 3 章所述的具有 EPS 分泌偏好的 *Thauera* 菌属）。三种富集菌群絮体的 TSS 和 SVI 表现一致，这也是后续在 PHA 积累合成段考察 PHA 合成响应的基础。这从另一方面也说明了决定混合菌群物理稳定性的核心仍是底物充盈－匮乏模式所营造的选择压力，底物组分并未产生显著的影响。

表 7.1　三种典型底物富集的混合菌群在富集反应器内的生理表现比对

参数	混合菌群 M－Ac	混合菌群 M－Pr	混合菌群 M－Bu	One－way ANOVA 检验[b]
菌群絮体物理性质				
总悬浮固体浓度（TSS，mg/L）	4 829±374	4 706±333	4 703±636	N. S.
污泥容积指数（SVI，mL/g）	59.8±8.8	72.6±12.7	65.6±10.3	N. S.
F/F（无量纲）	0.045 ±0.001	0.060 ±0.002	0.037 ±0.004	* *
与 PHA 合成相关参数				
PHA 比合成速率（q_{PHA}，g COD/(g X·h)）	0.32±0.03	0.30±0.04	0.37±0.03	* *

续表7.1

参数	混合菌群 M—Ac	混合菌群 M—Pr	混合菌群 M—Bu	One—way ANOVA 检验[b]
PHA 转化率 1 ($Y_{P/S}$,g COD/g COD)	0.58±0.06	0.61±0.03	0.49±0.04	* * *
PHA 转化率 2 ($Y_{PHA/VFA}$,g COD/g COD)	0.72±0.02	0.70±0.02	0.79±0.03	*
与底物摄取相关动力学参数				
底物比摄取速率 ($-q_S$,g COD/(g X·h)$^{-1}$)	0.56±0.04	0.48±0.03	0.74±0.04	* * *
底物中乙酸比摄取速率(q_{acet},Cmol/(Cmol X·h))	0.224 ±0.037	0.101 ±0.011	0.058 ±0.013	* * *
底物中丙酸比摄取速率(q_{prop},Cmol/(Cmol X·h))	0.064 ±0.012	0.135 ±0.019	0.027 ±0.004	* * *
底物中丁酸比摄取速率(q_{buty},Cmol/(Cmol X·h))	0.039 ±0.017	0.030 ±0.010	0.301 ±0.017	* * *
底物中戊酸比摄取速率(q_{vale},Cmol/(Cmol X·h))	0.036 ±0.005	0.032 ±0.008	0.035 ±0.004	N. S.

注:[a]标准差对应的样本数 $n=7$。

[b]N. S. 代表不显著,$P>0.05$;* 代表 $0.01<P<0.05$;* * 代表 $0.001<P<0.01$;* * * 代表 $P<0.001$。

三种混合菌群所在的富集系统 F/F 差异显著,且 M—Bu 所在的富集体系具有最小的 F/F,其值为 0.037±0.004。F/F 可以作为衡量富集系统生态选择压力的较为直观的参数,从理论上讲,处于较低 F/F 条件下的菌群 M—Bu 将被施加相对更强的选择压力。

在富集反应器中的底物充盈阶段,碳源和营养物质同时存在,混合菌群摄取碳源之后主要用于三方面:PHA 积累,生物量增长以及 ATP 的生成。混合菌群在此条件下 PHA 的代谢速率以及碳源分配可以反映出混合菌群的 PHA 合成能力。从表 7.1 中可以看出,混合菌群 M—Ac、M—Pr 和 M—Bu 在 PHA 比合成速率上差异显著,M—Bu 在成熟期的充盈阶段表现出相较其他两种菌群更高的 PHA 比合成速率(0.37 g COD/(g X·h)±0.03 g COD/(g X·h)),这与 Marang 等的研究结论相一致。丁酸的摄取过程被认为是同乙酸分子的摄取过程共享转移酶或者辅酶 A 转移酶,且与按照摩尔分子计量的比摄取速率(mol VFA/(Cmol X·h))是一致的,因此单位时间内单位微生物对含有更多碳原子的丁酸分子的摄取便会显著提升以碳摩尔和化学需氧量计量的 PHA 比合成速率(Cmol VFA /(Cmol X·h)和 g COD/(g X·h))。研究还揭示了丁酸富集的菌群在 PHA 转化效率上的优势,由于丁酸在被微生物摄取的过程中消耗更低的 ATP,且丁酰辅酶 A 在转化为 HB 的前体物质巴豆酰辅酶 A 的过程中会释放还原力 $NADH_2$(表 7.2),因此丁酸合成 HB 过程参与生成 ATP 和 $NADH_2$ 三羧酸循环的量相较乙酸和丙酸分子更低,更多的碳会被用于 HB 的积累上。在本试验中,无论是以总底物($Y_{P/S}$)还是 VFA($Y_{PHA/VFA}$)计量,混合菌群 M—Bu 都具有最高的 PHA 转化率,M—Pr 的转化率最低。从混合菌群在充盈—

匮乏模式下的代谢动力学和动力学参数对比中可以发现，丁酸型底物驯化的菌群 M－Bu 具有最快的 PHA 代谢速率和效率，这也就意味着如果 M－Bu 在产 PHA 混合菌群富集和 PHA 积累合成过程中将具有更高的效能和节能减耗的潜力。

表 7.2　VFA 分子被微生物摄入合成 PHA 前体物质的计量学公式

底物摄取过程	计量学公式(Cmol 计)
乙酸→乙酰辅酶 A	$CH_2O+ATP \longrightarrow CHO_{1/2}+1/2\ H_2O$
丙酸→丙酰辅酶 A	$CH_2O_{2/3}+2/3\ ATP \longrightarrow CH_{4/3}O_{1/3}+1/3\ H_2O$
丁酸→乙酰辅酶 A	$CH_2O_{1/2}+1/2\ ATP \longrightarrow CHO_{1/2}+1/2\ NADH_2$
戊酸→乙酰辅酶 A＋丙酰辅酶 A	$CH_2O_{2/5}+2/5\ ATP \longrightarrow 2/5\ CHO_{1/2}+3/5\ CH_{4/3}O_{1/3}+2/5\ NADH_2$

2. 底物组分与富集体系一致的 PHA 积累合成段

不同典型底物富集的混合菌群在使用与富集体系相同底物组分的 Batch 试验(模拟 PHA 积累合成段)中的表现如图 7.1 所示。混合菌群在与生态选择压力相关的参数 F/F 上表现出了显著的差异(表 7.1)，但是在使用各自富集底物的 Batch 试验中所获得的最大胞内 PHA 含量上的差异性并不显著($P>0.05$)。菌群 M－Bu 具有最低的 F/F，但依据 Albuquerque 等研究者的观点，富集系统的 F/F 存在一个特定的阈值，高于该值，混合菌群的 PHA 积累能力会明显减弱，低于该阈值，压缩 F/F 混合菌群的 PHA 合成响应并不会随之得到进一步显著的增强。目前已有的研究尚不能给出明确的数值或范围，F/F 低于 0.2 的富集体系被认为可以高效地富集到产 PHA 菌群，本部分试验中三类混合菌群所在富集系统的 F/F 均远低于上述范围，因此可以推测，三类菌群的 F/F 均低于这一特定的阈值，即具有最低 F/F 值的混合菌群 M－Bu 并不会在 PHA 积累合成段表现出显著提升的 PHA 合成能力(图 7.1(a))。三类菌群在使用各自富集底物的条件下均表现出了一致的 PHA 最大合成能力，这也是后续改变底物组分进行 PHA 结构调控条件下对不同富集菌群 PHA 合成能力进行对比的基础。

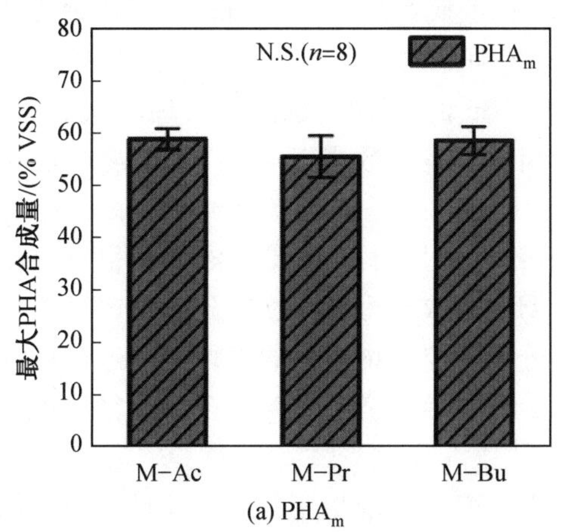

(a) PHA$_m$

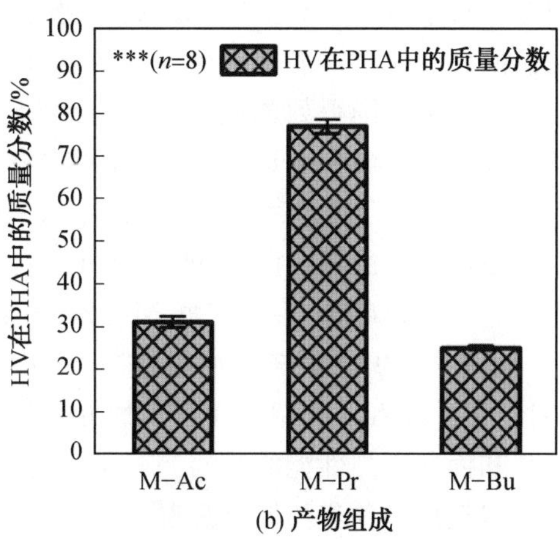

(b) 产物组成

图 7.1　三种混合菌群在 PHA 积累合成段对比

相较于最大胞内 PHA 合成量，三种混合菌群的产物组成差异十分显著，在使用与富集段相同底物组分的条件下，使用丙酸型底物（丙酸质量分数占 VFA 混合物的 60%，以 SCOD 计）菌群 M－Pr 所合成的产物中 HV 的相对质量分数可以达到 76.98%±1.63%，这也在此初步证明了底物成分在调控 PHA 积累合成段终产物组成上的有效性。菌群 M－Pr 在获得最高 HV 相对比例的同时也具有与其他两种富集菌群一致的最大 PHA 合成能力，但在底物组分变化条件下的 PHA 合成需要进一步验证。

7.2.2 合成段底物组分变化的 PHA 合成响应

第 3 章中已经阐述了混合菌群在富集成熟期间产 PHA 功能菌的更迭，并且证实菌群虽然发生更迭，但在持续的选择压力作用下这种更迭并不会对菌群的最大 PHA 合成能力产生影响。为了进一步探究菌群在 PHA 合成段底物组分变化条件下 PHA 合成响应的稳定性是否存在，本部分研究对富集成熟期产 PHA 功能菌更迭前后的两个时间段（第 65～80 天和第 120～135 天）的混合菌群进行改变 VFA 组分的批次补料试验，使用乙酸/丙酸、丁酸/丙酸两类底物组合，分别增加丙酸在底物组合中的比例（以 SCOD 计，五个梯度具体为 0、25%、50%、75%以及 100%），分别考察混合菌群 M－Ac、M－Pr 和 M－Bu 的最大 PHA 合成能力以及对应的 PHA 产物组成（以单体 HV 在聚合物中的质量比例计），具体结果如图 7.2 所示。从图中可以看出，在两个时间段内，三种混合菌群的 PHA 最大合成量和产物组成对 VFA 线性变化的响应曲线总体相似，仅细部存在较小差异。

接下来以第 65～80 天的批次补料试验为主，阐述三种混合菌群在底物组分变化条件下的具体 PHA 合成响应以及响应的差异性。从整体上看，在乙酸/丙酸（图 7.2(a)、(b)）和丁酸/丙酸（图 7.2(c)、(d)）的底物组合试验中，PHA 产物中的 HV 比例随着底物中丙酸比例的上升而上升，在丙酸质量分数达到 100%时，试验中获得的最大 HV 比例可以达到 84.8%±2.0%，PHA 的最大胞内比例却出现了较大幅度的下跌。

在两类底物组合对应的 Batch 试验中，HV 单体比例随着底物中丙酸比例增加的响应趋势有较大差异，乙酸/丙酸底物组合 Batch 试验中，随着底物中丙酸比例由 0 增加至 50%，PHA 产物中 HV 的比例从 0 上升到 70%附近，而丁酸/丙酸底物组合 Batch 试验中 HV 的相对比例仅仅从 0 上升至 20%附近。另外在乙酸/丙酸底物组合 Batch 试验中，三种典型底物富集的混合菌群对丙酸比例变化的响应表现出了明显的差异性。尽管 HV 的相对质量分数在较大的范围得到调控，但与此同时菌群 M－Bu 的 PHA_m 也随之出现了大的波动。在两类底物组合的 Batch 试验中，当产物中 HV 相对质量分数高于 50%时，对应的最大胞内 PHA 含量均无法超过 25%，而这样的 PHA 含量基本上是不具备提纯价值的。这说明丁酸型底物富集的混合菌群 M－Bu 在调控 PHA 结构的同时不能保证 PHA_m 稳定在较高水平之上。可以确认，混合菌群 M－Bu 的最大 PHA 合成能力对底物组分变化的敏感性限制了其通过在 PHA 积累合成段直接改变底物组分来调控产物组成的可行性。这也可以说明，对于丁酸或者丁酸型底物富集的混合菌群而言，同时实现产 PHA 混合菌群富集段的节能降耗和面向产品性能的产物调控是不可行的。

丙酸型底物富集的混合菌群 M－Pr 随底物组分变化表现出了最强的 PHA 合成稳定性，HV 单体相对比例从 0 上升至 80%附近的同时，最大胞内 PHA 含量处于 35%～50%之间。混合菌群 M－Ac 的 PHA 合成对丙酸比例变化的响应介于混合菌群 M－Pr 和 M－Bu 之间。在丁酸/丙酸底物组合 Batch 试验中，三种菌群的 PHA 最大合成量对 VFA 组分变化的响应趋势在丙酸比例处于 0～80％范围内较为接近，在丙酸比例进一步提升时，混合菌群 M－Ac 和 M－Bu 的最大胞内 PHA 比例从 40％附近下降至 10％附近，而 M－Pr 的最大比例只下降了 10％左右。

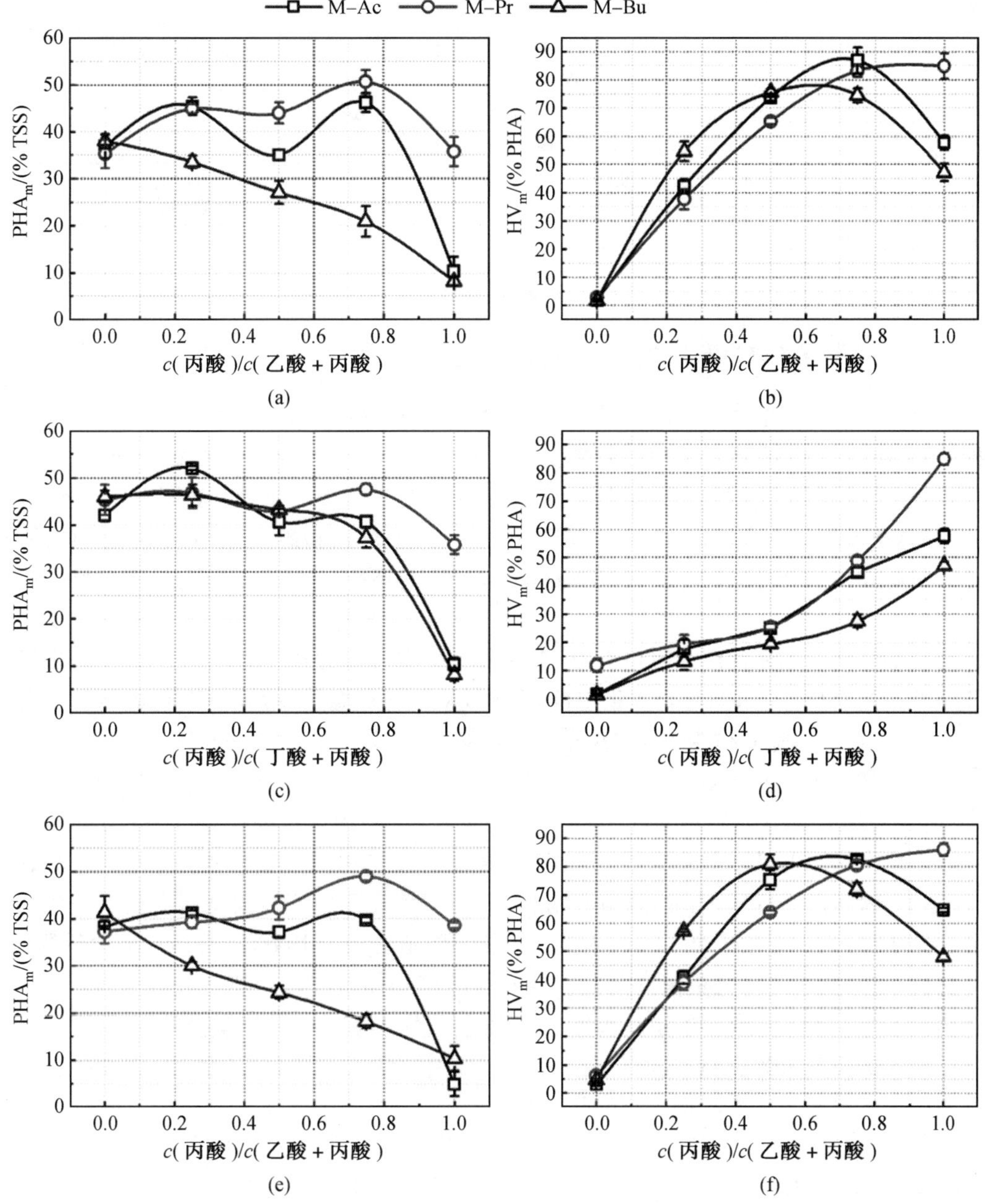

图 7.2　富集反应器运行的第 65～80 天((a)～(d))和第 120～135 天((e)～(h))PHA 合成试验中混合菌群 M－Ac、M－Pr 和 M－Bu 在底物变化时 PHA_m 和产物组成的响应

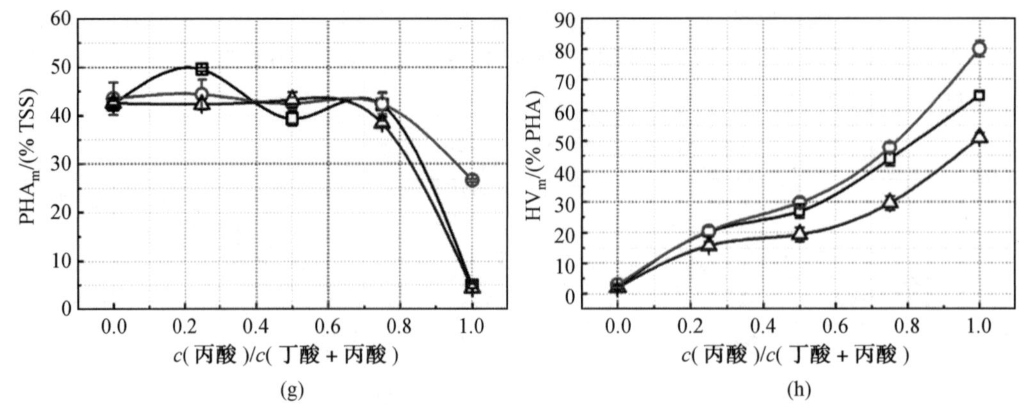

续图 7.2

7.2.3 改善 PHA 产品结构的底物优化方法

产 PHA 混合菌群的富集通常需要一种长期稳定的底物组分，而为了获得灵活调控产物的结构，PHA 积累合成段又通常需要改变底物（本部分内容主要指 VFA）组分，在这种前提下，寻找具有足够 PHA 合成稳定性的混合菌群尤为重要。同时，在将来的混合菌群 PHA 合成规模化应用中，为了能够定量清晰地调控 PHA 产物组成，双底物组合调控模式将是一个可靠的选择，而选择哪一种底物组合对产物的调控足够高效、具有经济价值是值得考虑的。

结合 7.2.2 节的研究结果可以看出，由丙酸型底物富集的混合菌群 M－Pr 在底物组分变化条件下具有最佳的 PHA 合成稳定性，在 PHA 积累合成段最大 PHA 合成能力受底物组分变化影响较小，适宜作为产 PHA 菌的长期富集底物。在两类底物组合的 Batch 试验中，PHA 产物中 HV 单体对底物中丙酸比例的响应差异明显。在增大底物中丙酸比例时，乙酸/丙酸底物组合中 HV 相对比例的上升曲线较为“陡峭”，而在丁酸/丙酸底物组合中 HV 的相对比例的上升曲线则较为“平坦”。这说明在使用同样量丙酸（或者其他奇数碳 VFA 分子）的前提下，使用乙酸/丙酸底物组合调节 PHA 中的 HV 比例将会更加高效。因此相比于丁酸/丙酸底物组合，乙酸/丙酸底物体系更适合用于 PHA 产物组成的灵活调控。

另外，对于所有三种富集菌群而言，丁酸/丙酸底物体系在丙酸质量分数为 100％时才达到最大的 HV 相对比例（约 80％），而乙酸/丙酸底物体系在丙酸质量分数为 80％附近便获得了最大的 HV 相对比例，这意味着，为了达到相同的 HV 比例，丁酸/丙酸底物组合调控体系的成本更高。另外值得注意的是，在底物中丙酸比例超过 80％以后，菌群最大胞内 PHA 含量会出现明显的下降趋势，同时 PHA 产物内 HV 的相对比例也不会进一步提升（图 7.2(a)、(b)），因此在乙酸/丙酸二元体系当中，丙酸的比例也存在一个高效的调节范围（本试验中为 0～80％）。

综上讨论，在以实际废弃碳源（或转化物）作为混合菌群 PHA 合成底物的前提下，选择丙酸型发酵产物作为富集底物，以乙酸和丙酸为主的发酵产物作为 PHA 积累合成段的底物（图 7.3），可以实现灵活、高效、低成本的产物调控。

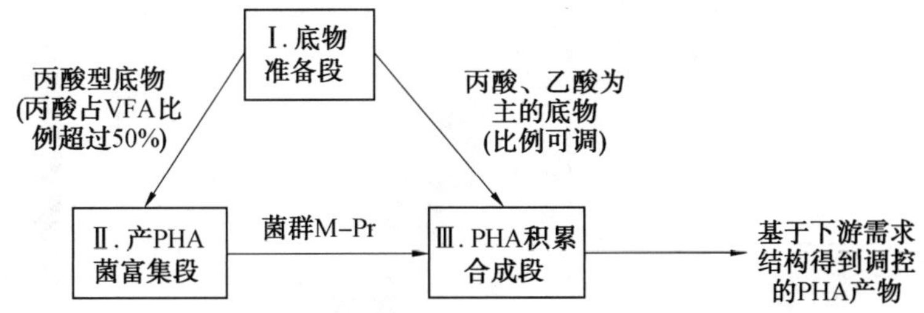

图 7.3　基于产物结构调控的工艺整体层面底物组分优化方法

7.3　底物组分对混合菌群的影响

7.3.1　富集菌群结构差异

传统的生态学观点认为，菌群的生态结构与功能之间的联系紧密，使用三种不同典型底物富集的菌群在 PHA 积累合成段底物组分改变条件下展现出了明显不同的 PHA 合成响应，首先需要关注与菌群生理特性联系紧密的群落结构。本部分研究首先使用基于加权 UniFrac 距离矩阵的主坐标分析(PCoA)方法解析三种混合菌群在富集成熟期的结构差异(图 7.4)。

本书第 3 章已经揭示出了产 PHA 菌富集系统内混合菌群的一般性演替规律，即富集驯化期产 PHA 优势菌群对生态位的占据以及成熟期产 PHA 优势菌的更迭。后者所带来的群落演替会为基于底物组分的菌群结构差异性分析带来困难。

图 7.4 的 PCoA 图中显示了三种混合菌群在成熟期的 6 个取样点(第 35、51、69、93、120 以及 148 天)菌群结构的具体分布，可以看出，在整个成熟期内菌群在两个主坐标轴(PCoA1 和 PCoA2)上并没有表现出显著性差异。成熟期占据较高菌群丰度的产 PHA 优势菌的更迭造成了细菌加权 UniFrac 距离的大的变动，表现在 PCoA 图上便是样品点较大范围的迁移，加宽了其在主坐标上的数值分布距离，来自同一菌群的样品点在 PCoA 图中较为分散，菌群之间无法体现出统计学意义上的差异性。

通过进一步细分成熟期，三类混合菌群的结构差异得以体现。将第 35、51 和 69 天作为成熟期的第一阶段(图 7.4 中浅灰色区域)，将第 93、120 和 148 天作为第二阶段(图 7.4 中的深灰色区域)，可以发现，除了菌群 M－Bu 在第一阶段离散性较大，其他细分区域的样品点都具有良好的聚集性，且三类菌群在细分区域中均表现出了分布上的差异。三类混合菌群在细分区域上的结构差异可以视为一种动态性的差异。

第 3 章已经介绍了三类混合菌群体系中的优势菌并在产 PHA 优势菌中选择了两种代表性的产 PHA 优势菌群，即 *Paracoccus* 和 *Thauera* 属，比较了它们在三种混合菌群中的相对丰度分布。可以看出，两种产 PHA 优势菌属在三类混合菌群的相对丰度分布中存在显著性差异($P<0.05$)，*Paracoccus* 属的细菌在三类混合菌群中的分布按中位数可以排列为 M－Ac＞M－Bu＞M－Pr，*Thauera* 属的细菌在混合菌群 M－Pr 中相对丰度最高(中位数接近 20％)，而在混合菌群 M－Ac 和 M－Bu 中的相对丰度(中位数)均低于 10％。

产 PHA 优势菌群在混合菌群体系中占有绝对的数量优势，因而产 PHA 优势菌的丰度

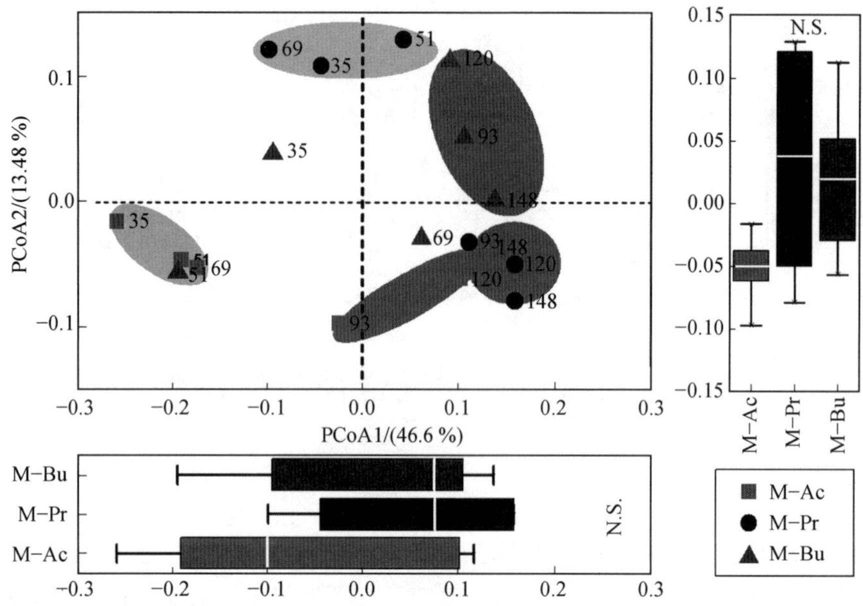

图 7.4　三种混合菌群在富集成熟期基于主坐标分析(PCoA)的结构对比

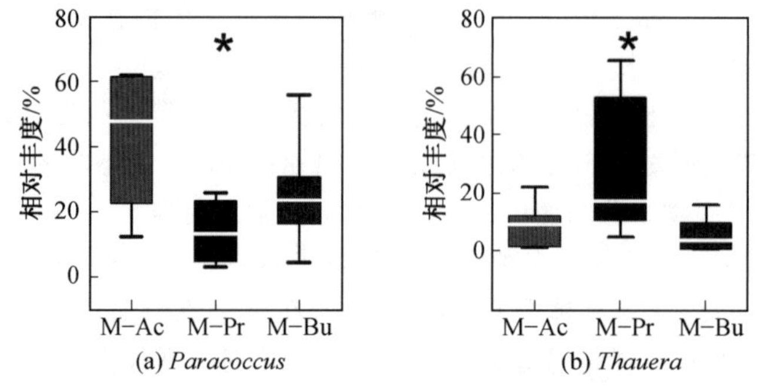

图 7.5　产 PHA 优势菌 *Paracoccus* 属和 *Thauera* 属在三种混合菌群中的相对丰度分布

分布上的差异也可以表征三种混合菌群的结构差异性。而其代谢特性也将会较大程度地影响整个菌群的代谢特征。Albuquerque 等的研究成果揭示了来自于 *Azoarcus*、*Thauera* 以及 *Paracoccus* 属的产 PHA 菌群在底物亲和性上的差异,研究人员使用微观放射自显影和荧光原位杂交集成技术(MAR－FISH)初步分析了三类菌对不同 VFA 分子在单一底物和混合底物条件下的摄取偏好差异(表 7.3)。可能是由于富集反应器接种底物的不同,本研究中固氮弧菌(*Azoarcus*)属的 OTU22 始终没有在系统中占据优势。本研究使用的典型底物按照质量浓度分布与表 7.3 中的各组分质量浓度接近的混合底物差别较大,而更接近于单一底物的情况。在单一底物试验中,*Paracoccus* 细菌表现出了更为广谱的底物摄取偏好,这可以很好地解释其能够在本试验混合菌群 M－Ac 和 M－Bu 中同时占据种群数量优势,*Thauera* 菌对丙酸分子显著的摄取偏好也解释了来自于该属的产 PHA 菌能够在使用丙酸型底物的富集反应器中成为优势菌。总之,正是由于底物亲和力的差异,三种典型底物富集的混合菌群具有不同的优势菌群分布。本节内容从富集成熟期细分区域的菌群结构差异和优势菌群的分布差异揭示了底物组分对产 PHA 混合菌群结构的影响。现有的研究结果表明，尽管底物组分不会对成熟期菌群是否发生优势菌更迭产生决定性作用，但会影响更迭的具体内容，即原始优势菌群以及替代菌群的组成。

表 7.3　三类产 PHA 菌对 VFA 分子(同位素标记)的摄取偏好

底物类型	*Azoarcus*	*Thauera*	*Paracoccus*
	单一底物		
^{3}H－乙酸	＋＋[a]	－	＋
^{14}C－丙酸	＋＋＋	＋＋＋	＋＋＋
^{14}C－丁酸	－	＋	＋＋＋
^{14}C－戊酸	＋＋	＋	＋＋
	混合底物		
^{3}H－乙酸＋丙酸＋丁酸＋戊酸	＋＋＋	－	＋＋
^{14}C－丙酸＋乙酸＋丁酸＋戊酸	＋	＋	＋＋＋
^{14}C－丁酸＋乙酸＋丙酸＋戊酸	＋＋	＋＋＋	＋＋＋
^{14}C－戊酸＋乙酸＋丙酸＋丁酸	＋	＋	＋＋＋

注：[a] 强度符号——“－”代表无摄取；“＋”代表一般摄取；“＋＋”代表中等摄取；“＋＋＋”代表强摄取。

7.3.2　富集菌群生态网络差异

不同于常规的污染物生物处理工艺(如好氧活性污泥法、厌氧微生物工艺)，底物充盈－匮乏模式下运行的富集反应器中菌群结构相对简单(第 3 章已有介绍)，表现为 α 多样性指数(Shannon 及 Simpson 指数)较低，优势菌群比较清晰。但是相较于 Johnson 等在相对严苛的工艺模式下获得了接近于纯菌的产 PHA 菌群，完全开放体系中应用底物充盈－匮乏模式富集到的混合菌群是一个由产 PHA 优势菌(功能菌)、非优势菌(flank community)组成的群体。Jiang 等也在使用造纸废水酸性发酵液作为底物的试验中证实了非优势菌的大量存在。在混合菌群体系当中，产 PHA 菌内部、非优势菌内部以及产 PHA 菌与非优势菌之间存在什么样的关系，以及这些关系是否能够反映不同富集菌群在产物结构调控时的 PHA 合成响应差异是值得关注的问题。

在本试验中三种混合菌群在成熟期均出现了优势菌群的更迭，这给研究上述种间关系提供了契机，在微生物种群数量的交替变化过程中，菌群内部不同物种间的相互作用可以通过菌种的相对丰度动态变化的相关性进行解析。本研究使用了网络分析来解析产 PHA 混合菌群内部的种间相互作用，并探究底物在此层面起到的作用。

以混合菌群当中来自于(α－，β－，γ－) Proteobacteria、Bacteroldia、Cytophagia、Bacilli、Flvobacteriia、Bacteroidets_incertae_sedis、Saccharibacteria_unidentified 共 9 个纲的 25 个优势菌(OTU)为分析对象，考察其相对丰度在成熟期时间尺度上的动态变化。使用开源微生物统计学软件 R(加载 Hmisc 软件包)获得反映这 25 个 OTU 两两之间的皮尔森相关性系数矩阵，选择了显著性系数 $P<0.05$ 的种间关系，并将这些关系进行可视化处理，如图 7.6 所示。

图 7.6 左侧一列((a)、(c)和(e))展示了在三种混合菌群 M－Ac、M－Pr 以及 M－Bu 中优势菌的正相关关系网络，反映的是细菌种间或种内存在的共存关系；右侧一列((b)、(d)和(f))展示了优势菌的负相关关系网络，反映的是细菌之间的互斥关系。图中的节点对应着优势菌，而节点之间的线(生态网络中也称为边)则代表优势菌之间的关系。节点之间的线条代表种间关系，线条粗细程度与皮尔森相关系数 ρ 成正比；图中圆点表示优势菌，其

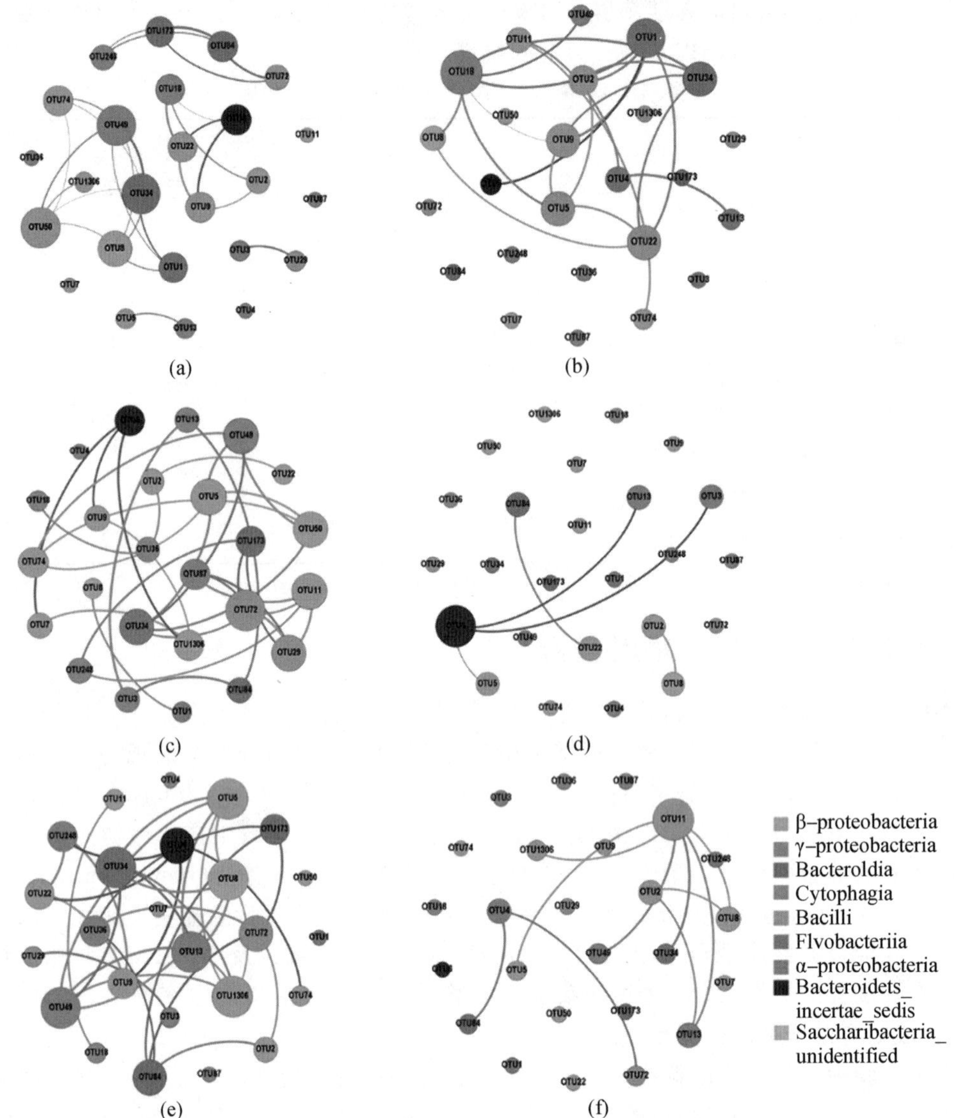

图 7.6 成熟期产 PHA 混合菌群生态网络：(a)(c)(e)分别为混合菌群 M－Ac、M－Pr 和 M－Bu 中优势菌的正相关关系网络；(b)(d)(f)分别为三种混合菌群的负相关关系网络

大小与该 OTU 与其他 OTU 建立的关系数量(发出的边数)成正比。从图中可以较为直观地看出，产 PHA 混合菌群内部既有依存又有排斥，三种菌群内部的生态关系均以共存为主，且混合菌群M－Pr和 M－Bu 中具备相对复杂的共存网络，而混合菌群 M－Ac 则具有最复杂的互斥网络。

对三种混合菌群内部生态网络的拓扑性质进行描述，将参数汇总于表 7.4 中。在混合菌群M－Ac中的所有 25 个优势菌之间产生最多的生态关系(47 条边)，高于混合菌群 M－Pr 的 37 条边和混合菌群 M－Bu 的 42 条边。混合菌群 M－Pr 具有相对均衡的菌种生态关系分布，共存关系和互斥关系分别占总生态关系数的 0.57 和 0.43，而在混合菌群 M－Pr 和M－Bu中，共存关系均占据主导，分别占总生态关系数的 0.86 和 0.76。在网络分析中，网络密度通常被用来度量网络完整性，理论上一个完整网络具备所有可能连接的边，也就是说任意两节点间都有边连接，这种情况下网络密度为 1。从表中可以看出，三种混合菌群的共存网络相较于理论网络都比较稀疏，并且只有混合菌群 M－Ac 的互斥关系网可以度量，这表明在底物充盈－匮乏模式产生的生态选择压力(ecological selective pressure)作用下，产 PHA 混合菌群内部 25 个优势菌的种内/间关系相对简单。具有生理优势的产 PHA 菌会优先摄取底物并在代谢过程中改变周围生态环境(如混合液 pH)，使得绝大部分不具备产 PHA 能力的异养菌长期处在一种被选择压力“压缩”的生态位中，无法与 PHA 合成菌产生种群数量上“此消彼长”的拮抗关系，更多是以非产 PHA 菌内部互利共生的形式存在(图 7.6(a)、(c)和(e)中除 OTU1、2、7、9 之外的菌种)。另外，由于底物中还存在一部分蛋白质和葡萄糖，这也在客观上增加了混合菌群生态系统内部的营养级，使得一部分非产 PHA 菌和产 PHA 菌之间的合作依存成为可能，例如混合菌群 M－Pr 中 OTU9(*Thauera* 属，该系统内产 PHA 功能菌)与 OTU6(*Ohtaekwangia* 属，被报道具有降解酪蛋白的能力)之间正相关关系密切(ρ=0.85)。

在网络分析中，平均聚类系数反映了生态网络中一个节点(非特指)的聚类或“抱团”的总体迹象。混合菌群 M－Ac 和 M－Pr 的平均聚类系数接近，而 M－Bu 具有最高的平均聚类系数(0.922)。本部分研究中将与其他节点产生关系数大于 4 条的节点定义为中心节点，在所有的共存网络中，混合菌群 M－Bu 拥有最多的中心节点，结合其最高的平均聚类系数，可以判断在该菌群中存在较多的菌群模块，也就是形成了多个围绕中心节点的“小世界”或者“社区”，这极有可能与丁酸相对更容易被产 PHA 菌摄取的特点有关。在混合菌群 M－Ac和 M－Bu 的互斥网络中也都出现了中心节点，通常情况下，存在种群竞争的细菌之间倾向于形成简单的“一对一”或者“一对多”的互斥关系，而上述互斥网络中的中心节点正是符合这种情况的。综上对混合菌群在生态网络拓扑学层面的性质分析，不同典型底物所富集混合菌群的生态网络具有较为明显的差异性。

表 7.4　种群相互作用网络的特性

参数	M－Ac		M－Pr		M－Bu	
	正相关网络	负相关网络	正相关网络	负相关网络	正相关网络	负相关网络
常规拓扑性质描述						
节点数	25		25		25	
边总数	47		37		42	
占总边数比例	0.57	0.43	0.86	0.14	0.76	0.24
网络密度	0.091	0.067	0.107	—	0.107	—
平均聚类系数	0.671	0.113	0.662	0.017	0.922	0.033
中心节点数量(边>4)	3	2	1	0	6	1
产 PHA 功能菌参与度描述						
功能菌涉及正相关边数(ρ>0.6)	4		7		2	
功能菌涉及正相关边数(ρ>0.6)占正相关总数比例	0.148		0.219		0.063	

前已述及，由于系统中生态压力的存在，产 PHA 菌并没有参与同其他非产 PHA 菌的竞争。本部分研究使用功能菌产生的正相关关系数占共存网络边总数的比例来表征产 PHA 菌在共存网络中的参与度。由表 7.4 可以看出，混合菌群 M－Pr 产 PHA 功能菌的参与度最高，其涉及的强正相关关系（$\rho>0.6$）占共存网络关系数的比例为 0.219，远高于混合菌群 M－Ac 和 M－Bu。在产 PHA 功能菌所涉及的共存关系中，既有系统发育关系较近的种内共存，例如 *Thauera* 属的 OTU9 和 OTU1306，也有系统发育关系较远的菌种共存，例如 OTU9（功能菌）与 *Ohtaekwangia* 属的 OTU6（非功能菌）。

上述研究结果表明，对比其他两种富集菌群，丙酸型底物富集的混合菌群 M－Pr 中种间的正相互作用占据主导（表 7.4），这说明了丙酸型底物持续存在的环境中，混合菌群的生存压力相对更大，而这极有可能源于丙酸对微生物造成的毒性，这也对应了乙酸型底物富集的菌群 M－Ac 和丁酸型底物富集的菌群 M－Bu 在 PHA 积累合成段底物中丙酸比例上升所出现的 PHA 合成量显著下降的试验现象。丙酸产 PHA 优势菌在正相关网络中参与度最高，可以初步推断与之产生正相互作用的菌群在富集系统中生存依赖于产 PHA 优势菌（*Thauera* 属）对丙酸的摄取和降解，在一定程度上降低了这些菌群的生存压力，从而形成了一种非优势菌对产 PHA 优势菌的“依赖”关系。

7.3.3 富集菌群在合成段的代谢差异

1. 产 PHA 混合菌群代谢模型的构建

不同典型底物富集的混合菌群具有不同的优势菌群分布以及种群生态关系，而这种源于结构和内部关系的差异性直接造成了三类混合菌群在底物组分变化条件下 PHA 合成响应的差异。混合菌群 M－Bu 和混合菌群 M－Ac 对底物组分变化的敏感性主要表现在对底物中丙酸比例的敏感性，底物中较高的丙酸比例将会对未经丙酸型底物富集的混合菌群产生显著的抑制。为了进一步明晰混合菌群对丙酸敏感差异的本质，需要研究三类菌群在代谢层面的差异性。

本部分研究借助于代谢通量分析（Metabolic Flux Analysis，MFA）研究三类混合菌群对于混合 VFA 的代谢。三类产 PHA 混合菌群虽然具有不同的菌群结构，但是按照已有的关于产 PHA 混合菌群代谢网络的研究结论可以假设，三类混合菌群具有近似的代谢网络，主要的差异体现在代谢路径的通量分布上。本部分研究基于乙酸、丙酸和丁酸三种 VFA 分子组成的混合 VFA 底物建立了适用于混合菌群 M－Ac、M－Pr 和 M－Bu 的通用代谢网络模型，如图 7.7 所示。

在图 7.7 的代谢网络中，微生物细胞摄取的丁酸在细胞内活化为丁酰辅酶 A 之后理论上存在两条可能的代谢路径，一条是丁酸辅酶 A 经脂肪酸 β 氧化之后转化为乙酰辅酶 A（图中虚线部分），另外一条则是转化为巴豆酰辅酶 A（r_6）。一个 HV 单体的合成需要一分子的乙酰辅酶 A 和一分子的丙酰辅酶 A。但是在图 7.2（d）和（h）当中可以看出，在丁酸/丙酸底物组合中丙酸比例由 0 增大至 80％附近时，PHA 中 HV 的比例均低于乙酸/丙酸底物组合体系，呈现出截然不同的响应曲线，这说明丁酸/丙酸底物组合体系下微生物细胞内始终没有足够的乙酰辅酶 A。据此可以推断本研究中三类混合菌群在摄入丁酸分子之后进行的是 r_3 和 r_6 途径，而非经过脂肪酸氧化转化为乙酰辅酶 A。

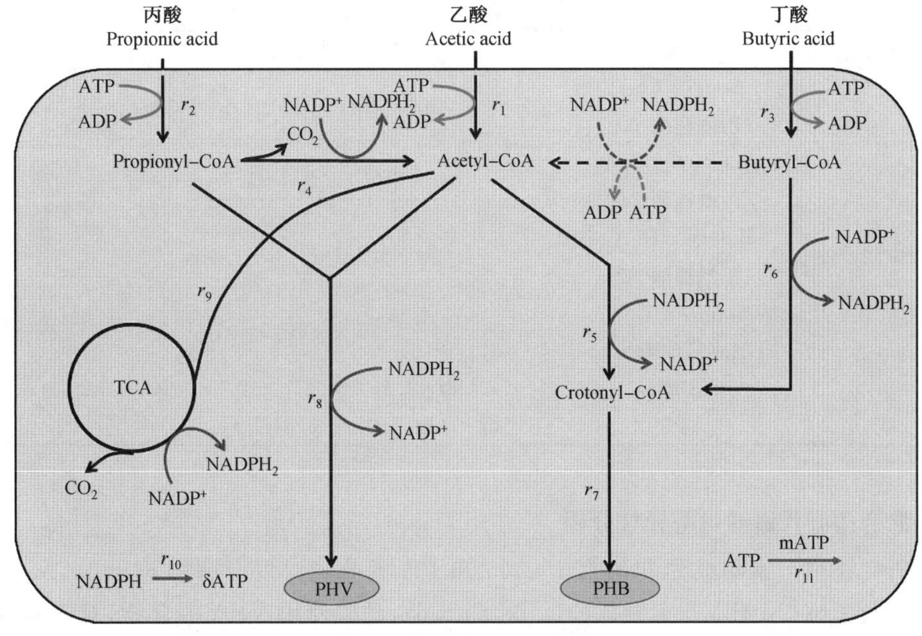

图 7.7　产 PHA 混合菌群通用代谢网络模型

在建立的代谢网络模型中，一共包含了 11 个代谢反应，其反应式列于表 7.5 中。在混合菌群细胞内部，一共有 6 个代谢中间产物，根据 MFA 的一般性假设，这 6 个代谢中间产物的平衡质量浓度是保持稳定的，即 $d[x]/dt=0$，因此可以产生 6 个方程(列于表 7.5 中)。在 11 个代谢反应当中，有 5 个反应过程的速率是可测的，分别是 r_1、r_2、r_3、r_7 及 r_8；有 1 个反应速率是固定的，即 $r_{11}=m_{ATP}=0.02$ mol ATP/(Cmol X · h)；有 5 个反应是需要计算的，分别是 r_4、r_5、r_6、r_9 及 r_{10}。因此，本研究的 MFA 部分就转化为求解一个超定方程组(5 个未知量，6 个方程)。另外，与 ATP 生成相关的氧化磷酸化系数取经验值 $\delta=1.85$。

表 7.5　代谢通量分析涉及的代谢通路反应式与中间产物计量式

内容	对象	反应式/计量式
代谢通量	r_1	1HAc+1ATP ⟶1AcCoA
	r_2	1HPr+0.67ATP ⟶1PrCoA
	r_3	1But+0.5ATP ⟶1BuCoA
	r_4	1.5PrCoA ⟶1AcCoA+0.5CO_2+1.5$NADPH_2$
	r_5	1AcCoA+0.25$NADPH_2$ ⟶1CroCoA
	r_6	1BuCoA ⟶1CroCoA+0.5$NADPH_2$
	r_7	1CroCoA ⟶1PHB
	r_8	0.4AcCoA+0.6PrCoA+0.2$NADPH_2$ ⟶1PHV
	r_9	1AcCoA ⟶1CO_2+2$NADPH_2$
	r_{10}	1$NADPH_2$+0.5O_2 ⟶δATP
	r_{11}	ATP ⟶Maintenance

续表7.5

内容	对象	反应式/计量式
代谢中间产物	Acetyl—CoA（乙酰辅酶 A）	$d[x]/dt=r_1+r_4-r_5-0.4r_8-r_9$
	Propionyl—CoA（丙酰辅酶 A）	$d[x]/dt=r_2-1.5r_4-0.6r_8$
	Butyryl—CoA（丁酰辅酶 A）	$d[x]/dt=r_3-r_6$
	Crotonyl—CoA（巴豆酰辅酶 A）	$d[x]/dt=r_5+r_6-r_7$
	$NADPH_2$	$d[x]/dt=1.5r_4-0.25r_5+0.5r_6-0.2r_8+2r_9-r_{10}$
	ATP	$d[x]/dt=-1r_1-0.67r_2-0.5r_3+1.85r_{10}-r_{11}$

2.混合菌群代谢通量差异性分析

本研究在位于富集成熟期的第 75、105 和 135 天分别对混合菌群 M－Ac，M－Pr 和 M－Bu进行了模拟 PHA 积累合成段的 Batch 试验，试验使用 VFA 混合物，对应各自富集阶段的 VFA 组分比例，但不包括戊酸，底物浓度（以 SCOD 计）约为富集阶段使用底物的 4 倍。以 Batch 试验第二次补加底物之后的 VFA 摄取速率和 PHA 单体合成速率为测定值，使用 MATLAB 软件求解超定方程，获得了三种混合菌群摄取混合 VFA 的代谢通量。

为了表征三种混合菌群胞内代谢通量分布的差异，以除 HB(r_7)和 HV(r_8)合成速率外的通量值为基础，使用主成分分析（PCA）进行了降维，如图 7.8(a)所示。可以看出，虽然每种混合菌群的代谢状态在时间尺度上出现了一定的偏移，但从整体来看，菌群之间代谢通量的差异性明显超过菌群内部时间尺度上的差异。结合菌群结构的分析结果可以推断，不同的典型底物富集出了结构具有差异的混合菌群，进而表现出不同的代谢通量分布。

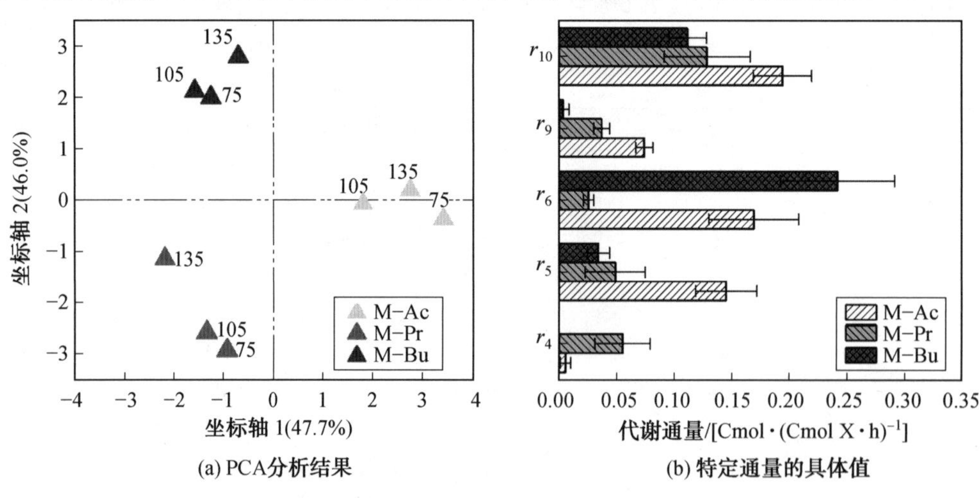

图 7.8 三种混合菌群的代谢通量分布对比

前面已经介绍，对丙酸的耐受性差异是混合菌群面对底物组分变化产生不同响应的直接原因。丙酸常被用来做食品防腐剂，这说明其对微生物的生长代谢具有抑制作用，但究竟是丙酸辅酶A还是丙酸代谢产生的柠檬酸甲酯对关系到微生物细胞生长的三羧酸(TCA)循环产生了抑制作用,目前尚无明晰的结论,但可以肯定的是,丙酸代谢过程中的某一中间产物会抑制TCA循环的正常运行,从而降低了还原力$NADPH_2$(r_9)和氧化磷酸化的ATP(r_{10})的产量,对于产PHA混合菌群而言,这也将直接影响HB(r_5)和HV(r_8)单体的生成。对丁酸型底物富集的混合菌群M－Bu来说,其形成的代谢体系当中,将丙酸辅酶A脱去一分子生成乙酰辅酶A这一步的通量(r_4)在所有三种混合菌群当中最低(比混合菌群M－Pr低两个数量级,比混合菌群M－Ac低一个数量级)(图7.2(b))。当胞外丙酸分子质量分数较高时,进入胞内的丙酸辅酶A由于无法快速地脱碳转化为乙酰辅酶A而产生了积累,过多的丙酸辅酶A或者参与2-甲基柠檬酸循环生成的柠檬酸甲酯抑制了提供还原力和ATP的TCA循环。当使用丁酸/丙酸底物组合时,丁酸辅酶A到巴豆酰辅酶A的代谢过程会产生部分还原力$NADPH_2$,从而减轻这种抑制;而使用乙酸/丙酸底物组合时,由于没有额外的还原力补偿,这种抑制就会显得非常明显,图7.2(a)和(c)中混合菌群PHA合成响应的对比支撑这一推断。

此外,产PHA细菌将丙酸辅酶A转化为HV单体也就是其应对丙酸抑制的手段。HV的合成需要胞内具有等量的乙酰辅酶A和丙酰辅酶A,在底物中丙酸占据主导时,丙酰辅酶A能够越快脱碳生成乙酰辅酶A,并与胞内未代谢的丙酰辅酶A合成HV单体,则微生物对高质量浓度丙酸的耐受性越强。从图7.2(b)中可以看出,丙酸型底物富集的混合菌群M－Pr在上述代谢路径(r_4)上具有最高的通量(0.06 Cmol/(Cmol X·h)),因此无论在乙酸/丙酸底物组合体系还是丁酸/丙酸底物组合体系混合菌群M－Pr对丙酸的耐受性最佳,这也说明了使用丙酸作为富集底物最终会提升菌群对丙酸毒性的耐受性。

值得一提的是,图7.8(b)中的代谢通量值也证明了混合菌群利用丁酸作为底物合成PHB(HB均聚物)的优势。丁酸型底物富集的混合菌群M－Bu在乙酰辅酶参与TCA富集(r_9)和呼吸链氧化磷酸化产ATP(r_{10})的路径上均具有最低的代谢通量(分别为0.003 Cmol/(Cmol X·h)和0.112 Cmol/(Cmol X·h)),这也与丁酸作为底物的相关研究结论相一致,丁酸在转化为巴豆酰辅酶A的过程中产生还原力$NADPH_2$,且微生物细胞摄取单位碳摩尔丁酸分子所用的ATP相对于乙酸和丙酸更少(表7.2)。

可以知道丙酸型底物富集的菌群中富集了具有丙酸摄取偏好的*Thauera*菌属,这也可以解读为该类菌属在r_4代谢路径具有天然的优势。目前的研究认为由丙酸生成乙酰辅酶A的路径存在5种,尽管目前无法确认本研究中丙酸辅酶A的代谢具体属于哪一种,但可以肯定的是混合菌群M－Pr中的*Thauera*菌属倾向于表达与此途径相关的酶。

7.4 剩余污泥定向产酸策略

7.4.1 基于响应曲面设计的调控策略

产PHA菌富集段需要丙酸组分占优的底物,而PHA积累合成段需要乙酸和丙酸为主的底物组合。三段式工艺底物准备段实质上就是有机质的酸化过程,对于剩余污泥的酸化过程而言,以奇数碳VFA尤其是丙酸分子为主的发酵产物并不多见,以发酵产物中奇数碳VFA为导向的优化调控鲜见报道。

在 PHA 产物组成优化的背景下，本部分研究将 WAS 酸性发酵液中的奇数碳 VFA 分子（$VFA_{\_odd}$）的比例以及对应的酸化率作为调控目标，选取了三个工艺因子：反应 pH（A）、β－环糊精（β－CD）添加比例（B）以及甘油（Feed）添加比例（C，以底物 C/N 衡量），使用响应曲面设计方法（RSM），在 20 组产酸发酵试验的基础之上，获得了关于两个调控目标的回归方程：

$$R_1(\text{VFA}_{\_odd}\text{比例}) = -257.92 + 59.99A + 384.62B + 3.42C - 25.76AB + 0.81AC + 0.11BC - 4.05A^2 - 417.54B^2 - 0.29C^2 \tag{7.1}$$

$$R_2(\text{酸化率}) = -734.84 + 147.11A + 668.70B + 21.84C - 44.13AB - 1.82AC - 3.73BC - 7.02A^2 - 637.95B^2 - 0.15C^2 \tag{7.2}$$

两个回归模型在 ANOVA 检验 F－tests 中均获得了极低的概率值：$(P_{model}>F)^{R_1}=0.000\,1$，$(P_{model}>F)^{R_2}=0.001\,3$，这说明所得模型具有高显著性。两个模型具有足够高的精度值，R_1 和 R_2 的精度分别为 11.38 和 9.97，说明了模型是可以使用的。另外，相对较低的变异系数（$CV_1=9.35\%$；$CV_2=11.48\%$）也说明两个模型是足够可靠的。以 z 轴为目标值，将其中一个变量因子固定，获得两个模型的等高线图如图 7.9 所示。基于上述模型可以综合调节反应 pH、β－环糊精添加比例以及发酵底物 C/N（C），在保证足够酸化率的同时实现 $VFA_{\_odd}$ 比例的定向调节。本研究为了在试验环节获得较为准确的调节比例，使用了纯甘油作为补充碳源，在实际应用中可以向 WAS 中加入粗甘油来实现发酵底物的 C/N 调控。

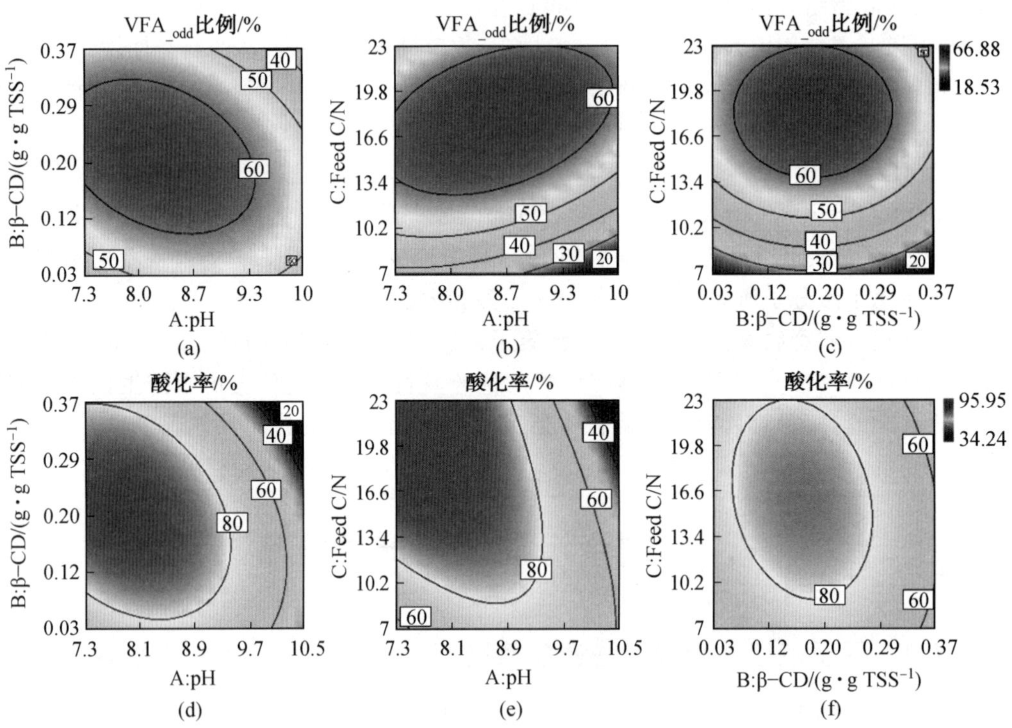

图 7.9　$VFA_{_odd}$比例（(a)～(c)）和酸化率（(d)～(f)）的回归模型等高线图

7.4.2　定向产酸策略的优化

前已述及，WAS 定向产酸的目的有三个：①$VFA_{_odd}$的比例能够达到一个较高的水平；②$VFA_{_odd}$的比例可以较大幅度地进行调节；③在 $VFA_{_odd}$比例变化的同时保证足够的酸化率。本部分试验将这一目的转化为具体的条件，即满足 $VFA_{_odd}$比例能够在 40％到 60％之间变化，同时酸化率保持在 60％以上。为了达到上述条件，对因子 B（即 β—环糊精投加比例）取一系列离散值，并对每一个 B 的离散值对应的 $x-y$ 轴平面等高线图进行"叠加"，确定出满足 $VFA_{_odd}$比例（40％～60％）和酸化率（＞60％）限制条件的因子（A、C）范围。本章选取了 β—环糊精投加比例分别 0.1、0.05 以及 0.15 g/g TSS 时对应的满足条件的因子范围（图 7.10 中）。

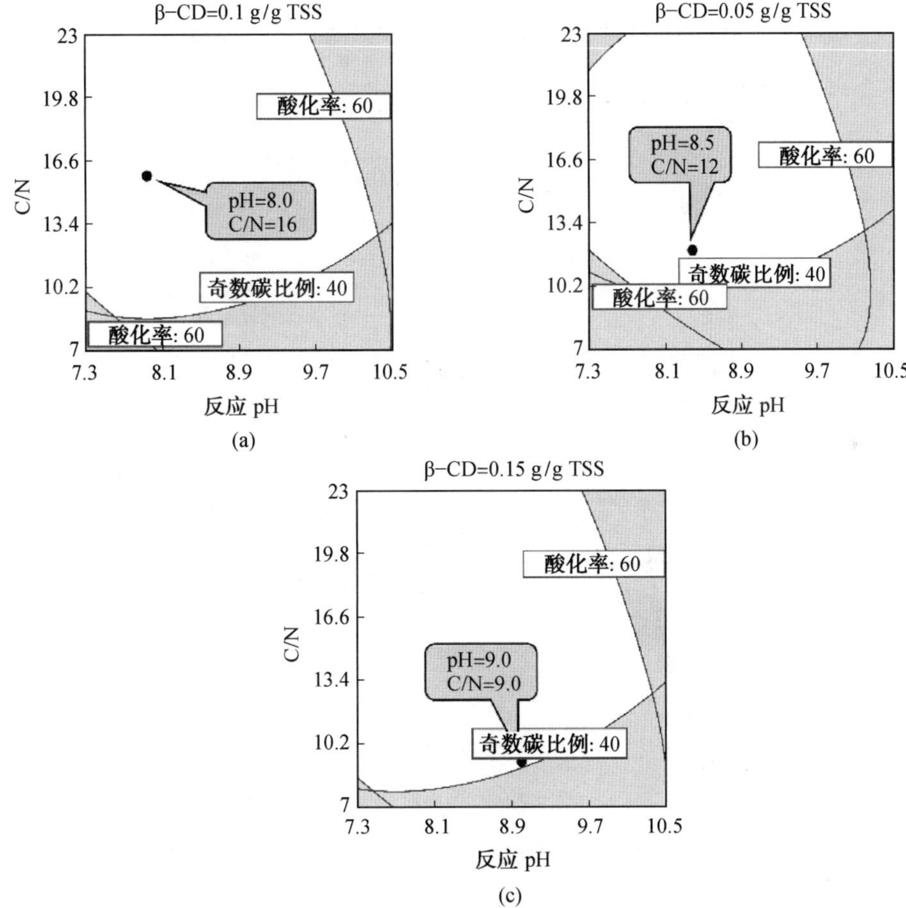

图 7.10　满足限制条件的工艺因子范围以及三种被选取工况的具体信息

7.4.3　半连续发酵试验

为了验证上述定向产酸策略的应用效果，形成较为稳定高效的 WAS 酸转化平台，为混合菌群合成 PHA 工艺提供品质良好的底物，本部分研究运行了两套有效容积为 5.5 L 的半连续自动 WAS 产酸发酵反应装置（A 和 B），并从优化的工艺因子范围中以 $VFA_{_odd}$比例的预测值为准，梯度选择了三组工艺因子(工况一、工况二和工况三)用于半连续发酵试验(图 7.11)。

如图 7.11 所示，发酵试验历经 40 d，反应器 A 自始至终使用工况一运行，反应器 B 在运行 20 d 之后由工况二转换至工况三。两组半连续发酵试验在启动 5～8 d 之后进入了平稳的发酵阶段，初步证明了所采用工艺策略的可行性。在三种工况下，发酵反应器分别获得了 59.51%±1.13%、46.57 %±1.90%以及 36.84%±0.56%的 $VFA_{\_odd}$ 比例，ANOVA 检验表明，三组工况下的 $VFA_{\_odd}$ 比例差异显著($P<0.0001$，图 7.12(a))，这说明了本研究提出定向产酸策略能够有效地调节发酵液中 $VFA_{\_odd}$ 的比例。三组工况下的酸化率分别为 83.23%±0.72%、65.14%±1.46%以及 69.04%±1.14%，其中工况二和工况三的发酵液酸化率并未表现出显著性差异(图 7.12(b))。

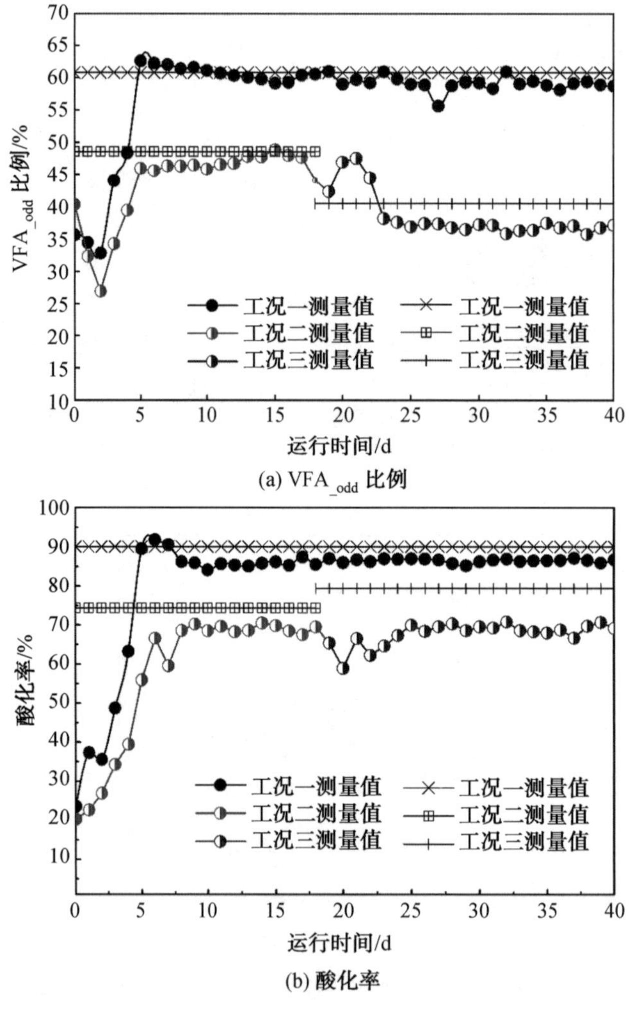

图 7.11　半连续发酵试验变化

发酵液酸化率对运行工况变化的不敏感性正符合了定向产酸的优化原则，即在 $VFA_{\_odd}$ 比例变化的同时保证足够的酸化率。三种工况下，WAS 半连续补料发酵试验的实测酸化率均略低于预测值，这是由于半连续补料采用的 SRT(8.25 d)要低于批次发酵试验的时长(10 d)。在工况一(pH=8.0，β-环糊精添加比例为 0.1 g/g TSS，C/N=16)的条件

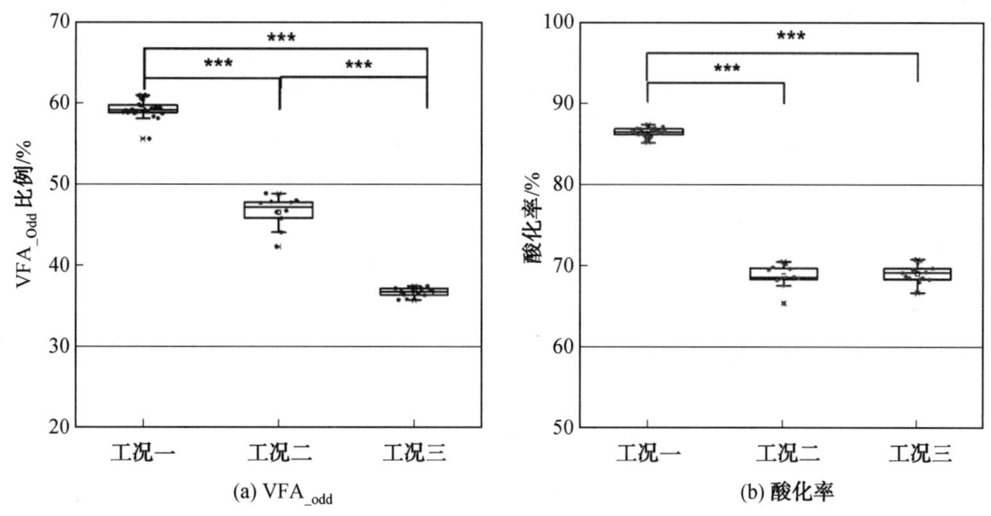

图 7.12　不同工况下半连续发酵试验的对比

下，WAS 发酵体系同时取得了最高的 $VFA_{\_odd}$ 比例（59.51%±1.13%）和酸化率（83.23%±0.72%），在对应的 VFA 混合物中，丙酸所占比例最高（图 7.13），值得注意的是，在所有工况下的 $VFA_{\_odd}$ 混合物中，丙酸均是优势组分。

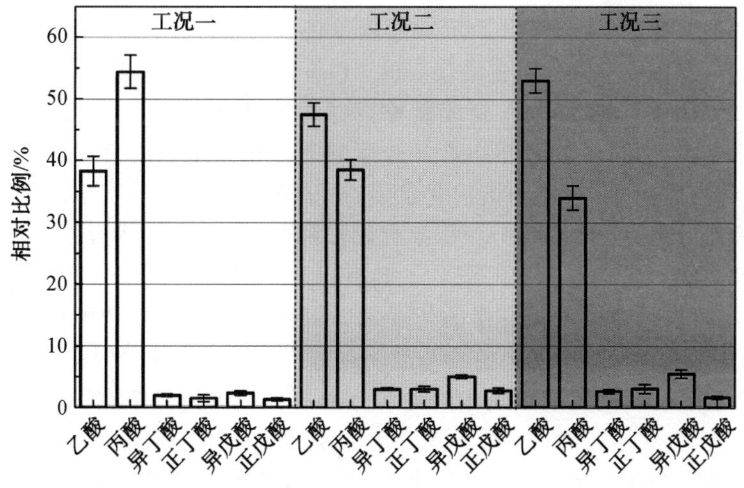

图 7.13　不同工况下发酵液中的 VFA 组分信息

7.4.4　实际剩余污泥发酵液产 PHA

三种工况下运行的剩余污泥半连续发酵试验已经证明了定向产酸策略的稳定性和有效性，为了进一步验证含有不同 VFA 组分的剩余污泥发酵液的 PHA 合成效果，本部分试验考察了丙酸型实际底物（工况一条件下获得的发酵液）富集的混合菌群在连续补料工艺模式下使用含不同 VFA 组分发酵液的 PHA 合成效果。如表 7.6 所示，随着发酵液中 $VFA_{\_odd}$ 的相对比例从 59.51%±1.13%变化为 36.84%±0.56%，连续补料试验末端混合菌群胞内 PHA 中 HV 单体的相对比例也相应地由 58.5%±3.5%变化为 32.2%±2.9%，这也证明了实际废弃碳源发酵液中 VFA 组分对于混合菌群 PHA 产物结构的有效调控。三种底物组分条件下，混合菌群在连续补料试验末端的胞内 PHA 含量均在 50%以上，这说明三种发酵工况下发酵液中足够的酸化率(高于 65%)保证了混合菌群的 PHA 合成量。

表 7.6 连续补料条件下混合菌群里利用不同底物组分获得的最大 PHA 含量与组成

底物来源	底物成分 (SCOD/N/P)[a]	VFA 质量浓度 /(mg COD·L^{-1})	最大 PHA 含量 /(%VSS)	HV 相对比例 /(%PHA)
工况一	100/2.1/1.3	4986±88	50.9±1.5	58.5±3.5
工况二	100/3.6/1.8	3755±52	52.5±2.9	42.6±3.2
工况三	100/4.8/2.1	3018±65	60.8±1.8	32.2±2.9

注：[a] 质量比。

7.5 本章小结

本章在 PHA 产物结构优化调控的背景下研究了富集段底物组分在 PHA 结构优化背景下的重要性，考察了三种典型底物(乙酸型、丙酸型和丁酸型)所富集的产 PHA 混合菌群在 PHA 积累合成段底物组分变动条件下的 PHA 合成响应，提出了相应的工艺整体底物组分的优化方案，揭示了 PHA 合成响应差异性的根本原因，最后基于底物组分优化方案以剩余污泥为代表性碳源研究了废弃生物质定向产酸的工艺策略。主要得到了以下结论：

(1)不同富集菌群在 PHA 积累合成段使用各自富集底物时所表现出的 PHA 最大合成能力差异不显著，但在底物组分发生变化时的 PHA 合成响应差异显著：丙酸型底物富集的混合菌群 M－Pr 具有更强的 PHA 合成量稳定性，对丙酸毒性的耐受性最强，乙酸型底物富集的菌群 M－Ac 次之，丁酸型底物富集的菌群 M－Pr 的 PHA 合成量稳定性最差。丙酸型底物适宜作为优化 PHA 产物结构背景下产 PHA 混合菌群的富集底物，且以乙酸、丙酸为主的 VFA 混合物适合作为 PHA 积累合成段调控 PHA 产物结构的底物组合。

(2)丙酸型底物倾向于富集对丙酸分子具有摄取偏好的 *Thauera* 菌属，乙酸型和丁酸型底物倾向于富集底物摄取更为广谱的 *Paracoccus* 菌属。三类混合菌群的生态网络在共存/排斥关系分布、共存网络中优势菌参与度上具有明显差异。处于丙酸型底物环境中的混合菌群生存压力较大，种间关系以正相关关系为主，产 PHA 优势菌在种间正相关网络中的参与度最高。

(3)丙酸代谢过程中的某一中间产物会抑制 TCA 循环的正常运行，从而降低了还原力 $NADPH_2$ 和氧化磷酸化 ATP 的产量。混合菌群 M－Pr 耐受丙酸分子的根本原因是其在丙酰辅酶 A 脱碳合成乙酰辅酶 A 路径上具有高的代谢通量(0.06 Cmol/(Cmol X·h))，从而降低了丙酸代谢对 TCA 的抑制作用。

(4)基于响应曲面设计的三因子定向产酸调控策略可以有效调节剩余污泥发酵液中 $VFA_{\_odd}$ 的相对比例，且能够在 $VFA_{\_odd}$ 比例变化时保持足够的酸化率。在剩余污泥发酵液中丙酸是 $VFA_{\_odd}$ 的主要组成部分。

参考文献

[1] DIAS J M L，LEMOS P C，SERAFIM L S，et al. Recent advances in polyhydroxyal-

kanoate production by mixed aerobic cultures:From the substrate to the final product [J]. Macromolecular Bioscience,2006,6(11):885-906.

[2] ALBUQUERQUE M G E, MARTINO V, POLLET E, et al. Mixed culture polyhydroxyalkanoate(PHA) production from volatile fatty acid(VFA)-rich streams: Effect of substrate composition and feeding regime on PHA productivity, composition and properties[J]. Journal of Biotechnology,2011,151(1):66-76.

[3] LEMOS P C,SERAFIM L S,REIS M A. Synthesis of polyhydroxyalkanoates from different short-chain fatty acids by mixed cultures submitted to aerobic dynamic feeding [J]. Journal of Biotechnology,2006,122(2):226-238.

[4] ALBUQUERQUE M G E,EIROA M,TORRES C,et al. Strategies for the development of a side stream process for polyhydroxyalkanoate(PHA) production from sugar cane molasses[J]. Journal of Biotechnology,2007,130(4):411-421.

[5] 任南琪,王爱杰,马放.产酸发酵微生物生理生态学[M].北京:科学出版社,2005.

[6] ZHANG D,LI X S,JIA S T,et al. A review:Factors affecting excess sludge anaerobic digestion for volatile fatty acids production[J]. Water Science & Technology,2015,72 (5):678.

[7] CHEN Y G,LI X,ZHENG X,et al. Enhancement of propionic acid fraction in volatile fatty acids produced from sludge fermentation by the use of food waste and propionibacterium acidipropionici[J]. Water Research,2013,47(2):615-622.

[8] WANG X F,OEHMAN A,FREITAS E B,et al. The link of feast-phase dissolved oxygen(DO) with substrate competition and microbial selection in PHA production[J]. Water Research,2017,112:269-278.

[9] MARANG L,JIANG Y,VAN LOOSDRECHT M C M,et al. Butyrate as preferred substrate for polyhydroxybutyrate production[J]. Bioresource Technology,2013,142: 232-239.

[10] OLIVEIRA C S S,SILVA C E,CARVALHO G,et al. Strategies for efficiently selecting PHA producing mixed microbial cultures using complex feedstocks: Feast and famine regime and uncoupled carbon and nitrogen availabilities[J]. New Biotechnology,2017,37:69-79.

[11] VANWONTERGHEM I,JENSEN P D,DENNIS P G,et al. Deterministic processes guide long-term synchronised population dynamics in replicate anaerobic digesters [J]. The ISME Journal,2014,8(10):2015-2028.

[12] BAILEY V L,FANSLER S J,STEGEN J C,et al. Linking microbial community structure to beta-glucosidic function in soil aggregates[J]. The ISME Journal,2013,7 (10):2044-2053.

[13] ALBUQUERQUE M G E,CARVALHO G,KRAGELUND C,et al. Link between microbial composition and carbon substrate-uptake preferences in a PHA-storing community[J]. The ISME Journal,2013,7(1):1-12.

[14] PARDELHA F,ALBUQUERQUE M G E,CARVALHO G,et al. Segregated flux

balance analysis constrained by population structure/function data:The case of PHA production by mixed microbial cultures[J]. Biotechnology and Bioengineering,2013,110(8):2267-2276.

[15] JOHNSON K,JIANG Y,KLEEREBEZEM R,et al. Enrichment of a mixed bacterial culture with a high polyhydroxyalkanoate storage capacity[J]. Biomacromolecules,2009,10(4):670-676.

[16] YOON J H,KANG S J,LEE S Y,et al. Ohtaekwangia koreensis gen. nov. ,sp. nov. and Ohtaekwangia kribbensis sp. nov. , isolated from marine sand, deep-branching members of the phylum Bacteroidetes[J]. International Journal of Systematic and Evolutionary Microbiology,2011,61(5):1066-1072.

[17] BARBERAN A,BATES S T,CASAMAYOR E O,et al. Using network analysis to explore co-occurrence patterns in soil microbial communities[J]. The ISME Journal,2012,6(2):343-351.

[18] JU F,ZHANG T. Bacterial assembly and temporal dynamics in activated sludge of a full-scale municipal wastewater treatment plant[J]. The ISME Journal,2015,9(3):683-695.

[19] PARDELHA F,ALBUQUERQUE M G,REIS M A,et al. Flux balance analysis of mixed microbial cultures: Application to the production of polyhydroxyalkanoates from complex mixtures of volatile fatty acids[J]. Journal of Biotechnology,2012,162(2-3):336-345.

[20] BEUN J J,VERHOEF E V,VAN LOOSDRECHT M C,et al. Stoichiometry and kinetics of poly-beta-hydroxybutyrate metabolism under denitrifying conditions in activated sludge cultures[J]. Biotechnol and Bioengineering,2000,68(5):496-507.

第 8 章　以餐厨垃圾为底物的 PHA 合成

我国餐厨垃圾的成分相当复杂，因地区、气候、生活饮食习惯等不同而有明显差异，但基本特点是营养丰盛(富有 N、P、K 等营养元素和微量元素)、富含有机物(以淀粉、蛋白质及脂肪为主)，另外含有大量水和油脂。餐厨垃圾极易腐烂变质、产生质量浓度高的渗滤液、散播恶臭也利于细菌和各种微生物滋生，所以如果处理不当，不仅会对环境造成严重污染，还会危害人类的健康。

8.1　餐厨垃圾资源化及利用现状

随着经济的快速增长和城市化进程的加快，市政固体废弃物(MSW)的产生成为世界性的问题，全世界每年大约产生 13 亿 t MSW，并预计到 2025 年这个数量将上升到 22 亿 t。其中餐厨垃圾是市政固体废弃物中占量最多的，香港特区政府环境局公布的报告显示，香港每天有9 000 t 市政固体废物被丢弃，大约 90%会腐烂的物质是餐厨垃圾。澳大利亚发表的《国家废物报告》(*National Waste Report of Australia*)估计，MSW 中大约有 1/3 的餐厨垃圾，在澳大利亚产生的餐厨垃圾达 750 万 t/a。根据数据统计，我国餐厨垃圾占市政固体废弃物的比例范围大概在 37%～62%，同时随着人们生活水平的不断上升，餐饮的结构和数量也会更加丰富，这一比例还会呈现上升趋势。2015 年我国餐厨垃圾就达到了 9 500 万 t，日均产量为26 万 t/d，特别是在北京、上海、广州等大城市，餐厨垃圾产量更是惊人，日产量达到了 2 000 t 以上，到 2016 年，全国餐厨垃圾产量约在 9700 万 t。现在我国的餐厨废弃物还没有得到综合利用：一部分与生活垃圾一起焚烧处理；一部分直接排放到下水道中或成为猪饲料；还有一些则是地沟油的直接来源。因此，合理的处理和再利用餐厨垃圾的技术成为一种迫切的需求。

8.1.1　餐厨垃圾的处置现状

餐厨垃圾处理技术主要包括非生物处理和生物处理。非生物处理技术包括焚烧、填埋、机械破碎、生态饲料等，生物处理技术包括厌氧消化和固体堆肥等。其中，传统的焚烧、填埋方式不能实现餐厨垃圾的资源化利用，造成餐厨垃圾资源的极大浪费；制作生态饲料方式则存在食物链风险，在生产和使用时需要谨慎操作；好氧堆肥具有技术简单、便于推广的优点，但场地面积需求较大，反应过程中有难闻气味产生，造成二次生态污染，且经济效益有限。

根据餐厨垃圾的特点，即含水率 80%～90%、有机质质量分数高达 97%、含盐量高及易腐烂变质，现阶段多选择厌氧消化技术处理。厌氧消化技术是指在无氧条件下，通过兼性微生物和厌氧微生物的代谢作用，将餐厨垃圾中的脂肪、蛋白质、糖类等复杂大分子物质水解为小分子有机物及无机物，再经过产氢产酸和产甲烷阶段最终被分解成二氧化碳和甲烷的过程，由此实现对餐厨垃圾的减量化和资源化利用。相较于传统的焚烧、填埋、堆肥等处置方式，厌氧消化具有可生产清洁能源、工艺简单、占地较小等优点，因此逐渐发展成一种主流处理工艺。其中，单相厌氧因餐厨垃圾有机质含量高易酸化，体系中 pH 降低以及氢分压升高，抑制甲烷的产生，会导致反应停止或失败。因此，已经建设的餐厨垃圾沼气回收项目多以两相厌氧消化为主，该工艺在高质量浓度工业废水及污泥处理方面获得了理想效果。

餐厨垃圾与污水、污泥的厌氧处理存在显著的不同：①餐厨垃圾是极易酸化的生物质垃圾，在进行单相厌氧消化时，较高有机负荷会使产酸菌在短时间内产生较多的有机酸，系统对酸的缓冲能力降低也会影响产甲烷菌的活性，从而影响产物的性质，即系统对酸的缓冲能力降低会增加较大分子量的有机酸产生，从热力学角度，相比其他的中间产物(如丁酸、乙酸等)，丙酸向甲烷的转化速率是最慢的，会限制整个系统的产甲烷速率。②餐厨垃圾酸化产物含有高质量浓度的盐分和氨氮，也会对产甲烷过程产生抑制。以上问题的存在，限制了餐厨垃圾厌氧消化过程的实施。综上，餐厨垃圾的有效处置及合理资源化是国内绝大多数餐厨垃圾处理厂急需解决的问题。

8.1.2 餐厨垃圾的资源化利用技术

1. 餐厨垃圾厌氧水解产酸技术

餐厨垃圾厌氧水解产酸技术源于厌氧消化产甲烷技术，具体可通过控制消化条件和程度，抑制甲烷产生使反应停留在产酸阶段，在此阶段，经过水解后的物质会被进一步分解为各种挥发性脂肪酸(VFA)和醇类，如乙酸、丙酸、丁酸、戊酸以及乙醇等，这些小分子有机酸可在发酵体系中大量积累，形成的产酸液可以替代乙醇和乙酸被用作生物脱氮除磷过程的外加碳源，还可以用于 PHA 的合成。相较于产甲烷技术，餐厨垃圾厌氧产酸反应周期更短，为 3～5 d，是产甲烷周期的 10%左右，因此餐厨垃圾厌氧水解产酸技术不但能够实现垃圾的减量化、无害化和资源化处理，而且技术成熟、消耗低，人们接受程度较高，是国内外青睐推广的处置方式。餐厨垃圾发酵产物的组分差异主要因反应条件不同(如温度、pH、SRT、有机负荷等)而变化，一般来说，产酸液的 VFA 占 SCOD 的 60%～75%，非 VFA(如可溶性蛋白、糖类等)占比 25%～40%，VFA 转化率在 20～40 g/L 之间，C/N 在 5～12 之间。

2. 餐厨垃圾生产生物柴油技术

餐厨垃圾中有很多废弃油脂，每吨餐厨垃圾可产生 20～80 kg 的废油脂。从脂质谱分析得到的结果表明，脂质中含有己酸、月桂酸、豆蔻酸、棕榈酸、硬脂酸和油酸等，是生物柴油生产的一种生原料。用生物柴油代替化石燃料，以克服能源危机的问题。最常见生产生物柴油的方法是酯交换，在这种方法中，废弃油脂与甲醇在氢氧化钠或氢氧化钾的作用下发生反应，这种反应是碱催化下的酯交换反应，可以产生甲基酯和甘油。现在生物柴油在一些发达地区与化石柴油混合使用，混合柴油的性能随生物柴油的变化而变化。利用餐厨垃圾生产生物柴油，价格便宜，环保，据统计使用中可使二氧化硫排放减少约 30%，使二氧化碳排放减少约 60%，这种处置方式目前得到了国家支持。然而世界范围内，生物柴油生产的增加导致了其副产物粗甘油的积累，其大约占生物柴油总产量的 10%，因此，粗甘油的利用和处置方式就成了下一步研究和关注的焦点。

8.2　餐厨垃圾产酸液合成 PHA 技术

目前，采用两相厌氧消化技术处理餐厨垃圾，主要集中在产甲烷方面，针对厌氧酸性发酵液的研究也多考虑其作为污水处理厂的碳源和化工原料使用。限制餐厨垃圾产酸液直接用于合成 PHA 的因素主要是其成分复杂，除了能被微生物直接利用的 VFA，产酸液中还存在高盐分和高氨氮以及其他非 VFA 成分，这些因素对于菌群利用 VFA 合成 PHA 过程的影响方面的研究较少。

考虑到污水处理厂活性污泥具有丰富的微生物种群，且混合菌群合成 PHA 的研究已被众多学者所证实，餐厨垃圾厌氧酸性发酵液中 VFA 是微生物合成 PHA 的优质碳源，因此，若能将两者相结合，一方面可大大降低合成 PHA 的原料成本和运行成本，另一方面又可使餐厨垃圾发挥极大价值，促进了其资源化与减量化，对于资源环境的可持续发展有着积极意义。

8.2.1　餐厨垃圾产酸液合成 PHA 技术概述

混合菌群利用废弃碳源合成 PHA 的研究是目前资源环境领域的研究热点，通过将活性污泥作为混合菌群来源与富含碳源的废水或生物质能源（即造纸厂废水、甘蔗糖蜜、棕榈油废水和餐厨垃圾）进行工艺耦合，既能实现废水和生物质能源的资源化又能拓展混合菌群产 PHA 的底物空间。餐厨垃圾丰富的有机质含量及较高的酸化率为混合菌群合成 PHA 提供了坚实的底物基础，以下将从混合菌群合成 PHA 工艺研究、PHA 合成因素研究以及餐厨垃圾产酸－生物合成 PHA 技术研究三方面对混合菌群利用餐厨垃圾产酸液合成 PHA 提供工艺和因素技术分析。

在此工艺中，有三处关键问题：一是优化产酸过程以调控产酸底物中 VFA 总量及各组分比例使其更有利于提高 PHA 产量和产品性质；二是尽快提高 PHA 合成菌富集反应器中产 PHA 菌群所占比例，缩短富集有效菌种的时间；三是参考餐厨垃圾的有机质特点，考虑高氨氮和盐分对 PHA 合成过程的影响。关于餐厨垃圾产酸－生物合成 PHA 耦合技术的研究鲜有报道，以下是对此技术的研究概述。

Hafuka 等利用 *Cupriavidusnecator* 纯菌以餐厨垃圾发酵产酸液为碳源合成 PHB，对比了一次进料、间歇进料和连续进料三种进料方式对纯菌产 PHB 的影响，产酸液通过 0.45 μm滤膜以滤去厌氧微生物和固体，结果表明，一次进料方式更能促进微生物的生长，获得最高细胞质量浓度达 10 g/L，可能是初始接种 VFA 质量浓度较高并且氨氮质量浓度为123 mg/L，属于低碳氮比，有利于微生物生长所致；间歇和连续进料方式都获得较高的 PHB 合成量，在反应进行到第 43 小时细胞质量浓度和 PHB 质量浓度相继达到最高，PHB 最大合成量为 87%，同时监测发现，细胞质量浓度和 PHB 质量浓度都是在初期上升达到最高时刻，之后逐渐下降，研究发现的问题是如何能够长期保持 PHB 的高效生产。

Hsin 和 Ying Liu 等将番茄罐头废水处理与污水中的活性污泥混合菌群相结合，实现了 PHA 的生产和废水处理。此过程主要包括 SBR 处理食品废水同时筛选富集产 PHA 菌群，批次试验最大化产 PHA，其中 SBR 可有效去除 84% COD、100%氨氮和 76%磷，SBR 运行过程中非过滤废水富集到的菌群 PHA 产率在 2%～8%，过滤废水富集的菌群 PHA

产率在7%～11%范围;批次试验设置0.4～3.2的食微比,PHA最大积累量达到细胞干重的20%。

Abdul Wahab通过厌氧水解技术将餐厨垃圾与水果废弃物发酵,发酵反应器温度最佳条件为37 ℃,初始pH=7,获得68 g/L的有机酸,其中乳酸占比84%,将有机酸离心去除固体和油脂,收集上清液并浓缩至2倍用于PHA合成,采用批式补料模式得到4.2 g/L的PHA产量,此时PHA质量占细胞干重88%,作者分析认为此时C/N在10～20之间,属于低碳氮比刺激细胞生长而不利于合成PHA,故用Dowex 88wx树脂除去废液中的高氨氮,利用*Ralstoniaeutropha*菌株成功得到8.9 g/L的PHA产量,PHA占细胞干重达到90%。

8.2.2 盐度对混合菌群合成PHA技术的影响

餐厨垃圾中含有较多的盐分,主要来自于饮食中添加的食盐(NaCl)。将餐厨垃圾进行厌氧发酵,不会消除这部分盐分,随着发酵体系中固体含量的增高,反而会使盐度(NaCl的质量浓度)逐渐积累直至较高的平衡状态。利用餐厨垃圾发酵产酸液作为碳源合成PHA,必须考虑盐度对此过程的影响。

1. 盐度对低进水负荷SBR系统单元的性能影响

(1)不同盐度对低进水负荷混合菌群合成PHA富集效果的影响。

①不同盐度下污泥胞外聚合物的变化。活性污泥胞外聚合物(EPS)是聚集在细胞表面或细胞外的微生物产物,具有重要的生理功能,在不同盐度条件下,微生物通过调节分泌EPS含量适应环境中的渗透压变化,以降低盐分对微生物细胞的破坏。根据EPS在微生物细胞外的分布,可将EPS分为紧密型EPS(TB—EPS)和松散结合型EPS(LB—EPS),不同盐度下活性污泥TB—EPS和LB—EPS中蛋白质(PN)和多糖(PS)的变化如图8.1所示。

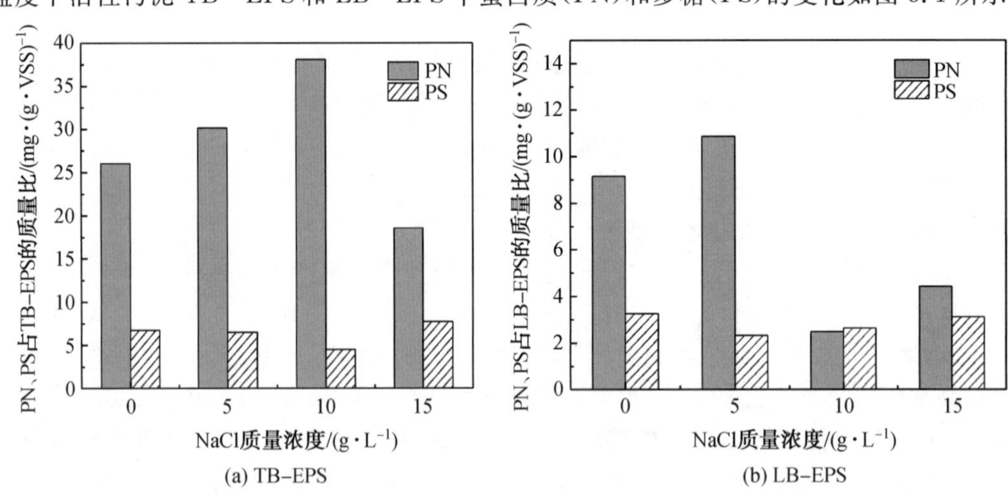

图8.1 不同盐度下活性污泥EPS中PN、PS质量比的变化

不同盐度下LB—EPS中PN质量比总是高于PS质量比,有学者研究了胞外酶的大量存在导致LB—EPS和TB—EPS中PN质量比较高的原因。与LB—EPS和TB—EPS中PN质量比变化相比,两者中的PS质量比变化较为平缓,这表明PN较PS对于盐度的变化更敏感。对比LB—EPS和TB—EPS各自总量:盐度由0 g/L增至10.0 g/L时,TB—EPS从32.76 mg/g VSS增至42.60 mg/g VSS,当盐度为15.0 g/L时,又降低至

26.28 mg/g VSS；LB－EPS 在四组盐度条件下分别为 12.42 mg/g VSS、13.19 mg/g VSS、5.12 mg/g VSS、7.54 mg/g VSS。分析认为，这是由于 LB－EPS 在空间分布上更易接触外界环境，受环境内盐度影响更为直接，细胞的分泌水平相较于 TB－EPS 受到抑制。

以污泥容积指数(SVI)反映活性污泥沉降性能，SVI 越低表示污泥沉降性越好。图 8.2 反映了各反应器 EPS 总量(质量比)与 SVI 的变化情况，可知，盐度为5.0 g/L时反应器中的 EPS 总量达到最大，盐度为 15.0 g/L 时 EPS 总量最小，与文献中 EPS 随着盐度上升而上升的结论不一致。从盐度对污泥絮体的结构影响分析，高盐度使得菌群之间结合更加密切，结构更加紧密，内部菌群受到保护使得 EPS 分泌量减少。SVI 值随着盐度的增加从 187.11 mL/g降低至 85.23 mL/g。

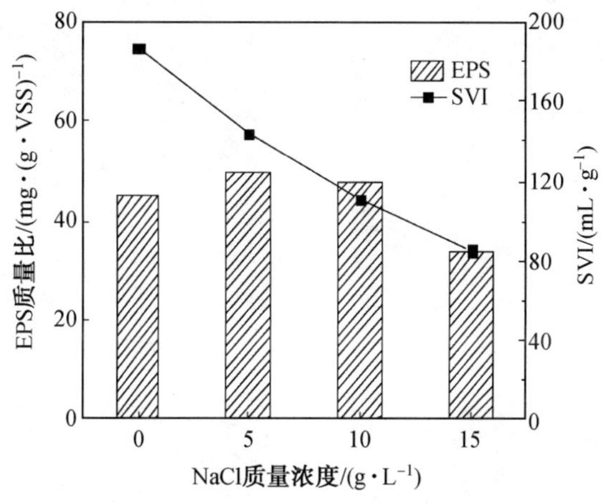

图 8.2　不同盐度下 EPS、SVI 的变化

②不同盐度下活性污泥理化特性的变化。试验在整个驯化期间对反应器中的污泥性状进行了显微镜检观测，如图 8.3 所示。可见从好氧动态排水(ADD)工艺快速筛选的产 PHA 菌群接种污泥以大量絮状菌胶团为主，几乎不见丝状菌，污泥具有良好的沉降性能，可实现泥水快速分离。在反应运行至第 12 天后，四组 SBR(对应的盐度分别为 0 g/L、5.0 g/L、10.0 g/L、15.0 g/L)菌群形态出现差异，随着盐度的增加，菌胶团的结构逐渐变大，结合更加紧密，在 NaCl 作用下，没有出现丝状菌繁殖的现象。这是因为，盐度的增加对于丝状菌的抑制要强于菌胶团。SBR 运行至第 45 天，四组混合菌群的光学显微形态已出现更为明显的差异：在 0～5.0 g/L 盐度的长期作用下，活性污泥形态依旧保持较为松散的絮状菌胶团形态；而盐度超过 10.0 g/L 时，可观察到紧实大型的团状絮体形态，活性污泥在高盐环境下自发聚集，这一现象与崔飞剑等的试验结论相矛盾。崔飞剑等利用活性污泥处理实际垃圾渗滤液，以 NaCl 固体投加方式设置5.0～15.0 g/L 范围内的五个盐度梯度，观察结果是随着盐度增加，反应器内活性污泥结构愈加松散，形态无规则，最终盐度越大反应器内污泥沉降性越差。此现象与本试验结论相反，原因可能与本试验前期进行的 ADD 模式筛选操作有关，试验中四组 SBR 接种污泥均为产 PHA 能力较高的菌群，在进行盐度驯化前对恶劣的生存环境有一定适应能力。

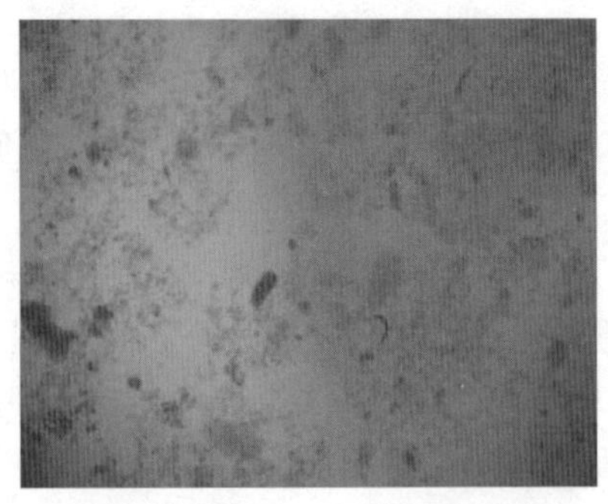

(a) 四组反应器启动时接种污泥 (40×)

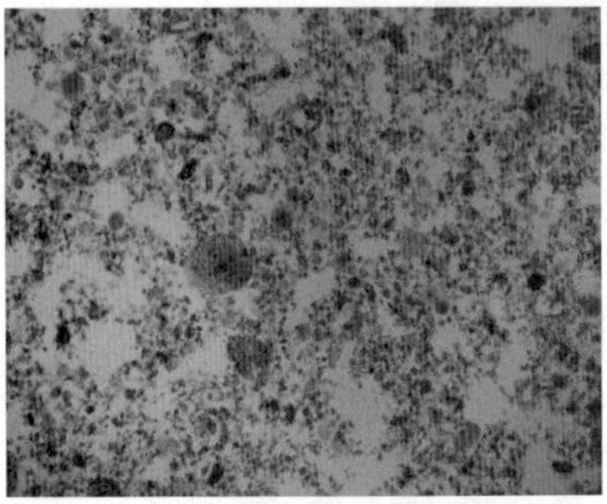

(b) 1#SBR 运行第12天 (40×)

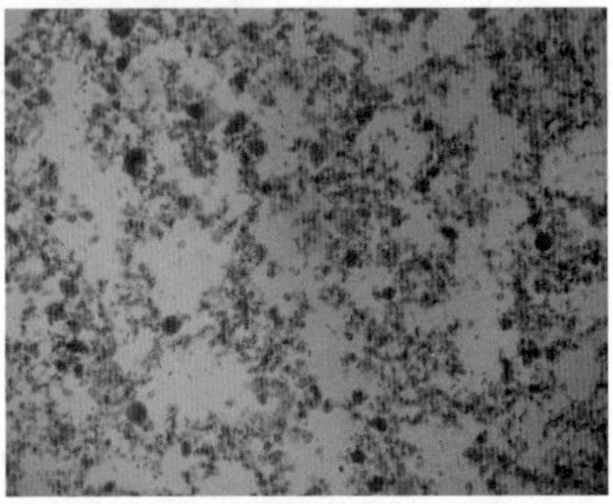

(c) 2#SBR 运行第12天 (40×)

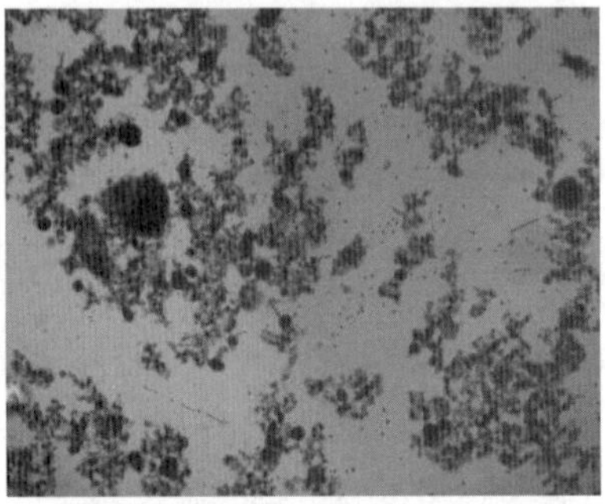

(d) 3#SBR 运行第12天 (40×)

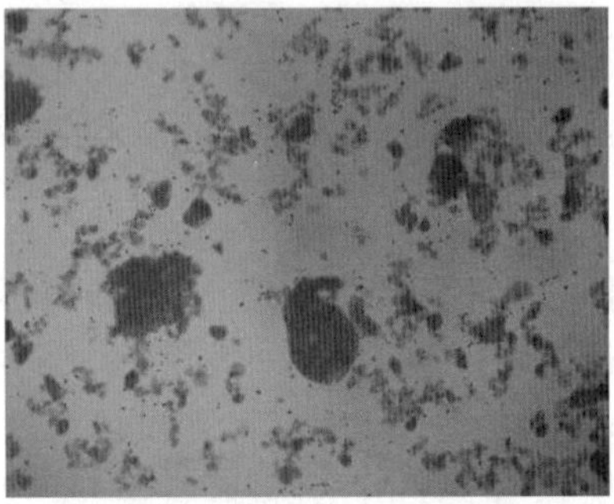

(e) 4#SBR 运行第12天 (40×)

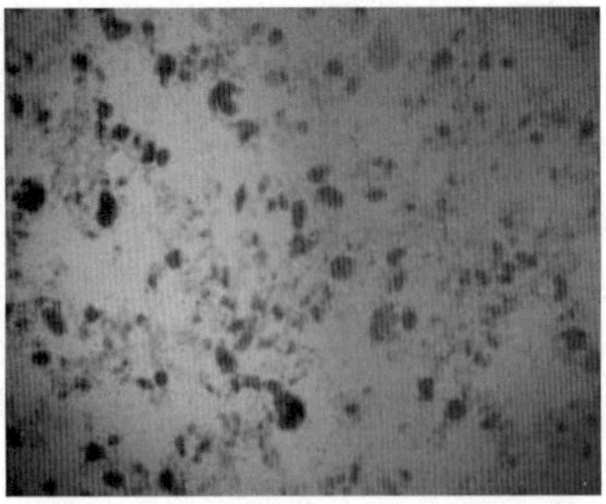

(f) 1#SBR 运行第45天 (40×)

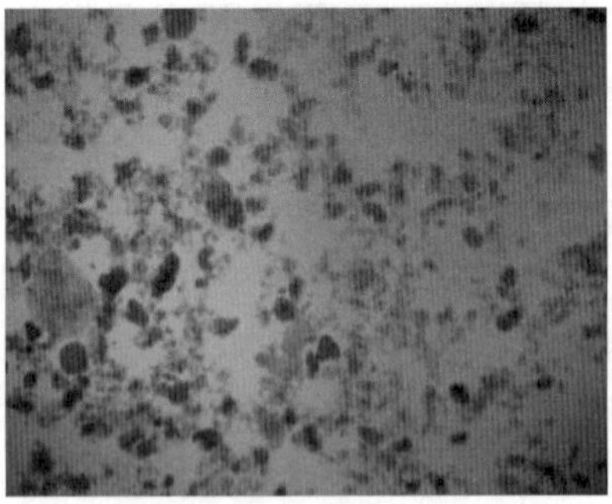

(g) 2#SBR 运行第45天 (40×)

图 8.3　SBR 运行期间活性污泥显微镜检情况

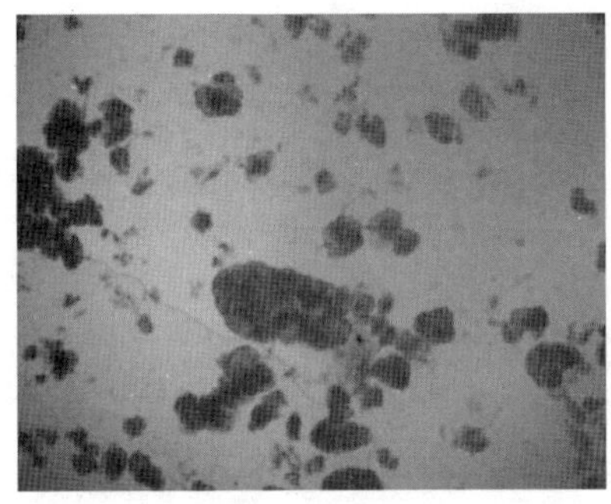

(h) 3#SBR 运行第45天 (40×)

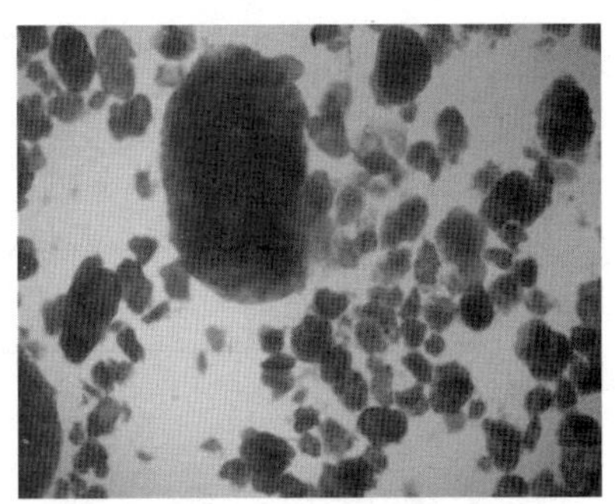

(i) 4#SBR 运行第45天 (40×)

续图 8.3

③不同盐度下活性污泥的 Zeta 电位。活性污泥聚集能力与污泥聚集体表面的负电位有关，负电位越大则污泥聚集能力越低。图 8.4 表示不同盐度下污泥的 Zeta 电位情况。从图中可以看出盐度为 0 g/L 时，污泥表面的 Zeta 电位为－11.53 mV，随着盐度增加，污泥表面的 Zeta 电位呈负向增加趋势，盐度为 15.0 g/L 时，电位减小至－25.23 mV。四组盐度下的 Zeta 电位变化与相应的活性污泥显微形态及沉降性能呈正相关，可以解释为，盐度越大刺激菌胶团结合越紧密，内部细胞相当于被保护，菌胶团内单位细胞比表面积负电位减小，有利于活性污泥的沉降。

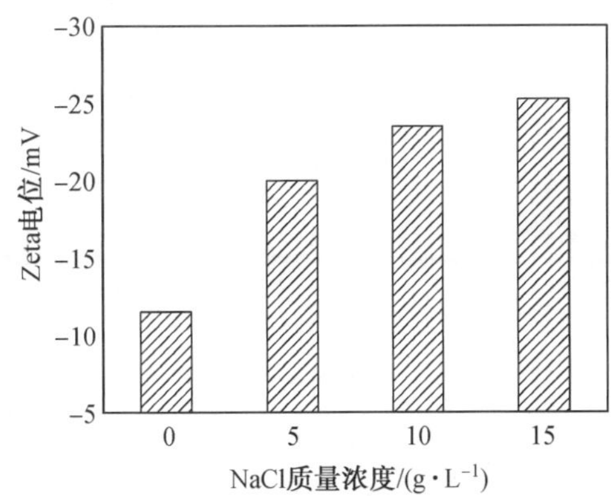

图 8.4　不同盐度下污泥的 Zeta 电位

④不同盐度下污泥粒径的变化。利用 Mastersizer 2000 激光粒度分析仪，对四组反应器运行稳定期间的泥水混合液进行分析，结果如图 8.5 所示。

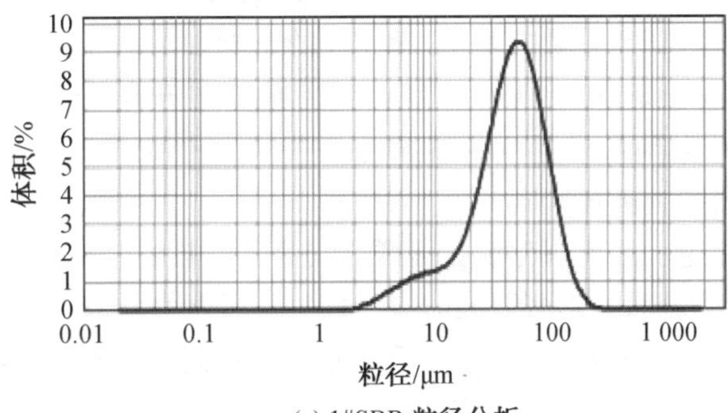

(a) 1#SBR 粒径分析

图 8.5　不同盐度下的粒径分析

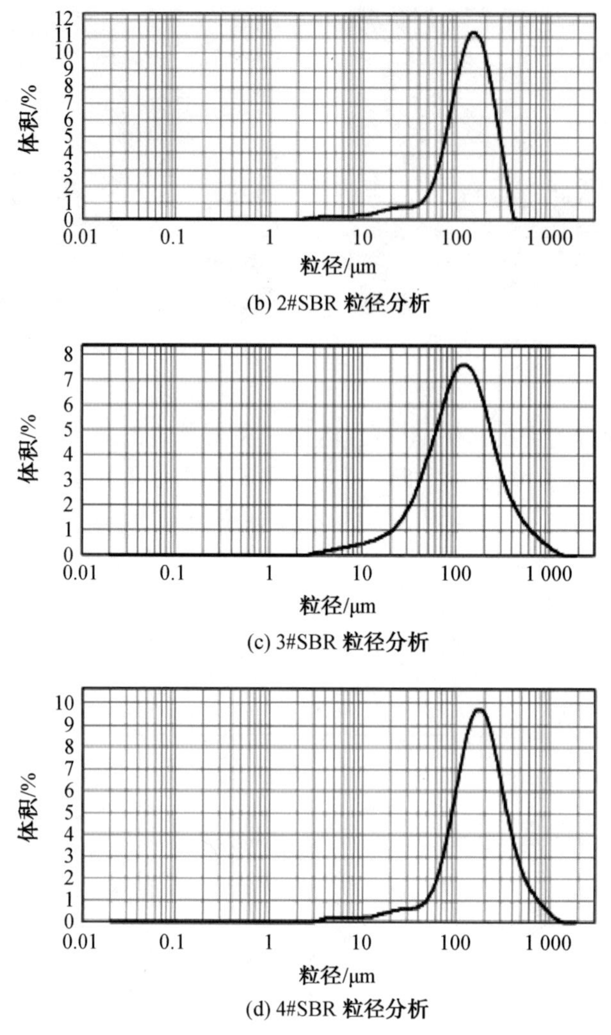

(b) 2#SBR 粒径分析

(c) 3#SBR 粒径分析

(d) 4#SBR 粒径分析

续图 8.5

可知随着 SBR 体系中盐度的升高，样品的表面积平均粒径和体积平均粒径分别由 26.989 μm和 52.384 μm 增长到 103.759 μm 和 217.533 μm，比表面积在盐度为0 g/L时最大，在 15.0 g/L 时最小，在 5.0 g/L 和 10.0 g/L 条件下数值接近，粒径分析数据与活性污泥的显微形态观察结果相符合，显示出大粒径易沉降的特点。

盐度的提高会刺激 EPS 总量的增加，对 PN 的影响显著大于 PS，但超过 5.0 g/L 时，EPS 受污泥形态影响总量下降；污泥形态结构随着盐度的升高更加紧实团聚，总体表现为 MLSS 保持稳定，SVI 下降；随着盐度的增加，活性污泥微生物聚集体表面的 Zeta 电位表现为负向增加，污泥絮体结构更加紧实。

(2)不同盐度对低进水负荷驯化混合菌群合成 PHA 能力的影响。

对于四组 SBR，随着驯化时间的增长，其 PHA 积累能力均有不同程度的变化，试验对反应器于第 15 天、第 32 天及第 45 天进行了周期取样并完成了相应的批次试验，以下内容为具体分析结果。

①不同盐度下富集期 PHA 动态合成的变化。图 8.6 表示稳定运行第 15 天的一个典

型周期内，混合菌群在不同盐度的复合酸底物中碳源利用、微生物活性细胞生长（以氯化铵计）和 PHA 积累的情况。可知，四组盐度条件下，对于 1＃SBR 和 2＃SBR，DO 在第 11 分钟发生突跃，3＃SBR 和 4＃SBR，DO 突跃时间向后延长至第 17 分钟，四组 SBR 中碳源在 DO 突跃点被消耗率都达到 86％以上，周期末期都达到 100％；四组 SBR 中 PHA 合成率也在 DO 突跃点达到最大。DO 突跃与碳源消耗和 PHA 合成的变化趋势一致，但微生物菌群对氨氮的消耗随着盐度的增加而降低，盐度低于或等于 5.0 g/L 时，氨氮在周期内可被完全消耗，盐度等于或高于 10.0 g/L 时，氨氮最终消耗率只有 40％左右。一方面的原因是盐度提高对氨氧化菌和亚硝酸盐氧化菌的抑制作用加强，同时硝化菌数量会随着盐度增加而流失，致使氨氮被消耗；另一方面，根据冯叶成的研究，盐度低于 5.0 g/L 时，盐不会对微生物的生理结构造成破坏，细胞呼吸代谢作用正常进行，盐度高于 9.0 g/L 时，超出细胞维持正常渗透压，盐分对活性细胞的刺激作用显现，细胞活性受阻，自身合成速率缓慢，所以对细胞生长必需的氨氮比摄取速率也相应减缓。氨氮的比摄取速率表示反应器内混合菌群的菌体生长情况。虽然不同盐度下菌体生长方面显示出差异，但在 PHA 合成量方面，四组 SBR 突跃点的 PHA 最大合成量分别为10.80％、12.34％、13.53％及 14.27％。可看出，在驯化初期 PHA 合成量随着盐度增加，呈微弱上升趋势，原因可能是较高的盐度压力刺激了微生物细胞在恶劣环境的生理反应，微生物需要提高胞内 PHA 含量以应对不利于增殖的生存环境。

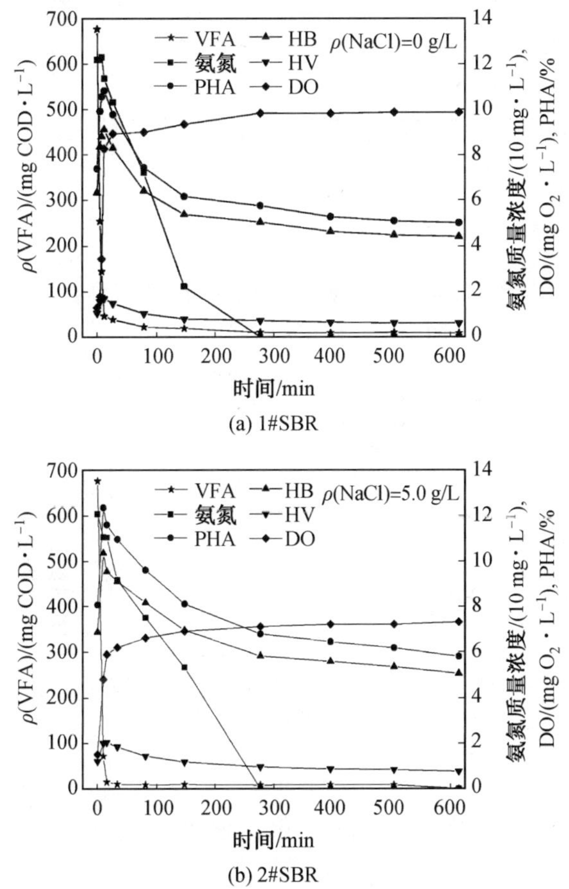

(a) 1#SBR

(b) 2#SBR

图 8.6　富集第 15 天四组 SBR 典型周期内相关参数的变化

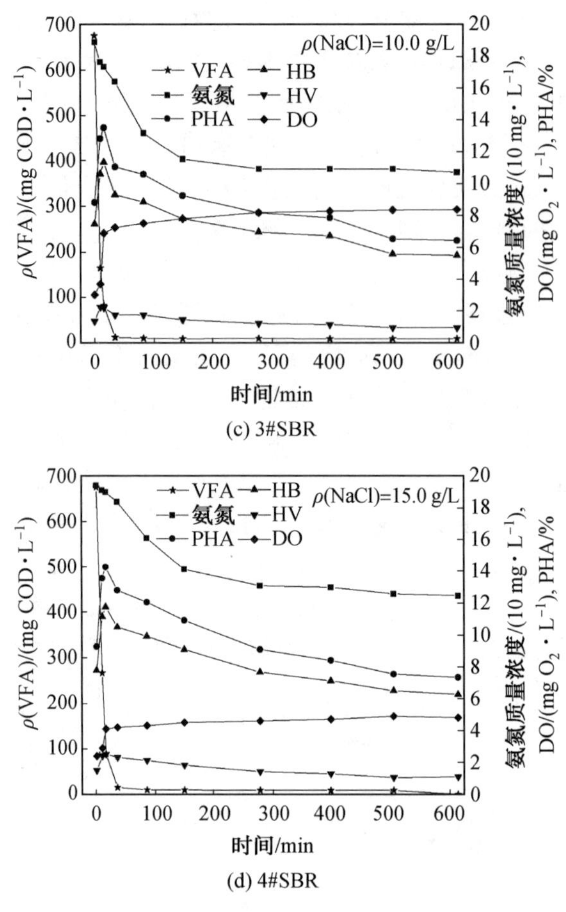

(c) 3#SBR

(d) 4#SBR

续图 8.6

图 8.7 表示运行稳定第 45 天的一个典型周期内,混合菌群在不同盐度的复合酸底物中碳源利用、微生物活性细胞生长和 PHA 积累的情况。

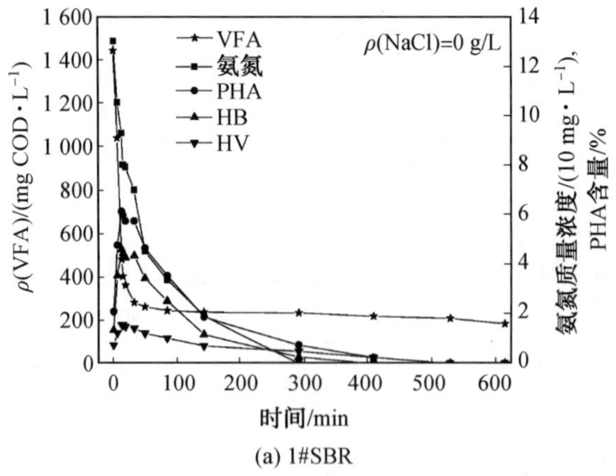

(a) 1#SBR

图 8.7 富集第 45 天四组 SBR 典型周期内相关参数变化

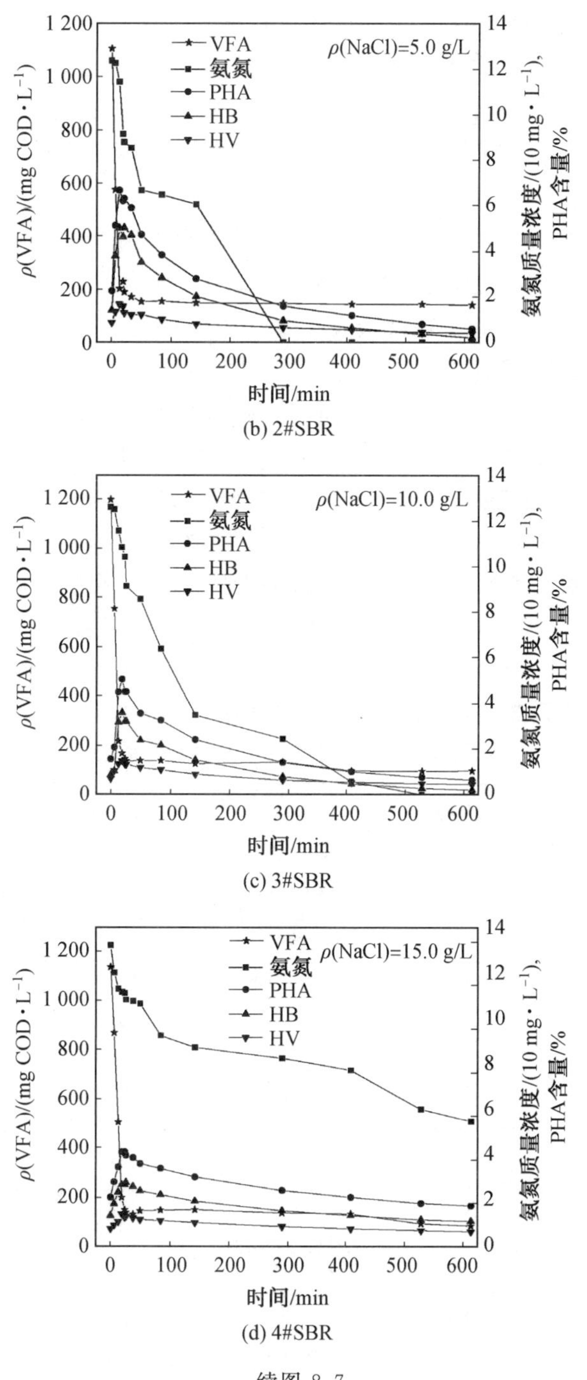

(b) 2#SBR

(c) 3#SBR

(d) 4#SBR

续图 8.7

由图可知，对比初期典型周期内的检测结果，四组盐度条件下，1＃SBR 和 2＃SBR 的 DO 突跃时间基本维持在第 11～13 分钟，3＃SBR 和 4＃SBR 的 DO 突跃时间向后延迟至第 20 分钟和第 25 分钟，四组 SBR 中底物都出现积累现象，周期开始时刻碳源的 COD 值都大于进水中的碳源 COD，说明每周期完毕反应器内都有碳源剩余；另外，四组反应器中只有 4＃SBR 的氨氮在周期末没有被消耗完，同样剩余 40％左右，说明虽然经过近 5 个 SRT 的驯化，在 15.0 g/L 的高盐环境中，盐度造成的生态压力限制了菌群对碳氮源的摄取，微生物不能有效增殖。四组 SBR 的 PHA 合成情况与初期相比较，都有明显下降，PHA 合成率维持在 5%～6.5%，说明经过较长时间的盐度驯化，活性污泥微生物菌群对 10.0 g/L 及以下的盐度环境已经有所适应，周期内微生物细胞不需要合成更多 PHA 来抵御盐度造成的生态压力。

表 8.1 列出了四组盐度下不同驯化阶段典型周期内的 $Y_{P/S}$、q_{PHA}、$Y_{X/S}$、$-q_N$、$-q_S$、PHA_m，从中可以看出不同盐度对于 PHA 转化率、PHA 比合成速率、PHA 生物质转化率、污泥比生长速率、底物比摄取速率以及最大胞内积累 PHA 含量的影响。由表中数据可知，随着富集驯化时间的推移，四组反应器中单个 SBR 的富集效果均表现为逐步下降，具体表现在 $Y_{X/S}$ 和 q_{PHA} 的下降趋势。这说明在 SBR 体系中，产 PHA 菌群相对于非 PHA 合成菌群的竞争优势随着时间减弱。对比四组 SBR，同一时期中 PHA 转化率随着盐度的增加而提升，说明高盐环境对于混合菌群利用 VFA 碳源合成 PHA 是有益的刺激，而 PHA 转化率远大于环境中的底物转化率，说明对于四组 SBR 中的混合菌群，PHA 积累相对于菌体生长是占主导的。结合图 8.6 和图 8.7 中氨氮的利用情况，可能是高盐环境中 NaCl 作为一种生态胁迫压力，抑制细胞生长的同时刺激了菌体细胞合成 PHA，以应对外部不平衡生长环境。对于 PHA 比合成速率，1＃SBR 和 2＃SBR 驯化菌群在任一时期都要优于其他两组 SBR，说明单位时间内单位量的微生物细胞在低盐环境中产 PHA 的能力是较好的。

表 8.1 产 PAH 菌群富集阶段各动力学参数

参数	$Y_{P/S}$/(mg COD·mg COD^{-1})	q_{PHA}/(mg COD PHA·(mg X·h)$^{-1}$)	$Y_{X/S}$/(mg COD·mg COD^{-1})	$-q_N$/(mg COD X·(mg X·h^{-1})	$-q_S$/(mg COD·(mg X·h)$^{-1}$)	PHA_m/%
			1＃SBR			
第 15 天	0.640 3	0.625 3	0.100 0	0.097 6	0.976 6	10.80
第 32 天	0.433 5	0.449 8	0.156 4	0.162 3	1.037 6	5.85
第 45 天	0.311 8	0.434 8	0.174 1	0.242 7	1.394 5	6.13
			2＃SBR			
第 15 天	0.637 4	0.680 0	0.162 2	0.173 1	1.066 9	12.34
第 32 天	0.445 7	0.448 8	0.259 2	0.261 0	1.006 9	6.02
第 45 天	0.350 8	0.415 5	0.136 5	0.161 7	1.184 4	6.67
			3＃SBR			
第 15 天	0.740 4	0.514 2	0.088 4	0.061 4	0.694 4	13.53
第 32 天	0.493 1	0.362 6	0.208 8	0.153 5	0.735 4	4.80
第 45 天	0.414 5	0.291 2	0.114 1	0.080 1	0.702 3	5.04
			4＃SBR			
第 15 天	0.793 7	0.568 4	0.071 6	0.051 3	0.716 1	14.27
第 32 天	0.472 4	0.214 5	0.034 8	0.015 8	0.454 0	6.79
第 45 天	0.510 1	0.265 7	0.113 3	0.059 0	0.520 8	6.28

综合考察污泥比生长速率和生物质转化率及底物比摄取速率，2＃SBR 驯化的混合菌

群存在明显优势，说明 5.0 g/L 的低盐环境可实现较大产量的 PHA 和微生物的增长，对于富集出更新换代能力较强的产 PHA 菌群是极为有利的。

②不同盐度下合成阶段最大产 PHA 能力的比较。图 8.8 表示四组 SBR 富集初期第 15 天周期试验所对应的批次合成试验结果，取四组反应器排出的剩余污泥同期进行限制氮磷源的 PHA 合成批次试验，四组剩余污泥的 MLSS 均在 4 500～5 000 mg/L 水平。由图 8.8 可知，经过 0 g/L、5.0 g/L、10.0 g/L 及 15.0 g/L 的盐度驯化，富集菌群在批次试验中面对相同盐度冲击依然表现出良好的适应性，混合菌群受盐度影响的最大胞内积累 PHA 含量由高到低依次为 $PHA_{5.0\ g/L}>PHA_{0\ g/L}>PHA_{10.0\ g/L}>PHA_{15.0\ g/L}$，且5.0 g/L的盐度富集菌群表现出最优的 PHA 增长速率。而 T. Palmeiro 和 Sánchez 等的研究结果与本试验不同，其试验结果表明，随着盐度的增加混合菌群细胞内的最大胞内积累 PHA 含量呈下降趋势，推测主要原因为本研究中所用混合菌群为相应盐度驯化筛选后富集，说明混合菌群经过一定盐度驯化可以提高对盐度冲击的抵抗能力。

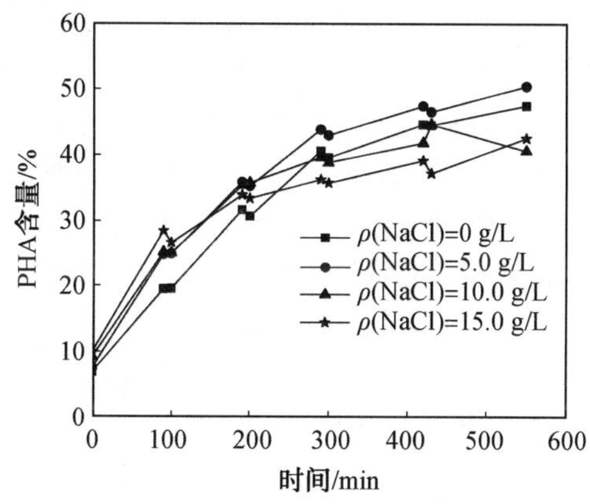

图 8.8　SBR 富集初期批次试验中 PHA 合成率比较

③不同盐度下批次合成试验 PHA 单体比例的变化。图 8.9 显示了不同盐度对 PHA 单体组成的影响，四种盐度驯化条件下，HB 单体比例维持在 80%附近，HV 单体比例维持在 20%附近，四组批次试验中所用底物成分除盐度外均保持一致。这说明盐度对 PHA 产品性质基本没有影响，而底物组分对 PHA 单体组成的影响更明显。本节中底物是以丁酸和乙酸盐为主的偶数型碳源，根据 Serafim 的研究，以乙酸和丁酸为代表的偶数型碳源有利于 HB 单体的生成，HV 更多由丙酸和戊酸等奇数型碳源得到。

图 8.10 是四组 SBR 在运行期间各个典型周期及对应批次试验的最大 PHA 合成情况。分析可知：随着驯化时间的延长，四组反应器典型周期内的 PHA 合成量都呈下降趋势，在第一个典型周期内，四组反应器的最大胞内积累 PHA 含量都达到 10%以上，其中，含盐量最高的 4＃SBR 最大胞内积累 PHA 含量最高，达 14.27%，说明加盐初期，NaCl 不但没有抑制 PHA 合成，反而刺激微生物体内合成 PHA 以抵御外部压力；反应至第 45 天，四组反应器典型周期内最大胞内积累 PHA 含量都下降至 8%以下，但都在 5%以上，其中 2＃SBR PHA 含量最大，为 6.67%，3＃SBR 最低下降至 5.04%。对比三组批次试验可以进一步发现，盐度为 0 g/L 的 1＃SBR 批次阶段最大胞内积累 PHA 含量表现一直较为平稳，维持在 46%～49%之间；盐度为 5.0 g/L 的 2＃SBR 在第一次批次试验达到最大胞内积累 PHA 含

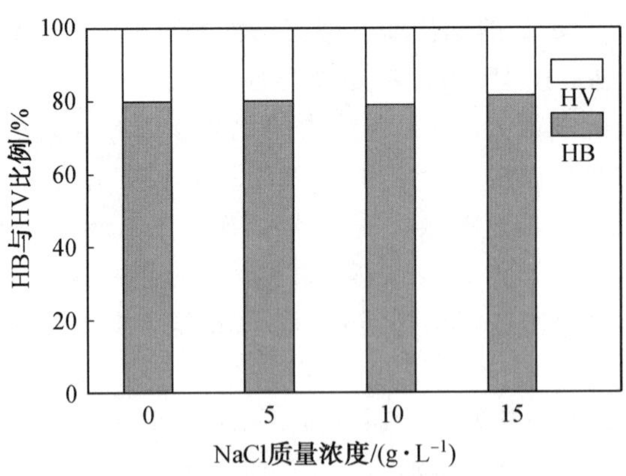

图 8.9 PHA 产品中的 HB、HV 比例

量即 50.46%，3＃SBR 和 4＃SBR 在批次阶段的最大胞内积累 PHA 含量分别为49.72%和 49.36%。比较四组反应器同时期的 PHA 最大合成量，可发现经过盐度驯化过程后，在 5.0～15.0 g/L 较宽的盐度范围内混合菌群也能保持较为稳定的合成 PHA 的能力，这说明 0～15.0 g/L 之间的盐度对于菌群的产 PHA 潜力影响有限，这一特点可指导实践过程中选择合适的盐度，从而既保持菌群较强的生长和更新能力，也能保证产 PHA 能力。分析 PHA 比合成速率和底物摄取速率，进一步筛选合适的盐度条件，容易比较得知，5.0 g/L 盐度驯化的菌群的 PHA 比合成速率和底物摄取速率保持着相对稳定和较高的水平。

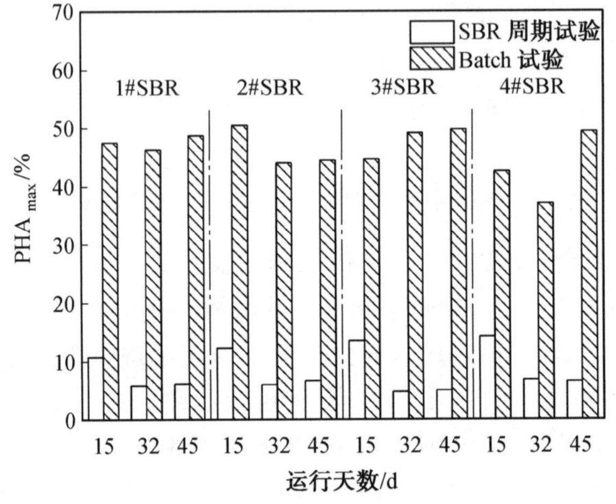

图 8.10 SBR 运行期间典型周期及对应批次试验的 PHA_m 比较

(3)不同盐度下富集菌群耐瞬时盐度冲击性能的比较。

通过富集不同盐度驯化的混合菌群，在批次试验中梯度增加 NaCl 的质量浓度，考察经过盐度驯化的混合菌群耐瞬时盐度冲击性能。由图 8.11 可知，对于 1＃SBR 中未加盐驯化的混合菌群，PHA_m 在盐度为 0 g/L 环境中达到最大(47.50%)，之后 PHA_m 随着底物中盐度的增加而下降，抑制率 θ 从 5.0 g/L 时的－0.74%负向增长到 15.0 g/L 时的－32.59%；对于 2＃SBR 5.0 g/L 盐度驯化的菌群，底物中盐度增至 10.0 g/L 时，PHA_m 达 51.31%，θ 正向增加 1.67%，之后盐度提升，θ 转为负增长，但负增长的速度明显变慢，盐度为 15.0 g/L

时，PHA_m 下降至 46.37%，抑制率 θ 为 −8.12%，盐度为 20.0 g/L 时，PHA_m 降至 40.57%，抑制率 θ 为 −19.62%；对于 3＃SBR 10.0 g/L 盐度驯化的菌群，盐度提高到 15.0 g/L，θ 表现为正向促进3.69%，之后盐度再提升，显示抑制作用，负向增长分别为 −4.88%和 −37.70%；对于 4＃SBR 15.0 g/L 盐度驯化的菌群，当批次试验盐度小幅度提升时，混合菌群依旧表现出较好的耐盐性，θ 先正向增加 3.03%，但批次试验中盐度超过 30.0 g/L，菌群合成 PHA 能力受到抑制，PHA_m 呈大幅下降趋势，盐度为 40.0 g/L 时最低达到20.67%，θ 负向抑制率为 −51.42%。以上数据说明混合菌群经过盐度的驯化后，其耐瞬时盐度冲击性能都有小幅度的提升，当批次试验底物中盐度不超过驯化时的 2 倍盐度时，混合菌群的最大 PHA 合成能力受影响较小，在批次试验中提高盐度可获得较高产量的 PHA，这对未来活性污泥利用含盐餐厨垃圾发酵产酸液合成 PHA 具有有益的指导意义。

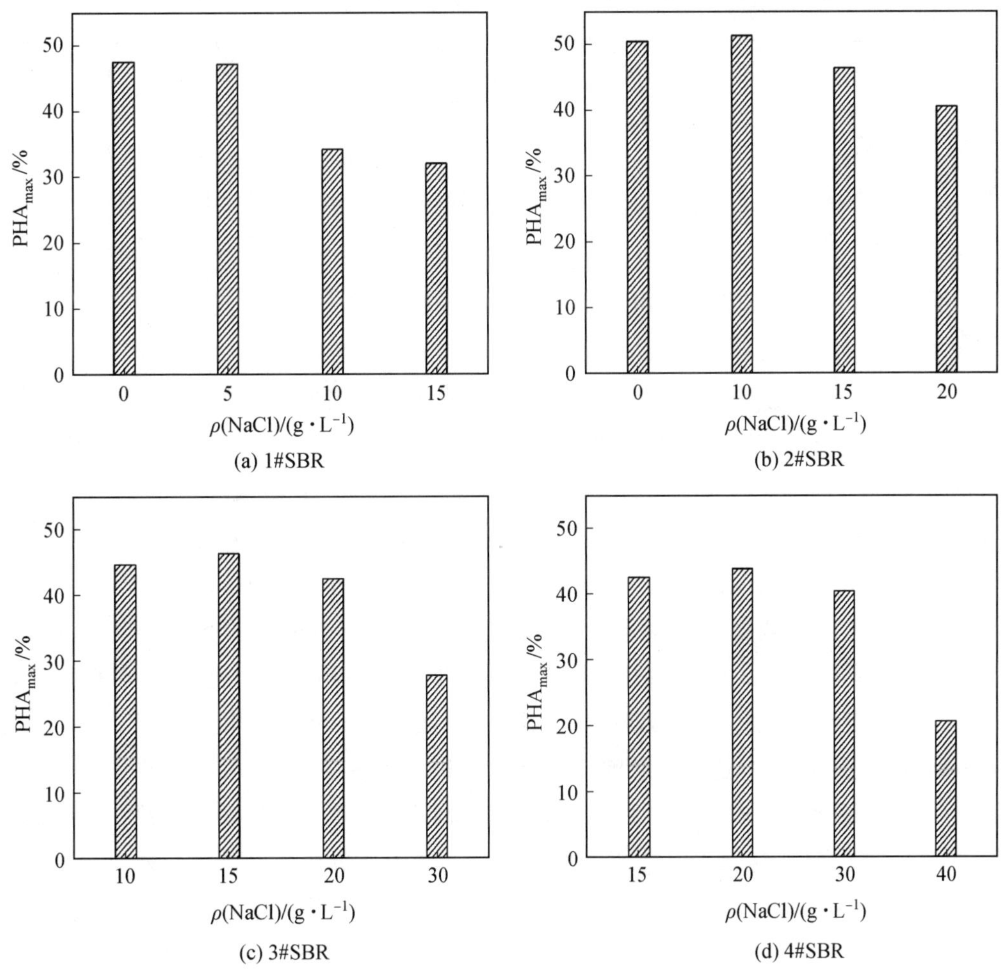

图 8.11　四组 SBR 富集菌群耐盐性试验

表 8.2 表示相同盐度冲击不同 SBR 驯化富集的混合菌群得到的 PHA_m 比较结果，当底物中盐度确定时，通过比较不同盐度驯化的混合菌群在相同瞬时盐度冲击试验条件下的 PHA_m，可以得出适宜的 NaCl 驯化质量浓度。从表 8.2 中数据的比较结果可知，当底物中盐度在 0～15.0 g/L 范围内时，并不是 NaCl 驯化质量浓度越高富集的菌群合成 PHA 能力越好，以 2＃SBR 中的混合菌群表现效果最好，随着底物中盐度的增加，高盐驯化的菌群逐渐凸显优势，以 4＃SBR 为代表。值得注意的是，当盐度提高至 20.0 g/L 时，2＃SBR 中的混合菌群依然比 3＃SBR 表现出更好的 PHA 合成能力，以上结果说明 2＃SBR（盐度为 5.0 g/L）的驯化条件能够得到具有优势的产 PHA 混合菌群，并在面对较高质量浓度 NaCl 冲击时依然保持较好的 PHA 合成量。

表 8.2　同一盐度冲击不同 SBR 混合菌群 PHA_m 的比较结果

$\rho(NaCl)/(g\cdot L^{-1})$	比较结果
5.0	2＃PHA_m＞1＃PHA_m
10.0	2＃PHA_m＞3＃PHA_m＞1＃PHA_m
15.0	2＃PHA_m＞4＃ PHA_m＞3＃PHA_m＞1＃PHA_m
20.0	4＃PHA_m＞2＃PHA_m＞3＃ PHA_m
30.0	4＃PHA_m＞3＃PHA_m

2. 不同盐度对高进水负荷 SBR 系统单元的性能影响

（1）盐度对高进水负荷混合菌群合成 PHA 富集效果的影响。

①不同盐度下污泥胞外聚合物的变化。试验取四组反应器稳定运行 30 d 后的混合液测试相应的 EPS 值，如图 8.12 所示，当盐度从 0 g/L 增至 15.0 g/L 时，TB－EPS 中 PN 质量比分别为 70.05 mg/g VSS、79.28 mg/g VSS、45.16 mg/g VSS 及 39.13 mg/g VSS，呈现出在低盐度刺激下先增长，之后又随着盐度提升含量下降的趋势，PS 质量比变化幅度在 13.64～22.87 mg/g VSS 之间，峰值出现在无盐环境中，最小值在 10.0 g/L 环境中；LB－EPS 中 PN 质量比在盐度为 5.0 g/L 时，达到峰值 37.96 mg/g VSS，其他三组维持在 25.44～28.38 mg/g VSS 之间，LB－EPS 中 PS 质量比在不同盐度条件下水平相当，在 7.11～8.56 mg/g VSS 范围变化。可以看出：不同盐度下 TB－EPS和 LB－EPS 中 PN 质量比总是高于 PS 质量比，这一点与前文中低负荷进水体系相一致，所不同的是，高进水负荷体系 TB－EPS 和 LB－EPS 中 PN、PS 质量比都较高，尤其是 PN 的质量比，根据前文的推测，高负荷进水 SBR 体系中胞外酶的质量分数远高于低负荷进水体系。另外，与报道文献不一致的是 TB－EPS 和 LB－EPS 中 PS 的质量比，Zou 等通过试验发现，随着盐度增加，LB－EPS 中 PS 质量比增大而 TB－EPS 中 PS 质量比减小。此结果与本试验证明不同，可能与混合菌群受不同盐度驯化其适应能力发生改变有关。值得注意的是，2＃SBR 所驯化的混合菌群 EPS 总量达到最高（138.53 mg/g VSS），其次是 1＃SBR 无盐环境的 129.78 mg/g VSS，其他两组的 EPS 水平分别为 93.50 mg/g VSS、91.01 mg/g VSS。推测与之相关的一个原因是各自体系中的活性污泥总量水平，根据监测的 MLSS，2＃SBR 中的 MLSS 达到最大，平均为 4 358 mg/L，1＃SBR 的最小，为 3 035 mg/L，其余两组在

4 230 mg/L水平，此外还可能与各自体系中的混合菌群的种类有关。总之，EPS 分泌水平与活性污泥总量、种类及环境中的生态刺激有关。本试验的结果证明，不同盐度下高负荷进水条件的驯化，分泌 EPS 的总量与盐度不成正比，无盐环境 EPS 分泌总量偏高，低盐环境对微生物细菌的刺激作用更明显，EPS 分泌总量最高，盐度超过 5.0 g/L 时，EPS 分泌总量降低。

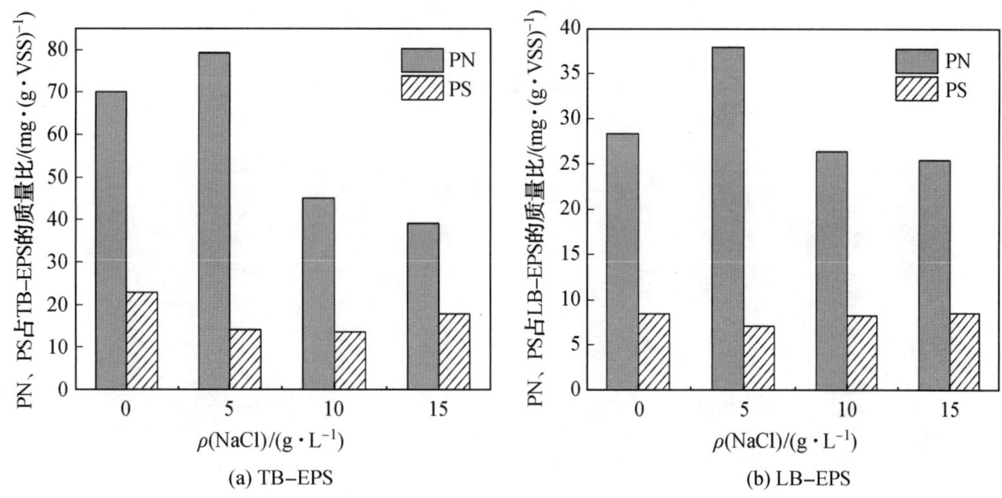

图 8.12　不同盐度下活性污泥 EPS 中 PN、PS 质量比的变化

②不同盐度下活性污泥理化特性的变化。对四组 SRR 富集反应器中的活性污泥浓度和沉降性进行监测，平均值分别为：MLSS＝3 035 mg/L，SVI＝30 mL/g；MLSS＝4 358 mg/L，SVI＝48 mL/g；MLSS＝4 233 mg/L，SVI＝20 mL/g；MLSS＝4 228 mg/L，SVI＝12 mL/g。同时对 SBR 中的活性污泥进行沿程显微镜检以反映接种菌泥的性状和变化情况，图 8.13 表示四组 SBR 的显微镜检结果。由图可知，从 ADD 快速筛选反应器中接种的污泥以絮状微生物为主，转移到高负荷底物环境中，施加不同盐度的生态压力，观察到四组 SBR 中的菌胶团发生明显变化（主要是菌胶团的颜色和形态），盐度越大的 SBR 中絮体颜色越深，4＃SBR 在运行后期已呈现轻度黑色，形态上以 2＃SBR 中的活性污泥菌胶团最为聚集，其污泥浓度均值也最高，3＃SBR 和 4＃SBR 中的活性污泥以散状菌胶团为主，1＃SBR中没有添加 NaCl，各絮体之间交织分布构成骨架，形成絮凝体，污泥颜色也最浅，1＃SBR不加盐环境的活性污泥明显区别于加盐的三组。推测原因是，在加盐条件下，各微生物菌群相互加强了依赖关系，以抵御不良生存环境，但 3＃SBR 和 4＃SBR 中的盐度偏高，在高负荷长期曝气的环境中，污泥絮体由于需要平衡胞内外渗透压会吸收过多 NaCl 分子，缺少的沉淀阶段使得絮体不易形成紧实聚体。以上结果说明盐度的存在对微生物菌胶团的形态和生物量发生了作用，但在本试验的盐度范围（0～15.0 g/L），没有造成微生物菌群的大量流失，系统可保持稳定运行。

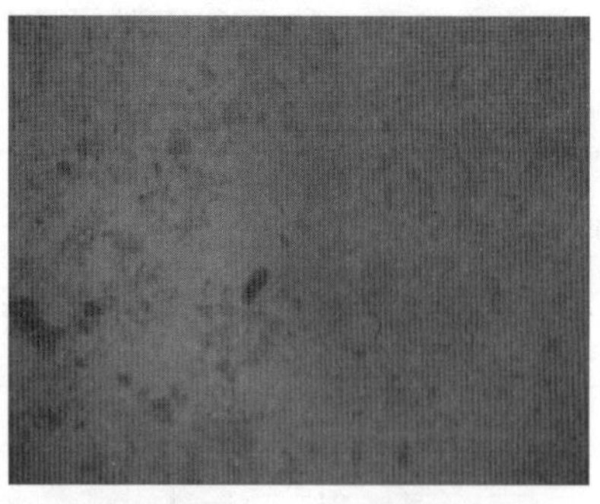

(a) 四组反应器启动时接种污泥镜检 (40×)

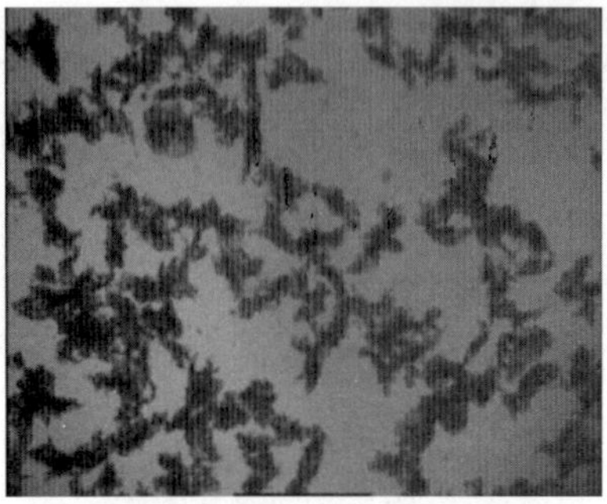

(b) 1#SBR 运行第10 天镜检 (40×)

(c) 2#SBR 运行第10 天镜检 (40×)

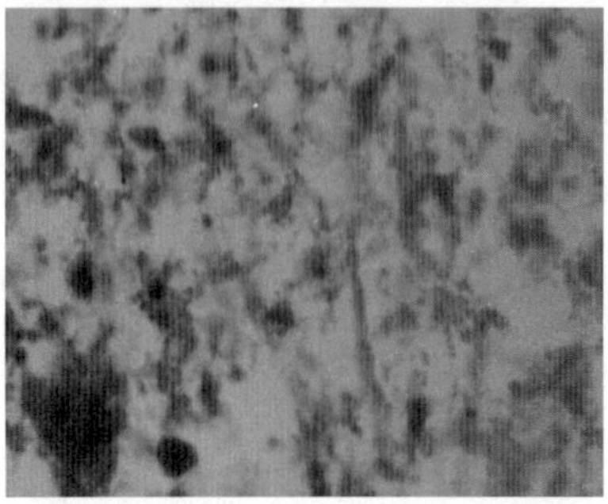

(d) 3#SBR 运行第10 天镜检 (40×)

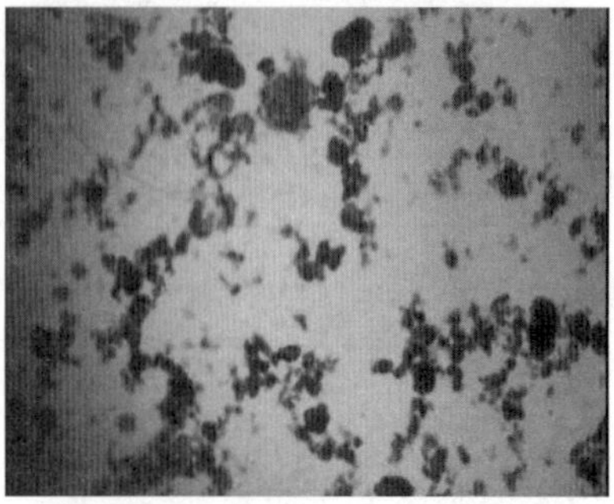

(e) 4#SBR 运行第10 天镜检 (40×)

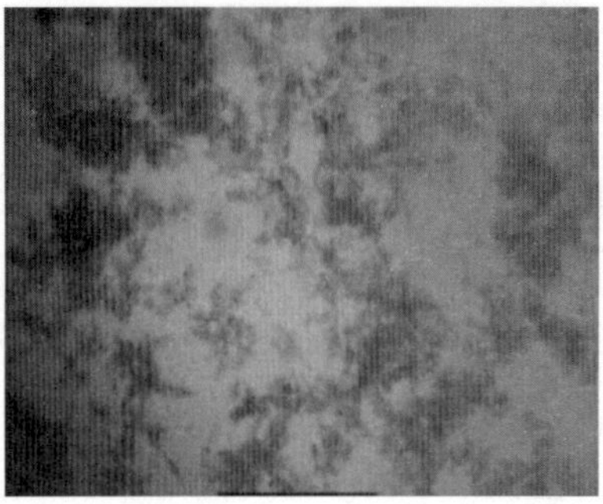

(f) 1#SBR 运行第25 天镜检 (40×)

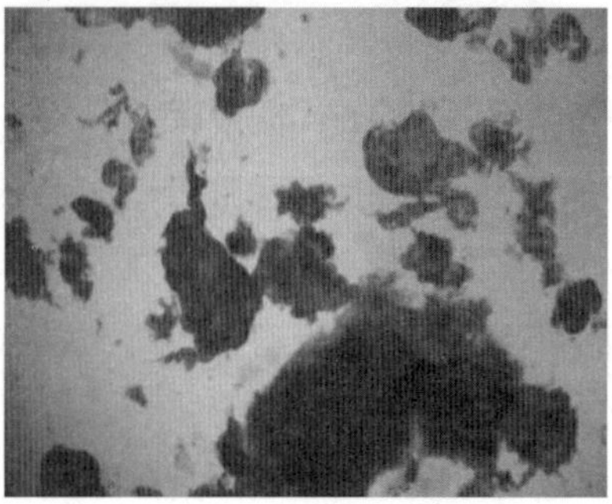

(g) 2#SBR 运行第25 天镜检 (40×)

图 8.13　SBR 运行期间活性污泥显微镜检情况

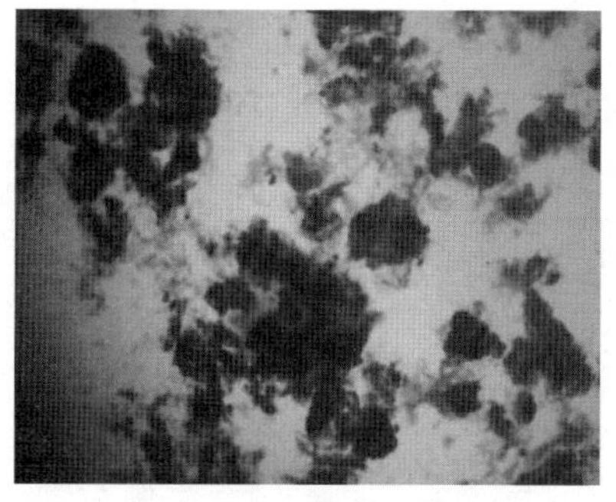
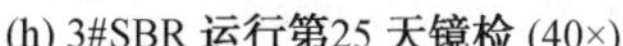

(h) 3#SBR 运行第25 天镜检 (40×)

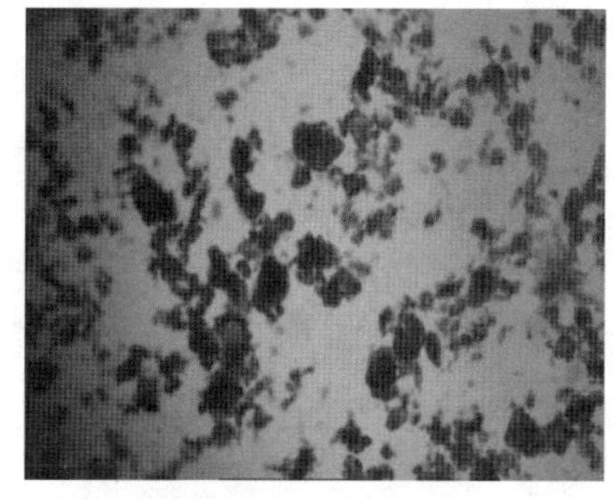

(i) 4#SBR 运行第25天镜检 (40×)

续图 8.13

③不同盐度下活性污泥的 Zeta 电位。图 8.14 表示高负荷不同盐度下各 SBR 中活性污泥的 Zeta 电位情况，从图中可以看出 Zeta 电位走势与盐度没有直接的正相关关系，四组 SBR 的 Zeta 电位分别为－13.4 mV、－13 mV、－15.9 mV 及－11.3 mV。其中，1＃SBR 和 2＃SBR 的电位水平属于同一级别；3＃SBR 的电位负向绝对值最大，按照前文的推测，有利于菌胶团的聚集；4＃SBR 的电位水平负向最大，不利于微生物聚集和沉降，但 4＃SBR 的沉降性表现为最佳，原因可能是反应器中长期存在较多的 NaCl 分子，菌群经过筛选富集，最终具有生存能力的菌种对环境中超出细胞正常渗透压的 NaCl 分子有额外吸收能力，多吸收的 NaCl 分子可以加重微生物细胞，促使其快速沉降。

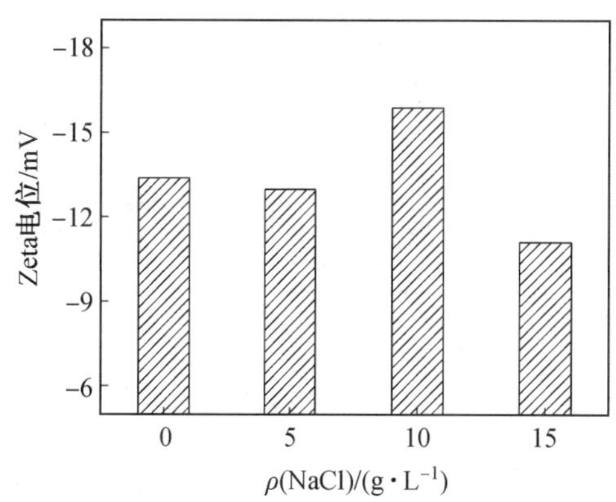

图 8.14　不同盐度下污泥的 Zeta 电位

④不同盐度下污泥粒径的变化。利用 Mastersizer 2000 激光粒度分析仪，对四组反应器运行稳定期间的泥水混合液进行分析，结果如图 8.15 所示，四组 SBR 的表面积平均粒径和体积平均粒径分别为 182.220 μm，342.496 μm；231.400 μm，510.377 μm；84.056 μm，319.793 μm；47.751 μm，175.755 μm。以 2＃SBR 中的表面积平均粒径和体积平均粒径为最大，与显微观察结果一致，其微生物形态结构也最为紧实；其次是不加盐的 1＃SBR；3＃SBR 和 4＃SBR 较前两者有明显减小。对比显微镜检结果，粒径分析更能微观说明反应器内部微生物菌群形态受盐度影响，在高负荷环境中，低盐环境促使污泥絮体结合紧密，较高的盐度使污泥结构独立化，形成体积较小的菌胶团。与低负荷相同盐度的 SBR 测试结果比较，高负荷环境中的活性污泥粒径显然偏大，这与活性污泥混合菌群长期处在碳源丰富的环境，微生物细胞不缺乏营养，可以充分生长，最终形成的细胞粒径偏大及较高的污泥浓度有

关。

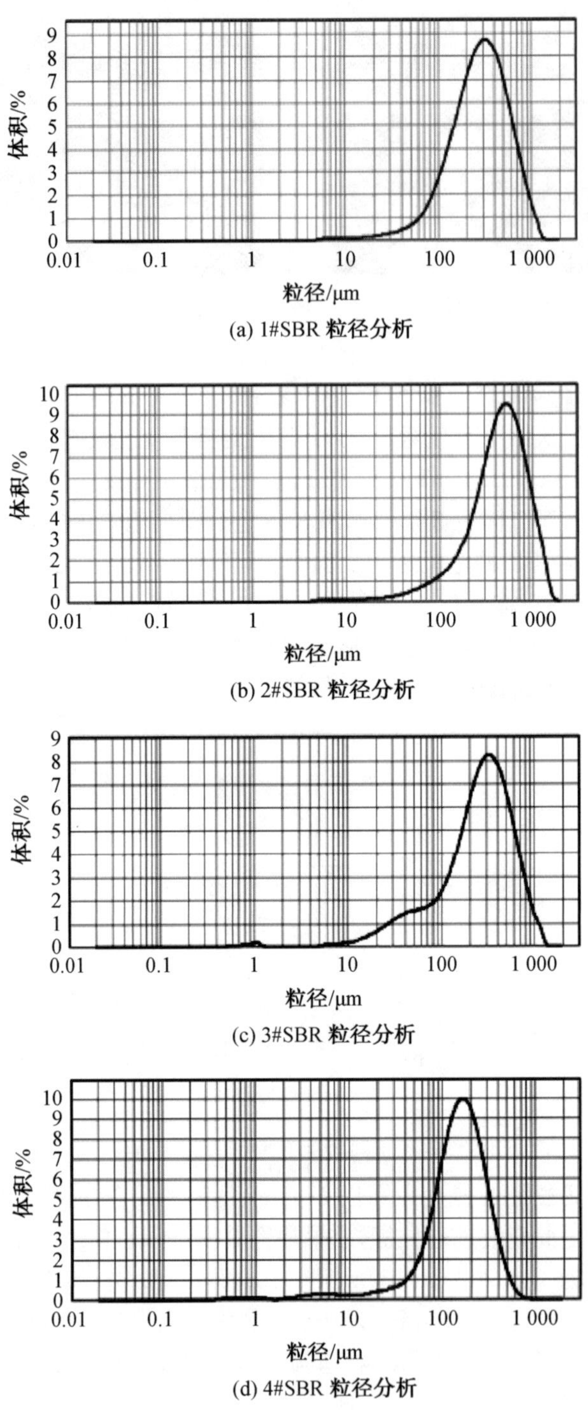

(a) 1#SBR 粒径分析

(b) 2#SBR 粒径分析

(c) 3#SBR 粒径分析

(d) 4#SBR 粒径分析

图 8.15　不同盐度下的粒径分析

(2)不同盐度对高进水负荷驯化混合菌群合成 PHA 能力的影响。

①不同盐度下富集期 PHA 动态合成的变化。图 8.16 表示高负荷进水条件下运行稳定期间一个典型周期内，混合菌群在不同盐度的复合酸底物中碳源利用、微生物活性细胞生长(以氯化铵计)和 PHA 积累的情况。由图可知，在底物和氧气供应都很充盈的环境里，四组 SBR 的溶解氧没有很明显的突跃点。1＃SBR 中的碳源在反应的前 10 分钟即被消耗 84%，但对应的 PHA 没有很大增长，直至反应进行到第 85 分钟，PHA 含量达到 31.03%，较反应开始的 27.22%提升约 3.8 个百分点，氨氮的消耗趋势也比较平稳，至末期消耗率达到52.93%，可见此时底物中碳源和氨氮仍处于剩余状态，说明菌体并没有充分利用吸收的碳源进行生长或合成较高的 PHA，由此推断菌群在无盐环境中的底物消耗以内源呼吸为主。2＃SBR 中各项参数变化最为明显，反应至第 37 分钟，PHA 合成量与底物碳源的消耗都达到突跃点，此时 PHA 含量为 31.35%，较初始的 17.64%有明显提升，底物消耗达 53.93%，氮源消耗达 31.07%，说明在 5.0 g/L 的盐度刺激下，微生物菌群在初期以合成 PHA 为主，反应至末期，氮源消耗达 74.55%，碳源仍剩余 52.85%，PHA 含量此时只余 13.52%，说明后期在盐度的胁迫下，2＃SBR 中的微生物菌群优先选择利用体内已合成的 PHA 进行种群增殖和内源消耗。3＃SBR 中的盐度最接近微生物细胞渗透压，因此整个反应期间，底物碳源和氮源的消耗率分别仅为 32.09%和 17.85%，混合菌群在初始和末期的 PHA 含量也基本维持稳定，分别为 29.30%和 31.56%，说明 10.0 g/L 盐度所筛选的菌群在胞内 PHA 水平达到稳态后，仅消耗少量能量维持细胞生命活动。4＃SBR 中的盐度进一步提升至15.0 g/L，此时微生物菌群受到的盐度胁迫感增强，具体表现为底物碳源的消耗和 PHA 的合成分别有明显下降或提升，突跃点发生在第 64 分钟，PHA_m 为 39.02%，反应初期和末期 PHA 含量都在 34%左右，末期底物消耗率达 63.52%，氮源消耗率达 63.55%。这些结果说明，在高盐高负荷环境中，微生物由于高质量浓度的 NaCl 刺激需要提高体内 PHA 合成量来抵御不良环境，但同时高负荷的底物允许微生物在保持中等 PHA 合成水平基础上，利用环境中的营养物质进行充分的内源呼吸和菌群繁殖，因此菌群不能表达最大的 PHA 合成潜力。

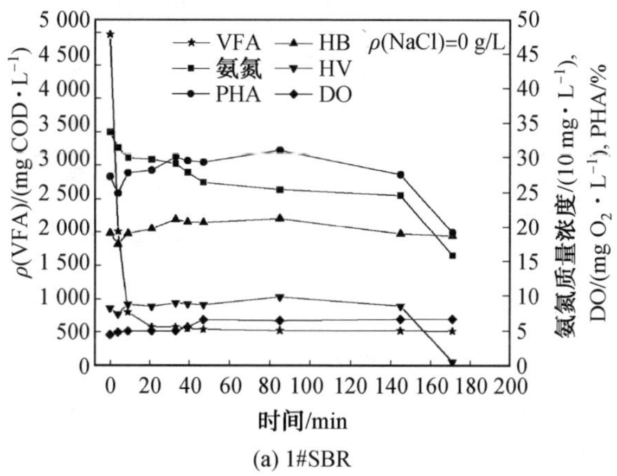

(a) 1#SBR

图 8.16　四组 SBR 典型周期内相关参数的变化

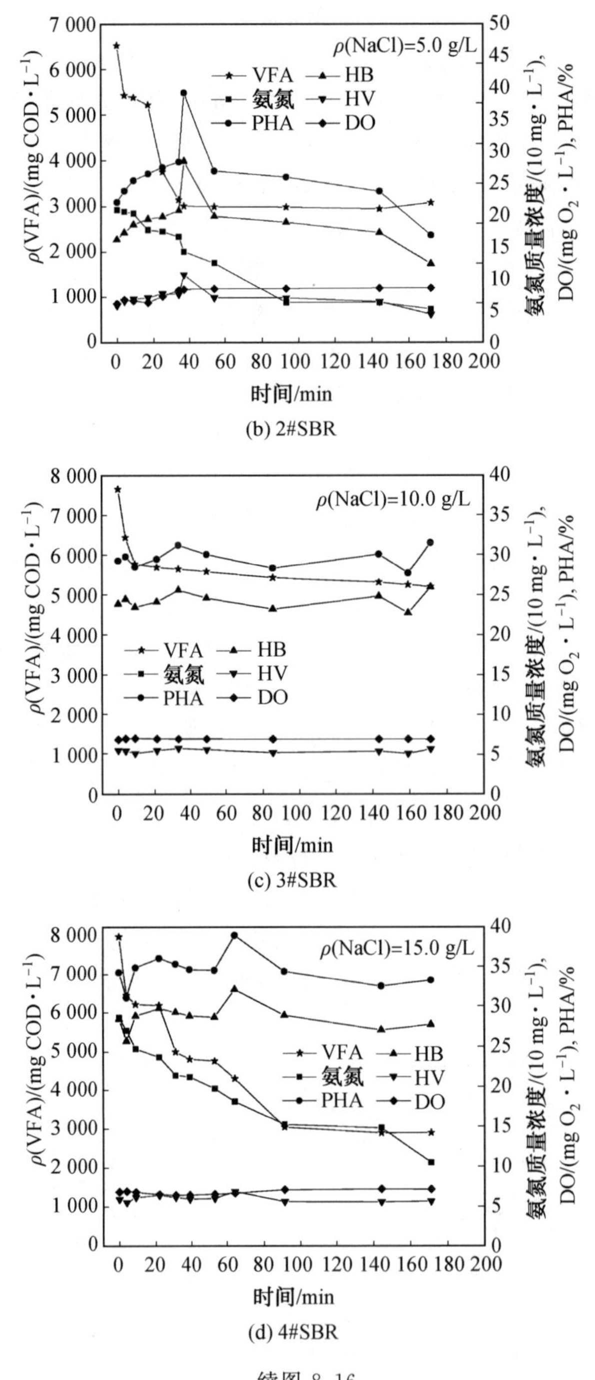

(b) 2#SBR

(c) 3#SBR

(d) 4#SBR

续图 8.16

表 8.3 是四组 SBR 周期试验内各项动力学参数，比较可知：1＃SBR、2＃SBR 和 3＃SBR 的 PHA 周期最大合成率维持在同一水平，4＃SBR 由于受到高盐的胁迫其 PHA_m 有微弱提升；PHA 转化率($Y_{P/S}$)方面，2＃SBR 达到 0.460 4 g COD/g COD，其他三组都低于此值，比较生物质转化率($Y_{X/S}$)，1＃SBR 突跃前底物转化率最高，3＃SBR 最低，各 SBR 中 PHA 转化率都远高于生物质转化率，说明突跃前 PHA 积累相对于菌体生长是占主导的；

除此之外，2＃SBR 的驯化菌群在 PHA 比合成速率、污泥比生长速率以及底物比摄取速率等方面优于另外三组，3＃SBR 表现最差，说明较低盐度的存在会激发污泥的 PHA 合成效率以及自身生长效率，接近细胞渗透压的盐度让微生物失去环境淘汰的压力，不利于 PHA 的合成。

表 8.3　产 PHA 菌群富集阶段各动力学参数

参数	NaCl /(g·L^{-1})	$Y_{P/S}$/(COD·COD^{-1})	q_{PHA}/(mg COD PHA·(mg X·h)$^{-1}$)	$Y_{X/S}$/(COD·COD^{-1})	$-q_N$/(mg COD X·(mg X·h)$^{-1}$)	$-q_S$/(mg COD·mg X·h^{-1})	PHA_m/%
1＃SBR	0	0.233 4	0.284 9	0.062 9	0.076 8	1.220 6	31.03
2＃SBR	5.0	0.460 4	0.797 7	0.049 7	0.086 1	1.732 4	31.35
3＃SBR	10.0	0.227 4	0.082 2	0.019 9	0.007 2	0.361 3	31.56
4＃SBR	15.0	0.256 2	0.339 6	0.036 3	0.048 2	1.325 5	39.02

②不同盐度下合成阶段最大产 PHA 能力的比较。图 8.17 表示四组 SBR 典型周期试验所对应的批次合成试验结果，取四组反应器排出的剩余污泥同期进行限制氮磷源的 PHA 合成批次试验，四组剩余污泥的 MLSS 均在5 000～5 500 mg/L水平，由图可知，经过 0 g/L、5.0 g/L、10.0 g/L 及 15.0 g/L 的盐度驯化，富集菌群在批次试验中面对同质量浓度底物及盐度的冲击表现差异化严重，四组 SBR 的最高 PHA 合成率由高到低依次是盐度为 0 g/L，10.0 g/L，5.0 g/L 和 15.0 g/L 的处理，且 0 g/L 和 10.0 g/L 的盐度环境所富集混合菌群均在第一次补料之后基本达到最高 PHA 合成水平，5.0 g/L 和 15.0 g/L 富集菌群在第四次补料之后获得最高 PHA 含量，两种菌群每次补料之后 PHA 含量都会出现缓坡式的上升，但最终合成量仍低于 0 g/L 和 10.0 g/L 两组结果。分析认为，批次试验限制氮磷源等营养物质，底物消耗仅被用于细胞内源呼吸和合成 PHA，5.0 g/L 和 15.0 g/L 属于低盐刺激和高盐刺激，不利于渗透压平衡，从而抑制细胞活性，不能有效合成 PHA，而0 g/L 和10.0 g/L都能较好地使细胞处于平衡渗透压状态，细胞活性较好，在缺乏生长因子的环境中，可以最大限度地激发合成 PHA 的能力。

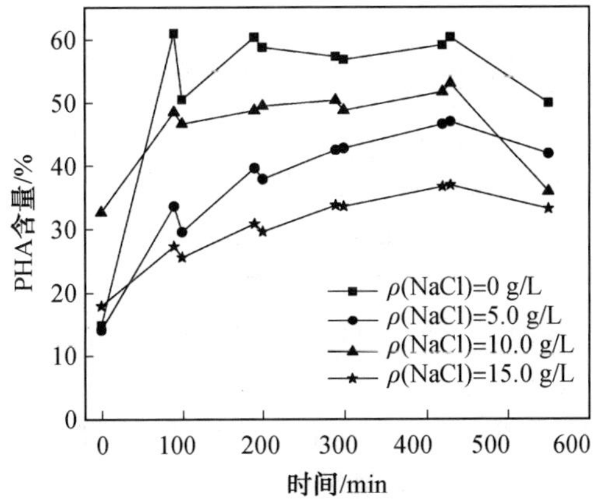

图 8.17　不同盐度下批次试验中 PHA 合成量比较

③不同盐度下批次合成试验 PHA 单体比例的变化。图 8.18 显示了高负荷不同盐度下 PHA 单体组成的变化。四种盐度驯化条件下，HB 单体比例随着盐度增加而呈上升趋势，分别为 63.56%、74.29%、79.74%和 82.15%，相对地，HV 比例随着盐度增加而下降，与第 4 章中低负荷批次试验相比较，两者底物成分比例完全一致，都是以丁酸和乙酸为主的复合酸碳源，低负荷批次试验显示 HB 和 HV 在 PHA 中的比例不受盐度影响，基本维持在 80%和 20%，而高负荷发生变化。分析认为，原因主要有两点：一是高负荷环境中，由于碳源足量，因此菌群对底物的选择更加自由，微生物优先利用乙酸和丙酸等更易吸收的小分子酸，对丁酸和戊酸的吸收利用产生滞后，进而促使 PHA 产品中 HV 的比例上升；二是随着盐度升高的生态压力，易于利用乙酸和丁酸等偶数型碳源的菌种获得竞争优势，促使 HB 的合成量又随着盐度增加而升高。

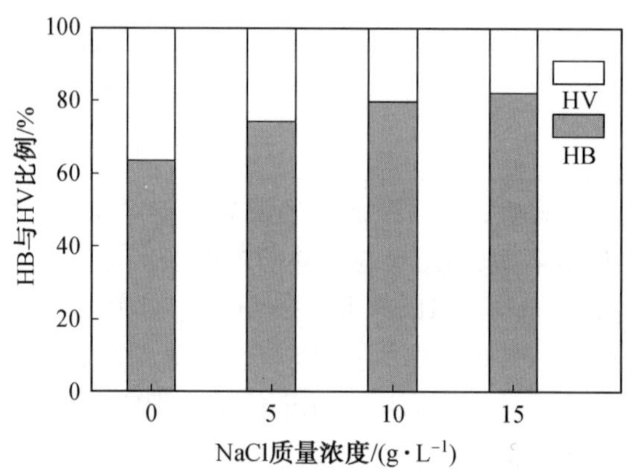

图 8.18　PHA 产品中的 HB、HV 比例

④不同盐度下典型周期及对应批次合成试验 PHA_m 的变化。图 8.19 对比了典型周期和对应批次试验的 PHA_m，可以看出：高负荷环境中，在 0～10.0 g/L 的盐度条件下，周期 PHA 最大合成量差别不大，15.0 g/L 时周期内获得最高 PHA 合成率 39.02%。无盐条件富集的混合菌群具有最大的 PHA 合成潜力，批次试验中 PHA_m 达到峰值 60.95%；盐度提高不利于批次试验合成 PHA，在 15.0 g/L 的盐度环境，批次 PHA 最大合成量小于周期结果，由于两者区别在于是否限制氮磷条件，因此表明此时高质量浓度底物对微生物细胞产生抑制作用。

(3)不同盐度下富集菌群耐瞬时盐度冲击性能比较。

通过耐盐性试验，由图 8.20 可知，在高负荷进水条件下，对于 1#SBR 中未加盐驯化的混合菌群，PHA_m 在 0 g/L 的盐度环境中达到最大(60.95%)，之后 PHA_m 随着底物中盐度的增加而下降，抑制率 θ 从 5.0 g/L 时的−9.13%负向增长到 15.0 g/L 时的−35.62%；对于 2#SBR 中 5.0 g/L 盐度驯化的菌群，底物中盐度增至 10.0 g/L 时，PHA_m 达53.22%，θ 正向增加 13.29%，之后盐度提升，θ 转为负增长，但负增长的速度明显变慢，盐度为 15 g/L 时，PHA_m 下降至 45.70%，抑制率 θ 为−2.72%，盐度为 20 g/L 时，PHA_m 降至 44.88%，抑制率 θ 为−4.48%；对于 3#SBR 10.0 g/L 盐度驯化的菌群，PHA_m 在对应 10.0 g/L 时最高，达 53.03%，之后盐度提高显示抑制作用，θ 负向增长分别为−21.34%、−18.04%和−33.54%；对于 4#SBR 15.0 g/L 盐度驯化的菌群，当批次试验盐度提升时，混合菌群表现出较好的耐盐性，θ 负向增长分别为−8.67%、−13.81%和−4.60%。以上数据说明混合

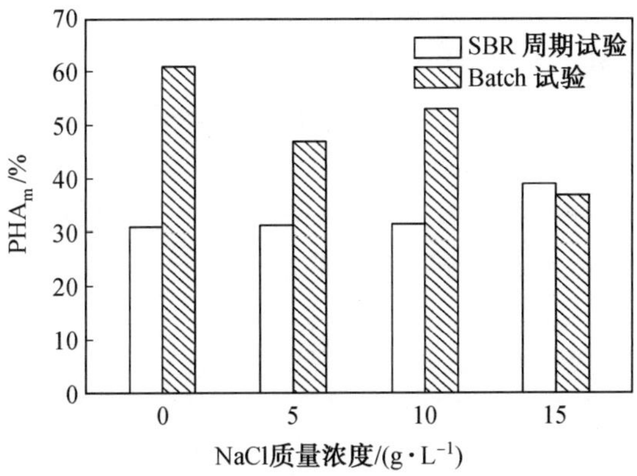

图 8.19　不同盐度下典型周期及对应批次合成试验 PHA_m 的变化

菌群经过盐度的驯化后，其耐盐性能都有小幅度的提升，以 2＃SBR 为表现最佳，但与低负荷同盐度驯化的混合菌群相比，整体合成 PHA 能力及耐盐性偏弱，再次说明底物浓度过高存在的抑制风险，这对未来活性污泥利用含盐餐厨垃圾发酵产酸液合成 PHA 具有有益的指导意义。

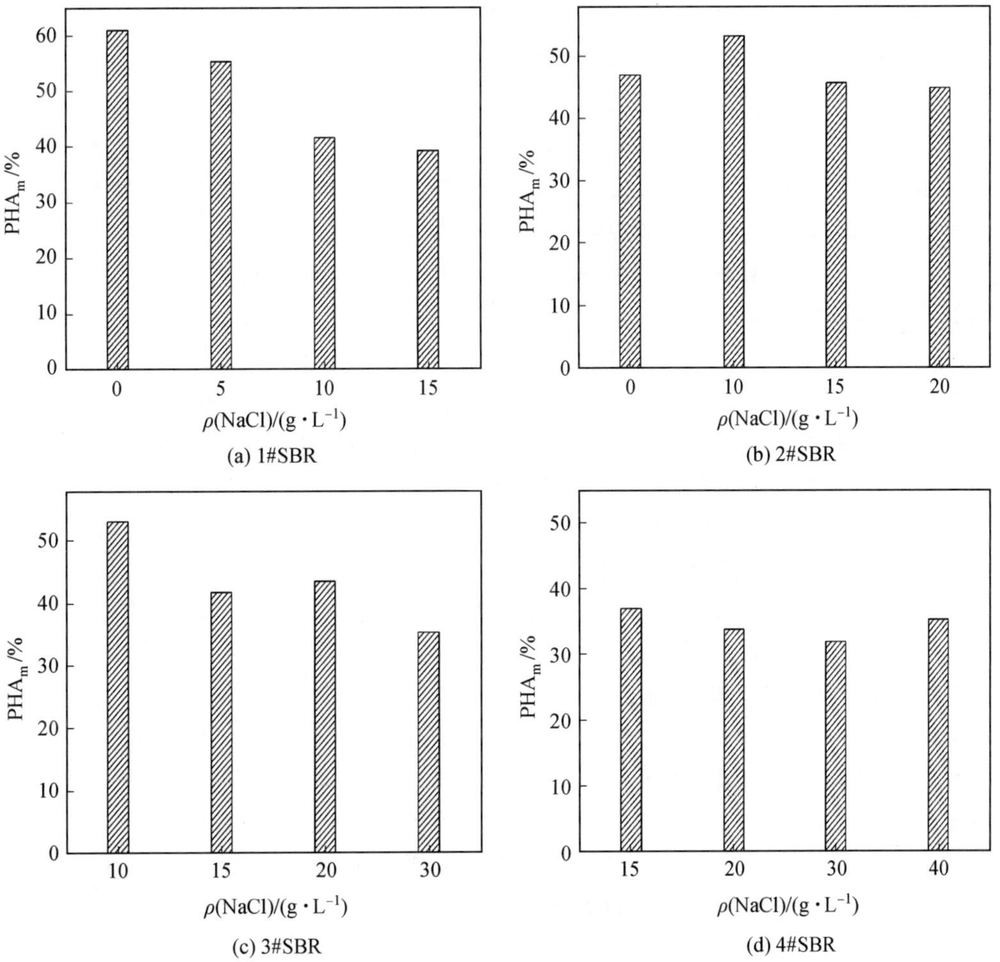

(a) 1#SBR

(b) 2#SBR

(c) 3#SBR

(d) 4#SBR

图 8.20　四组 SBR 富集菌群耐盐性试验

表 8.4 表示对于同一盐度冲击不同 SBR 驯化富集的混合菌群得到的 PHA_m 比较结果。可知，高负荷进水条件下，当底物中盐度在0～20.0 g/L范围时，并不是 NaCl 驯化质量浓度越高得到的菌群合成 PHA 能力越好，以其中 2＃SBR 中的混合菌群表现效果最好，3＃SBR富集的菌群紧随其后，也凸显出较好的耐盐性能，当盐度提高至 30.0 g/L 时，3＃SBR 中的混合菌群依然比 4＃SBR 表现出更好的 PHA 合成能力。以上结果说明在高负荷进水时，2＃SBR 和 3＃SBR 的驯化条件能够得到具有优势的产 PHA 混合菌群，并在面对较高质量浓度 NaCl 冲击时得到较好的 PHA 合成量。

表 8.4　同一盐度冲击不同 SBR 混合菌群 PHA_m 的比较结果

$\rho(NaCl)/(g \cdot L^{-1})$	比较结果
5.0	1＃PHA_m＞2＃PHA_m
10.0	2＃PHA_m＞3＃PHA_m＞1＃PHA_m
15.0	2＃PHA_m＞3＃PHA_m＞1＃PHA_m＞4＃PHA_m
20.0	2＃PHA_m＞3＃PHA_m＞4＃ PHA_m
30.0	3＃PHA_m＞4＃PHA_m

(4)不同盐度对高/低两种进水负荷富集菌群的影响。

①不同盐度下高/低两种进水负荷富集菌群合成 PHA 能力的比较。

将低负荷富集初期第 15 天的周期及对应批次试验结果与高负荷结果相比较，如图8.21所示，在不同盐度下，高负荷进水周期 PHA 最大合成量均高于低负荷结果，差距明显。但结合 SBR 中底物碳氮源的被利用状况，可知，低负荷由于碳源限制，微生物菌群对底物的吸收处于竞争状态，促使反应末期碳源吸收率达 100％，氮源消耗也在 90％以上，而高负荷环境下碳氮源充盈，周期末都存在盈余情况，微生物在此环境中可相对较高地摄取能量来提高胞内 PHA 含量；对应盐度的批次试验中，以高负荷无盐驯化的混合菌群合成 PHA 结果最佳，其次是高负荷 10.0 g/L 盐度环境的富集菌群，其他两组盐度条件低负荷富集混合菌群占据较小优势。这一结果反映出在限制氮磷营养物质时，菌群世代演替时间短的菌株由于受到更大的威胁，产 PHA 潜力被充分激发；而低质量浓度 NaCl 的存在会在不影响污泥活性的前提下，促进长污泥停留时间的菌群提升 PHA 合成量。总之，批次试验结果显示出两种驯化模式富集的菌群具有差异化，相同的一点是，不管哪种反应器富集的产 PHA 菌群，都是在各自对应的不良生存环境中才能被激发出最大的合成 PHA 潜力。这对以后指导工程实践中混合菌群最大能力合成 PHA 的条件设置具有指导意义。

②不同盐度下高/低两种进水负荷富集菌群微生物群落结构的比较。本部分对比研究了不同盐度下两种进水负荷下的微生物群落结构变化，试验以低负荷进水样品为一组(包括接种活性污泥—t－1，1＃SBR—a－1，2＃SBR—b－1，3＃SBR—c－1，4＃SBR—d－1，四组 SBR 样品都在运行稳定期间取样)，标记为 OLR－1；以高负荷进水样品为一组(包括接种活性污泥—t－2，1＃SBR—a－2，2＃SBR—b－2，3＃SBR—c－2，4＃SBR—d－2，四组 SBR 样品都在运行稳定期间取样)，标记为 OLR－2。利用 Usearch 在 97％相似度下进行聚类，对聚类后的序列进行嵌合体过滤，得到用于物种分类的 OTU，每个 OTU 被认为可代表一个物种。

③不同盐度下高/低进水负荷富集菌群微生物群落的变化。对两组不同进水负荷下不

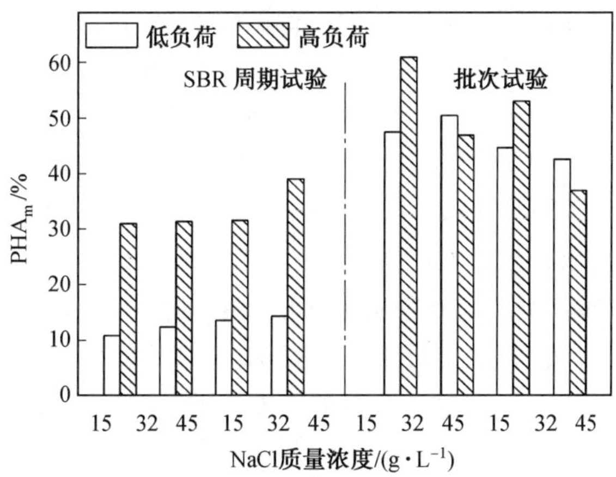

图 8.21　不同盐度下高/低两种进水负荷富集菌群 PHA 合成能力比较

同盐度的反应器在稳定运行期间取样(OLR－1 组在第 40 天取样,OLR－2 组在第 28 天取样),同时保留接种两组进水负荷时的活性污泥样品,共 10 个,对两组进水负荷下样品中的 OTU 进行门(phylum)、纲(class)、目(order)、科(family)、属(genus)分类,分析其微生物群落结构特征,图 8.22 表示每个样品在属水平上的种群分布。

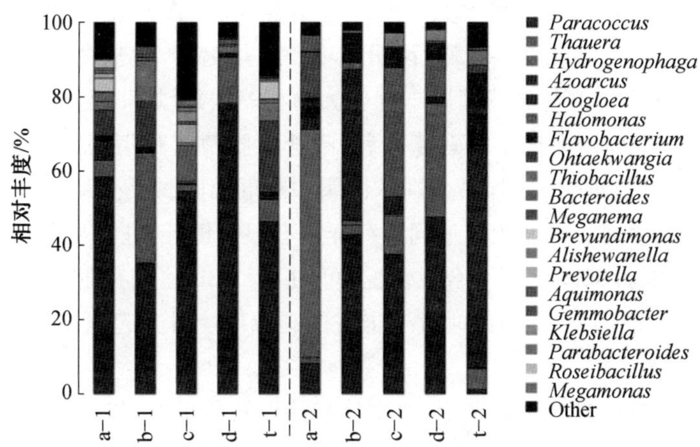

图 8.22　高/低进水负荷不同盐度下活性污泥属水平的种群分布

由图可知,两组进水负荷 10 个样品中共涉及细菌域的副球菌属(*Paracoccus*)、陶厄氏菌属(*Thauera*)、氢噬胞菌属(*Hydrogenophaga*)、固氮弓菌属(*Azoarcus*)、嗜盐单胞菌属(*Halomonas*)、黄质菌属(*Flavobacterium*)、*Ohtaekwangia* 属、产硫酸杆菌属(*Thiobacillus*)、多形杆状菌属(*Bacteroides*)、*Meganema* 属、短波单胞菌属(*Brevundimonas*)、*Alishewanella* 属、普雷沃菌属(*Prevotella*)、水单胞菌属(*Aquimonas*)、*Gemmobacter* 属、克雷白氏杆菌(*Klebsiella*)、副类杆菌属(*Parabacteroides*)、*Roseibacillus* 属、巨单胞菌属(*Megamonas*)等 19 个菌属以及动胶菌属(*Zoogloea*)和未知菌群。

对比 t－1、a－1、b－1、c－1 及 d－1 样品,表示低进水负荷环境中,从接种污泥到不同盐度驯化稳定期间的微生物群落变化,五个样品中的优势菌属都包含副球菌属,丰度占比均超过30%，以d－1样品中副球菌属所占比例最高，接近80%，此环境中盐度也最高，说明副球菌属具有良好的耐盐性能；陶厄氏菌属被认为是合成PHA的优良菌属，其丰度并没有随着盐度升高而提升，反而在b－1样品即5.0 g/L的NaCl环境中具有最高丰度，推测这一菌属的高丰度是导致2＃SBR的富集菌群具有良好耐盐性能和保持稳定较高PHA合成能力的重要因素；另外变化比较明显的是*Ohtaekwangia*属，随着盐度的增加，其丰度逐渐减小至d－1组消失；可以看出，d－1样品中的细菌菌属已知种类最少，副球菌属和陶厄氏菌属构成主要菌种，而这两种菌种都能在恶劣生存环境中合成PHA，但4＃SBR富集菌群表现的合成PHA能力不是最优的，对比副球菌属和陶厄氏菌属的丰度，再一次说明陶厄氏菌属是合成PHA的关键菌种，提高陶厄氏菌属的丰度比例是快速提升PHA合成量的重要因素。

对比t－2、a－2、b－2、c－2及d－2样品，表示高进水负荷环境中，从接种污泥到不同盐度驯化稳定期间的微生物群落变化，可以看出，与接种污泥相比，经过驯化的污泥样品，其微生物菌群发生了明显变化，如接种污泥中丰度值超过50%的动胶菌属，在驯化之后基本消失，这一点与高负荷短污泥停留时间的驯化特点有关，与低负荷较为一致的是高负荷驯化后的优势菌属中都有副球菌属，且NaCl存在条件下的丰度均超过无盐环境，这些说明副球菌属的世代时间短，且在恶劣环境中有较强的生存能力；氢噬胞菌属在a－2样品即高负荷无盐环境中的丰度值超过50%，说明其是此环境中合成PHA的主要菌属，盐度提升后，氢噬胞菌属的丰度急剧下降，几乎可忽略，说明它不是耐盐菌属，对盐度的变化过于敏感；b－2样品中固氮弓菌属丰度值与副球菌属丰度值大约相等，两者加和超过80%，构成次环境中合成PHA的主要菌种；c－2样品中副球菌属、嗜盐单胞菌属和陶厄氏菌属属于优势菌种，另还有少量的固氮弓菌属；d－2样品中副球菌属和陶厄氏菌属及少量嗜盐单胞菌属丰度值较高，尤其是陶厄氏菌属的丰度较其他同负荷样品有很大提升，进一步印证陶厄氏菌属对不良环境的良好适应能力；结合PHA合成情况，可知4＃SBR富集菌群在合成阶段并没有表现出很好的PHA合成能力，证明此时过于丰富的碳源环境对其起到制约作用，没有激发出应有的PHA合成潜力。

图8.23进一步反映出在属水平上，两次接种污泥及各个不同条件下的反应器中微生物群落结构差异性，与图8.22结果一致，可看出副球菌属在除了t－2、a－2所代表的活性污泥菌群的其余各样品中都占有绝对优势，OLR－1组中的t－1、a－1、b－1、c－1、d－1与OLR－2组中的t－2、a－2、b－2、c－2、d－2有较为明显的区分。

④两组样品中细菌群落结构的组成对比。以低进水负荷（OLR－1）组和高进水负荷（OLR－2）组分别为统一单位做对比，分析样品信息中主要组成的菌属，如图8.24所示，菌属种类与图8.22注释一致，OLR－1组中副球菌属、陶厄氏菌属、*Ohtaekwangia*属、产硫酸杆菌属及多形杆状菌属组成了主要菌属，尤其是副球菌属的优势明显，占比超过50%；OLR－2中，除了副球菌属占比超过20%，其他优势菌属如陶厄氏菌属、氢噬胞菌属、固氮弓菌属、动胶菌属和黄质菌属占比均匀，均在10%左右；OLR－1组的未知菌属是OLR－2组的约3倍。总体而言，OLR－1组中的优势均属比较明显，在反应器中的占据比例很高，但不影响其微生物多样性的存在，而OLR－2组中，由于高进水负荷和短污泥停留时间的运

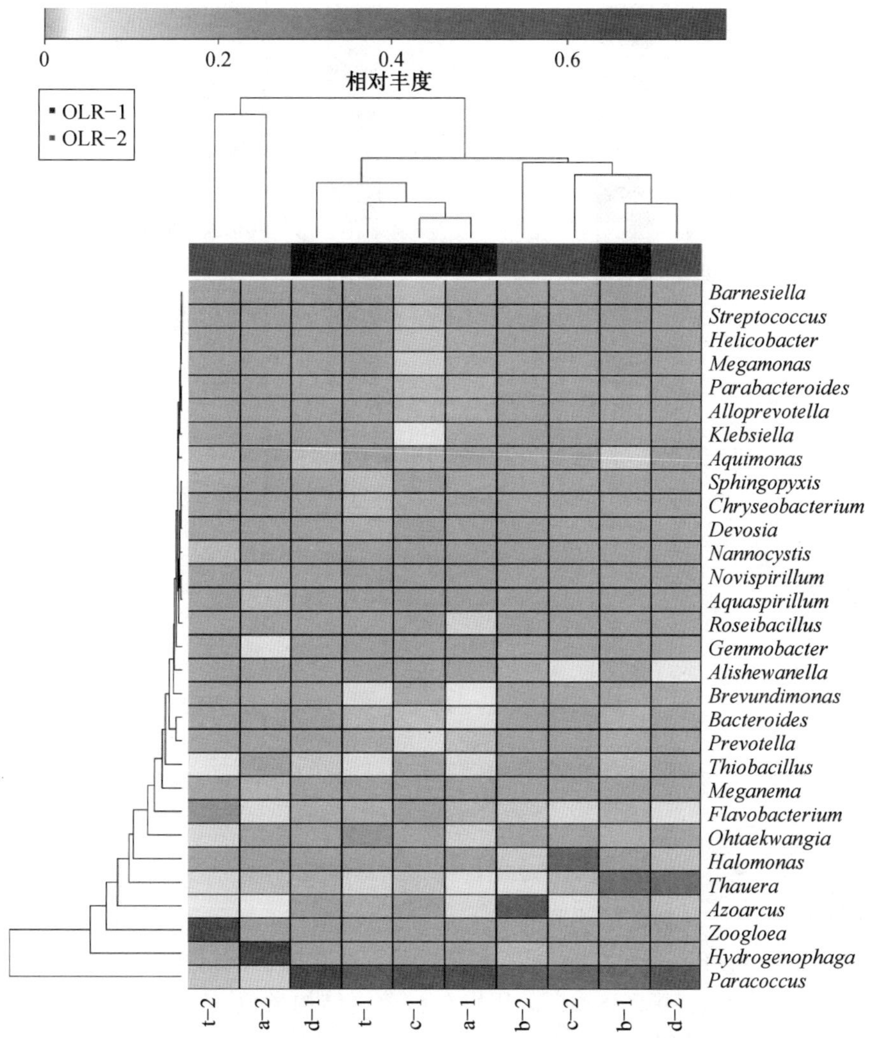

图 8.23　不同样品活性污泥微生物属水平群落结构热图

行特点，反应器中各优势菌属比例均匀，出现几类与 OLR－1 组区别较大的菌属。

⑤两组样品中细菌群落结构相关性分析。为全面比较两组进水负荷中细菌多样性的不同，以两种进水负荷下样品的 OTU 数为计算依据，构建韦恩图以反应组间共有及特有的 OTU 数目(图 8.25)，可知，不同进水负荷的反应器中，有 325 个 OTU 均出现在两组样品中，占总 OTU 的 26.04％，说明不同进水负荷的运行条件对此 325 个 OTU 代表的微生物种群影响不大；低进水负荷反应器中特有的 OTU 高达 822 个，远远大于高进水负荷反应器中的 101 个 OTU，说明进水负荷的急剧提高，对微生物种群的类别数量影响较大。结合图 8.24 中菌群分布的分析，可以推测在低进水负荷的未知菌属中存在数量很多的菌属，但所占比例都较低。

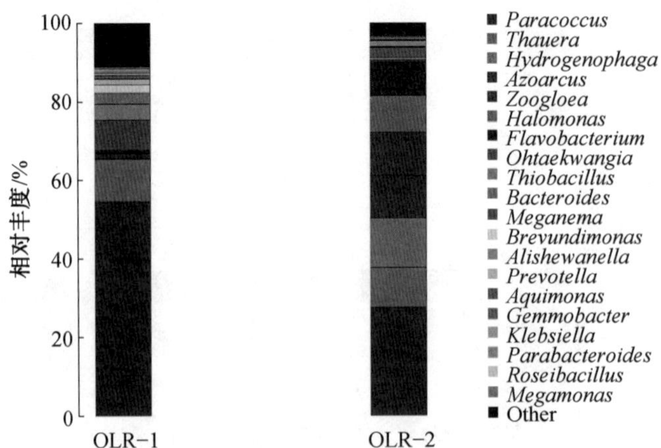

图 8.24　属水平两组样本菌群分布图

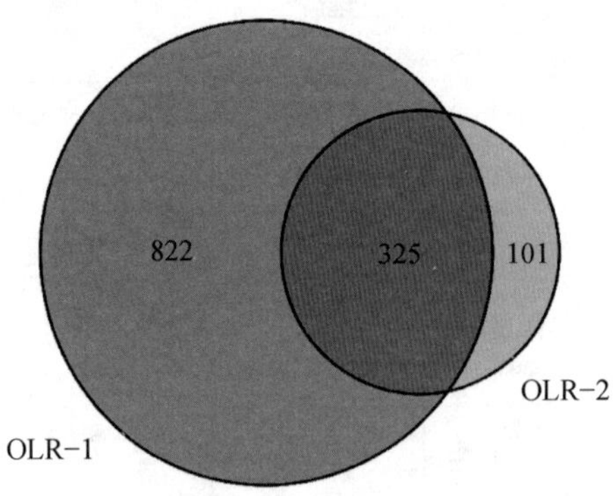

图 8.25　两组样品中细菌群落相关性分析

⑥两组样品中细菌群落的多样性差异分析。为进一步展示各样品间物种的多样性差异,使用主坐标分析(PCoA)的方法展示各个样品间微生物群落结构组成的相似性或差异性大小,如图 8.26 所示,其中图 8.26(a)用以分析菌群结构类似,表明丰度的相似性关系,图 8.26(b)用来分析菌种类别的相似性。由图 8.26(a)可知,对于 OLR−1 组中的五个样品而言,t−1、a−1 和 c−1 样品团聚在一起,b−1 和 d−1 样品偏离较远,表明其菌群种属的丰度与其他三组存在明显的差异性,对应的是 5.0 g/L 和 10.0 g/L 的驯化环境,说明低盐和高盐环境对菌群的丰度影响较大。图 8.26(b)中,只有 d−1 样品距其他四组样品的团聚较远,说明 15.0 g/L 的环境对菌群种类产生质的影响,其他四组中的菌群类别差异性不大;对于 OLR−2 组中的五个样品,图 8.26(a)中以 b−2、c−2、d−2 为一个团聚,作为接种污泥的 t−2 和 0 g/L 环境驯化的活性污泥样品偏离其他三组较远,说明 NaCl 是否存在对高进水负荷环境下的菌群结构丰度影响较大,图 8.26(b)中对 OLR−2 组的样品菌种差异性分析,发现只有 t−2 样品偏离其他四组,表明高负荷驯化后的菌群类别与接种污泥的菌群类别差异性较大。综合比较 OLR−1 和 OLR−2 组,发现同一盐度不同负荷下微生物菌群的丰度和菌种类别都距离较远,表明存在较大的差异性,说明驯化模式对这两者的影响是一个重要因素。

3. 瞬时盐度冲击混合菌群对合成 PHA 的影响

本部分试验基于两种富集模式得到的混合菌群开展,考察瞬时盐度冲击对于未经盐度

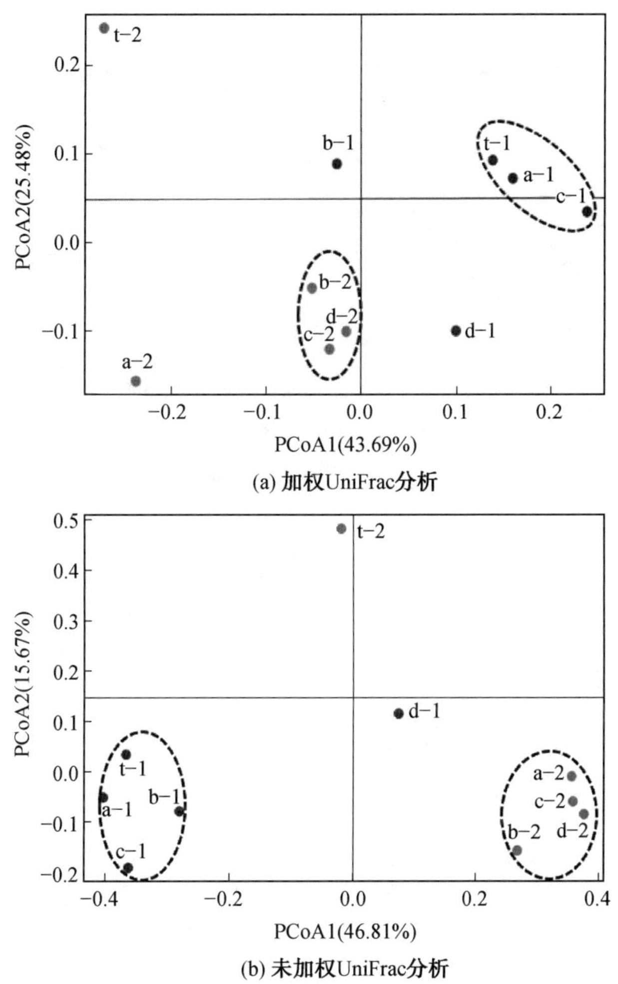

图 8.26　不同样品的主坐标分析

驯化的产 PHA 菌群的影响。试验使用最大 PHA 合成率和单体中 HB、HV 占比量化 PHA 合成表现。

对于低进水负荷富集的菌群(图 8.27)，六组试验在反应初期呈现快速上升的过程，经过约 200 min，1－a、1－b、1－c 三组继续保持较为快速的增长趋势，1－d 与 1－e 组增长变缓，1－f 组达到第一个平台期。反应至 300 min，1－a、1－c 两组的优势显现，PHA 合成率仍保持较高速度增长，1－c 组约 400 min 达到高峰，峰值 PHA 合成率为 51.80%，1－a、1－b在反应末期获得峰值，分别为 52.02%、49.75%，1－d、1－e、1－f 三组在反应后期 PHA 合成受 NaCl 抑制作用明显，均在末期达到峰值，峰值结果分别为 43.40%、40.93%、39.87%。由此可见，0～5.0 g/L 范围对于未经盐分驯化的低进水负荷混合菌群而言，作用效果不明显，5.0 g/L 可刺激混合菌群细胞尽快达到 PHA 合成的最大水平，有利于节约反应时间，随着盐度的增加，抑制作用明显，至 20.0 g/L 时，PHA 抑制率达到－23.36%。

对于高负荷进水富集的菌群(图 8.28)，六组试验反应开始至第 200 分钟的变化趋势相同，但 PHA 合成率的增长速度与盐度成反比，之后的批次试验中 2－e、2－f 组 PHA 合成速度始终维持较低水平，2－e 组未出现明显波动，2－f 组甚至有所下降；2－d 组的增长速

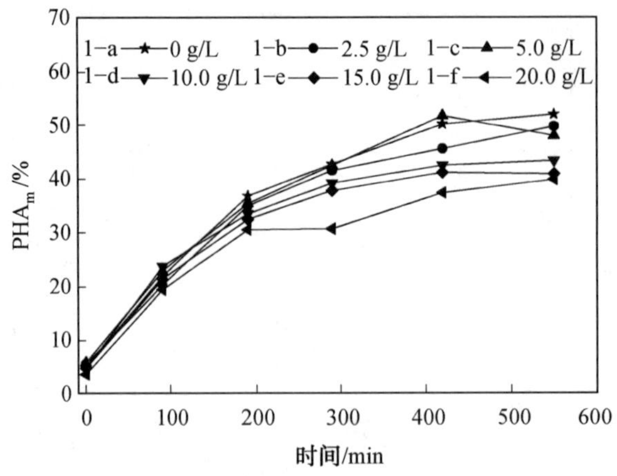

图 8.27 盐度对低进水负荷富集混合菌群合成 PHA 的影响

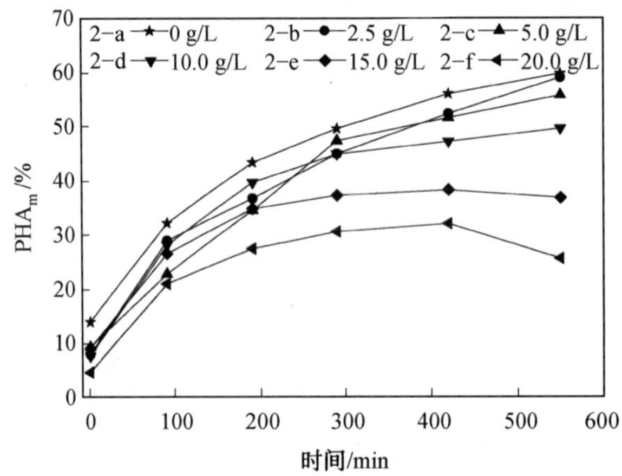

图 8.28 盐度对高进水负荷富集混合菌群合成 PHA 的影响

度变缓，至末期达到最大 PHA 合成率(49.65%)，2－a、2－b、2－c 三组属于盐度较低范围，最大 PHA 合成率降低并不明显，维持在 55.75%～59.69%水平，这说明高负荷驯化的混合菌群对少量的 NaCl 有适应能力。

图 8.29 比较了两种负荷条件驯化的混合菌群在受到不同盐度瞬时冲击下 PHA 的最大合成情况，对比可知：当盐度不超过 10.0 g/L 时，高负荷驯化的菌群合成 PHA 能力均高于低负荷；当盐度超过 10.0 g/L 时低负荷驯化菌群对盐分的耐受性优于高负荷；盐度为 15.0 g/L时，低负荷驯化菌群相较于无盐时 PHA 合成能力下降 19.72%，而高负荷驯化菌群相较于无盐时 PHA 合成能力下降 35.92%；盐度提升至 20.0 g/L 时，两种菌群的 PHA 受抑制率分别为－23.36%和－46.29%。这说明高负荷驯化的菌群对于盐分压力的增长表现更加敏感，菌群中有部分微生物不适应高盐环境被淘汰，而低负荷驯化的菌群对于高盐分的耐受性说明富集期间营养不丰富的恶劣环境对菌群的生态选择压力更大，低负荷驯化的菌群面对增加的盐分压力依旧保持了较好的适应性。研究发现，淡水环境微生物经过耐盐驯化会具有更好的耐瞬时盐度冲击的特性。

由于底物基质中混合酸成分包括奇数型与偶数型碳源，合成的 PHA 也主要由 HB 和

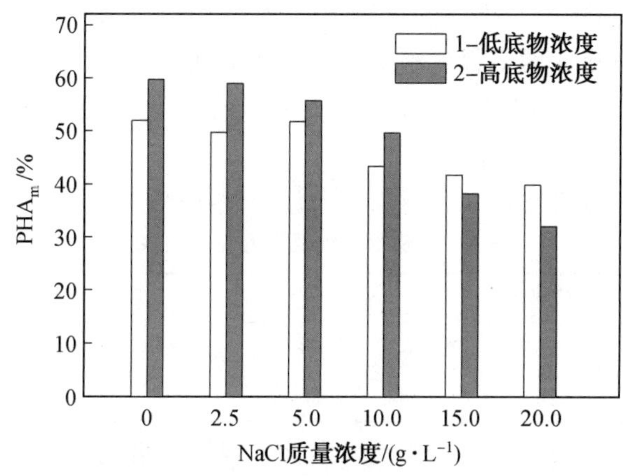

图 8.29　两种混合菌群在不同盐度下的最大 PHA 合成率比较

HV 单体组成，表 8.5 对比了两种菌群在不同盐度下 HV∶HB 值的演变，可以看出，随着盐度升高，HV∶HB 值也呈递增趋势，在 PHA 总含量下降的基础上，可说明 HV 单体的合成量呈增加趋势，增加的盐度生态压力有利于促进 HV 单体的合成效率；而对于高负荷驯化的菌群，HV∶HB 值没有随着盐度的增加呈线性上升趋势，在 10.0 g/L 条件下 HV∶HB 达到峰值 2.03，之后又逐渐接近无盐水平，说明高负荷驯化的菌群在两种单体的合成能力上同时受盐度压力增加影响较大。

表 8.5　两种菌群在不同盐度下单体 HV∶HB 值

ρ(NaCl)/(g・L^{-1})		0	2.5	5.0	10.0	15.0	20.0
HV∶HB	低负荷	1.67	1.68	1.62	1.72	1.84	1.88
	高负荷	1.55	1.85	1.66	2.03	1.69	1.56

8.2.3　实际餐厨垃圾厌氧产酸及合成 PHA 技术

采用序批式厌氧发酵的工艺模式，以实际配制的餐厨垃圾为发酵底物，控制发酵条件进行产酸过程，将不同盐度下的产酸液用于合成 PHA 试验研究，考察前期富集的产 PHA 菌群利用实际含盐的餐厨垃圾产酸液合成 PHA 的能力，以期为将来的实际工程提供数据和工艺支撑。

1. 实际餐厨垃圾厌氧产酸工艺

(1)餐厨垃圾及接种污泥。

餐厨垃圾由米饭(35%，质量分数)、猪肉(16%)、白菜(45%)、豆腐(4%)等组成，米饭取自哈尔滨工业大学二校区天香食堂，猪肉、白菜及豆腐取自某生鲜超市，四种成分蒸熟混合，按照 1∶1 的质量比加入自来水，放入搅拌机，搅拌混匀后得到配制的实际餐厨垃圾，表 8.6 列出了加水搅拌后的餐厨垃圾性质。

表 8.6　餐厨垃圾基本性质

SCOD/(mg・L^{-1})	ρ(TS)/(g・L^{-1})	ρ(VVS)/(g・L^{-1})	ρ(VFA)/(mg・L^{-1})	$\frac{VVS}{TS}$/%
32 128.53	138.29	135.31	1 015.26	97.84

注：TS 代表总固体；VVS 代表挥发性悬浮物。

从表 8.6 可以看出，餐厨垃圾中的 VVS/TS 较高，说明餐厨垃圾中的有机物含量相对较高。试验接种污泥取自课题组厌氧小组的稳定厌氧污泥，自然沉淀 5 d 后去掉上清液使用，接种污泥 TS 为 2.83%，VVS 为 59.75%，SCOD 为 2 409.64 mg/L，pH=7.27，餐厨垃圾和接种污泥采取 4∶1 的比例。

采用元素分析仪对接种污泥及餐厨垃圾进行分析，结果见表 8.7。

表 8.7　餐厨垃圾及污泥元素组成

元素组成	w(C)/%	w(H)/%	w(N)/%	C/N
餐厨垃圾	48.34	7.59	4.18	11.56
接种污泥	28.85	4.75	5.98	4.82

试验自配餐厨垃圾性质与哈尔滨工业大学食堂餐厨垃圾的性质接近，王佳君等测定了天香食堂的餐厨垃圾，发现其 C、N、H 等元素的质量分数分别为 51.38%、2.93%和6.75%，C/N 为 17.51，性质与本章配制的餐厨垃圾相似，说明本章采用的配制餐厨垃圾与实际餐厨垃圾性质接近，可代表实际情况研究。

(2)餐厨垃圾产酸液性质及预处理。

厌氧发酵前取混匀后的餐厨垃圾再次加水调节含固率至 10.5%。厌氧发酵连续进行 96 h，期间每 24 h 采集发酵液样品进行 VFA 和氨氮（以氯化铵计）的质量浓度检测，表 8.8 列出了产酸液中 VFA 和氨氮在发酵过程中的数据变化情况。乙醇、乙酸、丙酸、异丁酸、丁酸、异戊酸和戊酸的 COD 占比分别为 15.50%、19.06%、16.23%、1.79%、44.01%、2.54% 和 0.87%。

表 8.8　餐厨垃圾发酵液 VFA 和氨氮质量浓度检测

发酵时间/h	参数/（mg·L^{-1}）								
	ρ(乙醇)	ρ(乙酸)	ρ(丙酸)	ρ(异丁酸)	ρ(丁酸)	ρ(异戊酸)	ρ(戊酸)	COD	ρ(氨氮)
0	0	1 015.27	0	0	0	0	0	1 082.95	65.07
24	1 427.43	2 929.22	1 154.36	0	3 532.64	128.49	0	14 534.99	132.20
48	1 476.15	3 222.52	978.65	0	3 532.64	128.49	111.82	15 556.72	483.36
72	1 573.44	3 456.76	2 022.34	191.03	5 114.27	225.06	0	20 135.71	514.35
96	1 702.81	4 098.18	2 459.33	225.47	5 551.62	285.58	97.55	22 931.30	1 325.11

产酸液预处理：将发酵罐中 96 h 的批式产酸液取出，装入 50 mL 离心管，8 000 r/min 离心 10 min，留取上清液，调节 pH 在 7.0 ±0.5，稀释 3 倍用于合成 PHA 的底物。

2.不同盐度下混合菌群利用实际餐厨垃圾酸化产物合成 PHA 的研究

底物配制：为探究不同盐度的实际餐厨垃圾产酸液对活性污泥微生物合成 PHA 的影响，将稀释 3 倍后的产酸液搅匀分成三份（每份 1 L），分别添加 2.5 g、5.0 g、10.0 g 的 NaCl，配制成 2.5 g/L、5.0 g/L 及 10.0 g/L 的底物。

混合菌群来源：通过前文的研究可知，低进水负荷下 5.0 g/L 盐度驯化的混合菌群含有较高丰度的产 PHA 优势菌属，有较好的菌体生长、PHA 合成能力，且耐瞬时盐度冲击性能较好，可以保持较高的 PHA 合成率，因此选择 5.0 g /L 盐度驯化富集的混合菌群。

(1)不同盐度对产酸液碳源利用的影响。

通过 GC 检测结果可知,产酸液底物中可被微生物吸收用来进行合成 PHA、内源呼吸代谢及菌体生长等过程的碳源种类包括乙醇小分子及乙酸、丙酸、丁酸、异戊酸、戊酸等 VFA 小分子,并且丁酸、乙酸及乙醇的总质量分数达 78.57%,属于典型的偶数型碳源。图 8.30 为合成 PHA 批次试验中三组盐度下的产酸液底物碳源消耗规律,每隔一段时间的峰值表示一个周期开始补料,谷点表示一个周期结束,可看出,2.5 g/L 和 5.0 g/L 的盐度条件下,每周期结束时反应器内的碳源都基本被混合菌群摄取约 82%,剩余的 COD 均为 650 mg/L左右,10.0 g/L 的盐度环境中,混合菌群每周期碳源消耗率平均为 47%,COD 剩余 1 800 mg/L 左右;纵观批次试验的 550 min,三组反应器每周期进水的碳源 COD 水平都有微小下降趋势,结合每周期的剩余碳源量,可推断实际发酵液在试验进行的放置过程中有一部分挥发被消耗,导致每周期进水的 COD 值有所降低。

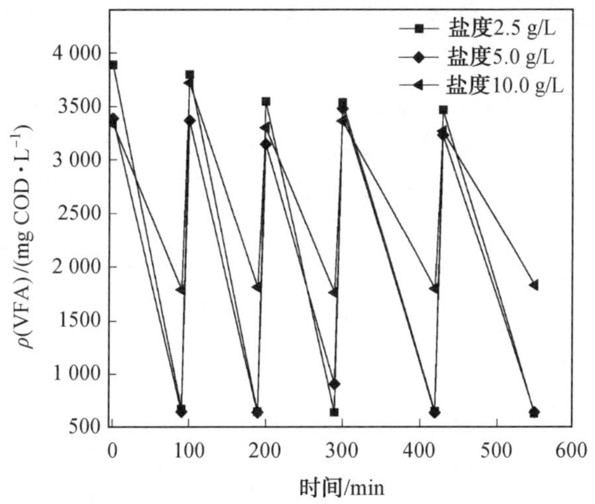

图 8.30　不同盐度下产酸液的碳源利用情况

(2)不同盐度对混合菌群菌体生长的影响。

图 8.31 表示三组盐度下反应器内的氨氮利用情况,变化比较明显的是:三组反应器每

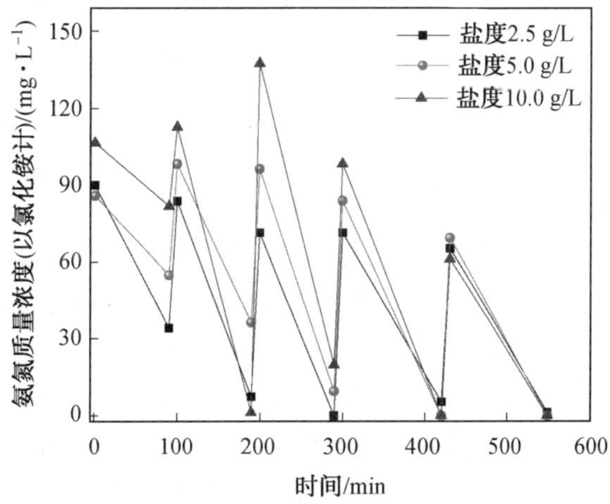

图 8.31　不同盐度下底物中氮源的利用情况

周期进水的氨氮总量不在稳定水平，除个别周期突然升高(可能是混合不均匀所致)，总体呈梯度下降趋势，表明其中的氨氮在放置过程中被消耗。推测原因是发酵液中含有一部分兼性微生物，即使经过离心操作，依然留存在作为底物的上清液中，在发酵液等待利用期间，氨氮被兼性微生物消耗掉一部分。同样的原因可用来解释进水氨氮(以氯化铵计)远小于发酵液稀释前初始氨氮质量浓度的1/3。经过计算，2.5 g/L反应器内的氨氮利用率在五个周期分别为61.93%、91.13%、100%、92.49%和98.10%，对应的消耗量在14.60～20.00 mg/L之间；5.0 g/L反应器内的氨氮利用率五个周期分别为36.06%、63.03%、90.13%、100%和100%，对应的消耗量在8.10～22.70 mg/L之间；10.0 g/L反应器内的氨氮利用率五个周期分别为23.26%、98.10%、85.59%、100%和100%，对应的消耗量在6.49～30.82 mg/L之间。以上数据说明，三组反应器的混合菌群在第一个周期内对于发酵液底物仍处于适应阶段，菌体不能利用大量氨氮进行快速生长，从第二个周期开始，三组反应器内的混合菌群对氨氮的利用率都达到较高水平，说明此时菌群已经较好地适应了新底物，能够进行大量增殖活动。

从图8.32可以看出，在面对新底物和盐度的双重生态压力冲击下，10.0 g/L的细胞干重变化明显区别于另外两组，其菌体细胞增长明显快于其他两组。因此从批次的第二周期开始，在氨氮总量大于其他两组的基础上，对氨氮的摄取效率也接近100%。从图中可以得出结论，10.0 g/L的高盐环境可以刺激菌体细胞生长速率，加快增长，结合图8.30中对碳源的利用情况，可知此环境中的微生物细菌处于氮源限制阶段。

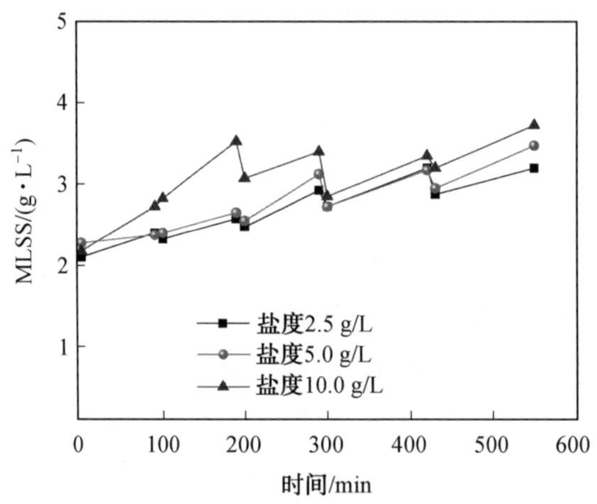

图8.32 不同盐度下细胞干重的变化情况

(3)不同盐度对PHA合成的影响。

图8.33显示了不同盐度下PHA合成率的变化，从图8.33可以看出，2.5 g/L盐度下菌群利用产酸液的PHA最高合成率达到峰值(33.43%)，其他两组的PHA最高合成率数值相当，分别为30.91%和30.60%，三组盐度下每周期的PHA合成率增加缓慢，在趋势上区别不明显；表8.9分别列出了三组盐度下的$Y_{P/S}$、q_{PHA}、$Y_{X/S}$、$-q_N$和$-q_S$，从中可以看出不同盐度对菌群利用发酵液合成PHA的PHA转化率、生物质转化率、PHA比合成速率、生物质转化率及底物比摄取速率的影响。由表8.9中的数据可知，不论哪个盐度，混合菌群的$Y_{P/S}$都大于$Y_{X/S}$，说明以餐厨垃圾产酸液为底物碳源时，PHA积累相对于菌体细胞生长

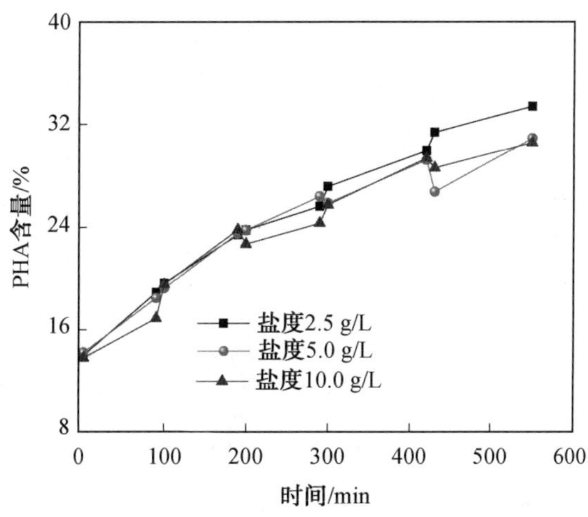

图 8.33　不同盐度下 PHA 合成率的变化情况

都是占主导的，这也正说明了餐厨垃圾产酸液作为 PHA 合成碳源的优势；随着盐度的增加，$Y_{P/S}$和 $Y_{X/S}$都呈上升趋势，说明盐度的增加对于混合菌群的 PHA 合成及菌体转化率都是正向促进，但是，三组盐度下的 q_{PHA}和$-q_N$ 变化区别不明显，且底物比摄取速率随着盐度升高，从 1.017 8 mg COD/(mg X · h)降至 0.459 7 mg COD/(mg X · h)，有明显下降趋势，原因与三组盐度下的污泥浓度逐渐增加有关；同时盐度增加刺激了菌体快速生长与合成 PHA 的速率，另一方面可看出，低盐度下微生物混合菌群对发酵液底物的利用率不高，推断除了菌体生长和 PHA 合成，有比较多的碳源被消耗在内源呼吸代谢过程。

表 8.9　不同盐度下各动力学参数比较

参数	$Y_{P/S}$(mg COD/mg COD)	q_{PHA}(mg COD PHA/ (mg X · h)$^{-1}$)	$Y_{X/S}$(mg COD/mg COD)	$-q_N$ (mg COD X/ (mg X · h)$^{-1}$)	$-q_S$(mg COD/(mg X · h)$^{-1}$)	PHA_m/%
Ⅰ	0.091 8	0.087 9	0.075 6	0.076 2	1.017 8	33.43
Ⅱ	0.134 3	0.106 6	0.087 4	0.070 3	0.841 7	30.91
Ⅲ	0.226 0	0.101 8	0.173 4	0.078 2	0.459 7	30.60

通过图 8.34 可以看出，以餐厨垃圾产酸液作为底物时，不同盐度下 HB 和 HV 单体比例变化不大。本次餐厨垃圾厌氧发酵控制条件属于丁酸型发酵，底物组成中丁酸占比 44.01%，并且 5.0 g/L 盐度驯化得到的混合菌群也以利用丁酸为主。已知，偶数型碳源在微生物体内被合成 PHB，因此以丁酸型发酵产酸液为碳源得到的 PHA 产品中 PHB 比例较高，而盐度表现为仅刺激微生物的菌体生长和 PHA 合成，基本对 PHA 单体构成没有影响。

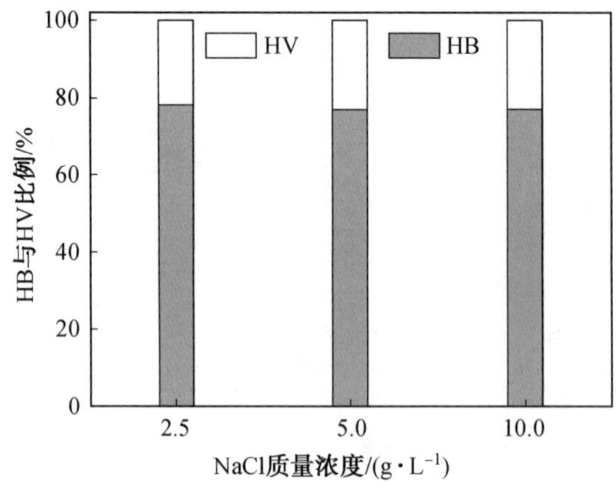

图 8.34　不同盐度对于 PHA 单体组成的影响

3. 结论

(1)对于从低进水负荷 5.0 g/L 盐度反应器中富集的混合菌群,当使用不同盐度的实际餐厨垃圾产酸液作为底物时,经过一个周期的短暂适应,10.0 g/L 的盐度条件下混合菌群受到氮源限制,使得每周期剩余碳源的 COD 值是其他两组的 3 倍左右,达 1 800 mg COD/L。

(2)经过盐度驯化的菌群在 2.5 g/L、5.0 g/L 的盐度环境中,菌体生长速率没有较大区别,而 10.0 g/L 的盐度环境可以刺激混合菌群利用碳源提高菌体生长速率,三组盐度环境中的氨氮利用率在批次试验的最后两个周期末基本都能达到 100%。

(3)三组盐度下,受盐度驯化富集的混合菌群表现出较为一致的 PHA 合成率,2.5 g/L 时取得 33.43%的合成率,优势微弱,而比较 PHA 转化率、PHA 比合成速率、生物质转化率、污泥比合成速率等数据,都是在 NaCl 为 10.0 g/L 时达到最高,分别为 0.226 0 mg COD/mg COD、0.101 8 mg COD PHA/(mg X·h)、0.171 4 mg COD/mg COD及 0.078 2 mg COD X/(mg X·h),此时的底物比摄取速率却最低,为 0.459 7 mg COD/(mg X·h),原因与氮源限制有关;同时也说明以 10.0 g/L 盐度的实际餐厨垃圾产酸液为底物,经过低进水负荷 5.0 g/L 盐度驯化的混合菌群可以最大限度将吸收的碳源转化为 PHA 合成与菌体生长,而在低于 10.0 g/L 盐度下菌群会因为内源呼吸等代谢过程消耗大量碳源,致使碳源无法得到有效利用。

(4)以丁酸型发酵的餐厨垃圾产酸液为底物,受驯化的混合菌群合成的 PHA 产品中 HB、HV 所占比例不受盐度影响,基本为 4∶1。

8.3　以粗甘油为底物的合成 PHA 技术

8.3.1　粗甘油合成 PHA 技术

甘油作为一种不需发酵的基质可以直接或经简单预处理后用于 PHA 合成。以甘油为碳源缩短了 PHA 合成工艺流程。在合成 PHA 技术中需关注以下几点,即甘油纯度对过程的影响、以甘油为底物的 PHA 合成菌群的筛选、进料模式的选择等。

1.底物纯度对PHA合成的影响

底物中碳源含量多少直接决定了最终PHA的产量，碳源中杂质越少，影响就越小，比摄取速率也会提高，所以底物纯度会对PHA合成过程产生影响。表8.10中综述了以不同纯度的甘油为底物时PHA的合成效果，研究表明当以纯甘油为底物，利用纯菌生产PHA时，PHA干重可达87%。Bormann用95%的甘油纯度培养*Halomonas*菌最终获得PHA含量为67%，PHA质量浓度为4.0 g/L。用*Bacillus sonorensis*菌也得到了类似的结果，可以看出甘油纯度降低4%～5%，PHA产量就会明显降低。Ibrahim等用纯度降低到85%的粗甘油时，最大PHA产量变为45%。Teeka继续将甘油纯度降低到了50%，PHA干重为40%，质量浓度仅为3.5 g/L，由此可见当甘油纯度由约90%微降到80%时，PHA就会大幅度降低40%～50%。Helena用已合成甘油为底物，混合菌群培养最大PHA产量为67%，产率达到0.35 g/g。Ribeiroet以合成甘油为底物培养纯菌*Burkholderiacepacia*最终获得PHA含量84%，生产能力为0.16 g/g。Kenny ST初次尝试用*Pseudomonas putida*菌以粗甘油为底物，最大PHA干重仅为33%。最近，Moita也用粗甘油来合成PHA，得到结论为选择培养基更喜爱甘油部分而不是甲醇部分，这项研究在30 Cmmol/L粗甘油的脉冲下，PHB产率为0.44 g/g，14个脉冲后实现了47%的PHB含量。Andre Frecheset用实际粗甘油在OLR为50 Cmmol/d，C∶N∶P=10∶6∶1，周期24 h情况下，经过三阶段脉冲获得高PHA积累能力0.44 g/g，最终得到59%的PHB含量，这是目前以粗甘油为底物研究中PHA合成率最高的报道，已经接近理论值：经过acetyl－CoA路径将甘油转化为PHB，理论值为0.47 g PHB/g glycerol。

表8.10　以不同纯度甘油为底物时PHA的合成效果

甘油纯度/%	微生物类型	PHA含量/%	PHA质量浓度/(g·L^{-1})	$Y_{P/S}$/(g·g^{-1})
99	*Zebellelladenitrificans*	87	4.2	—
95	*Halomonas*	76	4	—
95	*Bacillus sonorensis*	72	2.8	—
85	*Paracoccusdenitrificans*	45	25	—
50	*Novoshpingobiumsp*	40	3.5	—
33	*Burkholderiacepacia*	82	5	—
合成甘油	MMC	67	—	0.35
合成甘油	*Burkholderiacepacia*	84	—	0.16
粗甘油	*Pseudomonas putida*	33	—	0.2
粗甘油	MMC	47	—	0.44
粗甘油	MMC	59	—	0.43

基于之前对纯甘油及合成甘油中杂质对PHA合成的影响，人们不断积累经验以便将技术更好地应用到了粗甘油，省略纯化的高成本费用，目前粗甘油产PHA能力也在不断提高，正逐渐缩小与纯甘油之间的差距。

2. PHA 产生菌的选择

产 PHA 的微生物来源于各种可以想到的栖息地和生态位，比如河口沉积物、海水微生物、根际土壤微生物、地下水沉积物和人为的生态系统，其特点是养分质量分数存在波动。这是因为除了作为碳源和能源的储备物质，PHA 在抵御外源性压力因素的复杂生理过程中扮演更大作用，所以在自然界中，在极端环境和不同寻常底物的利用上，可以发现新的强大 PHA 产生菌。

蓝藻菌作为一种光合自养生物，可以降低在 PHA 合成过程中对碳源和氧气的需求。最近，据 Sharam 和 Mallick 估计，自养型微生物对碳源的需求仅为异养型微生物的 10%。蓝藻产 PHA 作为能量贮存的作用只是次要的，这与大多数描述的化学营养 PHA 产生菌是相反的。目前人们致力于设计优化光生物反应器系统的光照条件、改造蓝藻基因工程菌株和选择适宜廉价的碳源。研究者描述了蓝藻利用废弃碳源实现 PHB 与 PHV 共聚酯的生成，弥补单一 PHB 材料性能的缺陷。除了蓝藻菌，另一种光型微生物可以用于合成 PHA，即光合紫色非硫细菌。*Rhodospirillum rubrum* 作为这一群体的代表，具有将合成气转化为 PHA 的能力。合成气可以通过有机质的高温气化产生，是 CO、CO_2、CH_4、H_2、H_2S 及 N_2 的混合。以碳源过剩的农业、工业废弃物产生的合成气作为廉价原料生产 PHA，如 *R. rubrum*菌用玉米种子气化产物为原料产生的 3-羟基丁酸-3-羟基戊酸酯（PHBHV）中 3HV 质量分数为 14%，虽然生产效率较低，细胞内 PHBHV 质量浓度为 0.000 2 g/L 或质量比为0.09 g/g，但仍然有优化的可能。

混合菌群（MMC）发酵产 PHA 是该领域的研究热点之一。与纯菌发酵相比，混合菌群合成 PHA 工艺不需要对底物和设备进行灭菌处理，可以适应价格低廉、复杂的底物原料，以低成本积累具有高合成能力的 PHA 菌。混合菌群 PHA 合成方法是基于自然的选择原则竞争而不是通过遗传或代谢工程，通过在生物反应器中适当的培养条件，向混合菌群施加一定的选择压力，从而定向选择出具备 PHA 储备功能的微生物。复杂的废弃碳源如家庭废水、食物垃圾、甘蔗糖蜜或橄榄油厂废水，用作底物培养 MMC 合成 PHA 在产量提升方面已有较多的研究。Albuquerque 等利用糖蜜废水发酵产 PHA 获得 75%的 PHA 产量，产率为0.84 g/g；Jiang 等用纸浆废水产 PHA 获取 77%的最大合成量；Dionisi 等将橄榄油废水应用到生产中，最终获得 54%PHA；Mato 证明实际木厂废水也能用来产 PHA，但与其他废弃碳源相比产量偏低，仅为 25%。总之以实际废水为底物合成 PHA 干重能达到中等范围 39%～80%，这些复杂的废弃原料可以直接应用于 PHA 合成或以其发酵产物 VFA 为底物合成 PHA。混合菌群是由不同的产 PHA 菌构成，它们产生的 PHA 在摩尔质量、结晶度和单体构成上不同，丰富了 PHA 类型，扩大了其应用。

3. 进料模式的影响

PHA 累积合成段底物进料模式有连续和批次两种。Serafim 的研究指出当碳源质量浓度过高时，分批进料比连续进料效果更佳，PHA 积累从 67.5%增加到 78.5%，这是因为一次进料中菌体对过高的底物浓度适应性差，从而对其生长和 PHA 合成产生不利影响。Chen 及其研究人员以食品发酵液为碳源，研究了一次进料和批次进料效果，结果显示一次进料 PHA 合成率较低，为 51.5%，批次条件下为 64.5%，但分批进料达到最大 PHA 合成时时间会延长。A. Freches 的研究中也表明应用粗甘油连续生产 PHA 时，甘油比摄取速率慢，出现基质的积累，9 h 后就开始抑制 PHA 的产生，最终 PHA 含量为 32.08%，分批生产时可达 46.91%。

8.3.2　以粗甘油为底物合成 PHA 工艺的特征

通常混合菌群产 PHA 是以有机废弃碳源的发酵产物 VFA 为底物，但涉及发酵步骤，其转化为 VFA 的效果将会影响 PHA 产品的数量、质量及成本。为省略发酵步骤及其相关仪器操作管理等费用，简化 PHA 合成过程，选用不需要发酵的基质粗甘油为底物进行 PHA 合成。因此本节以粗甘油为唯一底物，对 PHA 合成菌的筛选富集效果、富集过程中污泥理化特性的变化、周期内动力学参数变化规律以及反应器运行稳定后 PHA 合成效果等进行了分析。

1. 富集过程中污泥理化特性变化

反应系统中的活性污泥性质的好坏直接影响反应器能否正常运行。尤其在反应器启动时，污泥的质量浓度和沉降性变化较大，时常对微生物进行显微镜检，测量它们的质量浓度、粒径及电位，掌握活性污泥的运行状态，及时根据变化情况对富集过程做出相应的调整，使活性污泥处于良好的状态，切实保障系统稳定运行。

(1)活性污泥显微形态变化。

对活性污泥进行显微镜检主要是观察污泥絮体的大小、质量浓度和结构，看是否有污泥膨胀倾向，判断污泥健康状况，对反应器在运行过程中污泥形态的变化有清晰的认识。图 8.35 为 1＃SBR 从启动到富集稳定后微生物形态的变化。图 8.35(a)是接种的二沉池污泥，初始污泥呈黄褐色，菌胶团形状不规则，大小也各不相同，可以看出里面细菌类型很丰富，细菌质量浓度较高，也较密实，里面也含有很多非生物颗粒、原生和微型后生动物。当把活性污泥接种在新环境粗甘油中之后，环境的改变对菌胶团造成了冲击。图 8.35(b)是富集 15 d 后细菌在显微镜下观察到的结果，质量浓度降低菌胶团开始疏松，污泥絮体逐渐解散，也出现一些游离细菌，细菌尺寸变小，沉降性变差。图 8.35(c)是富集 30 d 时污泥的形态，细菌类型明显减少，污泥絮体逐渐变大，紧密结合度强，非生物颗粒和原生动物也逐渐消失，之后富集过程中污泥形态变化不大，在富集 60 d 后，形成了尺寸更大的、更结实的颗粒状絮体，由于粒径大在显微镜下观察时透光率低，因此颜色会变暗。在整个富集过程中即使沉降性变差也未检测出丝状菌。

图 8.36 为 2＃SBR 从启动到富集稳定后微生物形态的变化。图 8.36(a)是接种污泥时的状态，菌胶团近乎球状，小而密实。当重新用粗甘油富集时，经过 15 d 后发现图 8.36(b)中结构松散，污泥浓度急剧下降，出现很多变形虫和纤毛虫等动物。图 8.36(c)是在富集 30 d的时候，污泥浓度有所回升，结构依旧松散，结合程度低，沉降性不好。图 8.36(d)是富集 45 d 后的污泥状态，其慢慢适应新环境，菌体不断相互碰撞结合重新团聚为菌胶团，但形状大小不一，分布不均。图 8.36(e)是继续富集一段时间后，出现大而密实的絮状体颗粒，污泥能够良好稳定运行。

1＃和 2＃SBR 活性污泥形态大致都经历了这样的变化：改变环境条件后破坏接种菌群的稳定状态，污泥浓度下降明显，菌胶团开始松散分离，沉降性变差。这时要特别注意反应器的培养条件，经历过环境冲击后的污泥逐渐适应新环境而形成新的菌胶团结构，小的菌胶团不断碰撞结合最终形成大而密实的颗粒絮状体。

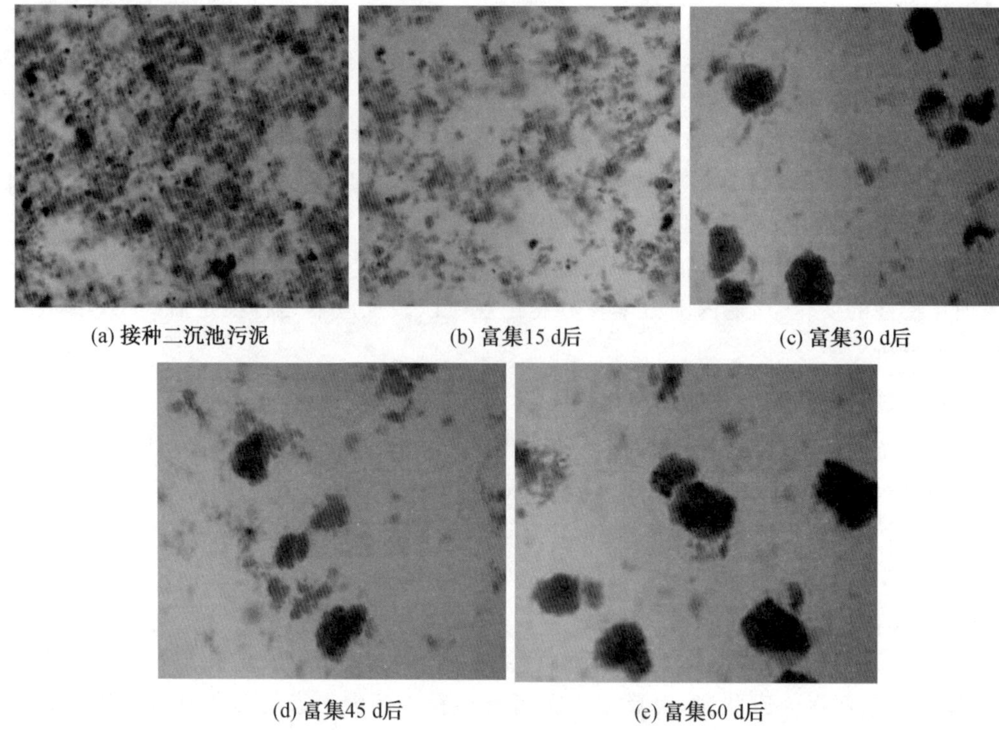

图 8.35　1＃SBR 富集过程中微生物形态的变化

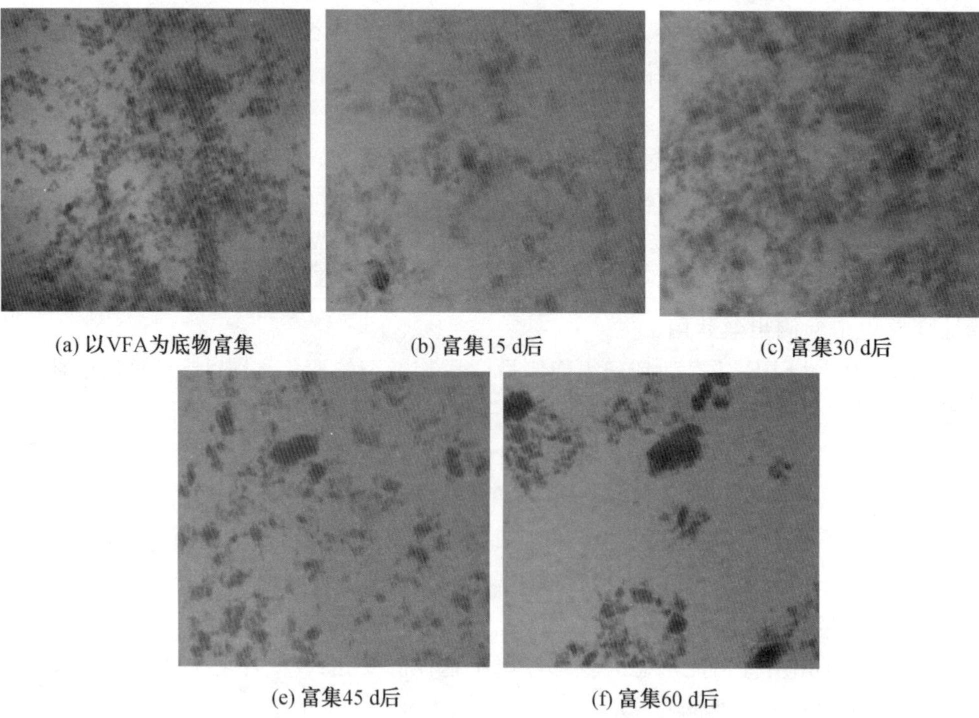

图 8.36　2＃SBR 富集过程中微生物形态的变化

(2)活性污泥Zeta电位变化。

Zeta电位是对颗粒间的排斥力或吸引力强度的度量，它的数值与胶态体系的稳定性相关，Zeta电位绝对值越小，越倾向于凝聚。Zeta电位与富集过程中细菌分泌的胞外聚合物有关，胞外聚合物一部分紧贴细胞表面，相对稳定牢固，还有一部分距离细胞壁较远，疏松，无明显边缘可向周围环境扩散，具有一定流动性。当这部分聚合物含量增多时，结果会使污泥絮体的Zeta电位增大，从而使絮体间的静电斥力变大，不利于污泥稳定性。另外这部分物质增多时还会造成污泥絮体表面的粗糙程度增大，这样会导致与水的分离难度大，从而使沉降性变差。所以Zeta电位值也可以作为污泥性质稳定的判断依据，及时发现异常并调整污泥培养条件。图8.37是1#和2#反应器在富集过程中每隔10 d的电位变化情况，从图中可以看出电位的绝对值首先增大，反映出的现象是污泥沉降性变差，在富集菌群的过程中细菌总会出现一段时间的分泌异常，然后污泥开始慢慢恢复，电位值减小，最终达到稳定状态，稳定时两组反应器的污泥电位值都在−5 mV附近，而通常认为电位在0 mV到−10 mV时污泥处于稳定状态，在0 mV到−5 mV污泥能够快速凝聚沉淀。

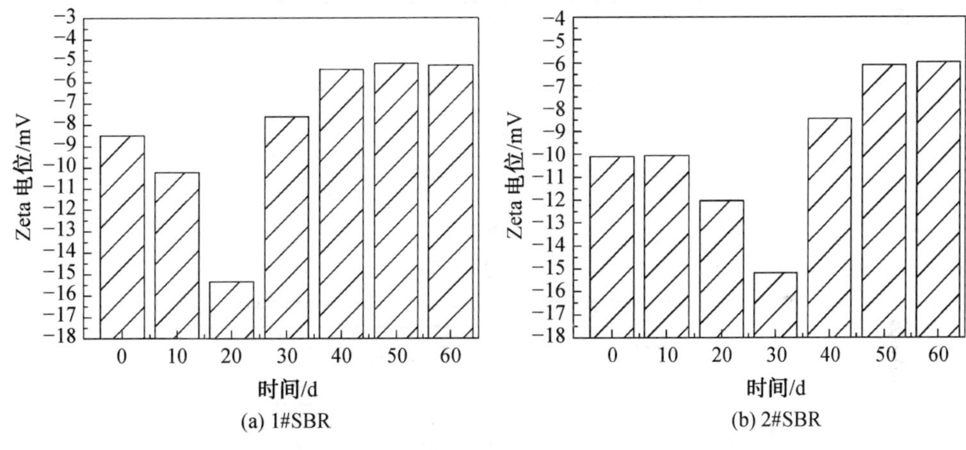

图8.37　富集过程中电位的变化

(3)活性污泥粒径变化。

在外界环境变化中，菌胶团颗粒在布朗运动和静电引力斥力的作用下不断发生聚集和分散，就会使污泥颗粒的粒径发生变化，粒径越大越易沉降，反之微小絮体越多污泥性能越容易发生恶化。图8.38是在富集过程中两组反应器体积平均粒径和表面积平均粒径的变化趋势图，结合微生物显微镜检的结果可以看出，粒径在20～30 d时会减小，此时污泥的沉降速度也变慢，随后逐渐增大，并且1#SBR的粒径要比2#SBR的大。图8.39是稳定后反应器中粒径的分析报告，1#SBR的体积平均粒径和表面积平均粒径分别为278.419 μm和97.033 μm，其中有10%的颗粒粒径是小于56.898 μm的，90%的颗粒粒径小于552.104 μm；2#SBR的体积平均粒径和表面积平均粒径分别为105.222 μm和47.923 μm，其中有10%的颗粒粒径小于29.168 μm，90%的颗粒粒径小于198.327 μm。从比例上来说2#SBR中微小粒径要比1#SBR多，平均粒径也小，与显微镜检的结果一

致，1#SBR 最终菌胶团更大更密实，约是 2#SBR 的两倍。

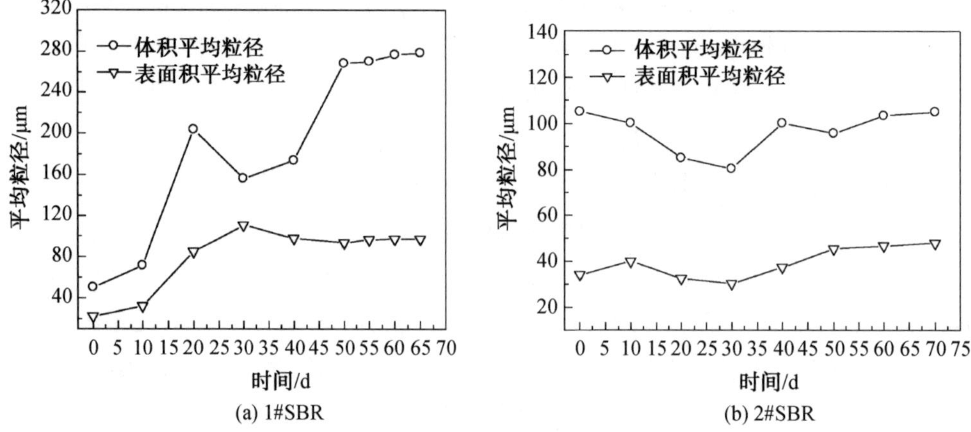

(a) 1#SBR (b) 2#SBR

图 8.38 富集过程中粒径的变化

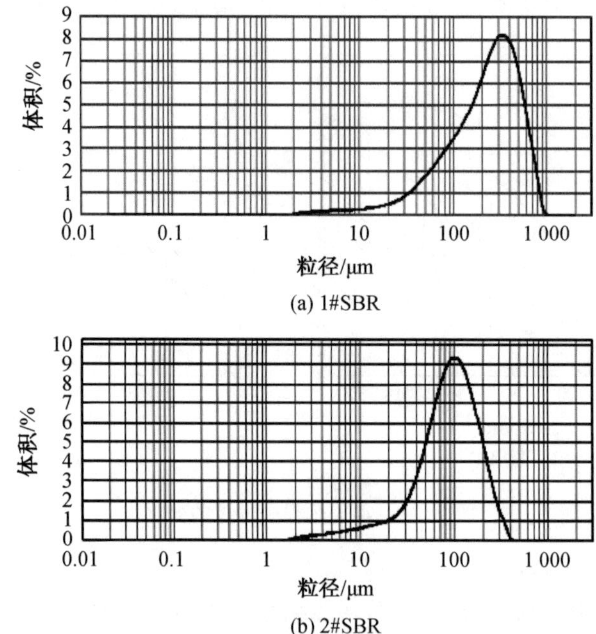

(a) 1#SBR

(b) 2#SBR

图 8.39 两组反应器稳定后粒径的分析报告

总之，污泥电位、粒径与显微镜检观察到的现象是一致的，电位和粒径之间也存在联系，Zeta 电位值越大，絮体间的斥力越大，粒径微小的絮体也就越多，污泥结构越松散，表现出来的沉降性能也就越差。根据富集过程中污泥理化特性的分析，清楚污泥形态在富集过程中变化的大致规律，可及时对反应器做出调整以避免发生污泥膨胀。

2. 富集过程中相关动力学参数的变化规律

(1)富集稳定状态的判断。

可以通过几个重要的参数，如 SV、SVI、MLSS、F/F、产量、基质消耗和聚体形成的比率、DO 和 pH 变化等，对 SBR 富集稳定性进行判断。

①富集过程中 SV、SVI、MLSS 的变化情况及其沉降性是污泥的基本性能，也是保证反应器稳定运行的基本参数。在反应器启动初期，需要频繁地测量这些指标，宏观上反映出污泥的状态，以便及时调整反应器使其可靠运行。图 8.40 显示了在富集过程中两组反应器的 SV、SVI 及 MLSS 的变化。1＃SBR 接种污水处理厂二沉池污泥，接种质量浓度为 6.5 g/L，当转移到新环境后，可以看出污泥浓度迅速下降，到 15 d 时开始缓和。研究通过添加额外碳源促进微生物增长及反应器定时排泥使污泥逐渐保持动态平衡，经过 45 d 的培养逐渐达到稳定，污泥浓度保持在 1.9 g/L。污泥沉降性在初始时波动也很大，但没有出现污泥膨胀，最终 SVI 值稳定在 52 mL/g。2＃SBR 接种污泥为以小分子有机酸为底物富集的 PHA 合成菌，接种质量浓度是 3.8 g/L，当重新更换碳源后，污泥的沉降性波动较大，在 6～15 d 污泥蓬松，SVI 值最高达到 167 mL/g。通过自我恢复逐渐适应新环境，污泥沉降好转，经过 60 d，SVI 值为稳定在 60 mL/g，污泥浓度相对变化较小，最终 MLSS 为 2.0 g/L。这些指标较简单地反映出污泥可以通过适应新的运行条件最终实现平稳运行。

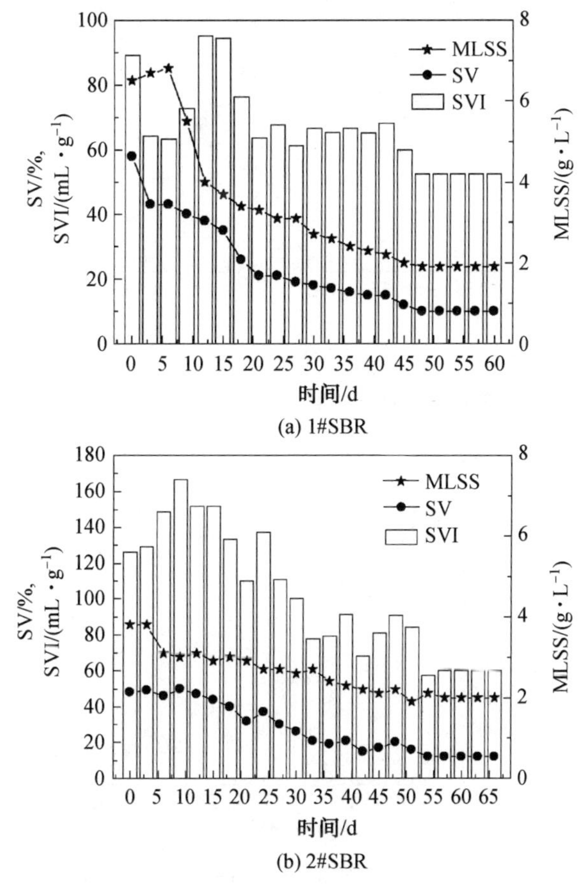

图 8.40　富集过程中两组反应器 SV、SVI、MLSS 的变化

②富集过程中 F/F 变化。SBR 运行过程中的 F/F 是产 PHA 菌积累的一个重要因素，代表着生态选择压力的大小。F/F 变化是通过周期内 DO 突跃来观察的，当投加额外碳源时，由于底物消耗 DO 会降低，碳源消耗完会导致 DO 突然增加，以这一特征作为充盈和匮乏阶段的临界点。在富集过程中几个周期内 DO 的变化如图 8.41 所示，在最初 5 d，由于底

物的消耗率非常低，没有观察到明显的变化，经过6～15次循环后，出现明显的DO变化。这表明一旦菌群适应了环境，具有较高的贮存能力，充盈阶段时间会逐渐缩短，能够快速消耗基质。当底物被耗尽，DO便相应地快速增加，在剩余的循环过程中，DO与细菌的生长有关。到达第60天左右，DO保持不变。为了更好地判断系统的稳定性，图8.42给出了1＃SBR及2＃SBR富集过程的F/F值变化。大多数研究学者认为对于SBR，F/F是决定富集聚体积累菌能力的关键因素，所有这些研究都表明低F/F(<0.28)使得PHA合成菌相比非合成菌具备竞争优势，可以选择出表现良好的PHA合成菌。而F/F>0.55时，细菌增长响应优于贮存机制。本研究中两组反应器的F/F均在0.22以下，1＃SBR最终稳定在0.05，2＃SBR稳定在0.04，说明以粗甘油为底物的富集过程可以在较低的F/F值下进行，利于PHA合成菌的富集。

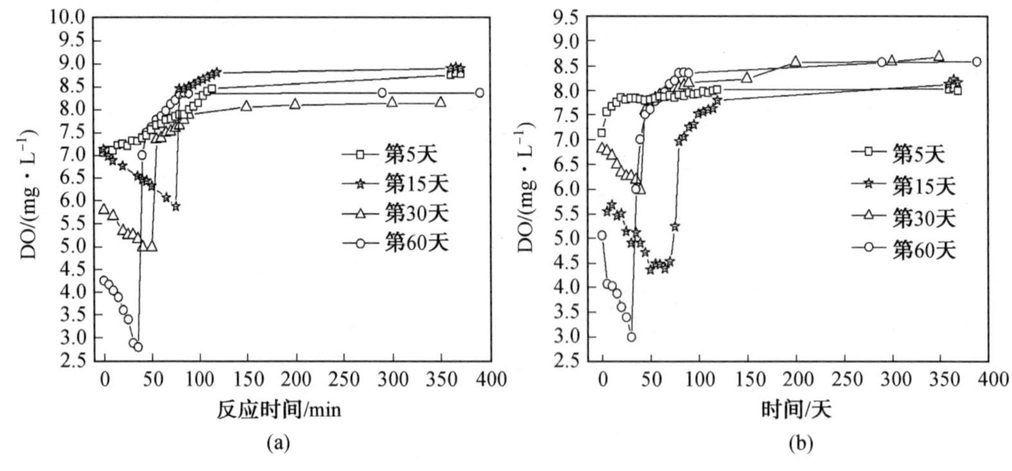

图8.41 富集过程中周期内DO的变化

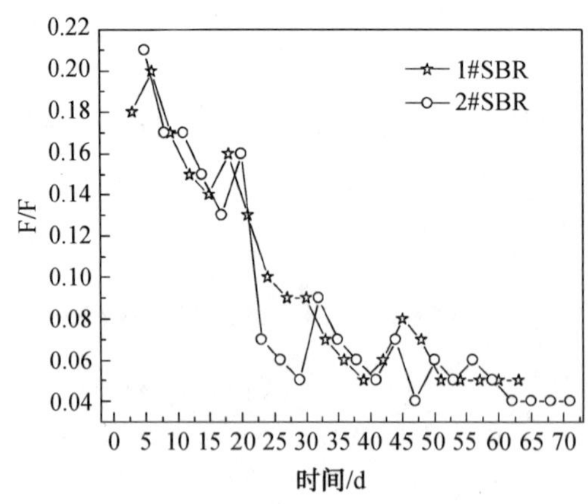

图8.42 富集过程中两组反应器F/F的变化

③富集过程中氨的消耗情况。

富集稳定的状态也可以通过氨的消耗情况来确定，在充盈阶段底物消耗主要用来贮存PHA，在匮乏阶段大多数氨的消耗才被用于细菌的生长，所以这一特征也可以作为产PHA菌的富集效果的依据。图8.43反映了富集过程中在充盈阶段氨消耗比例的情况，随着富集时间延长，在充盈阶段氨的消耗比例降低25%～35%，这意味着随运行时间延长，基质更多用于贮存 PHA 而不是细胞生长。从图中也可以看出在充盈和匮乏阶段氨消耗的比例分配需要更长的周期去稳定，说明对于评价反应器的稳定性来说，氨的消耗是更为敏感的指标。

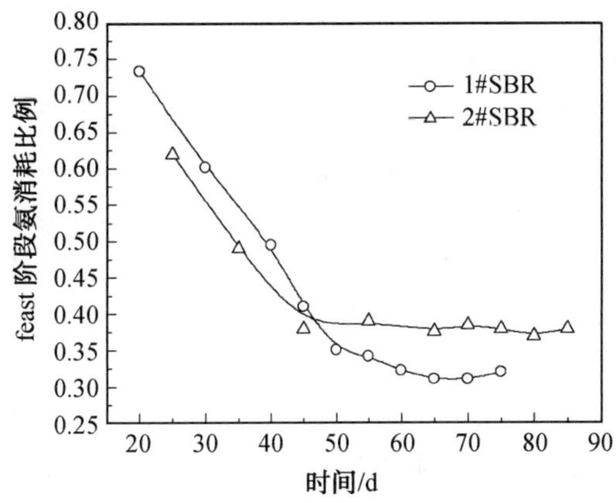

图 8.43　富集过程中充盈阶段氨消耗比例

通过以上几个指标的判断，相比于 VFA 作为底物(运行达到稳定大约需要 20 d)，以粗甘油为底物富集 PHA 合成菌需要更长的时间，即 6～7 个 SRT。究其原因可能有两个：一是混合菌对粗甘油的利用和转化时间相对 VFA 较长，使得充盈时间延长，充盈延长造成选择压力变小，从而使富集时间变长；二是从甘油和 VFA 类的消耗代谢途径比较。甘油的代谢如图 8.44 所示，甘油首先转化为二羟基丙酮，在一个 ATP 作用下转化为二羟基丙酮磷酸，此后有两个途径：一种是可以磷酸甘油醛脱氢酶，再转化为乙酰辅酶 A 成为 PHB 合成的代谢前体物，最终合成 PHB；另外一种是在生成二羟基丙酮磷酸后进入糖酵解过程产生聚糖 PG。非糖类基质转化为糖类是个非常复杂的过程，所以在富集过程中可以将产 PG 过程作为产 PHB 过程的一种竞争，特别是在低氧环境或长周期条件下会更有利于 PG 的生成。而 VFA 类物质代谢产 PHA 途径较简单，微生物也易吸收，将小分子酸转化为乙酰辅酶 A 和丙酰辅酶 A，进而聚合生成 PHB 或 PHV。所以，甘油作为一种与产物结构不相关的基质合成 PHA，代谢途径相对复杂，干扰较多，微生物对甘油的适应性需要更长的时间。

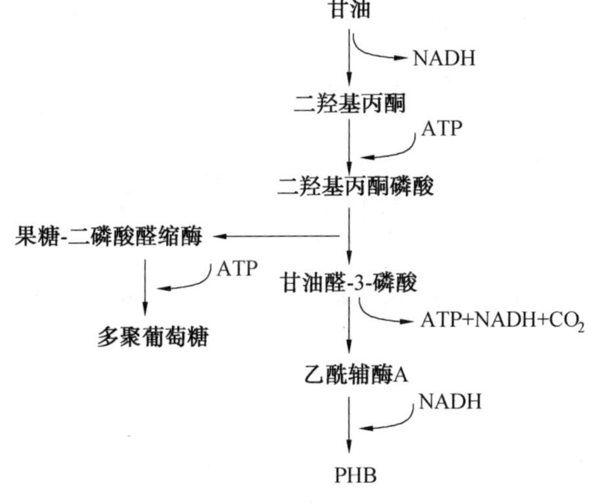

图 8.44　甘油产 PHB 的代谢方式

(2)沿程阶段周期内参数变化规律。

观察每组反应器在富集第 30 天和第 60 天时周期内参数的变化情况,对选取的数据测量多次选取平均值作为动力学参数的结果,如图 8.45 所示,并做出如下分析:周期内各项指标在反应 3 h 之后基本不变,1#SBR 在稳定周期内 DO 突跃时间为 40 min 左右,DO 的快速下降与甘油的摄取有关,在充盈阶段甘油基本消耗完,比摄取速率是 1 351.26 mg COD/(mg X·h),甘油消耗用来合成 PHB,比合成速率为 611.83 mg COD/(mg X·h),PHB 最大合成量达到了25.93%。与第 30 天的周期变化相比的具体数值见表 8.11,随着富集时间增长,DO 突跃时间缩短,充盈时间变短更利于产 PHA 菌的富集,甘油的吸取速率也变快,由原来的 911.45 mg COD/(mg X·h)提高了 48%,氨的消耗比例也从 0.51 减少到 0.36,说明随着逐渐驯化成熟,更多的氨会消耗在匮乏阶段用于细胞生长。PHB 的合成速率也提高了 22%,最大 PHB 合成量由23.21%提高到 25.93%,增加 2.72%,说明富集时间越长,PHB 合成效果越好,细菌对于新底物的适应性也越强。2#SBR 虽然接种的是能够利用 VFA 产 PHA 的菌群,但当重新更换底物时,对周期内参数的影响还是很大,各方面适应性比二沉池污泥差。

从图 8.45 和表 8.11 中可以看出 2#SBR 在 30 d 和 60 d 时,充盈时段分别为 60 min 和 30 min,甘油的比摄取速率分别是 773.86 mg COD/(mg X·h)和 841.21 mg COD/(mg X·h),氨氮的比摄取速率分别为 359.46 mg COD/(mg X·h)和 305.41 mg COD/(mg X·h),PHB 的合成速率分别为154.38 mg COD/(mg X·h)和 216.99 mg COD/(mg X·h),最大 PHB 合成量分别为 14.87%和 23.06%。值得一提的是,相对于 1#SBR,2#SBR 需要更长的时间达到稳定,在最初阶段需较长的适应时间,2#SBR 第 60 天时富集效果明显优于第 30 天,尤其是 PHB 合成量增加了 8.19%,甚至还有提高的趋势。

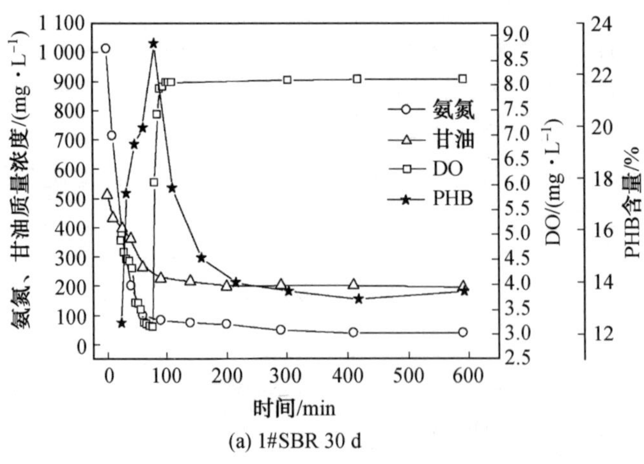

(a) 1#SBR 30 d

图 8.45 两组反应器沿程周期内参数变化规律

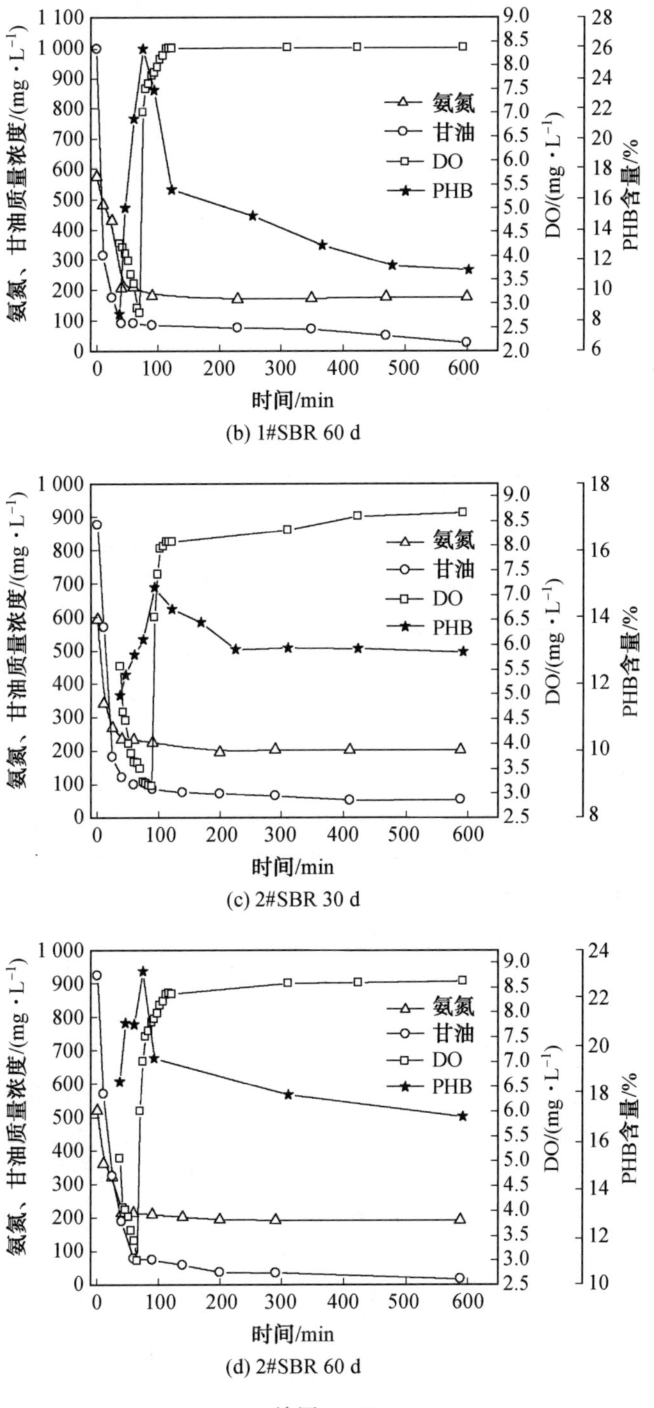

(b) 1#SBR 60 d

(c) 2#SBR 30 d

(d) 2#SBR 60 d

续图 8.45

表 8.11 两组反应器富集过程中动力学计算数值

时间/d	$-q_N$/(mg·(L·h)$^{-1}$)	$-q_S$/(mg·(L·h)$^{-1}$)	q_B/(mg·(L·h)$^{-1}$)	$Y_{P/S}$/%	$Y_{X/S}$/%	q_{PHA}/(mg·(mg·h)$^{-1}$)	q_X/(mg·(mg·h)$^{-1}$)	$-q_{甘油}$/(mg·(mg·h)$^{-1}$)	PHA 含量/%
1＃SBR									
30	250.00	911.45	501.34	43	64	0.20	0.32	0.50	23.21
60	548.60	1351.26	611.83	55	58	0.27	0.52	0.60	25.93
2＃SBR									
30	359.46	773.86	154.38	21	21	0.06	0.11	0.33	14.87
60	305.41	841.21	216.99	28	80	0.21	0.60	0.75	23.06

注：q_B 代表 PHB 比合成速率；q_x 代表生物质比增长速率。

表 8.11 计算出了富集过程中周期内相关动力学参数值，在单位微生物量条件下计算的底物比摄取速率、污泥比生长速率及 PHA 比合成速率等。底物消耗一部分用于微生物的生长，一部分用于合成 PHA，在富集过程中底物消耗的分配比例会发生变化，逐渐偏向 PHA 生成方向，最后处于稳定。1＃SBR 在 30 d 时 PHA 转化率和生物质转化率分别是 43％和 64％，PHA 比合成速率、污泥比生长速率、底物比摄取速率分别 0.20 mg/(mg·h)、0.32 mg/(mg·h)和 0.50 mg/(mg·h)。在 60 d 时 PHA 转化率和生物质转化率分别是 55％和 58％，PHA 比合成速率、污泥比生长速率、底物比摄取速率分别为 0.27 mg/(mg·h)、0.52 mg/(mg·h)和 0.60 mg/(mg·h)。可见，随着运行时间的延长，底物消耗用于污泥增长的比例降低了，用于 PHA 合成的比例升高了。2＃SBR 也出现了类似的变化，在 30 d 时 PHA 转化率和生物质转化率分别是 21％和 21％，PHA 比合成速率、污泥比生长速率、底物比摄取速率分别为 0.06 mg/(mg·h)、0.11 mg/(mg·h)和 0.33 mg/(mg·h)。在 60 d 时 PHA 转化率和生物质转化率分别是 28％和 80％，PHA 比合成速率、污泥比生长速率、底物比摄取速率分别为 0.21 mg/(mg·h)、0.60 mg/(mg·h)和 0.75 mg/(mg·h)。可以看出甘油的比摄取速率在第 60 天比第 30 天提高了一倍多，只有菌群适应底物，底物消耗了才能用来合成 PHA 和细胞生长。在第 30 天时，2＃SBR 适应性差，所有动力学参数值都较低，再经过 30 d 的富集，各项参数变化都有了明显的提升，也能够说明菌群逐渐适应粗甘油为底物。1＃SBR 和 2＃SBR 对比，稳定时虽然 2＃SBR 对底物比消耗率偏高，但更多地用于了细胞的生长，污泥的转化率比 1＃的高，1＃SBR 的 PHA 合成量比2＃SBR的高，说明 1＃SBR 富集效果更好些。

1＃SBR、2＃SBR 相比，达到稳定后虽然二者在最终底物消耗量及最大 PHB 合成量上差别不大，但 1＃SBR 的 PHB 比合成速率略高于 2＃SBR。说明直接富集污水厂二沉池污泥得到的 PHA 合成菌性能更优越，也更节省富集时间。

(3)批次阶段 PHA 合成能力评价。

在反应器富集了两个多月之后，为了评价菌群的富集效果，初步判断 PHA 的合成能力，进行了批次 PHA 累积合成试验，结果如图 8.46 所示。经过五次定时补料，1＃SBR 和 2＃SBR的 PHA 最大合成量仅为 18.48％和 18.92％，比驯化期沿程样品均低了 7.45％和 4.14％，在限氮条件下微生物几乎不增长。在第四次补料反应完时 PHA 合成量达到最高，此时接近饱和，随时间延长 PHA 合成量有下降的趋势。这时需要在一个批次过程中监控

DO 的突跃时间，既可以使底物充分吸取也要避免因反应时间过长使生成的 PHA 降解。每个批次过程中的动力学计算参数见表 8.12，粗甘油的比摄取速率在前三个批次较高，由于底物积累作用，甘油的比摄取速率是不断下降的，底物浓度过高反而有不利影响。就 PHA 产率而言，1＃SBR 在经过了 3 h 后就达到了最大，为 0.36 g/g 甘油或 0.24 g/g 污泥，2＃SBR 经过了 4.5 h 后才达到最大，为 0.39 g/g 甘油或 0.32 g/g 污泥，反应时间过长，PHA 产率和产量都会下降。理论上甘油产 PHA 的产率是 0.47 g/g 甘油(或 0.67 Cmol/Cmol 甘油)，与理论值有差异可能是因为在这个过程中底物消耗还可能用来聚糖合成，或者剩余污泥混合液中还有残存的氨，少量被用于微生物的生长。

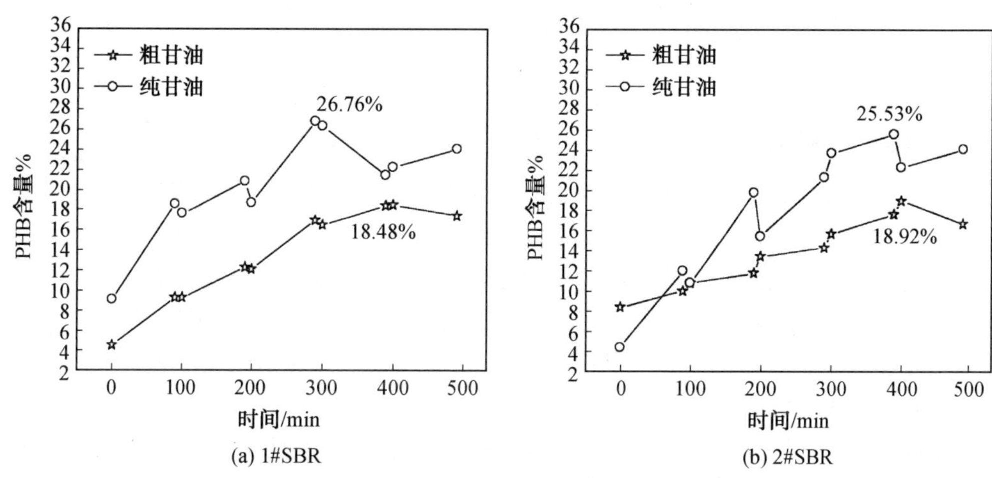

(a) 1#SBR　　(b) 2#SBR

图 8.46　两组反应器批次 PHB 合成效果

从结果来看，PHA 产量较低，仍然有很大提升空间。为了分析产量低的原因，用纯甘油为底物做了比较，结果显示以纯甘油为底物，1＃SBRPHA 最大合成量为 26.76%，比粗甘油增加了 8.28%，底物的比摄取速率在前几个批次也比粗甘油快，最大 PHA 的产率为 0.42 g/g甘油；2＃SBR 以纯甘油为底物时 PHA 最大合成量为 25.53%，比粗甘油增加了 6.61%，最大 PHA 的产率达到 0.40 g/g 甘油。纯甘油的作用效果更好些说明粗甘油中有害杂质如甲醇等不断积累可能对 PHA 合成产生抑制作用，但粗甘油中甲醇仅占 0.12%。尽管用纯甘油 PHA 产量明显提高，但依然保持较低水平，这说明杂质仅有一定的影响。分析可能导致的另外一种原因就是富集负荷太低，以至于用高负荷做批次时，菌群的适应性差，负荷冲击对生物代谢活动造成了影响。

表 8.12　批次过程中动力学参数计算数值

批次	$-q_S$/(mg·(L·h)$^{-1}$)	Y_{PHA}/(g·(g 甘油)$^{-1}$)	q_{PHA}/(g·(g 污泥)$^{-1}$)	PHA 含量/%
		1＃SBR		
1	1 314.66	0.33	0.22	9.29
2	1 426.67	0.36	0.24	12.30
3	1 010.23	0.24	0.11	16.96
4	750.35	0.23	0.10	18.48
5	644.34	0.14	0.08	17.39

续表8.12

批次	$-q_S$/ (mg·(L·h)$^{-1}$)	Y_{PHA}/ (g·(g 甘油)$^{-1}$)	q_{PHA}/ (g·(g 污泥)$^{-1}$)	PHA 含量 /%
2＃SBR				
1	1 026.67	0.26	0.23	9.90
2	1 074.67	0.18	0.18	11.68
3	789.34	0.39	0.32	14.25
4	730.12	0.38	0.31	18.92
5	800.20	0.02	0.02	16.65

3.主要运行参数的变化规律

为了准确掌握活性污泥的松散程度和沉降性能，了解活性污泥状态，需要在反应器富集过程中进行参数的监测。关注反应器富集阶段污泥形态以及 SVI、SV、MLSS、F/F、氨氮消耗，可以了解反应器运行状态，判断富集是否完成、反应器是否处于稳定状态。关于富集稳定状态的判断，目前业内没有具体的数值规定，作者根据课题组多年的研究经验，将持续半个月及以上 MLSS、SV、SVI、F/F、PHA 最大合成量及底物比摄取速率等保持稳定作为判断富集稳定状态的依据。

反应器以 50%粗甘油和 50%丙酸钠为底物(第一阶段)进行富集产 PHA 菌，体积为 2 L，反应器容积负荷为 2 000 mg COD/(L·d)，C∶N∶P(质量比)=100∶5∶1，运行周期为 12 h。

(1)污泥形态的变化。

活性污泥的状态与反应器能否稳定运行以及系统功能好坏息息相关。对活性污泥进行显微镜检，可以获得活性污泥的相关信息，对反应器运行管理起到一定的指示作用。活性污泥中的微生物种类很多，主要有细菌、原生动物、藻类等，其中细菌是物质分解利用的主角。一般情况下，当活性污泥中存在钟虫、纤虫、轮虫等微生物时，认为活性污泥状态良好；当出现浮游球衣菌、霉菌、丝状菌时，活性污泥可能发生了膨胀，这些微生物的大量繁殖会引起吸附型原生动物的减少；当出现漫游虫、管虫时，预示着活性污泥开始恢复。

图 8.47 为活性污泥在显微镜下不同富集时间所表现出的污泥形态，可以看出：反应器启动初期，由于外界环境突然改变，污泥浓度及污泥沉降性能发生明显变化，活性污泥内部结构也会发生相应的调整，可通过显微镜检及时观察活性污泥状态，从而了解反应器运行情况。图 8.47(a)为反应器启动初期接种的来自某污水处理厂的二沉池污泥，从图中可以看出：菌胶团大小不一、形状各异，污泥浓度较高；除活性污泥外，含有一些污水中的有机物质等；污泥中夹杂着一些指示生物，如钟虫、盖纤虫等，此时活性污泥状态非常良好。图 8.47(b)为富集 20 d 之后的活性污泥显微镜检情况，相比于图 8.47(a)，可以看出：此时菌胶团变大，污泥结构变得松散且有团聚倾向；污泥颜色变浅，污泥浓度减小；污泥总微生物种类相对变少。图 8.47(c)为富集 40 d 之后的污泥显微镜检情况，相比于图 8.47(b)，可以看出：形成了更多的菌胶团，且菌胶团颜色较深，更为密实；污泥浓度减小；污泥沉降性下降，但较为稳定；污泥中原生动物基本消失；图 8.47(d)为富集 60 d 之后的污泥显微镜检情况，相比于

其他三图，可以看出：此时菌胶团更大，颜色更深，内部结构更为紧实，分布均匀；丝状菌繁殖，沉降性变差；部分污泥、颗粒细碎且颜色相对较浅；污泥浓度相对较低，出现污泥絮体，显微镜检时透光率较低。

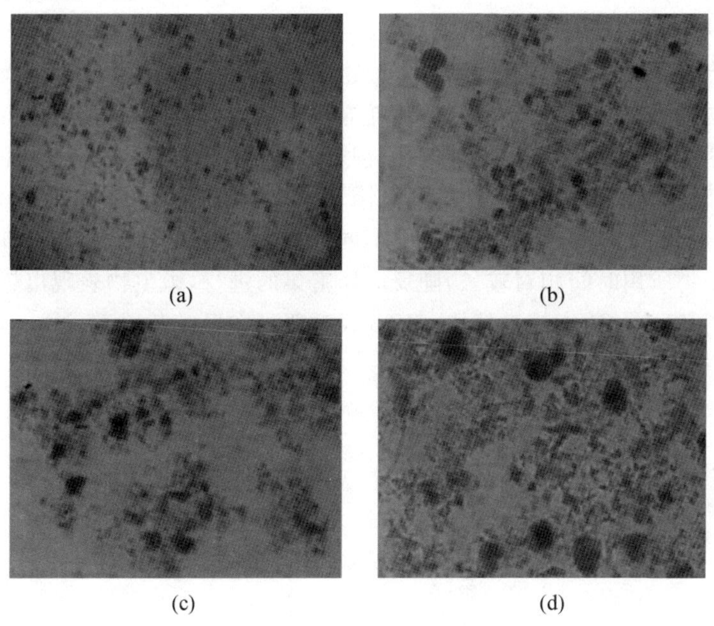

图 8.47　富集筛选过程中微生物形态变化显微镜检结果(40×)

(2) SV、SVI、MLSS 的变化。

SBR 富集 PHA 合成稳定性能的判定可通过 F/F、污泥沉降比(SV)、污泥容积指数(SVI)、污泥浓度(MLSS)、PHA 产量、底物消耗、DO 和 pH 等参数变化得知。为了准确掌握活性污泥的松散程度和沉降性能，了解活性污泥状态，在反应器富集过程中进行参数的监测。图 8.48 为富集筛选过程中反应器的 SV、SVI、MLSS 随时间的变化图，从图中可以看出：二沉池活性污泥接种到以粗甘油和丙酸为碳源的反应器之后，污泥浓度呈现短暂上升而后下降最后保持稳定的趋势，富集 45 d 以后，污泥浓度可达 3.20 g/L 左右。SV 和 SVI 也表现出同样的趋势，在富集 50 d 之后趋于稳定，SV 可达 25%左右，SVI 可达70 mL/g。

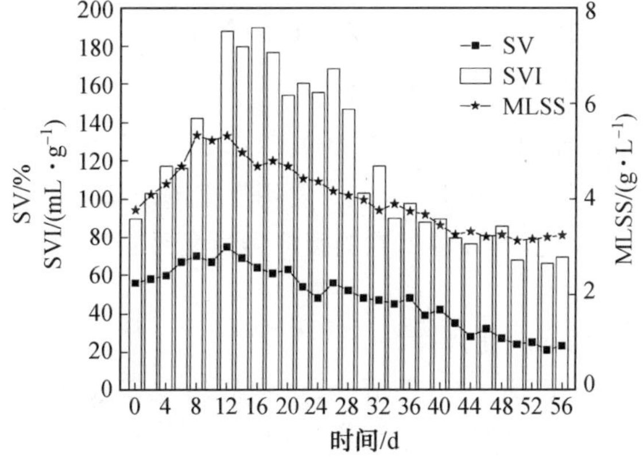

图 8.48　富集筛选过程中反应器的 SV、SVI、MLSS 随时间的变化

(3)DO、F/F 的变化。

F/F 是反映 PHA 合成菌积累的一个重要因素，它的变化是 SBR 运行过程中通过监测周期内 DO 突跃来观察的。

图 8.49 为反应器在周期内的 DO、F/F 变化图。从总体上来说，DO 变化均呈现先下降后急速上升趋势，这主要是因为刚开始加入底物即充盈阶段，微生物通过呼吸作用快速地将环境中的营养物质分解代谢，由于氧气的消耗导致 DO 下降；随着营养物质的消耗，部分微生物会由于营养物质的匮乏而停止摄食，此时呼吸作用减弱，体系中溶解氧消耗减少，表现为 DO 上升；当碳源物质消耗完全，便进入饥饿即匮乏阶段，此时，微生物基本停止摄食，呼吸作用停止，表现为 DO 趋于稳定。从图中不同周期内 DO 变化可知，初始时即第 1 天内，微生物消耗完底物所用时间相对较长，随反应器富集的进行，微生物表现出越来越高的比摄取速率，它们消耗底物的速度越来越快，第 28 天时便可在反应开始 40 min 内完成底物的摄取，之后大体保持稳定。

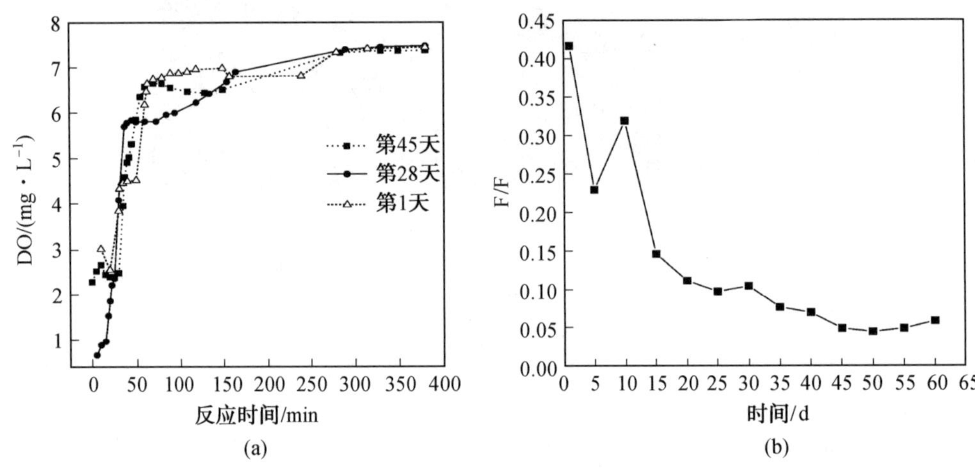

图 8.49　反应器富集过程中周期内 DO、F/F 的变化

另外，从图中可以看出：富集初期，DO 突跃较慢，F/F 值较大，达 0.43 左右；随富集时间的延长，F/F 值逐渐下降，说明微生物消耗底物能力越来越强；富集到第 50 天的时候，F/F值开始趋于稳定，F/F 值达到 0.05。研究表明，当 F/F<0.28 时，PHA 合成菌在反应体系中占据优势。由此可知，反应器已完成对 PHA 合成菌的富集。

4.典型周期内 PHA 合成相关参数的变化

反应器产 PHA 菌的富集过程除了对其 DO、F/F、SVI、MLSS 进行检测外，还需要监测其周期内底物消耗、产物合成。充盈阶段，氨主要用于细胞 PHA 贮存；匮乏阶段，大部分氨用于细胞生长。观察氨氮变化，可以辅助判断反应器富集是否达到稳定状态，这有助于全面了解反应器的运行情况。

(1)PHA 合成及底物消耗变化规律。

通过监测 PHA 含量变化、底物消耗情况、生物质转化率及比生长速率等是否达到稳定，判断反应器是否达到稳定运行状态。反应器内 PHA 含量越高，底物消耗越快，底物转化率越高，说明此时微生物产 PHA 能力越强。图 8.50 反映了反应器富集 10 d、30 d、60 d(即反应器运行 1 个 SRT、3 个 SRT、6 个 SRT)时的 PHA 合成及底物消耗的变化。从图中可以看出：富集 10 d 时，PHA 含量最高可达 13.63%，此时反应器内 PHA 产量为 1 474.78 g；富集 30 d 时，PHA 含量可达 17.76%，此时 PHA 产量为 3 170.52 g；富集 60 d 时，PHA 含量达到23.76%，此时 PHA 产量为 3 432.85 g。随着富集时间的延长，微生物对于粗甘油的消耗速度明显加快，富集 60 d 时，反应器内粗甘油可在周期开始 100 min 内消耗完全。丙酸作为一种简单碳源，可被多数微生物直接利用，所以微生物对于丙酸钠的利用能力较为稳定，在周期开始约 50 min 时，丙酸钠已经消耗完全。而在碳源粗甘油及丙酸钠消耗完全时，氨氮仍然存在，这就给反应器内微生物造成一种生理选择压力。碳源消耗完，PHA 作为一种内碳源可提供微生物生长所需，因此体内可合成 PHA 的微生物便可以 PHA 为碳源，利用环境中的氨氮继续代谢繁殖，而不能积累 PHA 的微生物便会在饥饿中死亡。富集时间越长，氨氮消耗越快。富集 60 d 时，氨氮在周期开始 150 min 内消耗完全，而且，在此过程中，氨氮变化表现出两个阶段，前期氨氮比摄取速率很快，在40 min左右时，氨氮比摄取速率明显降低，这可能是因为由于丙酸钠属于小分子酸，前期微生物优先利用它，而且速度较快，40 min 之后，丙酸钠基本消耗完，转而利用较为难降解的粗甘油，所以氨氮比摄取速率会较之前明显降低。

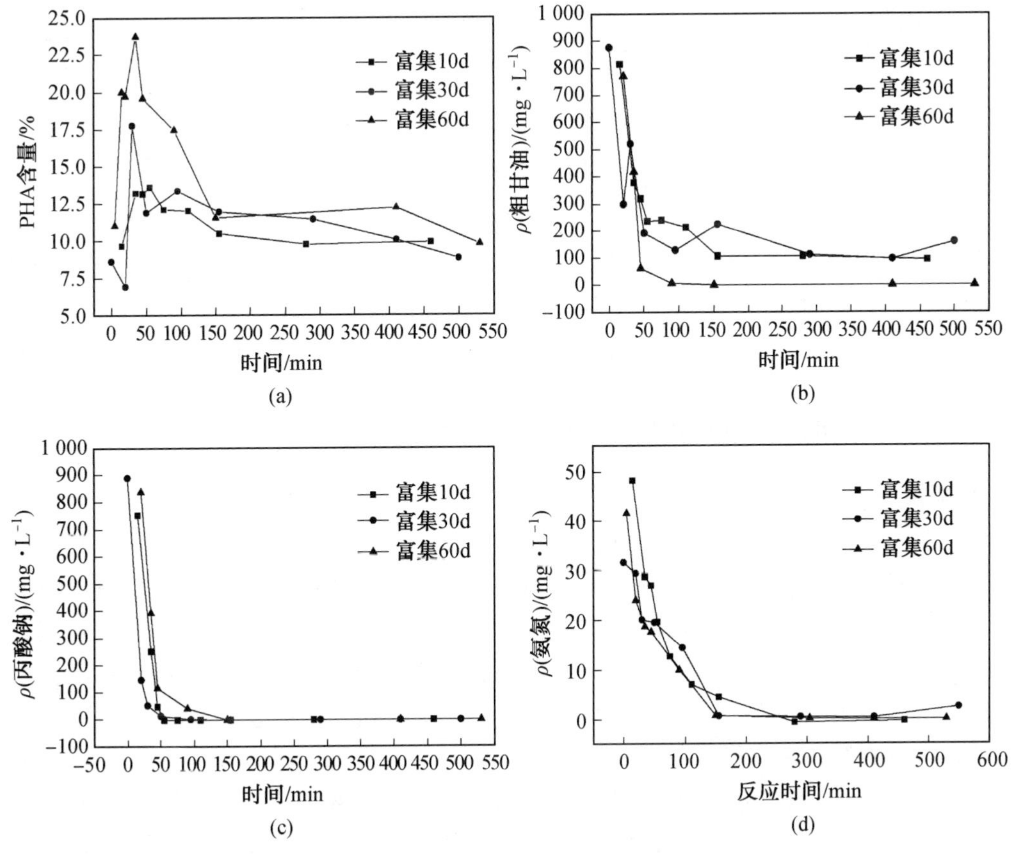

图 8.50　周期内 PHA 合成及底物消耗的变化

(2)动力学参数变化规律。

表 8.13 为反应器三个富集周期内动力学参数变化表，可以看出：初始接种污泥在富集第 1 天时不但没有 PHA 的积累，反而消耗了其体系中原有的 PHA，微生物对于粗甘油和

丙酸钠的利用率均很低，其比摄取速率分别为 0.10 h^{-1}和 0.24 h^{-1}，生物质转化率则相对较高。微生物可利用丙酸钠和粗甘油合成 PHA。在富集第 6 天时，微生物对于粗甘油和丙酸钠的比摄取速率均有较大的提升，PHA 比合成速率也有了提升，为 0.10 h^{-1}。在富集第 12 天时，PHA 比合成速率和 PHA 转化率却分别下降为 0.04 h^{-1}和 0.05 mg/mg，但污泥比生长速率、粗甘油和丙酸钠比摄取速率有较高水平，与此同时，反应器内污泥 SVI、SV、MLSS 分别为 187.7 mL/g、75%、5.31 g/L，并在显微镜下观察污泥形态，发现存在较多丝状菌。富集第20 天时，PHA 的比合成速率为 0.16 h^{-1}，在第 60 天时为 0.36 h^{-1}；在富集第 60 天时，微生物的 PHA 转化率为 0.37 mg/mg；丙酸钠的比摄取速率为 0.93 h^{-1}，粗甘油的比摄取速率为0.41 h^{-1}。污泥比生长速率也呈现上升趋势，富集第 30 天为 0.09 h^{-1}，第 60 天时为 0.18 h^{-1}；PHA 合成量再不断升高，第 60 天时达到 23.8%。由此得出，原始污泥里的微生物为了生存，当外界环境施加选择压力时，其积累 PHA 的能力越来越强。

表 8.13　反应器污泥富集过程中动力学参数变化

$t_{富集}$ /d	q_{PHA}/ h^{-1}	$Y_{P/S}$/ (mg·mg^{-1})	$Y_{X/S}$/ (mg·mg^{-1})	$-q_X$/ h^{-1}	$-q_S$/ h^{-1}	$-q_{甘油}$/ h^{-1}	$t_{反应}$/ min	PHA 含量 /%
1	−0.75	−3.16	0.24	0.06	0.24	0.10	60	13.2
6	0.10	0.24	0.24	0.10	0.41	0.18	30	13.6
12	0.04	0.05	0.21	0.18	0.84	0.40	40	13.0
20	0.16	0.27	0.15	0.09	0.60	0.15	50	15.7
30	0.10	0.24	0.22	0.09	0.40	0.22	45	17.8
60	0.36	0.37	0.19	0.18	0.97	0.41	50	23.8

8.3.3　以粗甘油为底物的 PHA 合成的菌群结构

1.富集稳定状态下两组反应器菌群结构异同

(1)两组反应器物种相对丰度比较。

两组 SBR 虽然都以粗甘油为底物，但初始接种污泥类型不同，经粗甘油富集后微生物类别也会存在很大差异。图 8.51 是物种相对丰度柱状图，可以直观地比较两组反应器在属分类等级上物种丰富程度及相对丰度较高物种的比例。G1 代表的是初始接种污泥为二沉池污泥，G2 代表的是初始接种污泥以小分子 VFA 为底物的 PHA 合成菌。

以 VFA 为底物富集得到的 PHA 合成菌中陶厄氏菌属(*Thauera*)(20%)、副球菌属(*Paracoccus*)(30%)和 *Meganema* 属(10%)占据优势，然而重新更换底物粗甘油后，菌群结构发生了变化，由图 8.51 中 G2 看出，以前的优势菌 *Paracoccus* 急剧下降，*Meganema* 甚至完全消失，只有 *Thauera* 基本保持原有比例，对甘油和 VFA 均有适应性。另外也出现了新的菌属，相对比例较高的 *Amaricoccus* 属、硫杆菌属(*Thiobacillus*、*Dechloromonas*)、*Ohtaekwangia* 属，还有少量的甲基包囊菌属(*Methylocystis*)、红细菌属(*Rhodobacter*)、黄色杆菌属(*Xanthobacter*)及 *Saccharibacteria* 属，菌群丰度增加。用粗甘油直接富集水厂二

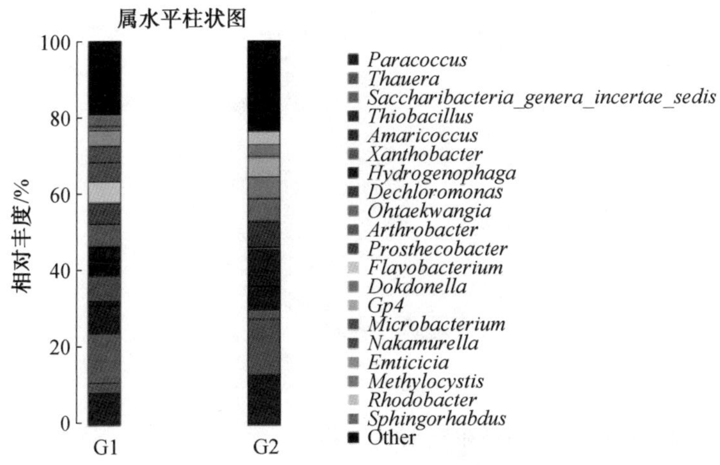

图 8.51　两组反应器属水平上物种相对丰度柱状图

沉池污泥，得到的情况如图 8.51 中 G1 所示，与 G2 相比两者存在共有菌群，但也有其菌群的独特性。原二沉池污泥中主要菌属包括嗜氢菌属（*Hydrogenophaga*）（20%）、节细菌属（*Arthrobacter*）（15%）、细杆菌属（*Microbacterium*）（13%）、副球菌属（*Paracoccus*）（12%）以及少量的硫杆菌（*Thiobacillus*）（3%）。经过粗甘油富集后菌群结构变化很大，原来菌群除了硫杆菌比例均减少，*Paracoccus* 和 *Thauera* 的比例之和不到 10%，说明也能富集出适应小分子 VFA 的菌群。还出现一些特有适应甘油的菌群，如黄杆菌属（*Flavobacterium*）、突柄杆菌属（*Prosthecobacter*）、*Emticicia* 属，尤其是 *Saccharibacteria* 属相对丰度最大，是值得进一步研究的对象。

两组反应器用粗甘油富集后通过物种丰富程度分析，可以看出共有的菌属包括 *Xanthobacter*、*Amaricoccus*、*Thiobacillus*、*Saccharibacteria*、*Paracoccus* 和 *Thauera*，只是相对比例存在差异：*Paracoccus* 和 *Thauera* 在 1#SBR 中相对丰度较低，在 2#SBR 中相对丰度较高，是因为这两种菌属主要与利用 VFA 产 PHA 有关，而其他菌属是与初始接种污泥相比变化较大的，是改变环境所致，其中 *Saccharibacteria* 和 *Amaricoccus* 属分别在 1#SBR 和 2#SBR 中相对丰度较高，推测它们是以粗甘油为底物合成 PHA 的 PHA 合成菌。

(2)两组反应器物种相似性比较。

可以认为一个 OTU 是一个物种，统计样品中 OTU 的数目可初步反映样品物种丰富程度的大小。图 8.52 反映出两组反应器中共有的以及每组内特有的 OTU 数目。两组反应器可以得到 1 315 种不同物种，其中共同存在的有 402 种，约占总量的 30.6%，说明这类菌群是与粗甘油为碳源息息相关的。2#SBR 中特有的物种有 816 个，多于 1#SBR 中的 97 个，物种丰富程度越多说明对环境变化的适应性越强，但不利于产 PHA 功能菌群富集效果的强化，受其他菌群干扰较多。共同物种在各个反应器中所占的比例越大，说明用粗甘油对初始菌群的富集效果越好，从这个角度考虑也可以初步认为 1#SBR 直接富集水厂污泥的效果更好些。

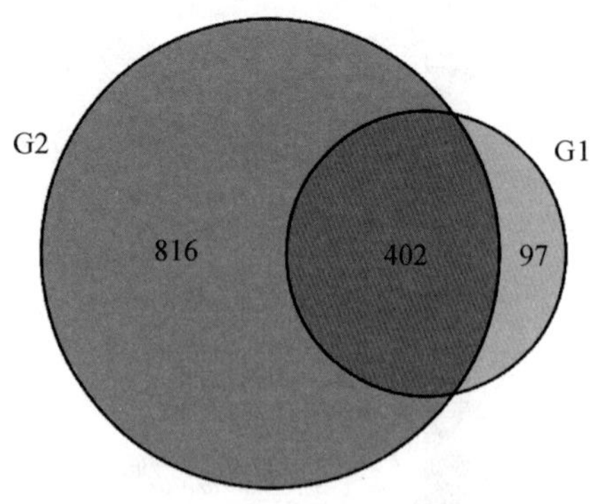

图 8.52 OTU 韦恩图

2. PHA 合成菌富集过程中的微生物群落分析

(1)微生物多样性分析。

在反应器富集期间取泥水混合液加甘油冷冻保藏。选取 7 个样品进行高通量测序分析,提取 16S rDNA,使用引物 341F 和 806R 对其 V3～V4 区进行扩增,经过后续处理后进行测序。对原始数据进行 97%的相似度聚类分析,得到 OTU。图 8.53 表示混酸粗甘油为底物产 PHA 反应器中微生物种群丰度和多样性变化趋势。

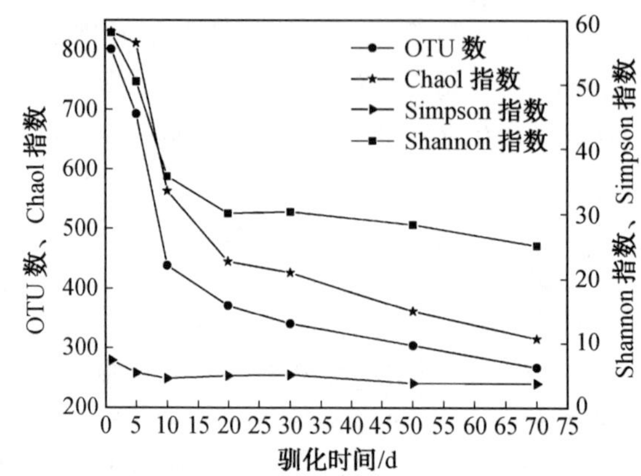

图 8.53 混酸粗甘油为底物产 PHA 反应器中微生物种群丰度和多样性的变化

Chaol 指数用来估计样品所含 OTU 总数,反映种群的丰富度,在生态学中常可用来估算物种总数,值越大则物种总数越多。由图可知,随富集时间的延长,OTU 总数持续减少,同时 Chaol 指数持续降低,表明:从富集开始到稳定,反应器中微生物群落的丰富度呈现下降趋势。

Shannon 指数、Simpson 指数均可表明产 PHA 反应器中微生物群落的多样性,值越大表示多样性越高。从表中可以看出 Shannon 指数、Simpson 指数呈现下降趋势,分析原因为:初始接种污泥的微生物种类较多,多样性高,当它们的碳源发生变化时,原本稳定的生态系统受到了冲击,种群生活在一定的空间中,共同利用空间的有限资源进行生存竞争,竞争能力弱的微生物处于劣势,能利用粗甘油和丙酸钠的微生物逐渐占据优势地位。同时,反应器采取 SBR 工艺形式,这种形式给反应器内的微生物额外增加生态选择压力,在充盈阶段不能将碳源转化为 PHA 的微生物将在之后的匮乏阶段被淘汰掉，产 PHA 菌则得到富集。

(2)纲水平物种相对丰度分析。

反应器富集初期与富集结束相比，体系内部微生物差异很大，通过分析前后微生物群落结构，可明确哪些微生物在产 PHA 体系中发挥作用并占据优势。图 8.54 展示的是污泥富集初期和富集结束时纲水平下微生物的相对丰度。

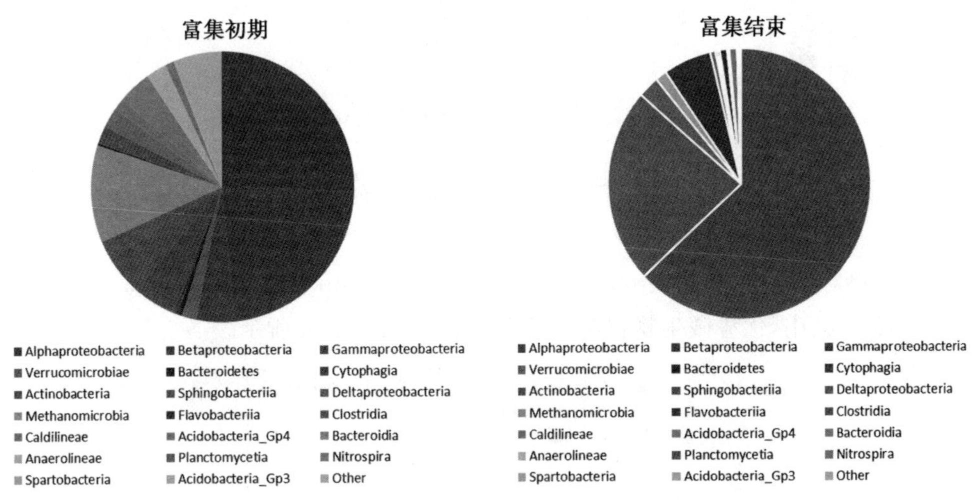

图 8.54　富集初期和富集结束时纲水平下微生物的相对丰度

从图 8.54 中可以看出，富集初期中 α 变形菌纲(Alphaproteobacteria)、甲烷杆菌纲(Methanomicrobia)、β 变形菌纲(Betaproteobacteria)的相对丰度占比较大，分别为 26%、23%、12%，是其中的优势菌。另外，鞘脂杆菌纲(Sphingobacteriia)、放线菌纲(Actinobacteria)、γ 变形菌纲(Gammaproteobacteria)分别占 5%。经过 60 d 的富集达到稳定状态，此时 α 变形菌纲(63%)与 β 变形菌纲(23%)仍然为优势菌，相对丰度分别为 63%和 23%，α 变形菌纲约为初始污泥的三倍，β 变形菌纲相对丰度没有发生变化，拟杆菌纲(Bacteroidetes)的相对丰度占 6%，而 γ 变形菌纲的相对丰度有所降低，为 3%。稳定污泥与初始污泥相比，PHA 合成能力高很多。Yamin Jiang 等在研究剩余污泥碱性发酵液生产 PHA 时发现 α 变形菌纲、β 变形菌纲、γ 变形菌纲均为体系中的优势微生物。这说明富集稳定之后微生物多样性明显减少，产 PHA 功能菌得到了有效富集。

(3)属水平优势微生物种群分析。

通过试验研究可以得知，反应器在富集 60 d 左右时已达到稳定运行状态。为了进一步揭示产 PHA 菌富集过程中微生物群落的变化，对富集过程中各微生物种群的相对丰度进行分析。图 8.55 展示的是混酸粗甘油为底物富集产 PHA 菌过程中属水平下微生物的相对丰度变化。

可以看出：在富集初期，体系中的优势菌属为 *Saccharibacteria_genera_incertae_sedis*、*Thauera*、*Brevundimonas*、*Dechloromonas*，它们的相对丰度分别为 11.0%、7.5%、7.0%、15.4%；在富集 20 d 时，体系内 *Roseibacillus*、*Leadbetterella* 的相对丰度达到其整个富集周期中的最大值，分别为 26.5%、9.3%；富集 30 d 时，*Thauera*、*Aquimonas* 的相对丰度达到其整个富集周期中的最大值，分别为 24.5%、11.6%；在反应器富集稳定时，*Paracoccus*、*Meganema*、*Thauera* 的相对丰度占比较大，分别为 7.1%、55.6%、21.7%，成为产 PHA 体

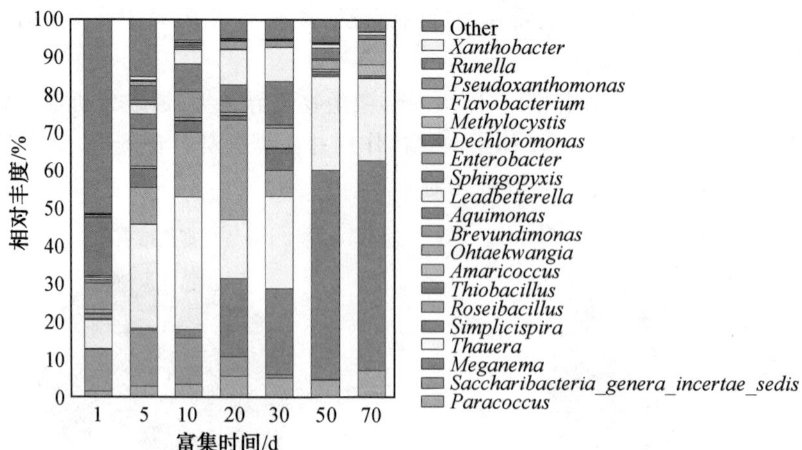

图 8.55 混酸粗甘油为底物富集 PHA 菌属水平下微生物的相对丰度变化

系中的优势菌。其中,优势微生物相对丰度变化趋势如图 8.56 所示。

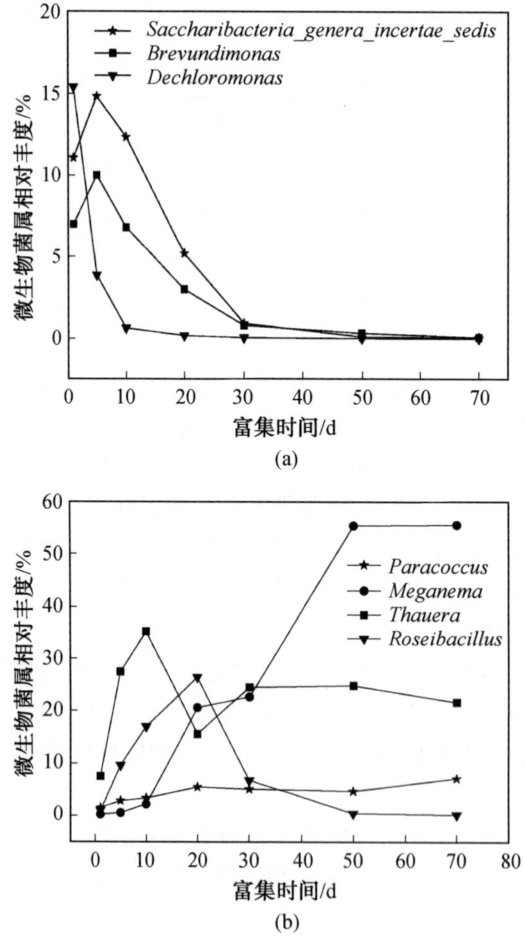

图 8.56 反应器中优势微生物相对丰度变化趋势

从图 8.56 可以看出，*Dechloromonas*、*Brevundimonas*、*Saccharibacteria_genera_incertae_sedis* 这三种微生物不能够适应新的环境，*Dechloromonas* 在富集 10 d 内被淘汰掉，而 *Brevundimonas*、*Saccharibacteria_genera_incertae_sedis* 则在富集 30 d 时相对丰度降到了 0.01%以下。同时可以发现，这两种微生物相对丰度同步变化，在富集到第 5 天时，两者同时达到最大值，之后都持续下降，在富集 30 d 时，同时达到最低值，可以推测这两种微生物在此体系内是共生关系。*Meganema*、*Thauera*、*Roseibacillus* 这三种微生物在进入新环境之后，它们的相对丰度都有明显的增高，*Paracoccus* 表现为持续稳定的增高。Lemos 在合成 PHA 的研究中发现 *Thauera* 是优势微生物，*Meganema* 是一种丝状菌，Dionisi 等在高有机负荷的 PHA 合成体系中发现这种微生物具有 PHA 合成能力。*Roseibacillus* 在富集初期表现出较强的竞争力，但富集 20 d 之后，其相对丰度急剧降低，相反，*Meganema* 菌却持续增高，并在 *Roseibacillus* 降到最低值的时候达到最大值，由此推测这两种微生物为竞争关系。在富集稳定之后，体系内 *Meganema*、*Thauera*、*Paracoccus* 的质量分数相对较高，得出在以粗甘油和丙酸钠为碳源生产 PHA 的稳定系统中，这三种微生物可以共存，并且在此状态下，体系表现出来的产 PHA 能力达到最大，可知这三种微生物对 PHA 的生产贡献很大。

图 8.57 的差异物种斯皮尔曼(Spearman)相关系数分析显示 *Meganema* 与 *Thauera* 存在明显的正相关关系，图 8.56 反映出这两种微生物随富集时间延长互助互利，最终富集稳定时，在体系内都占有很高的比例。*Paracoccus* 与 *Meganema*、*Thauera* 都存在负相关关系且 *Paracoccus* 与 *Thauera* 之间的负相关性要比 *Paracoccus* 与 *Meganema* 之间的负相关性强，*Paracoccus* 表现出相对较低的竞争力，虽然能在体系内存在，但含量不高。*Roseibacillus* 与 *Paracoccus* 有很强的正相关关系，表现为它们在体系内的相对丰度同增同减，但由于 *Paracoccus* 对环境的适应能力强，所以 *Roseibacillus* 相对丰度为 0 时，*Paracoccus* 能以较为稳定的含量继续生存。*Roseibacillus* 与 *Meganema*、*Thauera* 都存在负相关关系，*Roseibacillus* 与 *Thauera* 之间的负相关性要比 *Roseibacillus* 与 *Meganema* 之间的负相关性强。

以下是相关优势微生物的功能分析：

①*Saccharibacteria_genera_incertae_sedis*。*Saccharibacteria_genera_incertae_sedis* 属于 Candidatus Saccharibacteria 门，以蛋白胨为碳源时可以促进此类微生物的聚集，目前对于其生理功能及生活习性没有过多的研究。

②*Paracoccus*。*Paracoccus* 属于 α 变形菌纲，为革兰氏阴性副球菌属，是一种常见的反硝化菌，可以在细胞内形成聚-β-羟基丁酸盐颗粒。这种微生物在好氧条件下进行呼吸作用，在厌氧条件进行硝酸盐的还原。

③*Meganema*。*Meganema* 属于 α 变形菌纲，是一种丝状微生物，Dionisi 等在利用高有机负荷合成 PHA 研究体系中发现了它，并认为它具有 PHA 合成能力。

④*Thauera*。*Thauera* 属于 Betaproteobacteria 纲，属于革兰氏阴性菌，具有反硝化能力。*Thauera* 在污水处理体系中含量较高，说明这种菌属可能有着重要的作用。同时研究表明以喹啉为底物时，*Thauera* 是一种具有种群优势的喹啉降解菌。而 Manefield 等同时发现 *Thauera* 也是具有种群优势的苯酚降解菌。相关研究表明 *Thauera* 在其他 COD 的去除方面可能也有一定的贡献。

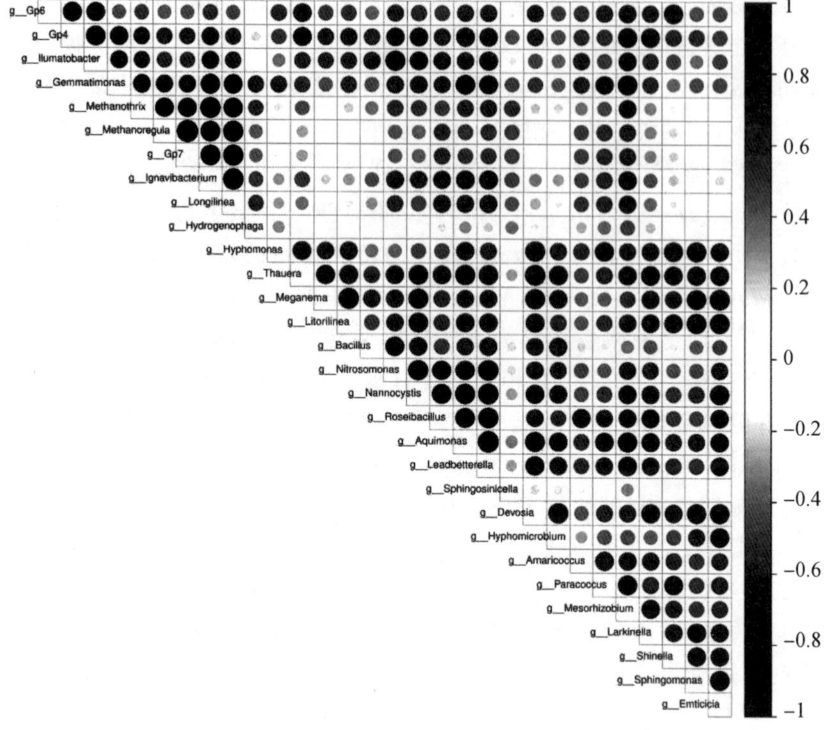

图 8.57 丰度前 30 的差异物种斯皮尔曼相关系数分析

8.3.4 粗甘油负荷对 PHA 合成的影响

在 ADF 条件下培养富集 SBR，微生物对聚合物贮存响应和生长响应的积极程度不同受一些因素的影响，如 HRT、SRT、DO、OLR、营养成分、F/F 及温度(T)，其中报道中确认 F/F 和 OLR 是关键因素，而且 F/F 的变化依赖于 OLR。本书作者所在团队研究发现当 OLR 为 1 200 mg COD/(L·d)时富集效果不理想，低的负荷往往会导致低的 PHA 合成率，所以本节内容通过改变进水底物浓度将 OLR 提高到 2 000 mg COD/(L·d)和 2 800 mg COD/(L·d)，考察底物浓度改变对富集过程中动力学的影响。

1. 粗甘油负荷对富集过程动力学的影响

(1)底物负荷对 F/F 的影响。

F/F 作为富集 PHA 合成菌的选择压力条件，它的大小决定了产 PHA 菌的富集效果，底物浓度的微小变化都会引起 F/F 的变化，使得碳源吸收在趋向贮存和趋向生长之间变动。低负荷时，活性污泥增殖较慢，不足以激起其快速生长，吸收的碳源在细胞内合成能源物质也就是利于趋向贮存；当进水负荷提升后，由于营养充沛微生物分解有机物较快，活性污泥增殖速度快会使得用于微生物贮存的有机物相对减少，也就是利于生物的生长。细胞的生长限制往往由长期饥饿引起，也就是说长期饥饿会影响细胞生理代谢，限制其增长因素并利于随后的丰盛贮存阶段。如果这种细胞生长限制受损，比如较短的饥饿期，非贮存生物可能也能够忍受，粗甘油残余的有机部分也可能在短期内作为外部碳源被利用，不能达到真正的匮乏。在这种情况下，产 PHA 的微生物与其他不产 PHA 的微生物竞争的驱动力会降低，会出现产 PHA 微生物和其他微生物共存的现象，所以 F/F 越小越利于产 PHA 菌的富集。图 8.58 是两组反应器在不同负荷下 DO 的变化规律，DO 突变的时间即充盈阶段结束的时间，可以看出负荷改变 DO 突变的时间，使充盈时间变长。1＃SBR 的 F/F 由低负荷时的 0.05 增大到高负荷时的 0.13，2＃SBR 的 F/F 由低负荷时的 0.04 增大到高负荷时的 0.18，突变程度也因底物负荷增加而变得不明显。从 F/F 角度讲，底物负荷增大会使 F/F 增大，不利于菌种的富集。

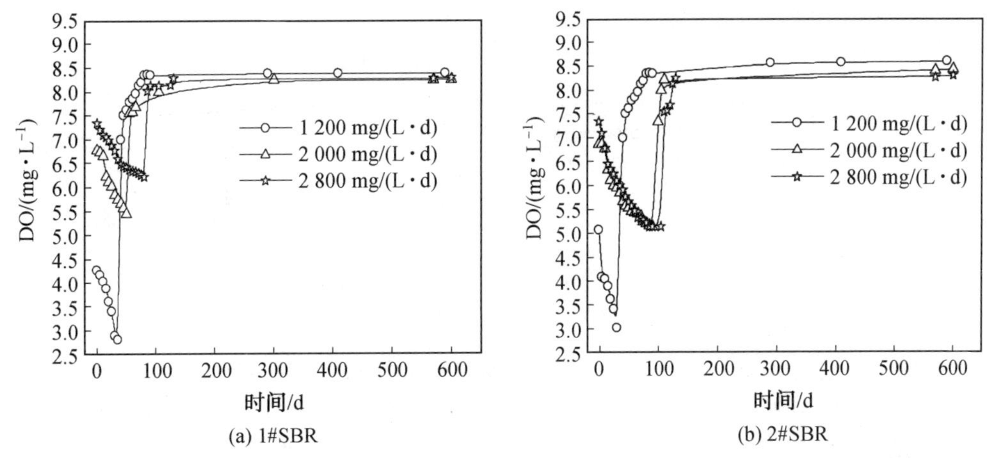

图 8.58　不同负荷下 DO 的变化规律

(2)底物负荷对甘油消耗的影响。

底物负荷影响着底物的比摄取速率，在氮源充足时，底物浓度太低会限制底物摄取的动力学，使产 PHA 菌生长过慢，竞争减弱。在较高底物浓度流入系统时，多余的碳源又会促进非产 PHA 菌的生长，选择压力也会降低。图 8.59 是两组反应器在不同负荷下甘油消耗的情况，1＃SBR 在负荷是 1 200 mg/(L·d)时甘油的比摄取速率为 1 351.26 mg/(L·d)，当负荷增加到2 000 mg/(L·d)，比摄取速率也增加到了 1 441.95 mg/(L·d)，充盈时间变长，速率提高，说明利用的甘油增多，并逐渐趋向饱和，此时，碳源质量浓度就是限制系统富集效果的因素。当负荷继续提升到 2 800 mg/(L·d)时，甘油的比摄取速率下降到了 1 322.42 mg/(L·d)，这是由于充盈时间变长甘油利用不会成倍增多使速率下降。从充盈时间段甘油的消耗比例也可以看出，在三种负荷状态下，其消耗比例分别为 0.91、0.76、0.72，低负荷时甘油基本能消耗完，只剩下一些不易吸收的其他碳源进入匮乏阶段，此时选择压力很好，但是碳源不能满足需求，需要更多碳源使微生物贮存 PHA。而负荷最高时，消耗比例与 2 000 mg/(L·d) 时相比反而下降了 0.04，说明碳源过剩。当负荷在 2 000 mg/(L·d)左右时，碳源既能满足产 PHA 菌对碳源的需要，又能够抑制非产 PHA 菌在匮乏阶段生存。2＃SBR 甘油比摄取速率对负荷改变的影响更明显，当负荷由 1 200 mg/(L·d)提高到2 000 mg/(L·d)时，甘油比摄取速率由 841.21 mg/(L·d)增加到 1 015.77 mg/(L·d)，是原来的 1.2 倍，继而升高负荷后，对甘油消耗的速率影响不大。1＃SBR 和 2＃SBR 比较发现，在负荷是 1 200 mg/(L·d)、2 000 mg/(L·d)和 2 800 mg/(L·d)时，1＃SBR甘油的比摄取速率分别是 2＃SBR 的 1.6 倍、1.4倍和 1.2 倍，这反映出 1＃SBR对甘油作为底物时适应性更强，富集效果更理想，而这种差距随着负荷的增加而逐渐减少。总之负荷对甘油吸收的影响还是很大的，负荷太低摄取速度慢，负荷太高富集选择压力会降低，也不利于系统的稳定运行，将负荷设置在中间值附近才能达到良好的富集效果。

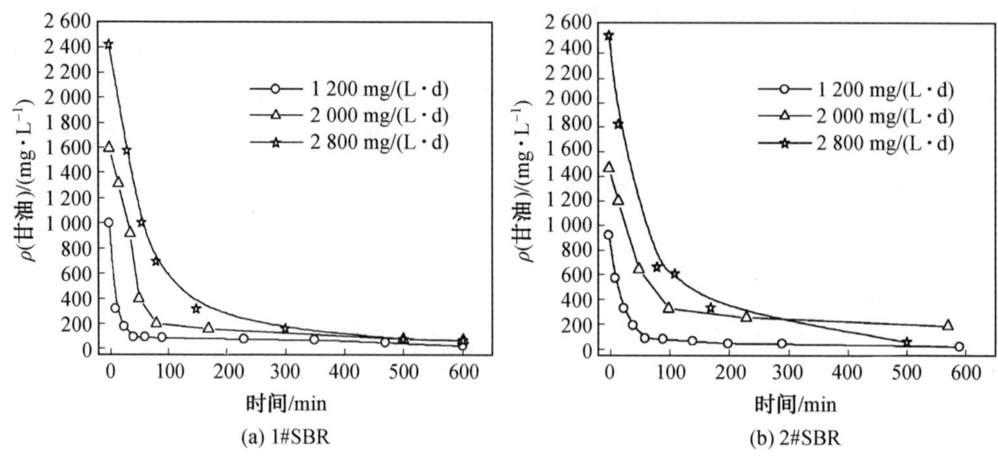

图 8.59 不同负荷下甘油消耗的情况

(3)底物负荷对氨氮消耗的影响。

氨氮吸收曲线与基质消耗趋向相关,但是氨氮摄取滞后于甘油,这可能是由于微生物细胞在长期饥饿后生理不适应生长条件,匮乏期越长这种滞后现象越明显。图 8.60 是两组反应器在三种负荷状态下氨氮消耗的情况,1#SBR 在负荷是 1 200 mg/(L·d)、2 000 mg/(L·d)和 2 800 mg/(L·d)时氨氮比摄取速率分别是 548.60 mg/(L·d)、569.84 mg/(L·d)和 487.52 mg/(L·d);2#SBR 在负荷是 1 200 mg/(L·d)、2 000 mg/(L·d)和 2 800 mg/(L·d)时氨氮比摄取速率分别是 305.41 mg/(L·d)、398.92 mg/(L·d)和 342.75 mg/(L·d)。从反应开始到充盈阶段末期,1#SBR 在三种不同负荷下氨氮消耗的百分比分别为 64%、56%和 63%,2#SBR 在三种不同负荷下氨氮消耗的百分比分别为 63%、59%和 61%。两组反应器都表明在负荷是 2 000 mg/(L·d)时,氨氮的比摄取速率最快,而且氨氮消耗最少,底物吸收更利于趋向聚体积累方向。

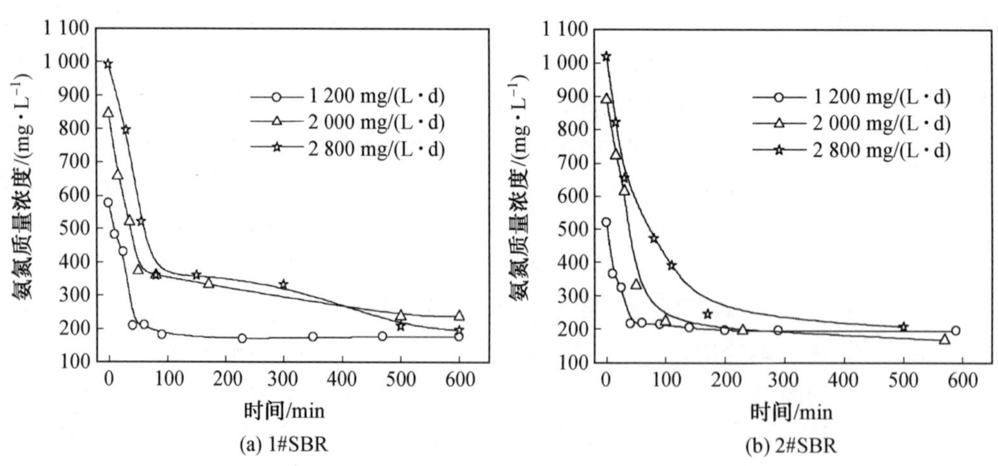

图 8.60 不同负荷下氨氮消耗的情况

(4)底物负荷对生物量的影响。

底物负荷改变对生物量的影响还是很大的,周期内生物量的变化趋势如图 8.61 所示。1#SBR 和 2#SBR 中生物量变化对负荷的响应类似,当用低负荷 1 200 mg/(L·d)富集时，甘油在充盈阶段吸收也用于细胞生长，此时污泥的转化率和比生长速率都最高，1＃SBR的生物质转化率和比生长速率分别是58％和0.52 mg/(mg·h)，2＃SBR的生物质转化率和比生长速率分别是80％和0.60 mg/(mg·h)，所以在低负荷时底物用于PHA合成较少，低负荷导致低的PHA合成量。当负荷为2 000 mg/(L·d)时，两组反应器的生物量较稳定，质量浓度分别维持在2.5 mg/L和2.0 mg/L。当负荷继续提升到2 800 mg/(L·d)时，PHA合成倾向较明显，在充盈阶段生物质转化率较之前分别降低58％和32％，更多底物用于PHA合成。这可能是因为高负荷下PHA合成菌占据竞争优势，PHA合成菌经过匮乏期后在生理上需要时间恢复，细胞生长较慢，底物主要用来合成聚体，进入匮乏阶段后，利用剩余碳源和氨氮来合成微生物，维持生物量的稳定。从整体来看，负荷提高，污泥平均质量浓度也会提高，但不是成倍增加，底物在聚体合成和细胞生长分配上存在一个平衡。理论上富集反应器中高的负荷产生的高的生物质质量浓度会提高混合菌群的PHA合成率，但实际中看到高的负荷会使生物量增加，但并未实现预期的生产率的提高，这可能是因为负荷增加造成匮乏时间缩短，使对富集PHA积累菌的选择压力降低。

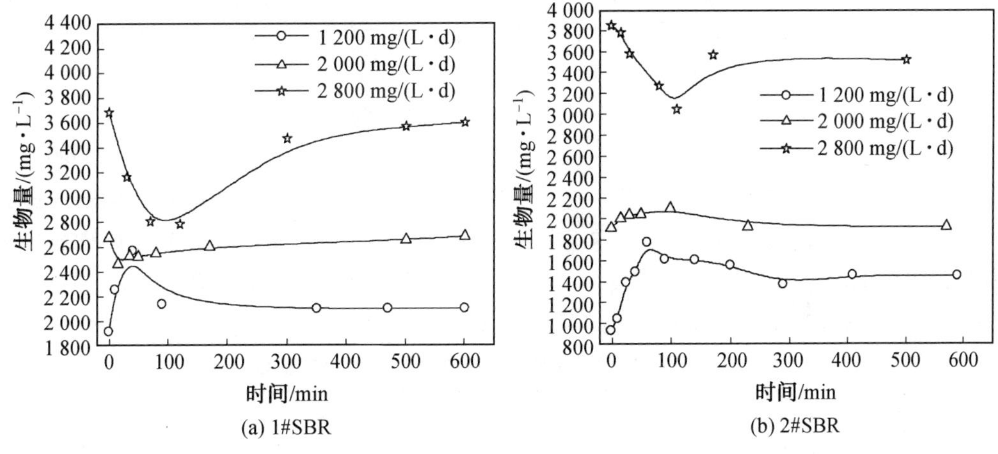

图8.61　不同负荷下生物量的变化趋势

(5)底物负荷对沿程PHA积累的影响。

改变负荷会引起各种参数的变化，但最终最关注的就是对PHA积累情况的影响，目的就是设置最优的负荷达到最优的富集效果。图8.62是两组反应器在三种负荷状态下的PHA合成量。在充盈阶段甘油吸收用于PHA合成，合成量不断积累，当甘油基本消耗完进入匮乏阶段后，由于缺乏额外的碳源，胞内合成的PHA会自动充当能源和碳源物质分解以维持细菌的正常生命活动。从图中可以看出在充盈阶段末期，1＃SBR在负荷1 200 mg/(L·d)、2 000 mg/(L·d)和2 800 mg/(L·d)时获得的PHA最大合成量分别是25.93％、28.41％和32.89％；2＃SBR在负荷1 200 mg/(L·d)、2 000 mg/(L·d)和2 800 mg/(L·d)时获得的PHA最大合成量分别是23.06％、27.29％和34.67％。最大合成量与底物浓度有关，底物负荷越高，在富集阶段PHA合成得就越多。

就PHA比合成速率、转化率而言，表8.14给出了不同负荷下的比较结果，可以看出，对同一反应器，碳源负荷从1 200 mg/(L·d)增加到2 000 mg/(L·d)时，1＃SBR的PHA比合成速率从611.83 mg/(mg·h)增加到928.1 mg/(mg·h)，提高了51.6％，负荷增加

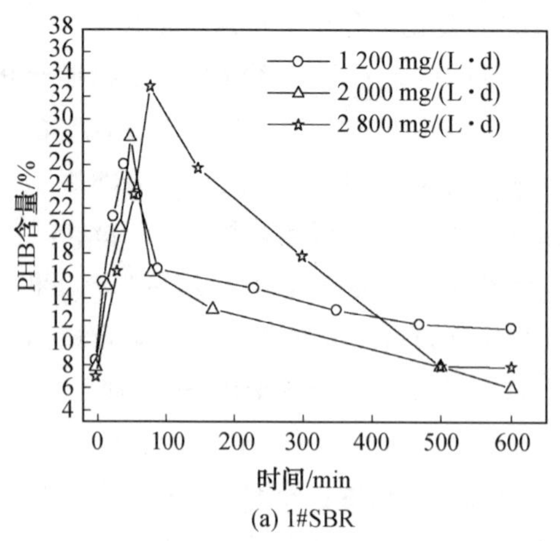

(a) 1#SBR

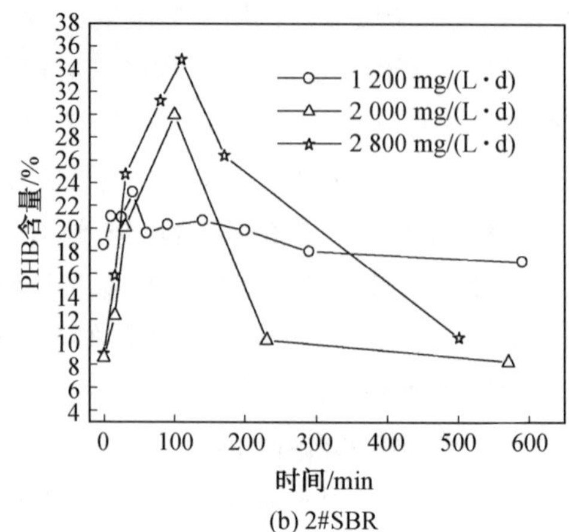

(b) 2#SBR

图 8.62　不同负荷下的 PHA 合成量

到2 800 mg/(L·d)时，PHA 比合成速率反而下降了 39%。PHA 转化率和比合成速率在 2 000 mg/(L·d)时最高，分别为 0.57 mg/(mg·h)和 0.39 mg/(mg·h)。2＃SBR 提高负荷后的效果明显优于低负荷，PHA 比合成速率在 2 000 mg/(L·d)和 2 800 mg/(L·d)时增大到 500.93 mg/(mg·h) 和 661.06 mg/(mg·h)，与低负荷相比分别提高了 1.30 mg/(mg·h)和 2.04 mg/(mg·h)。PHA 转化率与低负荷相比也分别提高了 43%和 78%，PHA 比合成速率在 2 000 mg/(L·d)时最高，达到 0.25 mg/(mg·h)。PHA 的合成速率与甘油的比摄取速率变化规律是一致的，在相同负荷条件下 1＃SBR 和 2＃SBR 最终 PHA 干重相差不大，底物浓度直接决定了最终 PHA 含量，但 1＃SBR 的 PHA 比合成速率高于 2＃SBR 的，这可能是因为两组反应器菌群类型不同，其在 PHA 比合成速率上会有差异。总之与低负荷相比，提升负荷是利于 PHA 积累的。

表 8.14　不同负荷下 PHA 合成过程中的动力学参数

底物负荷/ (mg·(L·d)$^{-1}$)	q_B/ (mg·(L·h)$^{-1}$)	$Y_{P/S}$/ (mg·mg^{-1})	$Y_{X/S}$/ (mg·mg^{-1})	q_{PHA}/ (mg·(mg·h)$^{-1}$)	PHA_m /%
1＃SBR					
1 200	611.83	0.55	0.58	0.27	25.93
2 000	928.10	0.57	0.17	0.39	28.41
2 800	565.40	0.52	0.18	0.26	32.89
2＃SBR					
1 200	216.99	0.28	0.80	0.21	23.06
2 000	500.93	0.40	0.18	0.25	27.29
2 800	661.06	0.50	0.54	0.19	34.67

2. 粗甘油负荷对 PHA 合成能力的影响

(1)不同负荷下的 PHA 最大合成量。

为了清楚地说明提升负荷后混合菌群 PHA 积累的潜力，研究进行了批次试验，并以纯甘油为底物做了对比分析。不同负荷富集状态下PHA最大合成能力如图8.63所示。1#SBR和2#SBR在低负荷1 200 mg/(L·d)时PHA合成量最低,仅为18.48%和18.92%,低于沿程结果;当富集负荷提升至2 000 mg/(L·d),1#SBR和2#SBR的PHA最大合成量明显提高,分别达到36.59%和36.33%;当富集负荷进一步提升到2 800 mg/(L·d)时,1#SBR和2#SBR PHA最大合成量反而降低了0.56%和0.43%。出现这样的结果可能是因为在低有机负荷条件下富集到的菌群不适应高负荷批次试验,底物浓度过高对PHA合成有抑制作用。也并不是负荷越高富集效果越好,而只有当富集负荷与批次负荷差距适宜时,在批次阶段限氮条件下,提供充足的碳源,菌群PHA合成效果才最佳。考虑到粗甘油中其他杂质存在的影响,用纯甘油作为底物来对比,结果显示1#SBR在负荷为1 200 mg/(L·d)、2 000 mg/(L·d)和2 800 mg/(L·d)时,PHA最大合成量分别达到了26.76%、38.78%和37.46%,与粗甘油相比,分别增加了8.28%、2.19%和1.43%。2#SBR在负荷为1 200 mg/(L·d)、2 000 mg/(L·d)和2 800 mg/(L·d)时,PHA最大合成量分别达到了25.53%、38.85%和36.50%,与粗甘油相比,分别增加了6.61%、2.52%和0.6%。随着负荷的升高,粗甘油与纯甘油之间的差距会缩小,当负荷提升到2 000 mg/(L·d)时尤其明显。选对负荷可以忽略杂质的影响,直接用粗甘油不仅能实现废物的资源化利用,而且还可以减少成本费用。

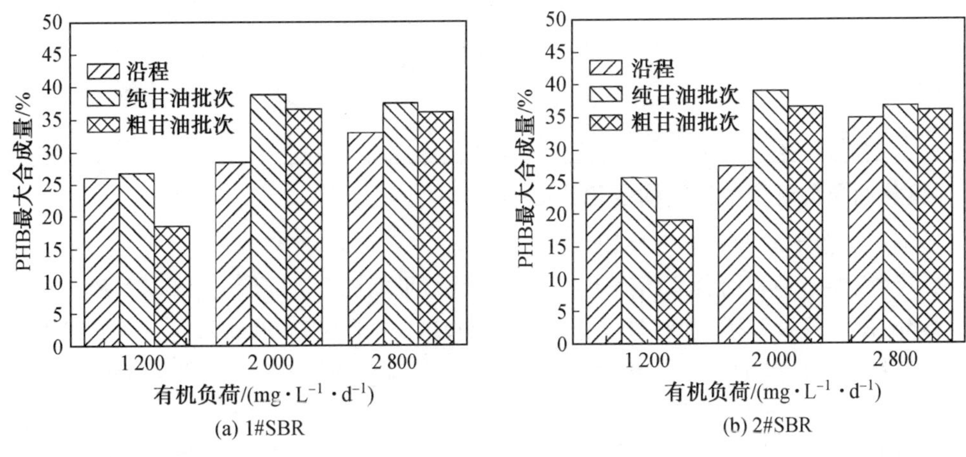

图8.63　不同负荷下PHB最大合成量

无论是1#SBR还是2#SBR,都在富集负荷为2 000 mg/(L·d)时系统稳定状态最好,PHA最大合成量最高,分别为36.59%和36.33%,此时批次与沿程的负荷差距,既可以保证PHA合成有充足碳源,也可以降低粗甘油与纯甘油之间的差距,忽略杂质的影响。

(2)不同负荷下的PHA合成率。

PHA合成率也是评定PHA合成能力的一个指标,前三个批次PHA平均生产率计算结果见表8.15,负荷改变会影响底物的吸收和聚体的生产率,结果表明两组反应器在负荷为2 000 mg/(L·d)时PHA合成率都达到了最高,1#SBR为0.35 g/g甘油或0.37 g/g污泥,2#SBR为0.34 g/g甘油或0.33 g/g污泥。与初始负荷相比,1#SBR和2#SBR在底物产率上分别提高到了17%和26%，在菌体产率上分别提高到了原来的1倍和0.5倍，与此同时，甘油的比摄取速率也比原来提高了16%和22%。负荷从1 200 mg/(L·d)提升到2 000 mg/(L·d)，就PHA合成率而言，提升效果明显。再提升相同的负荷梯度，生产率没有相应地继续提升，负荷也存在饱和，证明并不是负荷越高效果越好。此试验结果与Helena Moralejo-Garate的研究相差不大，他以甘油为底物最终获得PHA产率为0.40 g/g甘油和0.34 g/g污泥。另外，用粗甘油富集积累PHA的结果在产率方面也不亚于VFA类碳源，Jiang以丙酸为底物获得的PHA产率为0.35 g/g甘油和0.30 g/g污泥。Serafimet以醋酸盐为底物最后获得PHA产率为0.50 g/g甘油和0.35 g/g污泥。Albuquerque以发酵分子为底物获得PHA产率为0.65 g/g甘油和0.31 g/g污泥。

表8.15 不同负荷下PHA批次合成过程中的动力学参数

负荷 /(mg·(L·d)$^{-1}$)	$-q_S$ /(mg·(L·h)$^{-1}$)	Y_{PHA}/ (g·(g甘油)$^{-1}$)	Q_{PHA}/ (g·(g污泥)$^{-1}$)	PHA_m /%
		1#SBR		
1 200	1 250	0.30	0.19	18.48
2 000	1 448	0.35	0.37	36.59
2 800	1 402	0.32	0.32	36.03
		2#SBR		
1 200	1 074	0.27	0.22	18.92
2 000	1 319	0.34	0.33	36.33
2 800	1 298	0.31	0.28	35.90

3.粗甘油负荷对微生物结构变化的影响

(1)不同负荷下的物种丰度比较。

两组反应器三种不同负荷状态下的物种更迭结果如图8.64所示，A1、A2和A3分别代表1#SBR在负荷为1 200 mg/(L·d)、2 000 mg/(L·d)和2 800 mg/(L·d)的物种结构，B1、B2和B3分别代表2#SBR在负荷为1 200 mg/(L·d)、2 000 mg/(L·d)和2 800 mg/(L·d)的物种结构。

1#SBR在低负荷1 200 mg/(L·d)时，*Xanthobacter*菌属和*Thiobacillus*菌属相对较多，还有少量的*Simplicispira*和*Paracoccus*菌属。当负荷升高到2 000 mg/(L·d)时，由A2可以看出物种丰度增大，在低负荷时的优势菌*Thiobacillus*减少，*Xanthobacter*菌属因不适应高负荷环境而消失，目前占据优势的物种更换为*Saccharibacteria*和*Simplicispira*菌属。负荷再升高到2 800 mg/(L·d)时，高负荷继而会淘汰一部分菌属，原来的优势菌也消失，此时*Gardnerella*菌属和*Pseudomonas*菌属适应高负荷的环境，相对丰度最大。由此看来负荷对于物种更迭的影响很大，高低负荷状态下物种类别完全不同。2#SBR随着负荷的升高，物种相对丰度是逐渐降低的，大部分能适应低负荷，适应高负荷的物种会越来越少。对于2#SBR，B1中优势菌有*Thiobacillus*、*Simplicispira*和*Amaricoccus*菌属，B2中优势菌为*Paracoccus*和*Amaricoccus*属，B3中优势菌为*Thauera*、*Thiobacillus*和*Ohtaekwangia*菌属，值得一提的是*Thiobacillus*和*Amaricoccus*菌属在三种负荷下均存在，说明

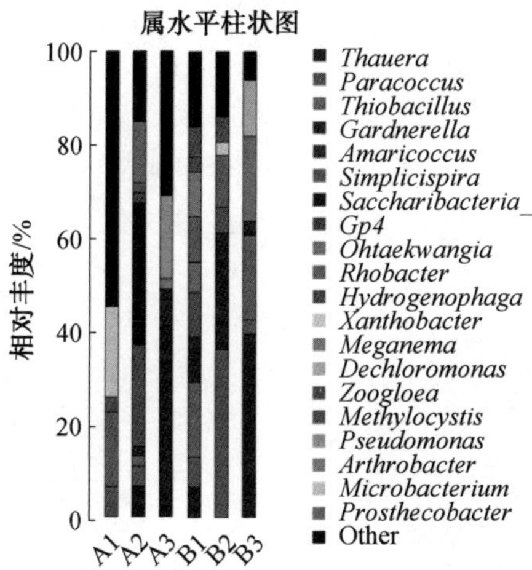

图 8.64　不同负荷下属水平上物种丰度柱状图

这两物种对负荷的适应范围广，抗环境冲击能力强。即使处于同一负荷下，1＃SBR和 2＃SBR 中物种类型和相对丰度也是不同的。

(2)不同负荷下物种多样性差异和相似性分析。

图 8.65 使用 PCoA 法更加直观地表现出不同负荷样品间物种多样性的差异，如果两个样品距离较近，则表明这两个样品的物种组成较为相近，否则差异很大，受负荷影响较大。由图中可以看出 1＃SBR 三种不同负荷下 A1、A2 和 A3 相距较远，说明在这三种负荷下物种丰度相差较大，负荷是 1＃SBR 菌群结构变化的重要因素。与 1＃SBR 相比，2＃SBR 三种不同负荷下 B1、B2 和 B3 相对来说比较集中，负荷对其物种丰度影响较小，也可以说明 2＃SBR 中物种对负荷的适应能力较强。从图中还可以看出 A2 和 B2 距离最近，此时两组反应器都是在负荷为 2 000 mg/(L・d)时，说明在此负荷状态下两组反应器物种组成相似，此时富集得到的优势菌比较明显。

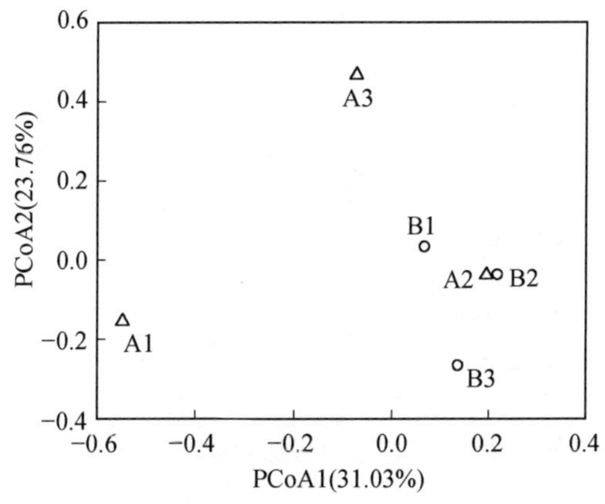

图 8.65　不同负荷下的主坐标分析图

图 8.66 构建了韦恩图，首先能直观地看出每种负荷下物种多样性的差异，还能反映不同负荷样品间共有物种的数量，不同负荷间共有物种数量越多，说明这些物种能同时在高低负荷环境下生存。1＃SBR 在低负荷时特有 OTU 数为 113，当提升到最大负荷时，特有

OTU 降为 34，说明负荷的提升会使物种丰度急剧下降，负荷对于物种多样性影响还是很大的。1＃SBR 有 101 个物种出现在三种不同负荷下，这些物种对负荷的适应性强。同样 2＃SBR 随负荷升高会逐渐筛选掉一部分物种，B2 与 B3 两种负荷下共有物种数量明显最多，说明适应高负荷的菌属比例相对较多，且有 130 个菌属能同时存在于三种负荷状态下，多于 1＃SBR，可以说 2＃SBR 比 1＃SBR 对负荷的适应性更强。

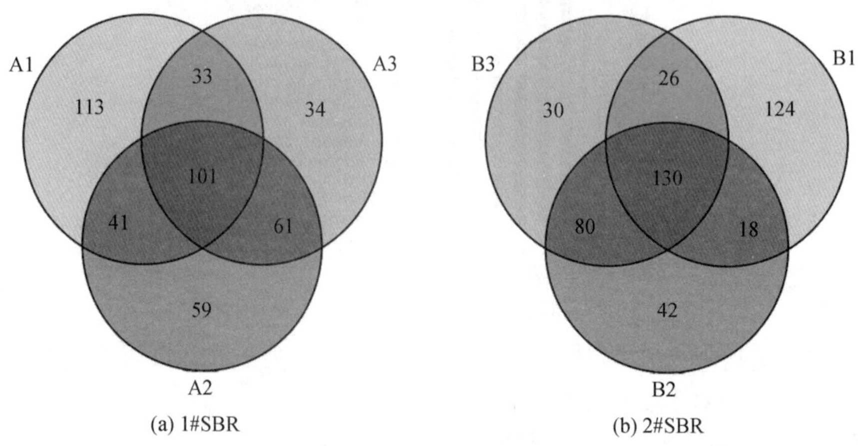

图 8.66　OTU 韦恩图

样品的差异性如图 8.67 所示，对样品物种组成的相似性以样品间距离表示，样品越靠近，说明样品之间的物种组成越相似，负荷对其影响相对越小。1＃SBR 的 A2 距离 A1 和 A3 较远，负荷对其影响较大，同样是相差 800 mg/(L・d)的负荷，A2 与 A3 的差距小于 A2 与 A1 的差距，说明负荷在较低范围时，改变负荷的影响更大些。2＃SBR 的 B1、B2 和 B3 距离较近，负荷改变的影响比 1＃SBR 小。

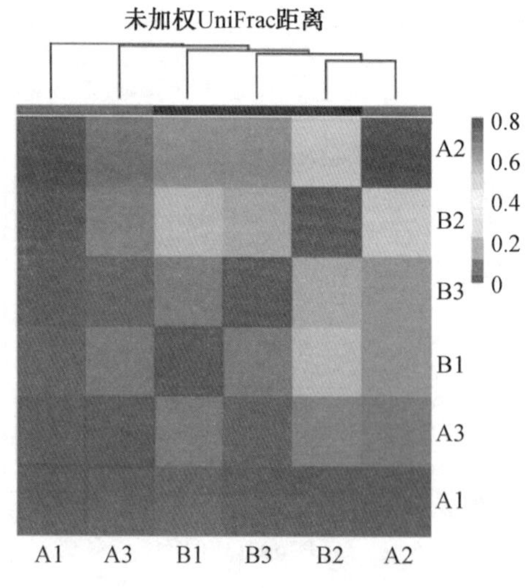

图 8.67　不同负荷下热图分析

从不同角度分析了负荷改变对物种多样性的差异性和相似性的影响，结果表明，负荷改变对 1＃SBR 中微生物菌属结构影响较大，不同负荷间优势菌属不同，而 2＃SBR 中存在适应三种负荷状态下的菌属，微生物对负荷改变的适应性较强。

(3)优势物种的种间关系分析。

对出现在反应器中丰富度前 30 的差异物种进行种间关系分析,绘制了优势物种之间的斯皮尔曼相关性热图,如图 8.68 所示。颜色越深,绝对值越接近 1,物种间相关性越强。从图中可以看出 *Pesudonocardia*、*Flavitalea* 和 *Hydrogenophaga* 菌属表现为正相关,可以推测它们之间是协同作用,并且 *Flavitalea* 和 *Hydrogenophaga* 菌属的相关性最强。而 *Labilithrix* 与其余另外三种菌属均为负相关,它们之间可能存在竞争关系,*Labilithrix* 与 *Flavitalea*、*Labilithrix* 与 *Hydrogenophaga* 呈现完全负相关。明确种间是协同还是竞争的关系意义重大,可以通过改变环境淘汰与产 PHA 菌存在竞争关系的物种。

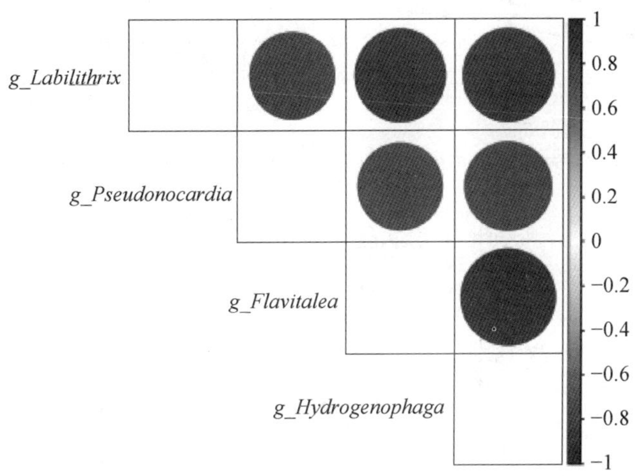

图 8.68　优势物种间斯皮尔曼相关性分析

8.3.5　以粗甘油为底物合成 PHA 的产物结构对底物类型的响应特性

1. PHA 合成阶段以混酸粗甘油为碳源对 PHA 产量和类型的影响

在餐厨垃圾处置项目中,废弃油脂通过酯交换作用生产生物柴油的同时会产生约 10%(体积分数)的粗甘油,除此之外餐厨垃圾的资源化厌氧发酵过程也会产生大量的 VFA。以往生产 PHA 的研究思路是在菌群富集和最大 PHA 合成阶段使用相同的碳源,很少研究混合碳源。将粗甘油和 VFA 混合作为碳源能不能发挥两者各自优点,提高基质转化率和 PHA 合成能力值得研究。

考虑到粗甘油只产生 PHB,丙酸只产生 PHV,最终选用粗甘油和丙酸混合作为碳源就是为了更清晰地区分粗甘油和丙酸的消耗情况及对 PHA 合成各自的贡献大小。底物浓度为4 000 mg/L,粗甘油与丙酸按照不同比例(体积分数),分别以 100%粗甘油、20%丙酸+80%粗甘油、50%丙酸+50%粗甘油和 100%丙酸作为 PHA 批次积累阶段的底物,考察 PHA 合成情况。

(1)以粗甘油丙酸为碳源对 PHA 总量的影响。

经过粗甘油富集得到的产 PHA 菌群也能够利用其他碳源,但菌群对不同碳源的利用情况肯定有差异,相同底物负荷下,不同碳源结构组成对最终 PHA 产量也会存在差异。本书作者所在实验室验证分析了同一富集负荷稳定后对不同比例丙酸产 PHA 的响应情况(1#SBR),以及对不同比例丙酸产 PHA 的响应情况(2#SBR),如图 8.69 和图 8.70 所示。

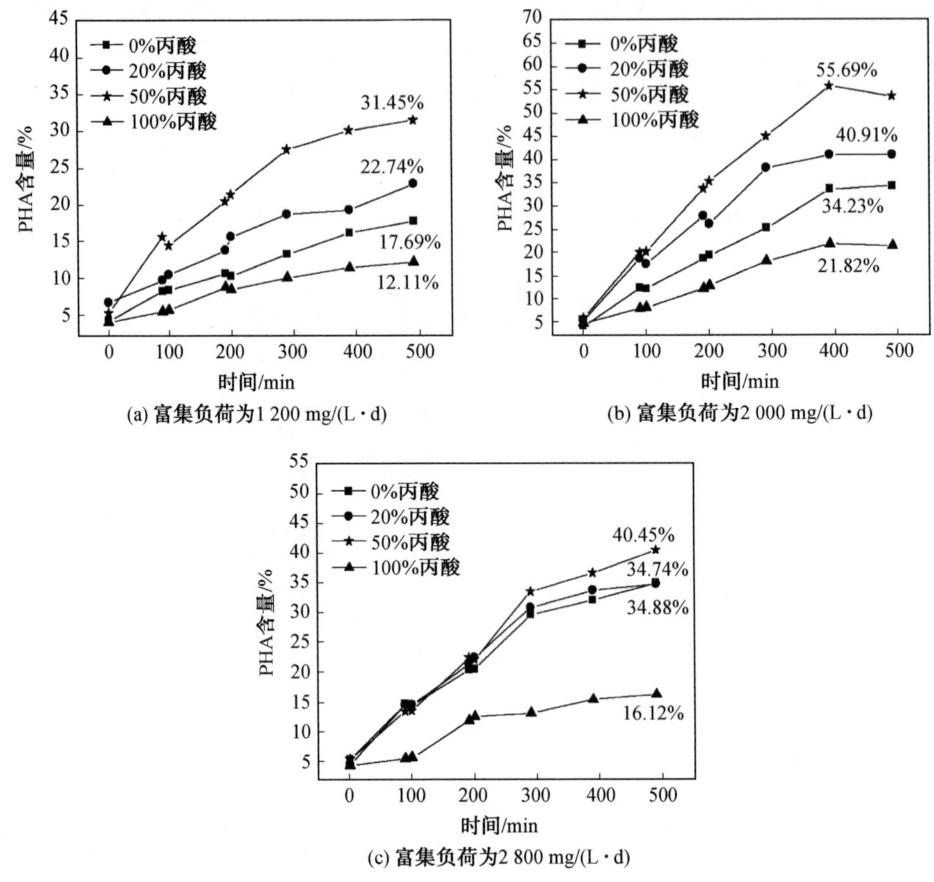

(a) 富集负荷为1 200 mg/(L·d)

(b) 富集负荷为2 000 mg/(L·d)

(c) 富集负荷为2 800 mg/(L·d)

图 8.69 1#SBR 不同碳源组成 PHA 的合成效果

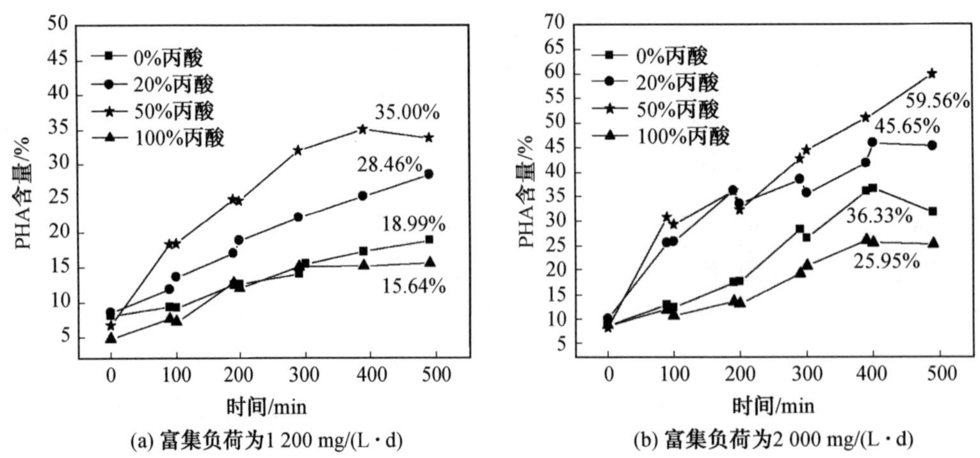

(a) 富集负荷为1 200 mg/(L·d)

(b) 富集负荷为2 000 mg/(L·d)

图 8.70 2#SBR 不同碳源组成 PHA 的合成效果

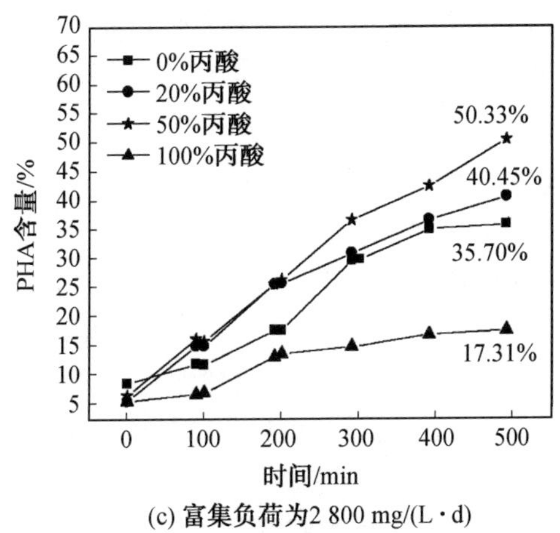

(c) 富集负荷为2 800 mg/(L·d)

续图 8.70

从1＃SBR和2＃SBR比较来看，在相同条件下2＃SBR富集得到的菌群对丙酸的吸收更多，这种差异主要是因为接种的初始污泥类型不同，富集稳定后污泥中微生物类型存在差异，进一步的结论仍需要对菌群结构、微生物代谢进行分析。在相同底物负荷下，丙酸粗甘油按不同比例混合时，获得PHA最大合成量由大到小的顺序为(50％丙酸＋50％粗甘油)＞(20％丙酸＋80％粗甘油)＞100％粗甘油＞100％丙酸。与单一粗甘油和单一丙酸时相比，丙酸和粗甘油混合作为碳源时碳源的比摄取速率有所提高，PHA比合成速率也加快，进而提高PHA产量，说明混合碳源对于甘油和丙酸的代谢有相互促进的作用。当m(粗甘油)∶m(丙酸)为1∶1(折算为COD计)时，1＃SBR和2＃SBR的PHA最大合成量达到55.69％、59.56％。

不同丙酸质量分数时就HB和HV两种聚体的产生情况而言，在0％丙酸时，微生物利用粗甘油只产生HB，在100％丙酸时，微生物利用丙酸合成HV，当粗甘油和丙酸混合为碳源时，产生的PHA是由HB和HV两种聚体组成。在以20％丙酸和50％丙酸作为碳源时，1＃SBR的HV合成量占总PHA比例分别为31％和46％，2＃SBR的HV合成量占总PHA比例分别为38％和60％，即当粗甘油和丙酸同时存在时，HV的质量分数会随丙酸质量分数的增加而增大，而两组反应器中菌群对丙酸的适应性与初始污泥接种的类型有关，即使用粗甘油驯化后，稳定后菌群类型仍然存在差异。

(2)以粗甘油丙酸为碳源对PHA结构的优化。

在所有PHA类型中PHB结构最简单也最常见，被广泛研究利用，但它存在某些缺点，如高结晶度、脆性、刚性和极低的强度，限制了它的应用，这些缺点可以通过聚合其他的单体得到改善，如HB和HV单体不同数量无规则的分布会致使原有分子结构的规律性、结晶度下降，熔点降低使其更容易塑造，韧性好，弯曲模量也得到良好改善，类似聚乙烯的机械性能，更加拓宽了其应用范围。

考虑到这一点，作者提供了这样一个思路，通过生物对不同碳源的代谢方式产生不同类型的PHA，使PHA结构得到优化，提高其加工性能，得到更加优质的塑料。当粗甘油和丙酸同时存在时，HV的含量会随丙酸含量的增加而增大，单独作用效果不及混合碳源。根据这一结果可以在实际工程应用中得到一些启发，餐厨垃圾资源化过程中既产生VFA又产生粗甘油，可以通过改变底物中粗甘油和丙酸的比例控制PHA产品中HB和HV的比例，使 PHA 材料性能符合应用的需要。当然实际工程发酵产的 VFA 成分比较复杂,进一步仍需研究以粗甘油为底物富集的产 PHA 菌群对 VFA 为底物时的适应性。

2.累积合成段碳源组成变化对 PHA 最大合成能力的影响

(1)VFA+甘油混合碳源下 PHA 的最大合成能力。

为了研究粗甘油比例提升对活性污泥最大合成能力的影响,分别在 50%粗甘油和 50%丙酸钠、70%粗甘油和 30%丙酸钠、100%粗甘油为碳源的运行条件下,从反应器内收集活性污泥,并在充分曝气之后进行 VFA+甘油混合碳源五次补料累积合成试验。VFA 甘油条件设置为 m(纯甘油)∶m(VFA)=1∶4、m(纯甘油)∶m(VFA)=2∶3、m(纯甘油)∶m(VFA)=3∶2。图 8.71(a)为 50%粗甘油累积合成试验结果,可以看出:50%粗甘油反应器内的活性污泥在 m(纯甘油)∶m(VFA)=1∶4 情况下,第四次补料结束时,PHA 最大合成量达到 51.4%,之后再进行第五次累积合成试验,PHA 含量不增反减,是因为活性污泥不再摄入碳源,并且开始利用自身已经积累的 PHA;当碳源为 m(纯甘油)∶m(VFA)=2∶3 时,PHA 一直在积累,到第五次结束的时候,PHA 含量为 37.6%,仍然表现出较大的 PHA 合成潜能;当碳源为 m(纯甘油)∶m(VFA)=3∶2 时,活性污泥在这五次累积合成试验中一直合成 PHA,最大合成量为 38.8%。

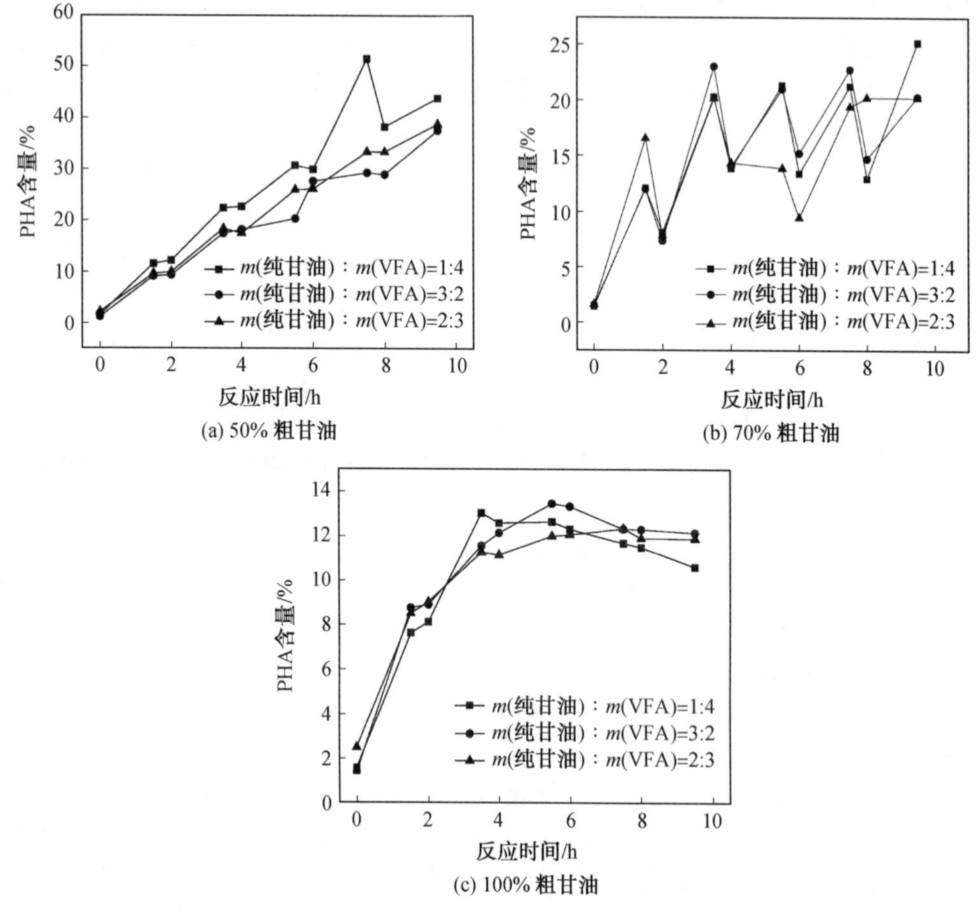

图 8.71 粗甘油累积合成试验结果

对比 50%粗甘油、70%粗甘油、100%粗甘油反应器内活性污泥对于 VFA+甘油混合碳源五次补料试验来看，50%粗甘油反应器内的活性污泥的 PHA 合成能力最高，其次为 70%粗甘油，而 100%粗甘油最低。说明，逐渐提高反应器内的粗甘油比例，会使微生物群落组成发生变化从而使 PHA 合成能力降低，改变粗甘油比例对微生物群落结构组成的影响。

(2)单一碳源下 PHA 的最大合成能力。

图 8.72 分别为 50%粗甘油、70%粗甘油、100%粗甘油活性污泥在单一碳源情况下五次批次补料试验结果。可以看出，在五次批次补料结束时，均表现出具有继续合成 PHA 的潜能。50%粗甘油和 100%粗甘油内活性污泥均在以单一丙酸钠为碳源情况下的 PHA 合成能力较强，且比甘油碳源情况下高 10%以上；70%粗甘油内活性污泥则在以甘油为碳源时的 PHA 合成能力强，比单一丙酸钠高大约 5%。

50%粗甘油时，活性污泥在单一丙酸钠情况下第五次补料结束 PHA 合成量达到最大，约为 27.3%；70%粗甘油时，活性污泥在甘油碳源下，PHA 积累量达到最大，约为 12.5%；100%粗甘油时，活性污泥在单一丙酸钠情况下 PHA 合成量最大，约为 20.7%。

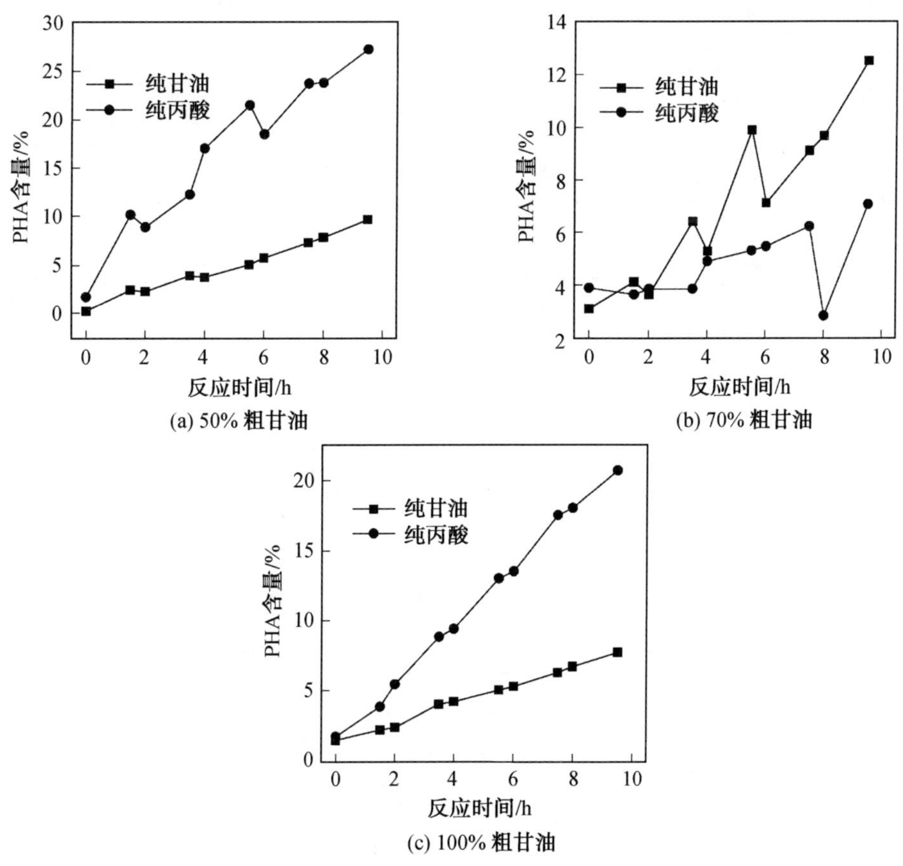

图 8.72　单一碳源下批次补料的试验结果

(3)碳源组成变化对 PHA 成分结构的影响。

PHA 因具有与传统塑料相似的热力学性能，在实际应用过程中有多种用途，其 PHA

成分结构组成对 PHA 产品性能有较大影响。故在对其最大合成能力研究的基础上，继续深入分析碳源组成变化对 PHA 成分结构的影响。图 8.73 所示为不同粗甘油比例碳源组成最大 PHA 合成下 PHA 的成分组成，可以看出：这三种碳源组成下，HB 所占 PHA 比例都较 HV 占 PHA 比例高。另外，50%粗甘油和 70%粗甘油的活性污泥均在 m(纯甘油)：m(VFA)＝1：4 时，PHA 合成量最大，此时，HB 含量为 27.43%、16.39%，100%粗甘油时，在同样的碳源组成下，HB 含量为 7.73%。当碳源组成为 2：3 时，50%粗甘油中活性污泥合成的 HB 含量为20.56%，HV 含量为 17.02%；70%粗甘油时 HB 含量为 13.58%，HV 含量为 9.45%；100%粗甘油时 HB 含量为 7.84%，HV 含量为 5.64%。当碳源组成为3：2 时，50%粗甘油反应器内的活性污泥合成的 HB 含量为 23%，HV 含量为 15.8%；70%粗甘油时 HB 含量为 14.56%，HV 含量为 7.83%；100%粗甘油时 HB 含量为 7.63%，HV 含量为 4.74%。说明，碳源组成变化不会对 PHA 成分结构产生很大的影响，HB 所占比例大于 HV，微生物倾向于合成 HB。

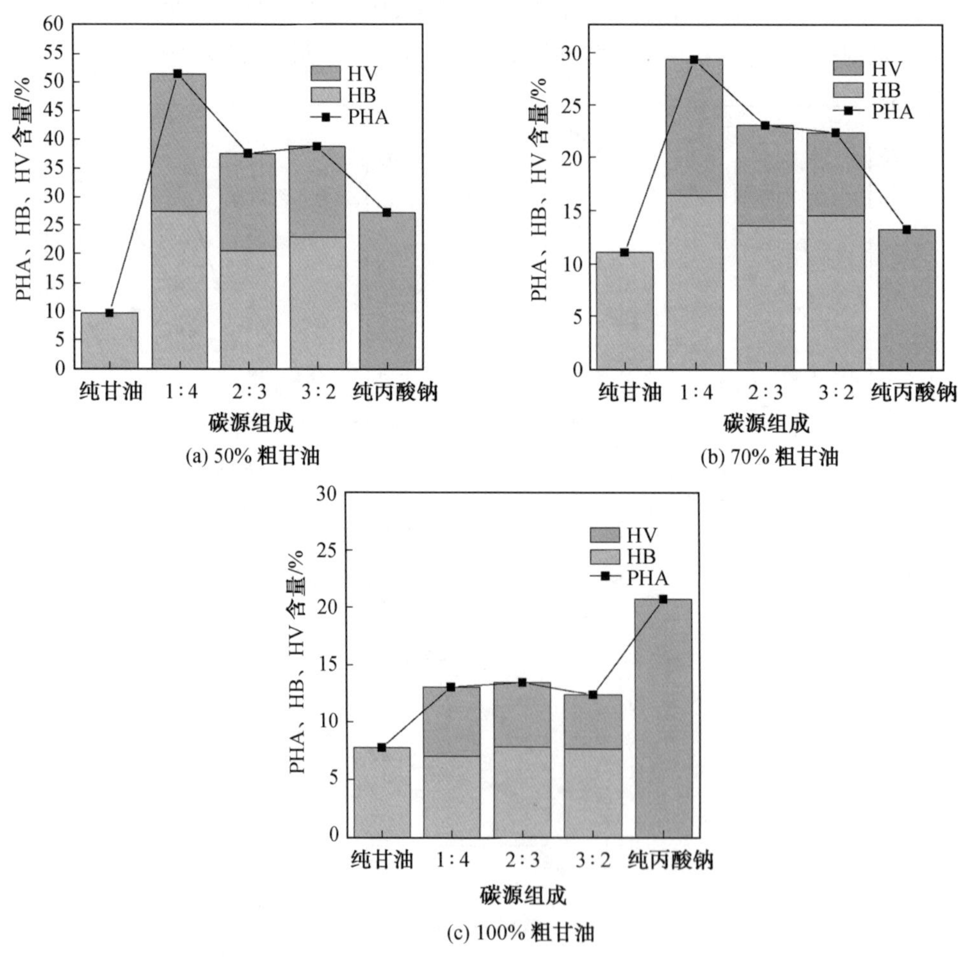

图 8.73　不同粗甘油比例碳源组成最大 PHA 合成下 PHA 的成分组成

3. 粗甘油比例对 PHA 合成的影响分析

(1)粗甘油比例变化对 PHA 最大合成能力的影响对比。

为了明确 50%粗甘油富集菌群和 100%粗甘油富集菌群对于相同碳源情况下的 PHA 最大合成能力的区别,作者所在课题组进行了对比试验,即对比两组反应器在同一底物情况下,分别以甘油和丙酸钠为唯一碳源情况时 PHA 的最大合成量,结果如图 8.74 所示。

从图 8.74 中可以看出,底物粗甘油比例的降低(B3→B2→B1)均降低了最大 PHA 合成能力,在降低粗甘油比例的过程中,菌群以粗甘油为底物合成 PHA 的能力优于丙酸钠;而底物粗甘油比例的增加(A1→A2→A3)均导致 PHA 最大合成能力呈现先下降后上升的趋势,且菌群以丙酸钠为底物的 PHA 合成能力均明显高于粗甘油。但无论是降低还是增加粗甘油比例,无论批次试验底物是 100%粗甘油还是 100%丙酸钠,其最大 PHA 合成能力均低于粗甘油比例变化前的数值。说明粗甘油比例的变化均会降低最大 PHA 合成能力。

在粗甘油比例增加的过程中,菌群对不同的底物呈现出了明显的选择性,即丙酸钠底物呈现出更大的最大 PHA 合成能力,其中优势菌群演替规律是 *Meganema*(A1)→*Saccharibacteria_genera_incertae_sedis*(A2)→*Thiobacilus*(A3),物种相对丰度逐渐降低;而在粗甘油比例降低的过程中呈现出了相反的底物选择,即粗甘油底物的最大 PHA 合成能力高于丙酸钠,其中优势菌群演替规律是 *Thiobacilus*、*Ohtaekwangia*(B3)→*Saccharibacteria_genera_incertae_sedis*(B2)→*Saccharibacteria_genera_ incertae_sedis* (B1),物种相对丰度先降低后增加。可能是菌群结构的变化导致了菌群对不同底物合成 PHA 能力的差异性。

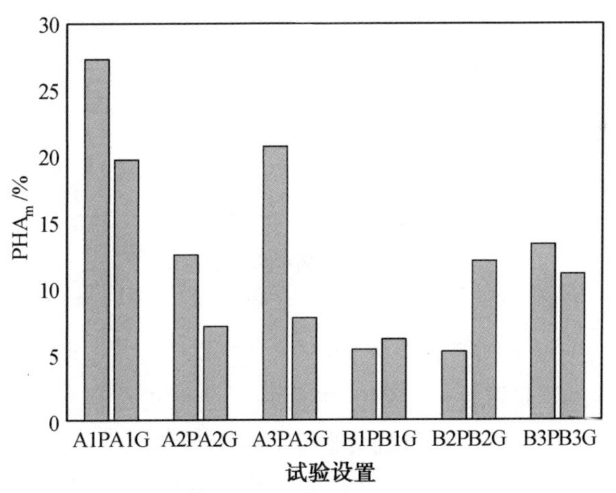

图 8.74　底物中粗甘油比例变化对 PHA 合成的影响

注:P 代表 100%丙酸钠批次试验;G 代表 100%粗甘油批次试验。A 反应器中粗甘油由 50%(A1)提升至 70%(A2),最后提升至 100%(A3);B 反应器中粗甘油由 100%(B3)降低至 70%(B2),最后降低至 50%(B1)。

(2)粗甘油比例变化对典型周期内 PHA 合成的影响对比。

从图 8.75 底物中粗甘油比例变化对 PHA 合成的影响可以发现,底物中粗甘油比例的增加会降低丙酸钠比摄取速率,但对粗甘油比摄取速率并未有明显影响。而底物中粗甘油比例的降低会降低甘油的比摄取速率,增加丙酸钠的比摄取速率。对于 PHA 合成菌来说,尽管底物中丙酸钠的含量急剧下降,菌群失去了易利用的碳源,但由于 PHA 合成菌菌群对

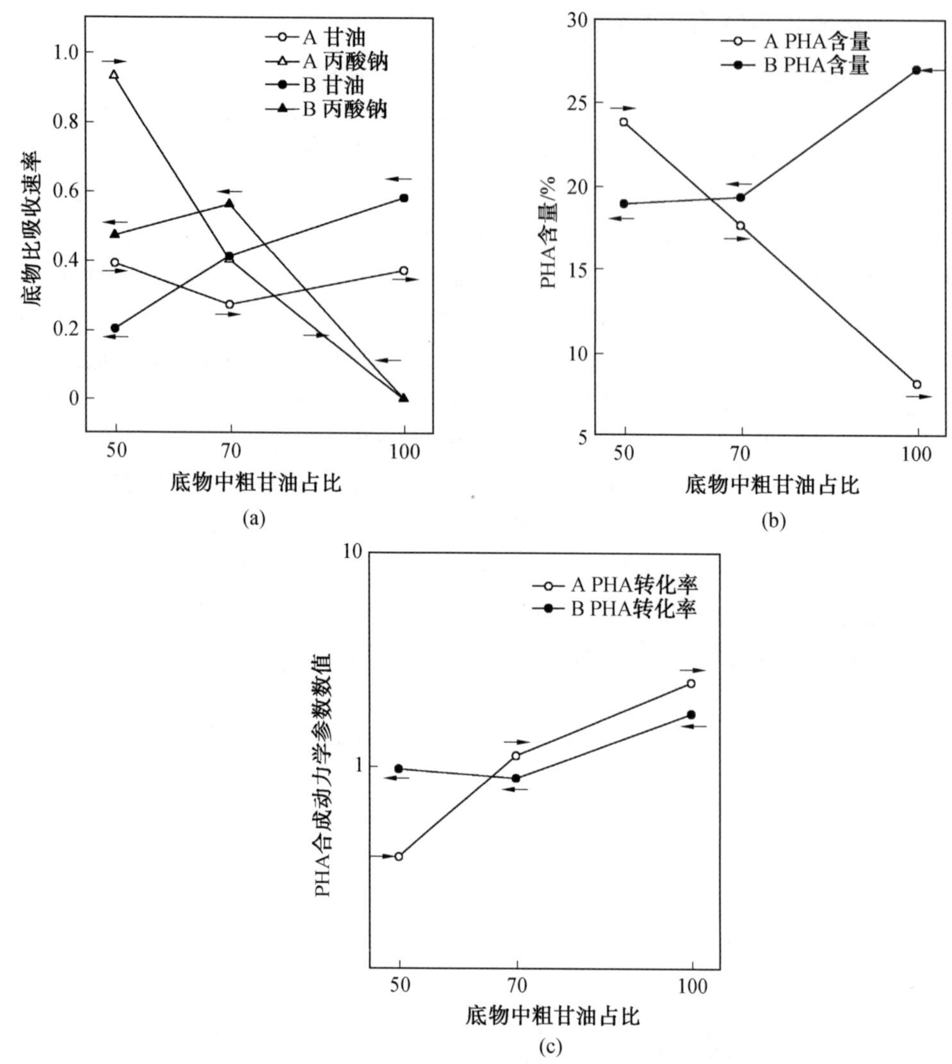

图 8.75　底物中粗甘油比例变化对 PHA 合成的影响

粗甘油的利用能力有限，因此粗甘油比例的增加并不会促进菌群对粗甘油的吸收。因此导致菌群的底物比摄取速率迅速下降，进而导致 PHA 含量急剧下降。但值得注意的是，此时 PHA 的转化率却急剧上升，这表明尽管粗甘油较难被吸收，但是被吸收的粗甘油相比于丙酸钠合成 PHA 的能力更强。

随着底物中粗甘油比例的降低，以 100％粗甘油为底物富集得到的 PHA 稳定菌群对于粗甘油比摄取速率迅速下降，而丙酸钠比摄取速率呈现上升趋势，这表明尽管菌群已经适应了 100％粗甘油的底物环境，但并未失去利用丙酸钠的能力，一旦底物中加入丙酸钠，菌群会更倾向于利用丙酸钠，使得粗甘油的比摄取速率大大降低。同时可以发现尽管菌群吸收了大量的丙酸钠，PHA 含量却下降了，这说明此时菌群利用增加的丙酸钠合成的 PHA 含量小于利用减少的粗甘油合成的 PHA 的含量。PHA 的比合成速率在粗甘油比例降低过程中得到了改善，从图 8.75 中可以看出随着粗甘油比例降低，PHA 含量和转化率下降的幅度并不是很大，这表明 100％粗甘油富集的菌群相比于 50％粗甘油富集的菌群增强了以丙酸钠为底物合成 PHA 的能力，即粗甘油会增强菌群将丙酸钠转化为 PHA 的能力。

经过对比分析发现，在粗甘油比例增加和降低的两组试验中，随着底物中粗甘油比例与富集期间的差异性增大，菌群对粗甘油和氨氮的比摄取速率均呈现上升趋势，即粗甘油和氨氮的消耗与粗甘油的绝对比例无关，与其相对比例有关。因此，增加粗甘油比例抑制了菌群对丙酸钠的吸收和 PHA 含量，但增加了 PHA 转化率；降低粗甘油比例抑制了菌群对粗甘油的吸收，促进了对丙酸钠的吸收，降低了 PHA 含量，但是并未明显抑制 PHA 转化率。这可以回答概述中提出的问题，PHA 含量的大小与底物中粗甘油比例和富集阶段底物粗甘油比例的差异性有关，差异越大，PHA 含量越低。

从以上推理分析可知，决定 PHA 含量的并不是粗甘油绝对比例，而是 PHA 合成阶段粗甘油比例与富集阶段的差值，这可能是以特定底物比例富集的菌群具有较为狭窄的觅食范围所致；PHA 转化率与甘油绝对比例有较为明显的相关性，即 PHA 合成阶段底物中粗甘油比例越高，PHA 转化率越大。

8.4　本章小结

(1)本章研究证明实际餐厨垃圾发酵产酸液能够被活性污泥混合菌群用以合成 PHA，混合菌群经 5.0 g/L 的盐度驯化一段时期后，具有优良的耐盐性能，当实际进水中盐度提升至 10.0 g/L 时，依然保持稳定的合成 PHA 能力。

(2)50%和 100%粗甘油富集反应器相比，100%粗甘油比例改变时所表现出的 PHA 合成量较高、稳定性较强。碳源组成的变化未对 PHA 成分结构产生很大的影响，HB 所占比例大于 HV。以粗甘油为底物的 PHA 合成菌富集工艺可降低 PHA 合成成本，缓解粗甘油过剩现状，也为新型 PHA 塑料的实际应用提供了理论支持。

(3)富集以粗甘油为底物的 PHA 合成菌，无须发酵，不但简化了 PHA 的生产过程，显著降低 PHA 合成的成本，而且其对碳源的适应也更为广泛，能够优化 PHA 合成结构，同时粗甘油的资源化利用对餐厨垃圾处置项目的健康发展也具有重要意义。

参考文献

[1] 张玉静. 餐厨垃圾厌氧水解产挥发性脂肪酸技术研究[D]. 北京：清华大学，2013.

[2] BARIK S，PAUL K K. Potential reuse of kitchen food waste[J]. Journal of Environmental Chemical Engineering，2017，5(1)：196-204.

[3] KARMEE S K，LIN C S. Valorisation of food waste to biofuel：Current trends and technological challenges[J]. Chemistry Processes，2014，2(1)：1-4.

[4] STRIVASTAVA R，KRISHNA V，SONKAR I. Characterization and management of municipal solid waste：A case study of Vanaras city，India[J]. Current Research and Review，2014，2(8)：10-16.

[5] 胡新军，张敏，余俊锋，等. 中国餐厨垃圾处理的现状、问题和对策[J]. 生态学报，2012，32(14)：4575-4584.

[6] 王权. 油脂及盐对餐厨垃圾产 VFA 的影响研究及工程示范[D]. 北京：清华大学，2015.

[7] 刘晓英.餐厨垃圾特性及厌氧消化产沼性能研究[D].北京:北京化工大学,2010.

[8] 任南琪,王爱杰.厌氧生物技术原理与应用[M].北京:化学工业出版社,2004.

[9] 贾传兴,彭绪亚,黄媛媛,等.有机垃圾厌氧消化系统失稳预警指标的研究进展[J].中国给水排水,2011,27(24):30-35.

[10] AZENHAA M,LUCASB C,GRANJAC J L,et al. Glycerol resulting from biodiesel production as an admixture for cement-based materials[J]. Journal of Environment Engineering,2017,21(12):1522-1538.

[11] SIMON B,ALAN W,THOMAS W. Production of polyhydroxyalkanoates by glycogen accumulating organisms treating a paper mill wastewater[J]. Water Science & Technology A Journal of the International Association on Water Pollution Research,2008,58(2):323-330.

[12] ALBUQUERQUE M G,EIROA M,TORRES C,et al. Strategies for the development of a side stream process for polyhydroxyalkanoate(PHA) production from sugar cane molasses[J]. Journal of Biotechnology,2007,130(4):411-421.

[13] MUMTAZ T,YAHAYA N A,ABDAZIZ S,et al. Turning waste to wealth-biodegradable plastics polyhydroxyalkanoates from palm oil mill effluent—A Malaysian perspective[J]. Journal of Cleaner Production,2010,18(14):1393-1402.

[14] REDDY M V,MOHAN S V. Effect of substrate load and nutrients concentration on the polyhydroxyalkanoates (PHA) production using mixed consortia through wastewater treatment[J]. Bioresource Technology,2012,114(114):573-582.

[15] 龙向宇.胞外聚合物及其表面性质对活性污泥絮凝沉降性能的影响研究[D].重庆:重庆大学,2008.

[16] HUANG L,CHEN Z Q,WEN Q X,et al. Insights into Feast-Famine polyhydroxyalkanoate(PHA)-producer selection: Microbial community succession, relationships with system function and underlying driving forces[J]. Water Research,2018,131:167-176.

[17] 赵小慧.假单胞菌利用甘油合成 PHA 与新型 PHA 嵌合酶构建研究[D].沈阳:辽宁大学,2013.

[18] WANG Z W,LIU Y,TAY J H. Distribution of EPS and cell surface hydrophobicity in aerobic granules[J]. Applied Microbiology and Biotechnology,2005,69(4):469-473.

[19] LI X Y,YANG S F. Influence of loosely bound extracellular polymeric substances (EPS) on the flocculation,sedimentation and dewaterability of activated sludge[J]. Water Research,2007,41(5):1022-1030.

[20] 王子超.盐度和重金属对序批式生物反应器性能及微生物群落结构影响的研究[D].青岛:中国海洋大学,2014.

附　　录

（一）名　词

PHA——Polyhydroxyalkanoate，聚羟基烷酸酯；
HB——Hydroxybutyrate，羟基丁酸酯；
HV——Hydroxyvalerate，羟基戊酸酯；
P(HB－co－HV)——含有 HB 和 HV 的共聚物；
feast——底物充盈；
famine——底物匮乏；
SBR——Sequence Batch Reactor，序批式反应器；
CSTR——Continuous Stirred Tank Reactor，连续搅拌反应器；
Fed－Batch——批次补料；
$VFA_{\_odd}$——Volatile fatty acid with odd carbon atoms，奇数碳 VFA 分子；
Acet——Acetic acid，乙酸；
Prop——Propionic acid，丙酸；
Buty——Butyric acid，丁酸；
Vale——Valeric acid，戊酸；
MMC——Mixed Microbial Culture，混合菌群；
M－Ac——使用乙酸型底物富集的产 PHA 混合菌群；
M－Pr——使用丙酸型底物富集的产 PHA 混合菌群；
M－Bu——使用丁酸型底物富集的产 PHA 混合菌群；
WAS——Wasted Activated Sludge，剩余污泥；
VFA——Volatile Fatty Acid，挥发性脂肪酸；
VSS——Volatile Suspended Solid，挥发性悬浮固体量；
phaC——编码 PHA 聚合酶的基因；
PCA——Principal Component Analysis，主成分分析；
PCoA——Principal Coordinate Analysis，主坐标分析；
Anosim——Analysis of similiraty，相似度分析；
OTU——Operational Taxonomic Unit，操作分类单元；
RDA——Redundancy Analysis，冗余分析。

（二） 参 数

DO——溶解氧质量浓度，mg/L；

SRT——污泥停留时间，d；

BLR——生物量负荷，Cmol VFA/(Cmol X·d)；

MLSS（或 TSS）——总悬浮固体质量浓度，mg/L；

SCOD——溶解性化学需氧量，mg/L；

$\rho(NH_3-N)$——氨氮质量浓度，mg/L；

F/F——底物充盈与匮乏阶段持续时间的比，无量纲；

PHA_m——混合菌群最大胞内积累 PHA 含量，%；

f_{PHA}——混合菌群基于活性生物量的 PHA 摩尔分数，Cmol PHA/Cmol X；

X_a——混合菌群活性生物量（不包含细胞内含物 PHA），mg/L；

$-q_S$——混合菌群底物比摄取速率，mg COD /(mg X·h)；

q_{PHA}——混合菌群 PHA 比合成速率，g COD/(g X·h)；

$Y_{P/S}$——混合菌群 PHA 转化率，mg COD/mg COD。